U0200137

地球大数据科学论丛 　郭华东　总主编

中亚干旱区水-能-粮-生态系统评估与可持续发展

陈亚宁　等　著

科　学　出　版　社

北　京

内 容 简 介

本书对中亚地区水资源、粮食、能源以及生态系统的变化与耦合关系进行系统研究。重点分析了中亚地区的水资源利用效率及承载力，评估了气候变化背景下的水安全风险，研究了不同变化情景下作物供需水变化，解析了荒漠生态系统对干旱的响应机理，揭示了水-能源-粮食-生态系统的稳定性和互馈机制，提出的可持续发展理论框架可为加强"一带一路"倡议在国际合作发展中的作用、实现联合国 2030 可持续发展目标提供重要的决策支持，为减少区域贫困、增加人类福祉、保障丝绸之路经济带核心区的健康稳定提供科学参考。

本书可供水资源、粮食安全、生态学、国际关系及相关领域的科研人员和管理人员，以及高等院校相关专业师生参考。

审图号：GS 京 (2023) 0510 号

图书在版编目 (CIP) 数据

中亚干旱区水-能-粮-生态系统评估与可持续发展/陈亚宁等著. —北京：科学出版社，2024.3

（地球大数据科学论丛 / 郭华东总主编）

ISBN 978-7-03-078251-9

Ⅰ. ①中… Ⅱ. ①陈… Ⅲ. ①干旱区-区域生态环境-评估-研究-中亚 Ⅳ. ①X321.36

中国国家版本馆 CIP 数据核字 (2024) 第 060619 号

责任编辑：郭允允 程雷星/责任校对：郝甜甜
责任印制：赵 博/封面设计：蓝正设计

科 学 出 版 社 出版

北京东黄城根北街 16 号
邮政编码：100717
http://www.sciencep.com

北京中科印刷有限公司印刷
科学出版社发行 各地新华书店经销

*

2024 年 3 月第 一 版 开本：720×1000 1/16
2024 年 7 月第二次印刷 印张：24
字数：470 000

定价：328.00 元
（如有印装质量问题，我社负责调换）

"地球大数据科学论丛" 编委会

"地球大数据科学论丛"序

第二次工业革命的爆发，导致以文字为载体的数据量约每 10 年翻一番；从工业化时代进入信息化时代，数据量每 3 年翻一番。近年来，新一轮信息技术革命与人类社会活动交汇融合，半结构化、非结构化数据大量涌现，数据的产生已不受时间和空间的限制，引发了数据爆炸式增长，数据类型繁多且复杂，已经超越了传统数据管理系统和处理模式的能力范围，人类正在开启大数据时代新航程。

当前，大数据已成为知识经济时代的战略高地，是国家和全球的新型战略资源。作为大数据重要组成部分的地球大数据，正成为地球科学一个新的领域前沿。地球大数据是基于对地观测数据又不唯对地观测数据的、具有空间属性的地球科学领域的大数据，主要产生于具有空间属性的大型科学实验装置、探测设备、传感器、社会经济观测及计算机模拟过程中，其一方面具有海量、多源、异构、多时相、多尺度、非平稳等大数据的一般性质，另一方面具有很强的时空关联和物理关联，具有数据生成方法和来源的可控性。

地球大数据科学是自然科学、社会科学和工程学交叉融合的产物，基于地球大数据分析来系统研究地球系统的关联和耦合，即综合应用大数据、人工智能和云计算，将地球作为一个整体进行观测和研究，理解地球自然系统与人类社会系统间复杂的交互作用和发展演进过程，可为实现联合国可持续发展目标（SDGs）做出重要贡献。

中国科学院充分认识到地球大数据的重要性，2018 年初设立了 A 类战略性先导科技专项"地球大数据科学工程"（CASEarth），系统开展地球大数据理论、技术与应用研究。CASEarth 旨在促进和加速从单纯的地球数据系统和数据共享到数字地球数据集成系统的转变，促进全球范围内的数据、知识和经验分享，为科学发现、决策支持、知识传播提供支撑，为全球跨领域、跨学科协作提供解决方案。

在资源日益短缺、环境不断恶化的背景下，人口、资源、环境和经济发展的矛盾凸显，可持续发展已经成为世界各国和联合国的共识。要实施可持续发展战略，保障人口、社会、资源、环境、经济的持续健康发展，可持续发展的能力建设至关重要。必须认识到这是一个地球空间、社会空间和知识空间的巨型复杂系统，亟须战略体系、新型机制、理论方法支撑来调查、分析、评估和决策。

一门独立的学科，必须能够开展深层次的、系统性的、能解决现实问题的探究，以及在此探究过程中形成系统的知识体系。地球大数据就是以数字化手段连接地球空间、社会空间和知识空间，构建一个数字化的信息框架，以复杂系统的思维方式，综合利用泛在感知、新一代空间信息基础设施技术、高性能计算、数据挖掘与人工智能、可视化与虚拟现实、数字孪生、区块链等技术方法，解决地球可持续发展问题。

"地球大数据科学论丛"是国内外首套系统总结地球大数据的专业论丛，将从理论研究、方法分析、技术探索以及应用实践等方面全面阐述地球大数据的研究进展。

地球大数据科学是一门年轻的学科，其发展未有穷期。感谢广大读者和学者对本论丛的关注，欢迎大家对本论丛提出批评与建议，携手建设在地球科学、空间科学和信息科学基础上发展起来的前沿交叉学科——地球大数据科学。让大数据之光照亮世界，让地球科学服务于人类可持续发展。

郭华东

中国科学院院士

地球大数据科学工程专项负责人

2020 年 12 月

序

水、能源、粮食和生态系统作为社会经济发展最重要的基础性资源，在减贫、人类福祉和区域可持续发展方面发挥着重要作用，是人类社会实现社会-经济-环境可持续发展的根本保障。预计至 21 世纪中叶，人类对于粮食和能源的需求将分别保持 50%和 35%左右的增长，全球缺水比例将高达 40%。随着对能源和粮食需求的不断增加，环境退化以及水资源压力问题越来越突出，水-能源-粮食-生态系统面临着严峻的挑战。为了应对这些挑战，亟须打破单一学科限制，系统而全面地了解和管理水-能源-粮食-生态系统之间的纽带关系，以实现系统协同与可持续发展。

中亚地处欧亚大陆腹地，与中国接壤 3300 多千米，山水相连、民族相通，但地缘政治复杂。在全球变暖和国际环境日趋多变的今天，中亚干旱区的水、能源、粮食、生态环境问题被日益关注，其中水资源问题(主要指水资源短缺、水污染等，全书统一简称为水资源问题)已经成为生态环境可持续管理的突出问题。在气候变化和人类活动的双重影响下，中亚地区上下游国家在水权、能源补偿机制等方面的矛盾日趋突出，跨境河流的水危机、水冲突成为"一带一路"倡议的潜在挑战，并且，水-能源-粮食-生态系统之间存在紧密而复杂的关系，任何一个子系统的变化都会对其他子系统产生不同程度的影响。气候变化、人口增长和城市化等系统外部因素也将直接影响纽带关系的变化。为此，如何确保水-能源-粮食-生态系统协同发展，成为当前迫切需要解决的核心问题。

《中亚干旱区水-能-粮-生态系统评估与可持续发展》一书是中国科学院新疆生态与地理研究所陈亚宁研究员团队结合多年的工作积累和资料诊断分析，对中亚干旱区水资源、粮食资源、能源和生态系统的变化与耦合关系的系统性科学总结。该书系统分析了中亚地区的水资源利用效率及承载力，评估了气候变化背景下的水安全风险，揭示了不同变化情景下作物供需水变化，分析了荒漠植被对干旱的响应机制，研究了水-能源-粮食-生态系统的稳定性和互馈机制，提出的可持续发展理论框架可为加强"一带一路"倡议在国际合作发展中的作用、实现联合国 2030 可持续发展目标(sustainable development goals，SDGs)提供重要的决策支持。该书内容丰富，资料翔实，对干旱区水资源、粮食安全、生态学、国际关系及相关领域的科研、技术、管理人员来说，是一本不可多得的科学研究本底资料，具有极高的学习价值和参考价值。

值此《中亚干旱区水-能-粮-生态系统评估与可持续发展》出版之际，我谨向作者陈亚宁团队表示热烈祝贺，向各位同行推荐这部有意义的专著。期待各界同仁对干旱区水-能源-粮食-生态系统之间的纽带关系给予高度关注，为构建人类命运共同体做出新的更大贡献。

中国科学院院士

2023 年 10 月

　　水、能源、粮食和生态均为战略性、基础性资源，四者相互关联，彼此制约，深刻影响着人类的生产和生活。水资源是干旱区水-能源-粮食-生态（WEFE）系统纽带关系的核心要素，水问题的解决对这四个相互关联的子系统在实现可持续发展方面起着至关重要的作用。在过去的半个多世纪里，中亚干旱区以 0.36～0.42℃/10a 的速度变暖，高于全球和北半球的平均升温速度，持续升温导致蒸发加大，用水压力增加，危及水资源安全，被称为"中亚水塔"的天山，冰川面积和总量分别减少了(18±6)%和(27±15)%，积雪的持续时间和深度也显著减少。在 1.5℃ 和 2.0℃温升情景下，中亚地区作物需水量预计将分别增加 13mm/a 和 19mm/a，水资源供需缺口将进一步扩大，可能对农业生产和生态安全产生较大的负面影响。因此，全面理解气候变化对 WEFE 系统带来的挑战和机会，制定相应的应对措施，是实现区域可持续发展目标的基础。

　　中亚地处欧亚大陆腹地，是丝绸之路经济带建设的关键枢纽地带。中亚地区对气候变化响应敏感，跨境河流众多，水问题突出，水-能源-粮食-生态系统关系复杂，成为影响区域稳定和经济发展的重要因素。本书介绍了中亚地区的水资源、粮食、能源和生态系统的现状及存在的问题，并从水-能源-粮食-生态系统纽带关系的角度系统研究了四者之间的相互关联和压力传递机制。在水资源和水安全方面，中亚地区气候干旱，水资源短缺，是世界上跨境河流最为密集和复杂的地区之一，水土资源空间的不匹配以及人类对水土资源的大规模开发加剧了这一地区的水危机，引发中亚地区跨境河流水冲突和咸海生态灾难。本书系统研究了中亚地区的水资源利用效率及承载力，分析了过去 50 年中亚地区跨境河流水冲突和水安全风险，为中亚地区水资源管理策略和国家/地区间的水资源合作提供了决策依据。在能源方面，中亚地区作为能源生产和消费大区，拥有丰富的矿产资源，被称为 21 世纪世界战略能源和资源高地，成为大国激烈争夺的要地。本书介绍了具有不同资源禀赋的上下游国家之间的水与能源的交易现状与挑战，研究了全球气候治理背景下，中亚地区 CO_2 减排政策与实施状态，以及 CO_2 排放与经济发展的关系，助力我国在资源配置与保障方面作出判断并选择战略支点国家，优化资源及能源配置决策制定。在农业生产方面，中亚地区以农业经济为主体，农业用水占比大。本书从水资源约束、气候变化、干旱、化肥使用等角度围绕中亚地区粮食问题开展研究，分析了中亚地区的农业资本投入、灌溉用水、农业基础设施状况等对粮食生产的影响，探讨了不同气候变化情景下中亚地区供需水量变化。在生态系统方面，中亚地区经济发展活力旺盛、资源高耗低效问题突出，不合理的水资源利用加剧了这一区域的生态问题，咸海的萎缩与生态退化成为世界关注的焦点。本书从气候变化、干旱对生态系统的影响出发，分析了中亚地区荒漠生态系统的水分利用效率，解析了咸海变化的原因以及中亚地区近期水体面积动态变化的驱动机制。在中亚地区水-能源-粮食-生态系统的关联性方面，面对全球变化背景下中亚干旱区资源约束趋紧、环境污染严重、生态系统退化的严峻形势，本书从水资源变化、能源消耗、粮食安全及生态系统稳定性方面，系统分析水-能源-粮食-生态系统的安全性和纽带关系，定量评估了中亚地区水-能源-粮食-生态系统综合压力整体变化，探讨了中亚地区水-能源-粮食-生态系统的压力状况和传递机制，为实现联合国 2030 可持续发展目标(SDGs)和区域可持续发展提供重要的决策支持。

本书是在中国科学院战略性先导科技专项"地球大数据科学工程"(XDA19030000)子课题"一带一路典型区资源利用与开发潜力评估"(XDA19030204)资助下完成的。全书共 9 章。第 1 章主要介绍中亚地区气候水文特征及未来趋势，并对未来气候变化趋势进行了预估。第 2 章从气候变化和社会经济角度详细论述了当前中亚地区水资源状况，并对中亚地区水资源利用效率和承载力进行了评估。第 3 章系统分析了中亚地区农业生产的现状和存在的问题，评估了未来气候变化对作物需水量以及粮食产量的影响。第 4 章阐释了中亚地区水安全问题的影响因素，并评估了中亚地区的水安全状况。第 5 章分析了中亚地区植被生态系统及其水分利用效率的时空演变规律及驱动因素。第 6 章探讨了中亚地区的干旱风险及未来趋势。第 7 章从多角度评估了中亚地区生态承载力和生态足迹，并对生态安全进行了综合评估与趋势预测。第 8 章主要介绍中亚地区由能源消耗所引发的生态环境问题，并分析了能源消费 CO_2 排放与经济增长之间的脱钩与响应关系。第 9 章系统论述了中亚地区水-能源-粮食-生态系统的纽带关系，阐述了各子系统之间压力的传递机制。第 1 章由陈亚宁、姚俊强撰写；第 2 章由张娇优、陈亚宁撰写；第 3 章由方功焕、张娇优撰写；第 4 章由王旋旋、陈亚宁撰写；第 5 章由郝海超、李稚撰写；第 6 章由李稚、张乐园撰写；第 7 章由李佳秀、陈亚宁撰写；第 8 章由李佳秀撰写；第 9 章由秦景秀撰写。陈亚宁对全书进行统稿和总撰。

　　本书的编纂及出版得到了中国科学院新疆生态与地理研究所、中国科学院空天信息创新研究院等单位的大力支持。项目首席科学家、中国科学院院士郭华东先生为本书作序。在此一并表示最真挚的感谢。

陈亚宁

2022 年 10 月于乌鲁木齐

目 录

第 1 章

中亚地区气候水文特征及未来趋势

本章导读

- 中亚地区地处欧亚大陆腹地，是全球最大的非地带性干旱区的重要组成部分，生态环境脆弱，对气候变化极其敏感，在全球干旱区具有独特的代表性。在气候变暖背景下，中亚地区气候和水循环系统经历了明显改变，对干旱区生态环境和水资源造成严重的影响。

- 本章基于气象水文观测和再分析数据，给出了中亚地区气候水文特征与近期变化，预估了中亚地区气温、降水和极端事件的未来变化趋势。

- 研究成果可为中亚地区气候水文变化、可持续发展提供气候背景和数据支撑，为中亚地区气候变化及其未来趋势提供新认识，为丝绸之路经济带核心区的气象防灾减灾、生态文明建设和应对气候变化提供科技支撑。

1.1 中亚地区气候特征与近期变化

1.1.1 中亚地区气候特征

中亚地区冬季处于亚洲高压西缘，被东北气流控制。夏季处于亚速尔高压东南边缘，由西北和偏北气流控制。南部的高山阻挡了水汽深入，加上其深居欧亚大陆腹地，气候十分干燥。气候类型属于典型的温带大陆性气候，只有帕米尔高原和天山属于高原气候和高山气候。

中亚地区气候具有明显的区域差异性特征。总体来看，中亚地区位于中纬度西风带，北部受西风带气候控制，水热同期，降水量主要集中在夏季；而南部受高原气候和地中海气候影响，夏季气温高，冬季气温低。但降水量分配迥异，其中，中亚地区西南部年内降水量分布均匀，而东南部的帕米尔高原及周边地区降水以冬春季为主，而夏季降水稀少。中亚地区西部年降水量在 200 mm 左右，费尔干纳山的山前地带约为 400 mm，南部山脉的西南坡降水量多达 1000 mm。阿姆河上游山区年降水量高达 3000 mm 左右(张建明等，2013)。在天山草原森林地带也可达 1000 mm 左右(胡汝骥，2004)。

中亚地区气温年较差小，日较差大，一般为 20~30℃。光热资源丰富，但不稳定，灾害种类繁多，主要灾害包括干旱、寒潮、大风、沙(盐)尘暴、低温冷冻、霜冻、冰雹、暴风雪、暴雨、山洪、泥石流和干热风等。

1.1.2 中亚地区气候近期变化

1. 气温变化

图 1.1 是基于英国东英吉利大学气候研究中心(Climatic Research Unit, CRU)资料绘制的中亚地区气温变化及低通滤波曲线。可以看出，1951~2017 年中亚地区多年平均气温为 5.8℃，其中 2013 年为最暖年，年平均气温为 7.2℃，而 1969 年为最冷年，年平均气温为 4.0℃。1951~2017 年中亚地区气温的变化趋势为 0.3℃/10a($P<0.01$)，反映了中亚地区显著的增温趋势。

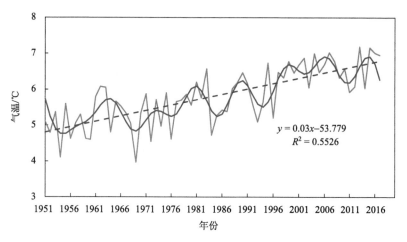

图 1.1 中亚地区气温变化及低通滤波曲线

灰色实线为气温变化序列，虚线为变化趋势线，蓝色实线为低通滤波结果

从阶段性变化来看，1951~1998 年中亚地区呈显著的增温趋势，变化趋势为 0.24℃/10a($P<0.05$)，1998~2017 年增温趋势为 0.10℃/10a($P>0.05$)，为不显著的增温特征，说明 1998 年之后中亚地区经历了增温"停滞"或"减缓"，但平均气

温依然在高位震荡，其中，1998～2017 年平均气温为 6.6℃，而 1951～1998 年平均气温为 5.4℃，1998 年之后比之前平均气温升高了 1.2℃。此外，在增温的总体趋势下，有阶段性的降温特征，如 20 世纪 60 年代有较为明显的降温特征，从 1962 年的 6.1℃持续降至 1969 年的 4.0℃，2007～2012 年也存在一个短暂的降温过程。

中亚地区气温有明显的"南部高北部低、盆地高山地低"的分布特征，其中，中亚地区南部土库曼斯坦气温在 15℃左右，8℃气温等值线从里海北缘向东至咸海—巴尔喀什湖一线，以北的图尔盖高原、哈萨克丘陵地带气温为 4～8℃。综上，中亚西部区域气温分布基本以纬度分布为主，由南向北递减，但在东部山区，受地形影响，气温表现为从盆地向山区递减的分布规律。

从中亚地区气温的变化趋势来看，全区均为显著性的升高趋势，绝大部分区域变化趋势均在 0.15℃/10a 以上，且全区均通过了 0.05 的显著性水平检验。从区域来看，中亚地区中部图兰低地及咸海周边区域增温较快，可达 0.4℃/10a（$P<0.05$），其中，土库曼斯坦南部沙漠地区的增温趋势可达 0.5℃/10a（$P<0.05$）。但塔吉克斯坦部分山区增温较缓，增温趋势在 0.1℃/10a 以下（$P<0.05$）。

2. 降水量变化

中亚地区多年平均降水量为 289.3 mm，其中 2016 年降水量最丰富，为 340.7 mm，而 1975 年为降水量最枯年，为 230.6 mm，年际差异巨大（图 1.2）。

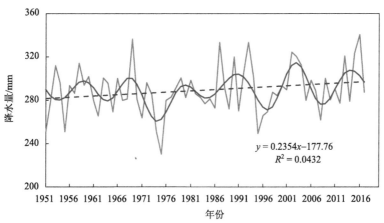

图 1.2　中亚地区降水量变化趋势

灰色实线为气温变化序列，虚线为变化趋势线，蓝色实线为低通滤波结果

中亚地区多年平均降水量总体呈"南部少北部多，盆地少山区多"的分布格局。乌兹别克斯坦中西部、土库曼斯坦大部分地区是中亚地区降水量最少的地区，

年降水量在 150 mm 以下，其中沙漠腹地在 50 mm 以下。塔吉克斯坦等高原山区降水丰富，年降水量在 500 mm 以上；以西天山为主体的吉尔吉斯斯坦年降水量在 400 mm 左右，接近同纬度的东亚地区。以上区域降水丰富，主要与所处的地理位置更易接受西南暖湿气流有关，在地形作用下形成较丰富的降水。在伊犁河—巴尔喀什湖流域，降水量由西向东逐渐增加。

中亚地区降水量季节变化明显，其中中亚北部和中亚南部存在明显差异。中亚北部以夏季降水为主；而南部以冬春季降水为主，冬春季降水可占年降水量的 2/3 以上，夏季降水最少。这一分布与中亚南部受青藏高原动力和热力作用密切相关，其中，高原季风的建立打破了原来准纬向的气候带，使得青藏高原西北侧降水出现差异。高原冬季风为反气旋，冬季风时期盛行偏南气流，有利于西南暖湿气流北上，同时，与中高纬度南下的干冷气流在青藏高原西部汇合，形成较多的冬春季降水。此外，在中亚西南部地区，降水量全年分布较为均匀，无明显季节变化特征。

1951～2017 年中亚地区年降水量变化趋势为 2.354 mm/10a，但未通过 0.05 的显著性水平检验，反映了中亚地区年降水量微弱的增加趋势，但存在明显的阶段性特征和区域差异特征。从阶段性变化来看(图 1.2)，1951～1975 年中亚地区降水量呈不显著的波动减少趋势，变化率为–5.4 mm/10a，其中 1951～1968 年以年际波动为主，无变化趋势，但 1969～1975 年降水量急剧减少，从 1969 年历史第二多的降水量(336.5 mm)降至历史最低的 230.6 mm，减少了 105.9 mm，变化趋势高达 126.9 mm/10a。1976～1993 年呈现明显的增加趋势，增加趋势为 20.9 mm/10a ($P<0.05$)，之后有两个阶段性的波动特征，但总体依然呈增加趋势，1994～2017 年增加趋势为 14.06 mm/10a。

全区大部分区域降水以增加趋势为主，其中显著性增加的区域主要位于咸海至里海周边区域，其他区域增加趋势不显著。同时，降水量减少区域主要分布在哈萨克斯坦中部、土库曼斯坦南侧区域，但减少趋势不显著。从季节变化来看，春季降水量减少，而其他季节降水量均增加，增幅最大区域位于帕米尔高原和西天山地区。

3. 潜在蒸发量变化

潜在蒸发量用来表示某区域的可能最大蒸发量或蒸发能力，一般通过 Penman-Monteith 公式计算。中亚地区多年平均潜在蒸发量为 987.1 mm，其中 2012 年潜在蒸发量最大，为 1049.9 mm，而 1960 年最低，为 923.3 mm，年际波动较大。

土库曼斯坦、乌兹别克斯坦中西部和哈萨克斯坦的咸海周边地区是潜在蒸发量最大的地区，年潜在蒸发量在 1200 mm 以上，卡拉库姆沙漠、克孜勒库姆沙漠腹地年潜在蒸发量可达 1500 mm 左右。在中亚地区北部，潜在蒸发量自南向北呈纬度地带性递减。帕米尔高原和天山山区是潜在蒸发量的低值区，年潜在蒸发量在 900 mm 左右。

1951～2017 年中亚地区年潜在蒸发量变化趋势为 7.118 mm/10a，但未通过 0.05 的显著性水平检验，反映了中亚地区年潜在蒸发量微弱的增加趋势，但存在明显的阶段性特征和区域差异特征(图 1.3)。从阶段性变化来看，1951～1975 年中亚地区潜在蒸发量呈波动增加趋势，变化率为 7.48 mm/10a，其中，1951～1968 年以年际波动为主，1969～1975 年潜在蒸发量明显增加；1976～1993 年呈现明显的减小趋势，变化趋势为 -23.8 mm/10a($P<0.05$)，而 1994～2017 年潜在蒸发量显著增加，增加趋势为 21.78 mm/10a($P<0.05$)。

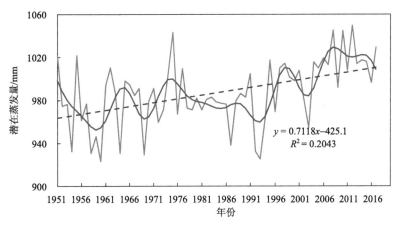

图 1.3　中亚地区潜在蒸发量变化趋势

灰色实线为气温变化序列，虚线为变化趋势线，蓝色实线为低通滤波结果

全区潜在蒸发量均以增加趋势为主，其中增加趋势高值中心在咸海及周边区域，以图兰低地为主，具体为 45°N 以南和 65°E 以西的范围。另外，巴尔喀什湖周边区域也存在增加趋势高值区，而显著增加的区域位于中亚西北部、图尔盖高原地区。

4. 中亚地区干湿变化时空分布

一般用干燥度指数(aridity index, AI)来表征一个地区气候干燥或气候干湿的程度，定义为某地一定时段内降水量与同期潜在蒸发量的比值，其在地理学和生态学研究中得到广泛应用，成为气候变化研究中常用的气候指标之一。

图 1.4 给出了 1951～2017 年中亚地区干燥度指数变化趋势，可以看出，中亚地区多年平均干燥度指数约为 0.35，其中 1993 年干燥度指数最大，为 0.42，而

1975 年干燥度指数最低，为 0.26。

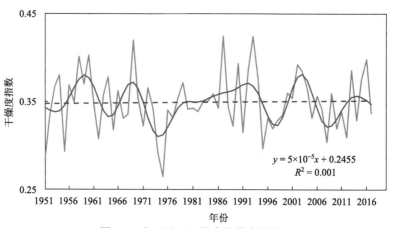

图 1.4　中亚地区干燥度指数变化趋势

灰色实线为气温变化序列，虚线为变化趋势线，蓝色实线为低通滤波结果

全区以干燥气候为主，其中中亚南部的土库曼斯坦北部、乌兹别克斯坦中西部和咸海地区是干燥中心，中心干燥度指数在 0.1 左右，而在 45°N 以北为纬向递增变化，图尔盖高原干燥度指数为 0.40 左右。干燥度高值区位于帕米尔高原、中亚天山西部，干燥度指数在 0.6 以上，反映了以上地区相对较为湿润的气候特征。

从变化趋势来看，1951～2017 年中亚地区干燥度指数无明显变化趋势，但也存在阶段性特征和区域差异特征。在区域上，咸海流域干燥度指数有显著的增加趋势，反映了以上区域气候增湿的特征，与降水量增加的区域高度一致。但土库曼斯坦南部干燥度指数有小范围显著的减少趋势，这是受降水量减少和潜在蒸发量增加的共同影响。此外，哈萨克斯坦中部区域、哈萨克斯坦丘陵南部地区有不显著的减少趋势，反映了以上区域气候的变干态势，与潜在蒸发量的增加有关。

干燥度的变化受到降水量和潜在蒸发量的共同影响，表现出明显的阶段性特征。其中，1951～1975 年中亚地区干燥度指数表现为不显著的波动减小趋势，反映气候变干态势，此期间降水波动减少而潜在蒸发量波动增加；1976～1994 年干燥度指数表现为显著增大趋势，增大速率为 0.033/10a（$P<0.05$），此期间降水量显著增加而潜在蒸发量显著减少；1995～2017 年干燥度指数也有显著增大趋势（0.011/10a，$P<0.05$），此期间降水量和潜在蒸发量都呈显著增加趋势，但降水量的增速大于潜在蒸发量的增速。

5. 极端降水变化

20 世纪 90 年代以来，中亚地区的气象数据和长期连续数据有限。选取符合极端指数计算要求的 49 个站点数据进行研究，其中 32 个站点在 1936 年 1 月 1 日至 2005 年 12 月 31 日，15 个站点在 1925 年 1 月 1 日至 2005 年 12 月 31 日，共 81 年。以上数据的年缺测率小于 10%。在中亚北部、中亚西南部和中亚东南部地区分别选择了 11 个、16 个和 22 个站点。

选取气候变化与监测指数专家团队(Expert Team on Climate Change Detection and Indices, ETCCDI)开发和推荐的用于研究极端气候变化的 10 个极端降水指数，这些指数可以分为 4 类：①强度指数，包括年总降水量(PRCPTOT)、降水强度(SDII)、年最大 1 日降水量(Rx1day)、年最大 5 日降水量(Rx5day)；②基于百分位的阈值指数，包括 95 百分位强降水量(R95pTOT)、99 百分位极强降水量(R99pTOT)；③频率指数，包括大雨日数(R10，日降水量大于 10mm 日数)、暴雨日数(R20，日降水量大于 20mm 日数)；④持续时间指数，包括连续干旱日数(CDD)、连续雨日(CWD)。

图 1.5 为 1936～2005 年中亚地区 PRCPTOT 和 Rx1day 距平特征及变化趋势。由图 1.5 可知，1936～2005 年中亚地区的 PRCPTOT 和 Rx1day 发生了明显的变化。1936～1957 年为最干旱的时期，而 1997～2004 年为最湿润时期。1969 年(332.1mm)和 1944 年(152.0mm)分别为中亚地区降水量最多年和最少年。由中亚地区平均降水量的时间序列发现，1936～2005 年降水量波动变化，特别是 20 世纪 60 年代开始明显增加。中亚地区极端降水指标 Rx1day 变化与总降水量变化基本一致。

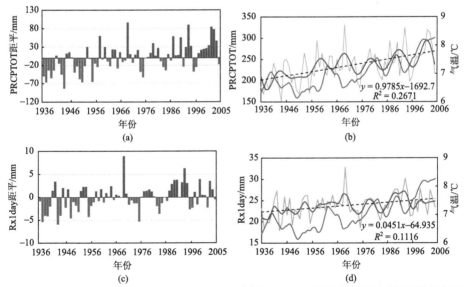

图 1.5　1936～2005 年中亚地区 PRCPTOT〔(a)和(b)〕和 Rx1day〔(c)和(d)〕距平特征及变化趋势

(b)和(d)中，浅蓝色线条为 PRCPTOT 和 Rx1day 的变化趋势，黑色虚线和蓝色实线分别为线性趋势和低通滤波，红色实线代表中亚气温的低通滤波

CRU 数据显示, 1936~2005 年中亚地区年平均气温以 0.22℃/10a 的速率上升。20 世纪 60 年代到 21 世纪前 10 年, 增暖速率更高, 约为 0.30℃/10a。极端降水量随着气候变暖而明显增加。图 1.5(b) 和 (d) 显示中亚地区 PRCPTOT 和 Rx1day 与地表气温的关系, 结果表明, PRCPTOT 和 Rx1day 与气温显著正相关, 尤其是从 20 世纪 60 年代开始, 相关系数分别为 0.62 和 0.37。因此, 总降水量和极端降水的变化是气候变暖最直接的后果之一。

观测结果显示, 中亚地区的 PRCPTOT 和 Rx1day 均显著增大 ($P<0.001$), 增大趋势分别为 9.79mm/10a 和 0.58mm/10a, 在 1960 年发生突变型增加 (图 1.6)。基于突变分析, 将研究时段分为 1936~1960 年和 1961~2005 年两个时期, 1960年后极端降水指标均显著上升, PRCPTOT 和 Rx1day 在两个时期的平均值之差分别为 35mm 和 3mm。1925~2005 年其他极端降水指数 (如 SDII、Rx5day、R10、R20、R95pTOT、R99pTOT 和 CWD) 均呈增加趋势, 而 CDD 呈下降趋势。此外, 大部分指标 (SDII、Rx5day、R10、R20、CDD) 在 95%显著性水平下具有统计学显著性趋势。

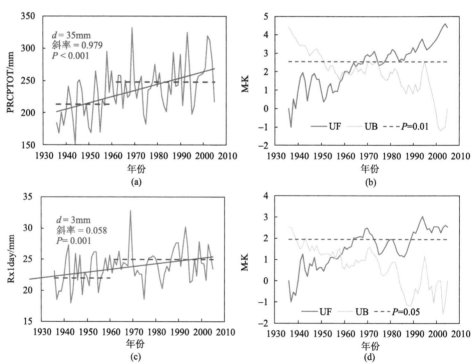

图 1.6　基于观测结果的中亚地区 PRCPTOT [(a) 和 (b)]、Rx1day [(c) 和 (d)] 时间序列和突变检验

M-K 为曼-肯德尔 (Mann-Kendall) 的缩写

1.2　中亚地区大气水汽压差变化特征

1.2.1　中亚地区大气水汽压差时空分布

1979～2019 年中亚地区多年平均水汽压差(vapor pressure deficit, VPD)的范围在 0～1.6 kPa。VPD 空间分布基本特征为中亚地区北部偏低而南部偏高,沙漠盆地偏高而山区高原偏低。

受格点资料空间分辨率的影响,ERA-5 资料能够精细地刻画出 VPD 分布的"山盆"格局,其中在中亚天山山区、帕米尔高原至昆仑山区为 VPD 的低值区,多年平均 VPD 在 0.2 kPa 以下,而中亚地区南部土库曼斯坦沙漠地区的 VPD 较高,达到 1.2 kPa 以上,这与沙漠地区干旱少雨的气候特点相对应;最高值主要在土库曼斯坦南部地区,以上区域主要受周边高山环抱的地形影响,沙漠戈壁下垫面增热迅速而散热慢,形成气温高而降水少的气候特点,VPD 在 1.4 kPa 以上。在受地形格局影响较小的中亚平原丘陵地区,VPD 变化从南至北逐渐呈纬向减少的态势,反映了 VPD 受气温梯度变化的影响,VPD 从南部的 1.2 kPa 左右下降到 49°N 以北区域的 0.4 kPa 以下。

基于 CRU TS4.04 资料和 ERA-5 资料计算的 1979～2019 年中亚地区多年平均 VPD 分别为 0.61 kPa 和 0.63 kPa,显示两种资料计算的中亚地区多年平均 VPD 基本一致。逐月 VPD 分布也表现出高度一致性,但也存在微小的差异,其中基于 4～9 月 ERA-5 资料计算的 VPD 略高于 CRU TS4.04 资料结果,但基于 10 月至次年 3 月 CRU TS4.04 资料计算的 VPD 略高于 ERA-5 资料结果。此外,6～8 月两者差值较大,差值在 0.1 kPa 左右,其余月份差值更小,在 0.05 kPa 以下。

从中亚地区逐月 VPD 变化来看,VPD 在 7 月最大、1 月最小(图 1.7)。从季节变化来看,夏季 VPD 最大,其次是春季和秋季,冬季 VPD 最小,基于 CRU TS4.04 资料的季节均值大小依次为 1.22 kPa、0.57 kPa、0.51 kPa 和 0.13 kPa,基于 ERA-5 资料的季节均值大小依次为 1.34 kPa、0.58 kPa、0.50 kPa 和 0.11 kPa(图 1.8)。

1.2.2　中亚地区大气水汽压差时间变化趋势

1979～2019 年,中亚地区 VPD 呈现明显的上升趋势,其中 CRU TS4.04 资料反映的 VPD 变化趋势为 0.021 kPa/10a,ERA-5 资料为 0.023 kPa/10a,均通过了 0.05 的显著性水平检验(图 1.9)。总体来说,近 40 年来中亚地区 VPD 变化趋势与全球大气水汽压差的长期变化趋势一致。从变化的阶段性来看,20 世纪 80 年代

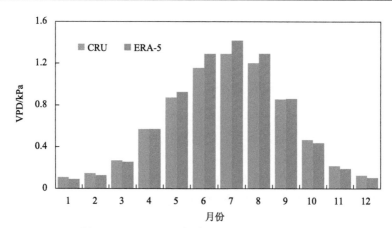

图 1.7　1979～2019 年中亚地区逐月 VPD 分布

为了简便，本书图中 CRU 指 CRU TS4.04，下同

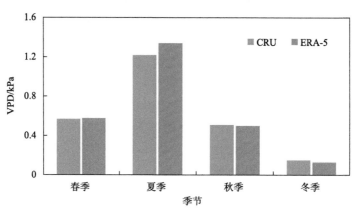

图 1.8　1979～2019 年中亚地区 VPD 季节分布

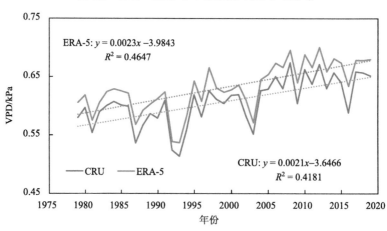

图 1.9　1979～2019 年中亚地区 VPD 变化趋势

初期至 90 年代中期有波动下降趋势，变化趋势为–0.03 kPa/10a，90 年代中期至 21 世纪初期呈波动上升趋势，变化趋势为 0.028 kPa/10a，而 21 世纪初期至今呈微弱的年际波动，基本无变化趋势，且每个阶段变化趋势均未通过 0.05 的显著性水平检验。

基于累积距平曲线分析发现，中亚地区全年 VPD 在 2003 年前后发生了转折，在 2003 年之前，中亚 VPD 距平值为负，逐年 VPD 低于 1979~2019 年 VPD 的均值，但在 2003 年之后距平值为正，表明 VPD 增加趋势主要出现在 21 世纪初期，这与全球及中国 VPD 在 20 世纪 90 年代末及 21 世纪初以来出现急剧增加的趋势结论一致。值得注意的是，20 世纪 80 年代初期至 90 年代末期 VPD 呈先波动下降后波动上升趋势，而 21 世纪以来增加趋势消失或减缓，呈无明显变化趋势特征，这与全球气温的变化趋势相似，反映了气温对 VPD 变化的主导作用。

总体来看，中亚地区绝大部分区域 VPD 呈现上升趋势，但不同资料存在差异。中亚地区 95%以上的格点有上升趋势，上升最显著的区域主要是中亚南部地区，变化趋势在 0.02 kPa/10a 以上，且通过了 0.05 的显著性水平检验，表明这些地区 VPD 的上升趋势极其显著。哈萨克斯坦中北部地区、中天山山区等小部分区域 VPD 增加趋势没有通过 0.05 的显著性水平检验，仅在个别格点 VPD 呈现不显著的下降趋势。

图 1.10 给出了基于 CRU TS4.04 和 ERA-5 两种资料的 1979~2019 年中亚地区季节 VPD 变化趋势。总体来看，春季、夏季、秋季 VPD 变化趋势基本一致，资料结果一致性也较好，但在冬季两种资料揭示的 VPD 变化趋势相反。

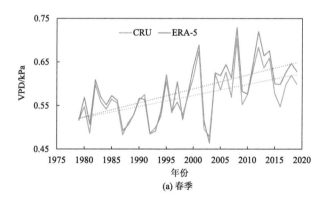

(a) 春季

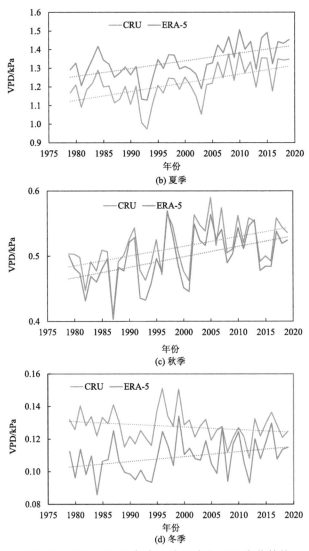

图 1.10　1979～2019 年中亚地区季节 VPD 变化趋势

　　1979～2019 年，两种资料给出的中亚地区春季 VPD 变化趋势最为一致，变化趋势分别为 0.032 kPa/10a（ERA-5）和 0.025 kPa/10a（CRU TS4.04），且通过了 0.05 的显著性水平检验，表明中亚地区春季 VPD 的上升趋势显著；2004 年之前，CRU TS4.04 和 ERA-5 两种资料的变化曲线非常一致，但 2004 年之后两者存在差值，其中 ERA-5 资料给出的 VPD 大于 CRU TS4.04 资料结果。根据 1979～2019 年夏季 ERA-5 资料计算的 VPD 逐年值均大于 CRU TS4.04 结果，相差约 0.2 kPa，而两种资料给出的变化趋势基本一致，变化趋势分别为 0.046 kPa/10a（ERA-5）和

0.041 kPa/10a(CRU TS4.04)，且通过了 0.05 的显著性水平检验，表明中亚地区夏季 VPD 的上升趋势显著，而阶段性变化与全年 VPD 变化曲线非常一致，反映了夏季对全年 VPD 变化贡献最大。

在秋、冬季节，两种资料的差值与春、夏季节相反，秋、冬季 CRU TS4.04 资料反映的 VPD 大于 ERA-5 资料结果。秋季来看，ERA-5 和 CRU TS4.04 两种资料给出的 VPD 变化趋势较为一致，变化趋势分别为 0.016 kPa/10a(ERA-5)和 0.015 kPa/10a(CRU TS4.04)，且通过了 0.05 的显著性水平检验。秋季 VPD 变化具有明显的阶段性特征，2003 年有明显的转折，2003 年之前，中亚地区 VPD 变化呈微弱上升趋势，变化趋势为 0.016 kPa/10a(ERA-5)，而 2003 年之后中亚地区 VPD 变化呈下降趋势，趋势为–0.012 kPa/10a(ERA-5)，但均未通过 0.05 的显著性水平检验。

冬季两种资料揭示的 1979～2019 年中亚地区 VPD 变化趋势相反，其中 CRU TS4.04 资料给出的 VPD 呈下降趋势，变化率为–0.002 kPa/10a，而 ERA-5 资料给出的 VPD 呈上升趋势，变化率为 0.003 kPa/10a，未通过 0.05 的显著性水平检验。21 世纪之前，CRU TS4.04 和 ERA-5 两种资料揭示的冬季 VPD 差值较大，但 21 世纪以来两种资料给出的 VPD 的差值较小，并趋于一致的波动变化。

1.3　中亚地区大气水汽压差变化的影响因素

大气水汽压差是在一定温度下，饱和水汽压与空气中实际水汽压之间的差值。因此，饱和水汽压和实际水汽压的变化调控着 VPD 的变化。

1.3.1　饱和水汽压

在一定温度下，大气中的水汽压增大到某一极值，水汽就会达到饱和状态，如果超过该极值，水汽会凝结成为液态水，这一极值称为该温度下的饱和水汽压。因此，饱和水汽压和温度密切相关，是温度的函数。1979～2019 年中亚地区饱和水汽压的变化曲线如图 1.11(a)所示。从图 1.11(a)可以看出，两种资料揭示的中亚地区饱和水汽压均呈明显上升趋势，变化趋势分别为 0.023 kPa/10a(ERA-5)和 0.021 kPa/10a(CRU TS4.04)，且通过了 0.05 的显著性水平检验，表明中亚地区饱和水汽压的上升趋势显著。CRU TS4.04 和 ERA-5 两种资料的变化曲线非常一致，CRU TS4.04 资料反映的饱和水汽压值略大于 ERA-5 资料的结果，2010 年以来两者的差值更小。从阶段性特征来看，21 世纪初期以前，中亚地区饱和水汽压呈波动上升趋势，年际变化较大；但 21 世纪以来，饱和水汽压的年际变化变小，上升趋势有所减弱，变化趋势趋于平缓。这与 21 世纪以来出现增温趋势停滞或减缓一致。

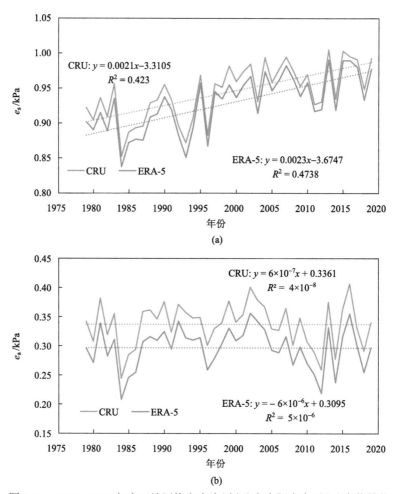

图 1.11　1979～2019 年中亚地区饱和水汽压(e_s)和实际水汽压(e_a)变化趋势

　　基于 CRU TS4.04 资料分析得出，1979～2019 年中亚地区饱和水汽压的多年平均值为 0.94 kPa(表 1.1)。季节上，夏季最大，其次是春、秋季节，冬季最小。从变化趋势来看，1979～2019 年中亚地区全年饱和水汽压呈明显上升趋势，变化趋势为 0.021 kPa/10a。从季节变化来看，夏季增加趋势最大，为 0.051 kPa/10a，其次是春季(0.042 kPa/10a)和秋季(0.016 kPa/10a)，且上述季节饱和水汽压均通过了 0.05 的显著性水平检验，表明春季、夏季、秋季饱和水汽压的上升趋势显著。此外，冬季饱和水汽压呈微弱的上升趋势，未通过 0.05 的显著性水平检验，反映了冬季饱和水汽压不显著的变化特征。ERA-5 资料反映的饱和水汽压季节变化特征与 CRU TS4.04 资料结果一致。

表 1.1　1979～2019 年中亚地区全年和季节饱和水汽压和实际水汽压变化趋势

变量	时段	CRU TS4.04		ERA-5	
		均值/kPa	趋势/(kPa/10a)	均值/kPa	趋势/(kPa/10a)
e_s	全年	0.94	0.021**	0.93	0.023**
	春季	0.99	0.042**	0.97	0.043**
	夏季	2.36	0.051**	2.33	0.054**
	秋季	0.97	0.016*	0.93	0.019**
	冬季	0.31	0.002	0.32	0.003
e_a	全年	0.34	0.000	0.30	0.000
	春季	0.42	0.017**	0.38	0.011*
	夏季	1.14	0.004	0.99	0.012
	秋季	0.45	0.001	0.43	0.003
	冬季	0.19	0.004	0.21	0.000

*表示通过了 95%的显著性水平检验；**表示通过了 99%的显著性水平检验。

1.3.2　实际水汽压

1979～2019 年中亚地区实际水汽压的变化曲线如图 1.11(b)所示。从图 1.11(b)可以看出，CRU TS4.04 和 ERA-5 资料的实际水汽压变化趋势一致，但 CRU TS4.04 资料反映的实际水汽压值略大于 ERA-5 资料的结果；两种资料揭示的实际水汽压以年际波动为主，无明显变化趋势。从阶段性特征来看，20 世纪 80 年代中期至 21 世纪初有明显的阶段性上升趋势，21 世纪前 10 年转折为显著的下降趋势，之后以较大的年际波动为主，反映了实际水汽压变化的复杂性。实际水汽压除了受饱和水汽压的影响外，还受相对湿度的影响。

基于 CRU TS4.04 资料分析得出，1979～2019 年中亚地区实际水汽压的多年平均值为 0.34 kPa。季节上，夏季最大，其次是秋季和春季，冬季最小。从变化趋势来看，1979～2019 年中亚地区全年实际水汽压无明显的变化趋势；从季节变化来看，仅春季有较为显著的上升趋势，变化趋势为 0.017 kPa/10a，其他季节均呈不显著的增加趋势。ERA-5 资料反映的实际水汽压季节变化特征与 CRU TS4.04 资料结果几乎一致(表 1.1)。

1.4　中亚地区水文与水资源

1.4.1　水文与水资源特征

中亚地区河流众多，其中流域面积在 1000 km^2 以上的河流近 10 条，著名的

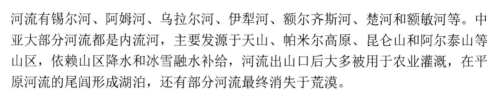

河流有锡尔河、阿姆河、乌拉尔河、伊犁河、额尔齐斯河、楚河和额敏河等。中亚大部分河流都是内流河，主要发源于天山、帕米尔高原、昆仑山和阿尔泰山等山区，依赖山区降水和冰雪融水补给，河流出山口后大多被用于农业灌溉，在平原河流的尾闾形成湖泊，还有部分河流最终消失于荒漠。

中亚地区河流的特点主要包括：① 河流众多，以内流河水系为主，流量小；② 河流季节性变化明显，径流量相对稳定，有春汛和夏汛两个汛期，夏汛较长；③ 冰期主要在冬季，含沙量较高；④ 跨境河流众多。主要的跨境河流包括乌拉尔河、伊犁河、额尔齐斯河、楚河等，而锡尔河和阿姆河均跨境中亚四国，国家间水资源利用的矛盾突出。此外，在沙漠广布的内陆干旱地区，还有大面积的无流区。

锡尔河是中亚最长的河流，发源于天山山区西部，上游是纳伦河，全长约3000 km；阿姆河是中亚水量最充沛的大河；锡尔河、阿姆河最终均注入咸海。乌拉尔河位于哈萨克斯坦西端，发源于南乌拉尔山，注入里海。额尔齐斯河发源于中国阿尔泰山区，在汇入支流伊希姆河、托博尔河后，流入鄂毕河而最终注入北冰洋。额敏河介于伊犁河与额尔齐斯河之间，发源于中国境内，在哈萨克斯坦接纳了支流卡拉布塔河，穿越砂质谷地和盆地后流入阿拉湖（邓铭江等，2010）。

中亚地区湖泊众多，也被称为"中亚大湖区"，著名的湖泊包括里海、咸海、巴尔喀什湖、伊塞克湖等湖泊。其中，里海是世界上最大的湖泊，而伊塞克湖是世界上最深的高山湖泊，面积仅次于南美洲的的的喀喀湖。此外，中亚西北部的图尔盖地区分布着数以千计的湖泊。

1.4.2　主要流域水资源变化

1. 径流变化

中亚大部分地区气候干旱，蒸发强烈，降水主要分布在天山和帕米尔高原等山区，大部分河流也发源于天山产流区和帕米尔高原产流区，最终消失于荒漠，或注入内陆湖泊，属于内陆河流域。中亚地区的大部分河流属于咸海-里海流域，如锡尔河、阿姆河、乌拉尔河等。在诸多河流中，锡尔河河口多年平均流量为1060 m³/s，年径流量为341亿 m³；锡尔河流域径流的形成主要来自山区，费尔干纳盆地出口年平均流量为700～600 m³/s，其河水补给大多数为雪水补给，少数为冰川补给和雨水补给；锡尔河流经中亚最主要经济区，生活用水占其径流量的52%，最终注入咸海。阿姆河是中亚水量最充沛的大河，发源于帕米尔高原的维略夫斯基冰川，水资源量为679亿 m³，流域山地年降水量为1000～2000 mm，而紧邻的平原和山麓降水只有100 mm；尽管山区降水丰富，但雨水补给对河流径流的作用不大，阿姆河的主要补给来自融雪水和地下水，分别占到 50% 和 30% 左右；积雪随流域海拔分布，而融化在各个高度依次进行，决定了径流的年内分配，如季节性积雪融化而引起的春汛开始于 3 月，延续到 6 月底；在 7 月或 8 月，有永久积雪与冰川融化引起的主要洪峰。这类积雪融化影响年内径流分配的流域，主要受前冬积雪积累和春夏季温度变化的影响。

锡尔河和阿姆河(简称两河)养育了中亚大部分的绿洲和农业，被称为中亚各国的"母亲河"。两河均位于西风控制的中纬度干旱区，且同发源于西风的迎风坡，补给形式相似，中下游流经绿洲和荒漠，最终汇入咸海，产汇流和耗水特征相似，水量变化具有一致的变化特征。据长期观测资料，近 50 年来两河入咸海径流量均呈减少的趋势，且有阶段性变化特征(图 1.12)。20 世纪 70 年代是一个明显的分界线，之前水量较大，阿姆河年径流量为 39.9 km³，锡尔河为 10.9 km³；70 年代之后水量骤减，阿姆河减少了近 30 km³，锡尔河也减少了 8 km³。拦水蓄水水库等水利工程的建设，加上灌溉用水的增加，是两河入咸海水量骤减的主要原因。50～70 年代，苏联在中亚地区进行大规模灌区和以灌溉、水力发电为目的的水利工程建设，在两河流域建成了蓄水量达 1000 万 m³ 的水库 80 多座，总蓄水量达 600 亿 m³ 以上；还建成了大规模的运河和引水灌溉工程，引水工程主要在阿姆河，如阿姆布哈尔运河和卡拉库姆运河等。卡拉库姆运河是当时世界上最大的引水工程之一，把阿姆河水一直引至土库曼斯坦首都阿什哈巴德市以西，总长 1300 km 以上，设计年引水量达 130 亿 m³，实际引水量约达 130 亿 m³，将

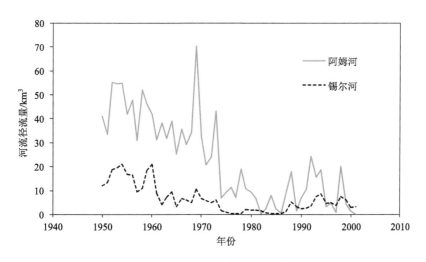

图 1.12　中亚主要河流径流量变化

阿姆河近 1/3 的水量调走，灌溉面积超过 100 万 hm²，且运河和渠系流经荒漠和沙地，蒸发和渗漏非常严重，失水量超过其流量的 1/3。在两河的中下游，大量的土地被开垦，苏联向该地区大量移民，使之从事棉花、水稻等高耗水农业生产。据统计，苏联 90% 的棉花、40% 的水稻、30% 的蔬菜水果由该地区供应。两河流域人口从 20 世纪 60 年代的 $1.4×10^7$ 人增加到 80 年代的 $2.7×10^7$ 人，灌溉面积也增加了近 250 万 hm²（姚俊强等，2016）。

20 世纪 70 年代之后，两河入咸海水量虽然持续呈较低态势，但在 1987 年之后两河入咸海水量有回升趋势，其中阿姆河水量增加了 $2×10^6 m^3$，锡尔河水量增加了 $3.6×10^6 m^3$。灌溉用水量和工业生活用水量持续增加，截取了更多的河川径流，而两河入咸海水量有了明显的增加，这主要是气候变化的影响。80 年代中后期，气温回暖，降水增多，加速了常年积雪和冰川融化，使得进入河道的径流量增加，尽管有更多的人工引水和蒸发散失，但进入咸海的水量依然增多。锡尔河流域，1987 年之后流域平均年降水量增加了 95 mm，年均气温增加了 1.8℃。

1）锡尔河流域径流变化

锡尔河 Ak-Jar 水文站多年平均流量为 549.4 m³/s，年内分配较为均匀，其中 6 月流量最大，为 712.7 m³/s，9 月最低，为 332.6 m³/s（图 1.13）。从季节变化来看，四季流量占总流量的比例分别为 26.05%、26.55%、20.40% 和 27%，说明锡尔河流域流量季节分布特征不明显，春夏和冬季不相上下，秋季最小。

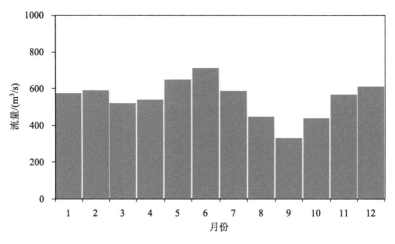

图 1.13　锡尔河上游 Ak-Jar 水文站流量年内变化

1954～2016 年锡尔河 Ak-Jar 水文站流量总体有增加趋势，线性增加速率为 23.43 m³/(s·10a)。总体来看，锡尔河上游流量在 1975 年出现了明显转变，1975

年之前年际变化较大，1969 年出现年最高流量(985 m³/s)，而在 1975 年降至历史最低，年流量为 255.3 m³/s。此后逐渐增加，实现由枯至丰的转变，20 世纪 90 年代之后，锡尔河上游整体偏丰(图 1.14)。分时段来看，共有 3 个不同的变化阶段，其中 1975 年之前波动变化较大且明显，变化率为–44.19 m³/(s·10a)；1975～2004年，流量呈明显上升趋势，变化率为 131.33 m³/(s·10a)，变化幅度较大，流量在该时期相对偏多，进入丰水期；2005 年开始有减弱趋势，变化率为–130.28 m³/(s·10a)，尽管流量变化呈明显的下降趋势，但与 20 世纪 70 年代中期至 90年代中期相比，锡尔河上游仍处于偏丰期。显然，径流变化表现出非线性的波动上升趋势，并非是线性和平稳的变化。

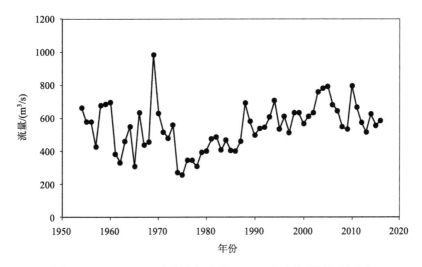

图 1.14　1954～2016 年锡尔河上游 Ak-Jar 水文站流量年际变化

2) 喷赤河流域径流变化

喷赤河流域多年平均流量为 1085 m³/s，多年平均连续最大流量发生在 7 月，为 2416 m³/s，最小月份为 1 月，为 428 m³/s，年内分配极不均匀(图 1.15)。从季节来看，四季流量占总流量的比例分别为 21.58%、50.48%、17.43%和 10.51%，夏季流量占一半以上，春秋次之，冬季最少。典型的内陆河特征与中国大部分河流流量年内分布相似。喷赤河河源较高，以冰雪融水和雨水混合补给为主，径流的年内变化与气温及降水的季节变化关系十分密切。夏季高温多雨，径流量大且集中，春汛连接夏洪汛期较长，冬季降水稀少，温度较低，径流量小而稳定。

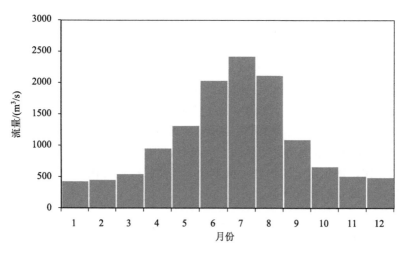

图 1.15　喷赤河流量年内变化

　　1965～2016 年喷赤河流量总体有微弱的减少趋势，但趋势不明显，未通过显著性水平检验，但存在明显的年代际变化特征。总体来看，喷赤河流量在 1992 年出现了由波动变化向阶段性变化的转折，1992 年以前流量年际变化较大，但在 1992 年之后年际变化趋于稳定，丰枯变化明显，1992～2000 年流量相对偏少，喷赤河整体偏枯，2001～2011 年则相对偏多，喷赤河整体偏丰，之后又转向偏枯阶段。分时段来看，共有 5 个不同的变化阶段，其中 1965～1982 年流量有微弱的减弱趋势 [变化率为 –8.19 m³/(s·a)]，1983～1990 年明显增加 [36.58 m³/(s·a)]，变化幅度较大；1991～2000 年明显下降 [–24.79 m³/(s·a)]，2001～2011 年攀升至高流量位，而 2011 年之后明显下降，但阶段内变化幅度不大。

　　在气候变化背景下，干旱区流域流量变化主要受局部气候因子，如山区降水量和气温的影响。通过对中亚主要流域喷赤河和锡尔河的流量、气温和降水量进行分析发现，锡尔河流量年内分布型和对应山区降水量的年内分布极为相似，表明锡尔河流域流量与降水量在年内尺度上具有内在关联性。而喷赤河流量年内分布型与山区降水分布相反，但与气温年内分布相似度高，说明喷赤河流量与降水量关系不大，与气温变化具有密切关系。因此，流量受气温和降水共同影响，这也是流量与降水、气温具有相似分布型的重要原因。结合上述气候和流量的分析发现，流域气温的转折时间主要发生在 1997 年和 2004 年，有明显的年代际变化特征；而降水变化主要体现在年际差异上，虽然流量已有明显变化，但在变异时间点上并不完全同步。

　　为进一步定量分析河流流量对气候因子的响应，分别进行了喷赤河和锡尔河流量、气温和降水量的相关分析，结果表明，锡尔河上游流量与气温的关系不明显，但流量与降水量的相关系数达到0.54，从侧面反映出降水是影响锡尔河上游流量变化最主要的气候因子，这与年内变化的研究结论是一致的。在喷赤河，流量与气温和降水量的相关系数差别不大，分别为0.19和0.23，反映了气温和降水量变化对流量的差异性影响，也从侧面说明了喷赤河流量变化的复杂性。

降水和气温对径流的影响程度有异，这与径流组分关系密切。中亚河流主要来源于天山山脉，河流径流补给既有高山冰川、永久性积雪，又有中低山季节性积雪融水和降水补给。因而，降水和气温作为表征气候变化的两个基本因子都对出山口径流具有显著影响。一般地，降水以雨雪的形式通过汇流直接补给径流，且能增加山区积雪的积累量，对流量变化的影响更加直接。而气温影响径流的形式复杂，主要是影响冰雪消融和蒸发量的形式。研究发现在中国干旱区，在其他条件不变的情况下，融雪期天数每增加1%可诱发年径流量增加4.69%，而在山区增暖背景下，融雪期天数有明显增加。气温增加引起蒸发量增加，但蒸发量更加具有不确定性。根据水量平衡原理，径流量、降水量和蒸发量此消彼长，即在降水量不变的情况下，蒸发量的增加会增大地表水资源的消耗，从而引起径流量减少。因此，降水和气温及其变化决定着中亚天山河流流量的变化，受流域径流组分差异性的影响，气候因子对径流的影响程度存在一定差异。

2. 湖泊变化

湖泊是内陆干旱区水资源的重要组成部分，由于全球变暖的影响，加之人类不合理的开发利用，湖泊水位下降，面积收缩，湖底裸露，水质恶化，致使湖滨植被死亡，水生生物生长环境恶化，导致湖泊生态系统破坏，部分内陆湖泊濒临消亡，而内陆干旱区生态环境脆弱，一旦破坏，很难得到修复。近年来的湖泊变化研究表明，气候变化与人类活动对该地区水资源的时空分布及湖泊变迁造成了重大影响，引发了一系列的生态灾难。

1）咸海

"咸海危机"是湖泊濒临消失最为严重的例子，被称为"全球最令人震惊的环境灾害"。20世纪60年代咸海水域面积为68000 km²，为世界第四大湖泊，总水量达1100 km³，含盐量仅为10 g/L。由于气候变化和人类对水资源的过度开发利用，水域面积萎缩，湖泊水量减少，含盐量剧增，20世纪末面积下降至28687 km²，总水量减少了80%，含盐量上升到45g/L；2007年面积仅为最初的10%，南咸海的含盐量高达100 g/L以上。在"咸海危机"中，大规模的农业灌溉和用水增加是"罪魁祸首"，但区域气候变化依然是最主要的幕后推手，20世纪70年代开始咸海水位快速下降，而70年代之后气候有暖干化趋势，蒸发量增加而降水量减少。例如，咸海的主要补给源锡尔河在70年代之后气温增加了1.28℃，而山区降水量减少了 30 mm 左右，虽然阿姆河的暖干化趋势较弱，但流经沙漠的河道蒸发散失依然很大。咸海的剧变产生了严重的生态环境问题，地下水位下降导致植被退化，裸露的湖盆发育成新的风沙源地，盐尘暴频发，造成湖泊周边人居环境恶化，直接威胁着当地居民的健康。同时，削弱了湖泊天然的气候调节功能，增加了风沙频次和强度，输送到空气中的气溶胶破坏臭氧层，改变区域气候变化，使得大陆性气候特征更加突出。

2) 巴尔喀什湖

巴尔喀什湖是中亚地区最大的湖泊之一，东西长南北窄的独特湖泊形态、巨大的面积和过浅的湖深，导致湖泊水域上水文气象条件分布不均匀，容易受到来水量波动的影响。巴尔喀什湖流域是受人类活动强烈干扰的地区，属典型的自然-人工二元水循环系统。在气候变化背景下，湖泊固有的水量动态平衡关系受到影响，入湖径流量急剧减小，导致湖泊面积减小、水位下降以及湖岸带退化，并由此引发了巴尔喀什湖生态问题，成为继"咸海危机"之后又一个中亚湖泊危机。流域内山脉和盆地交错分布，山-盆体系完整，主要来自周边山区冰雪融水的补给，伊犁河是最主要的补给源流，占总来水量的 79.4%，而山区冰雪融水受气候变化的影响非常明显。

根据观测和推演资料，巴尔喀什湖水位在 1879~2009 年的 131 年间经历了 5 个明显阶段，依次为"升—降—升—降—升"的演变特征，其中，1879~1908 年、1946~1970 年、1988~2009 年为水位上升阶段，1909~1945 年和 1971~1987 年为水位下降阶段。以有较长气象观测资料的巴尔喀什站和阿拉木图站(1881~2011年)为代表站，分析气候变化对湖泊水位的影响，发现流域在 20 世纪初期之前属于冷湿期，降水量和入湖水量逐年增加，湖泊水位从 340.5 m 上升到 343.7 m；至 30 年代，气候由"冷湿"向"冷干"转型，降水量和径流量明显减少，入湖水量比历年减少了 12%，导致湖水位下降，降幅为 7.6 cm；进入 50 年代以来，尤其在 60 年代，气温回升，降水偏多，入湖径流量增多，如 50 年代入湖径流量比 40 年代增加了 28.4%，湖水位增幅达 17.2 cm；70 年代，气温持续微弱上升，但降水偏少，加上建设在伊犁河上的卡普恰盖水库开始蓄水，导致伊犁河入湖水量急剧减少，这个影响持续至 80 年代中期，在气候和人为的综合影响下，巴尔喀什湖水位持续下降，最低水位几乎接近历史极值。80 年代中后期开始，流域向暖湿化转型，进入 21 世纪后暖湿化更加明显，如 2001~2008 年降水量比多年均值增加了 24%，导致入湖水量增加，湖水位迅速上升。1971~1987 年湖泊水位下降了 2.36 m，其中气候变化的贡献占 38%，人工引水取水占到 62%。因此，认为巴尔喀什湖水位变化主要受流域内气候发生周期变化的影响，而在连续枯水期，人工引水取水对入湖水量影响较大。

3）伊塞克湖

中亚地区高山湖泊位于高山或高原低洼的盆地之中，部分湖泊具有稳定的高山冰川融水补给，处于自然状态，受人类活动影响较小，能较真实地反映区域气候变化状况，对气候变化的响应更为敏感，因此高山湖泊被称为气候与环境变化的敏感指示器。这些湖泊是干旱区的重要水资源，对干旱区生态环境有着直接作用和重大影响。

伊塞克湖位于西天山昆格-阿拉套山脉和杰兹科伊-阿拉套山脉之间盆地，是中亚地区最大的高山湖泊，湖长 177 km，湖宽 60 km，也是世界上最深的湖泊之一，平均湖深为 278 m，最大湖深达 702 m，储水量可达 1730 亿 m³。根据长期观测，伊塞克湖水位长期变化幅度不大，但一直呈明显下降趋势，在 20 世纪平均每年降低 4 cm，如 1927 年湖水位为 1609.5 m，到 2003 年下降至 1606.8 m，降低了 2.7 m；但在近期有上升趋势，据 Jason-1/2、ICESat 等卫星测高数据反演得出，2009 年伊塞克湖水位为 1607 m，比 21 世纪初上升了 0.13m。伊塞克湖面积呈减少趋势，根据遥感反演数据，1975 年湖面积为 6252.2 km²，至 21 世纪初下降至 6195.9 km²，2007 年为 6211.2 km²，2009 年为 6213.4 km²。通过对伊塞克湖近几十年来水位变化的研究发现，高山湖泊近期的水位抬升与所在区域的降水和地表径流有较显著的相关性，进一步证实了高山湖泊的扩张或萎缩能更真实地反映区域气候变化的状况。

1.5　中亚地区气候变化预估

1.5.1　气温和极端气温变化预估

CMIP5 模式的预估结果表明，21 世纪中亚地区年平均温度和季节平均温度均将显著升高。在 RCP4.5 和 RCP8.5 排放情景下，2005～2099 年中亚地区的年平均温度升温速率分别为 0.28℃/10a 和 0.65℃/10a，夏季升温速率分别为 0.28℃/10a 和 0.66℃/10a，秋季升温速率分别为 0.26℃/10a 和 0.63℃/10a，冬季升温速率分别为 0.32℃/10a 和 0.70℃/10a，排放情景浓度越高，升温速率越快。在 RCP8.5 排放情景下，21 世纪末期中亚地区年平均温度将升高 6.11℃，其中夏季、秋季和冬季将分别升温 6.20℃、5.92℃和 6.58℃，冬季升温幅度最大（彭冬冬，2018）。

CMIP5 多模式集合平均结果表明，中亚地区四个极端温度指数 TNn、TNx、TXn 和 TXx 在 21 世纪都呈显著（通过了 5%水平的显著性检验，下同）增加趋势，在 RCP4.5（RCP8.5）排放情景下的每 10 年升温速率分别为 0.48℃（0.95℃）、0.28℃（0.64℃）、0.45℃（0.83℃）和 0.29℃（0.64℃）。排放情景浓度越高，极端温度指数增加越快，冷指数（TNn 和 TXn）升温幅度明显高于暖指数（TNx 和 TXx）。在 RCP4.5 和 RCP8.5 排放情景下，21 世纪末期 TNn 将分别升温 4.8℃和 9.5℃，TXn

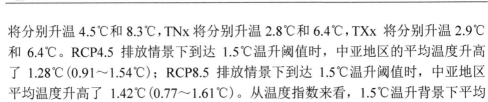

将分别升温 4.5℃和 8.3℃，TNx 将分别升温 2.8℃和 6.4℃，TXx 将分别升温 2.9℃和 6.4℃。RCP4.5 排放情景下到达 1.5℃温升阈值时，中亚地区的平均温度升高了 1.28℃(0.91~1.54℃)；RCP8.5 排放情景下到达 1.5℃温升阈值时，中亚地区平均温度升高了 1.42℃(0.77~1.61℃)。从温度指数来看，1.5℃温升背景下平均温度和极端温度均将升高，且排放浓度越高升温幅度越大(彭冬冬，2018)。

1.5.2　降水和极端降水变化预估

图 1.16 显示了 RCP 4.5 和 RCP 8.5 下中亚地区平均极端降水指数(PRCPTOT、Rx1day 和 CDD)的变化情况。总体上，PRCPTOT 和 Rx1day 在 21 世纪均有较大幅度的增加，而 CDD 在两种排放情景下均呈下降趋势。通过 1936~2005 年 CMIP5 集合平均时间序列的时间变化发现，CMIP5 集合平均时间序列的线性变化与中亚地区观测到的变化相似，但趋势速率略低于观测速率。

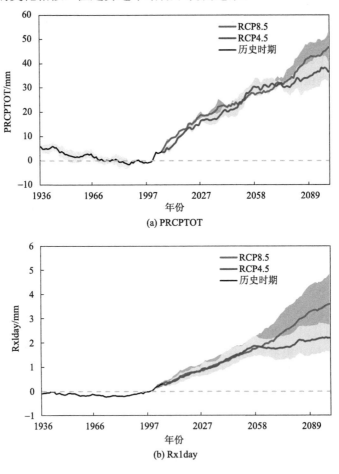

(a) PRCPTOT

(b) Rx1day

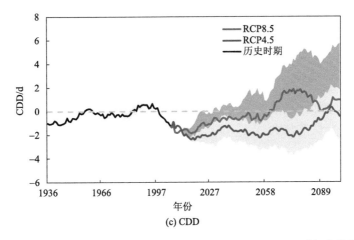

(c) CDD

图 1.16　基于 CMIP5 的中亚地区 PRCPTOT、Rx1day、CDD 时间变化特征

大多数的 CMIP5 模式和 CMIP5-MME 均显示 PRCPTOT 和 Rx1day 显著增加，与 1986~2005 年参考时期相比，到 21 世纪末，RCP4.5 情景下 PRCPTOT 和 Rx1day 的中位数分别增加了 11.98% 和 9.42%，而 RCP8.5 下的中位数分别增加了 18.14% 和 22.88%。预估发现 Rx1day 的增加量大于 PRCPTOT，意味着总降水量的增加主要是极端降水强度的增加所致。此外，RCP 8.5 下的极端降水增加幅度大于 RCP 4.5。相比之下，作为干旱指标的 CDD 的预估变化范围比 PRCPTOT 和 Rx1day 的变化范围更大，一些模式预估略有增加，而另一些模式预估显著减少。

在 CMIP5 模式预估中，中亚地区平均极端降水指数对全球近地表气温变化的响应近似线性。PRCPTOT 和 Rx1day 指标在 RCP 4.5 情景下的变化率分别为 4.95（−3.29~13.09）%/K 和 5.79（0.95~9.68）%/K，高于 CDD［2.79（−5.95~9.36）%/K］。根据克劳修斯–克拉珀龙方程(Clausius-Clapeyron Equation)，认为极端降水的增加速率类似于湿度的增加速率(7%/K)，因为极端降水很大限度上是由湿度辐合驱动的。与热力学参数相比，Rx1day 的响应略低，这表明动态变化可能会对极端降水产生重大影响。

此外，RCP 8.5 下所有指标的增暖响应率略低于 RCP 4.5 下的变化率。具体地说，Rx1day 对变暖的响应率是正的，并且在不同模式模拟之间也显示出相对较小的差异。因此，所有的模拟结果都给出了 Rx1day 对温室气体(GHG)辐射强迫的正响应，表明极端降水对增温最敏感。PRCPTOT 和 Rx1day 反应对于高信噪比的模式扩散是稳健的，但 CDD 在低信噪比时表现出中等的反应。

综上，在 RCP4.5 和 RCP8.5 排放情景下，CMIP5 预估 21 世纪中亚地区极端温度将显著升高、极端降水显著增多、降水强度显著增加，且排放浓度越高，增加幅度越大。其中，极端温度冷指数增加速率快于暖指数，极端降水增加速率快于降水强度。CMIP5 预估的 CDD 变化并不显著，且不同模式之间的结果离差很大。同历史时期相比，全球到达 1.5℃和 2℃温升阈值时，极端温度、极端降水和降水强度也会显著增加。相较 1.5℃阈值时期，2℃阈值时期中亚地区极端温度指数显著增加，极端降水和降水强度有所增加但并不显著，最大连续无降水日数变化不确定性非常大。

1.6 本章小结

中亚干旱区是全球最大的非地带性干旱区，生态环境脆弱，对气候变化极其敏感，在全球干旱区具有独特的代表性。在全球气候变暖背景下，中亚干旱区气候和水循环系统经历了明显改变。本章基于气象水文观测和再分析数据，给出了中亚地区气候水文特征与近期变化，预估了中亚地区气温、降水和极端事件未来的变化趋势。研究成果可为中亚地区气候水文变化、可持续发展提供气候背景和数据支撑，为中亚地区气候变化及其未来趋势提供新认识。

中亚干旱区增温增湿趋势显著，1951～2017 年气温变化趋势为 0.3 ℃/10a($P<0.01$)，其中 1951～1998 年增温趋势显著，但 1998 年之后经历了增温"停滞"或"减缓"趋势。中亚干旱区年降水量呈微弱的增加趋势(2.354 mm/10a，$P>0.05$)，且存在明显的阶段性特征和区域差异特征。从阶段性变化来看，1951～1975 年降水量呈不显著的波动减少趋势，而 1976～2017 年为明显的增加趋势。从季节变化来看，春季降水减少，而其他季节降水均增加。年潜在蒸发量呈微弱的增加趋势。从阶段性变化来看，1951～1975 年潜在蒸发量呈波动的增加趋势，1976～1993 年为明显的减小趋势，而 1994～2017 年潜在蒸发量显著增加。干燥度无明显变化趋势。在区域上，受降水增加的影响，咸海流域干燥度增加，气候增湿；而受降水量减少和潜在蒸发量增加的共同影响，土库曼斯坦南部干燥度有小范围显著的减少趋势，气候变干。

中亚干旱区 VPD 总体呈"北部偏低南部偏高，沙漠盆地偏高而山区高原偏低"的空间格局，与 CRU 资料相比，ERA-5 资料能够精细地刻画出 VPD 分布的"山盆"分布格局。1979～2019 年中亚干旱区 VPD 有明显的上升趋势，其中 20 世纪 80 年代初至 90 年代中期有波动下降趋势，90 年代中期至 21 世纪初期呈波动上升趋势，而在 21 世纪初期至今呈微弱的年际波动，基本无变化。饱和水汽压和实际水汽压的变化调控着 VPD 的变化。

气候变化对该地区水资源的时空分布及湖泊变迁造成了重大影响。近 50 年来锡尔河和阿姆河入咸海径流量均呈减少的趋势，而 1987 年之后两河入咸海水量回升，主要是气温回暖、降水增多，加速了常年积雪和冰川融化，径流量增加。同时，湖泊水位下降，面积收缩。

参 考 文 献

邓铭江, 龙爱华, 章毅, 等. 2010. 中亚五国水资源及其开发利用评价. 地球科学进展, 25(12): 1347-1356.

胡汝骥. 2004. 中国天山自然地理. 北京: 中国环境科学出版社.

彭冬冬. 2018. 丝绸之路经济带核心区气候变化归因分析及预估. 北京: 中国科学院大学.

姚俊强, 杨青, 毛炜峰, 等. 2016. 人类活动对中亚地区水文环境的影响评估. 冰川冻土, 8(1): 222-230.

张建明, 胡双熙, 周宏飞, 等. 2013. 中亚土壤地理. 北京: 气象出版社.

第 *2* 章

中亚地区水资源利用效率及承载力分析

本章导读

- 中亚与我国有长达 3000 多千米的共同边界，是跨境河流分布最为密集的地区之一，然而，对中亚跨境河流水资源开发潜力研究相对不足，对中亚地区水资源利用的认识较浅。日益加剧的水危机是"一带一路"建设的潜在挑战，对中亚地区水资源利用的研究，对维护国家安全与周边稳定、服务中亚跨境河流水谈判、保持我国和中亚地区社会经济长期稳定和可持续发展有重要意义。

- 在中亚复杂的自然地理环境和人文地理环境的背景下，本章先从整体上分析了中亚地区的水资源利用效率及水资源承载力，然后深入分析了中亚典型地区——咸海流域水资源利用现状及利用效率。

水资源是最基础的自然资源，人类的生存和发展离不开水资源。然而，水资源的质量越来越差，数量越来越少，水资源问题已经成为生态环境可持续发展的突出问题，以及社会经济发展的瓶颈。由于气候原因和社会原因，水资源问题一直影响着中亚地区的发展。中亚地区水资源匮乏，是全球生态问题突出的地区之一(杨胜天等，2017)。其中，最主要的标志就是"咸海危机"，其常被称为 20 世纪最为严重的环境灾难之一。另外，中亚地区跨境流域较多，水资源分布不均，同时国家彼此之间缺乏信任和有效的协调机制，水资源利用争端不断激化，国际问题突出，社会不稳定，引起世界关注[①](韩茜，2018)。

---

① International Crisis Group. 2002. Central Asia: Water and Conflict.

2.1　中亚地区水资源利用现状及问题分析

2.1.1　中亚地区人口和社会经济发展概况

中亚国家均是发展中国家，人口问题是所有社会问题、经济问题和环境问题的主要根源(吉力力·阿不都外力等，2009)。20 世纪 60 年代以来，人口增加和农业政策导致灌溉面积迅速扩大，河流径流被大量引入且消耗于农业灌溉，使得入湖地表径流大幅度减少。从图 2.1 可以明显看出，除了哈萨克斯坦，中亚其他四个国家的人口总数在 1991 年之后都在不断增加，而哈萨克斯坦是在 1991～2000 年逐渐减少，2000 年之后人口也呈增加趋势，主要是由于苏联解体后，哈萨克斯坦外迁人口数量大量增加，1995 年之后，外迁人口开始逐渐减少，哈萨克斯坦人口用水量从 2002 年开始呈现增长态势(邓铭江等，2010)。截至 2017 年，中亚地区人口总数达 $71.31×10^6$，其中，乌兹别克斯坦的人口总数最多，占中亚地区人口总数的 45.42%，其次是哈萨克斯坦(25.30%)、塔吉克斯坦(12.51%)、吉尔吉斯斯坦(8.70%)，土库曼斯坦的人口最少(8.08%)。从人口密度来看，乌兹别克斯坦的人口密度最大，2015 年人口密度为 71.6 人/km²，其次是塔吉克斯坦(61.6 人/km²)、吉尔吉斯斯坦(31.1 人/km²)、土库曼斯坦(11.8 人/km²)，而哈萨克斯坦的人口密度最低(6.5 人/km²)。

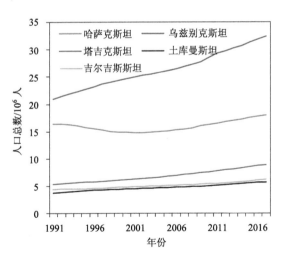

图 2.1　1991～2017 年中亚五国人口总数变化趋势

地理位置在很大程度上决定了人口的空间分布，从图 2.2 中亚地区 2015 年人口密度空间分布图可以看出，人口主要集中分布在咸海流域中上游水资源较丰富的绿洲区，纬度相对较低，适合农业发展。尤其是乌兹别克斯坦的费尔干纳盆地和塔吉克斯坦的部分地区人口密度最大，高达 250～1000 人/km²，这里是中亚地区传统的灌溉农业区，正是人口密集区长时间不合理地引用阿姆河与锡尔河的水资源，导致流入下游的水资源不断减少和土壤盐渍化，最终引发如今的"咸海危机"。

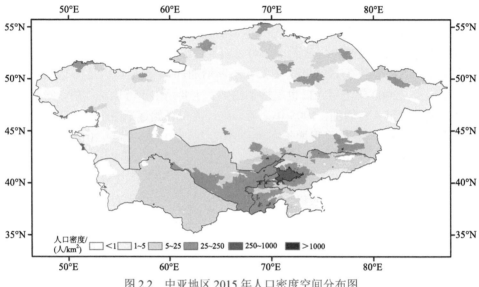

图 2.2　中亚地区 2015 年人口密度空间分布图

从中亚地区各国经济发展的总体趋势来看（图 2.3），在苏联解体之后，中亚五个国家 1991～1998 年的国内生产总值（gross domestic product, GDP）（2015 年不变

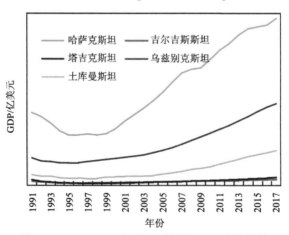

图 2.3　1991～2017 年中亚五国的 GDP 变化趋势

价美元)呈下降趋势,1998 年之后,经济开始恢复,并呈不断增加的趋势。中亚五国的社会经济发展很不平衡,其中,哈萨克斯坦的 GDP 最高,远远高于其他四个国家,其次是乌兹别克斯坦、土库曼斯坦,塔吉克斯坦和吉尔吉斯斯坦的经济发展程度相当。

2.1.2　中亚地区水资源及其开发利用现状

1. 水资源量的空间分布

中亚地区的水资源空间分布不平衡,其水资源主要集中在咸海流域。天山冰川、阿尔泰冰川、帕米尔冰川是中亚地区水资源维持平衡的主要补给来源。中亚地区的河流基本来源于高山冰川融水,且高山冰川集中分布在上游国家吉尔吉斯斯坦和塔吉克斯坦境内。

由于吉尔吉斯斯坦和塔吉克斯坦位于上游地区,这两个国家境内的可再生水资源总量较多,但大部分水流向下游国家,为净输出水量的国家。而位于中下游的哈萨克斯坦、土库曼斯坦、乌兹别克斯坦以入境水量为主(图 2.4)。因此,经过水资源的再分配,哈萨克斯坦的水资源总量最高,其次是乌兹别克斯坦、土库曼斯坦,反而吉尔吉斯斯坦和塔吉克斯坦的水资源总量较低。由于前三个国家的水资源总量并非自产,主要来自上游国家,因此,对境外的来水依赖程度较高,如乌兹别克斯坦水资源对外依赖比例高达 80.07%,哈萨克斯坦为40.64%(表 2.1)。

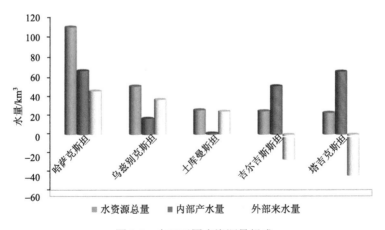

图 2.4　中亚五国水资源量组成

表2.1 中亚五国水资源量（邓铭江等，2010；FAO，2013）

国家	平均降水量/mm	地表水资源量/亿 m³	地下水资源量/亿 m³	重复计算量/亿 m³	水资源量/亿 m³	出入境水量/亿 m³	可利用水量/亿 m³	人均水资源量/m³	对外依赖比例/%
哈萨克斯坦	804	693	161	100	754	342	1096	7307	40.64
吉尔吉斯斯坦	1065	441	136	112	465	−259	206	4039	1.128
塔吉克斯坦	989	638	60	30	668	−508	160	2424	17.34
土库曼斯坦	787	10	4	0	14	233	247	4333	97
乌兹别克斯坦	923	95	88	20	163	341	504	1937	80.07
合计	—	1877	449	262	2064	149	2213	—	—

中亚水资源消耗区和生产区分布也极不平衡，位于上游的塔吉克斯坦和吉尔吉斯斯坦的国内可再生淡水资源量（主要是河流及降水产生的地表水）分别占整个中亚的32.6%和25.2%，其地表水资源量超过整个中亚地区的57%，但用水量不足中亚地区总水量的11%，其中，塔吉克斯坦仅用了国内水资源产量的18%，吉尔吉斯斯坦也仅用了国内水资源产量的16%。而下游的哈萨克斯坦、土库曼斯坦和乌兹别克斯坦这三个国家的地表水资源总量虽然只有中亚地区的42.5%左右（哈萨克斯坦36.92%，土库曼斯坦0.53%，乌兹别克斯坦5.06%），但其需求总量超过中亚地区总用水量的84%，尤其土库曼斯坦的用水量是国内水资源产量的19.9倍，乌兹别克斯坦的用水量是国内水资源产量的3.4倍，亏缺的水量主要来自上游国家，因此对上游国家的水资源非常依赖（Zhang et al.，2018）。

2. 中亚地区水资源的开发利用

中亚地区主要通过修建大坝等水利设施对水资源进行再分配，并主要用于农业灌溉和水力发电。中亚地区的水利基础设施主要建立于20世纪60～80年代，有一些始于21世纪初，且都主要建设在咸海流域的上游地带（图2.5）。中亚地区的水资源管理基础设施包括水库、水坝、灌溉系统和泵站、运河和数十个多用途水利项目。根据国际大坝委员会（International Commission on Large Dams, ICOLD）的分类，15 m及以上的水坝或者5～15 m、蓄水量不少于300万 m³的水坝被定义为大型水坝。在中亚地区的1200多座大坝中，有110座是大型水坝（表2.2），其中许多大型水坝位于阿姆河、锡尔河、伊犁河和额尔齐斯河等跨界河流的流域中（UNECE，2007）。世界上坝高前四的大型水坝有两个都位于塔吉克斯坦境内的瓦赫什河上：罗贡大坝，坝高335 m，位居世界第一；努列克大坝，高300 m，位居世界第四①。大型水坝及其水库对该地区各国的生产生活非常重要，它们不仅有助于对河流进行季节性和长期的调节，还有利于灌溉、水力发电和供水，它们还能有效抵御洪水、泥石流和干旱。但是，这些大型水坝也存在巨大的潜在威胁，因为它们的破坏可能造成灾难性的后果。

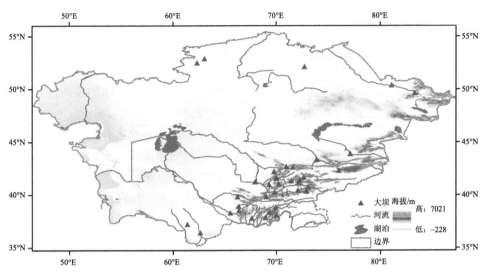

图 2.5　中亚地区主要大坝空间分布

表 2.2　中亚地区大型水利工程主要指标合计

国家	大型水坝数量 /座	水库总容量 /10^4 km³	水电站总装机容量 /10^3 MW
哈萨克斯坦	12	898.426	217.3
吉尔吉斯斯坦	20	219.281	291
塔吉克斯坦	9	325.195	396.6
土库曼斯坦	15	32.142	—
乌兹别克斯坦	54	208.410	92
合计	110	1683.454	996.9

由于中亚地区现有的水利基础设施大部分是苏联时期建造的，大坝、水库、运河等工程的设计、施工、运行均遵循苏联的统一技术规范。这些技术规范规定了日常监测、结构维修、基本维修以及必要时的重建。苏联解体前，各部门委员

---

① https://www.icold-cigb.org/article/GB/world_register/general_synthesis/worlds-highest-dams.

会每五年对大型水利设施进行一次全面视察，经常有专门设计、装配、建设和科研机构对水利设施情况进行评估，并提出提高安全水平的建议。而苏联解体后，负责操作和维护大坝的任务及其措施被转移到每一个中亚国家。目前为止，设计、灌溉和水利设施的建设及运营仍主要根据苏联时期的要求而执行。另外，1991 年以后，同负责实地观察和大型水利建筑物安全评估的其他苏联组织和机构的联系也停止了，由于没有足够的资金，对大坝和其他水利建筑物的全面监测减少了。例如，1980 年，吉尔吉斯斯坦境内约 100 个水文监测站在锡尔河流域内，目前只有 28 个监测站投入使用①。因此，并非所有中亚国家都能迅速为这些水利设施的运行建立自己的适当服务体系。另外，由于缺乏资金，许多大坝的预防性和修复工作主要是为了农业灌溉，没有完全发挥水利设施的其他功能。

近年来，在中亚地区，人们对 100 多座大型水坝和其他水利设施安全性的担忧显著增加，这些设施大多位于跨境河流上。老旧的大坝加上维护不足，再加上大坝下游泛滥平原上人口增长，增加了对生命、人类健康、财产和环境的风险。大坝的破坏可能会给下游地区和国家带来灾难性的后果。虽然近年来在维护大坝和其他大型水利建筑物安全状况方面的情况有所改善，但仍需要做出更大的努力并增加资金投入。由于大坝的自然老化，需要对其技术状况进行密切监督，并进行适当的修复工作，以改善该区域各国现有水管理结构的安全状况。

3. 农业用水

中亚地区自古以来就是一个农业区，其繁荣与土地利用关系十分密切。水作为中亚干旱区农业生产的主要资源，是中亚地区经济社会发展的关键要素。农业是中亚地区的传统产业，农业用水所占的比重最大，灌溉在中亚地区经济中起着重要的作用。20 世纪 60 年代，苏联的政策使得中亚地区成为原材料的供应商，尤其是棉花供应。因此，苏联时期灌溉农业的发展非常迅速，1960 年灌溉面积约为 450 万 hm^2，到 1980 年灌溉面积已经达到 700 万 hm^2。大量建造在沙漠或大草原的灌溉农业，使得成千上万的人口迁移到该地区。自苏联解体以来，中亚地区各国的灌溉面积没有显著变化，1995～1996 年的灌溉面积增加了约 40 万 hm^2，农业用水仍占主导。目前，整个中亚地区的农业用水比重约为 88.7%，其中哈萨克斯坦的农业用水比例最小，工业用水比例最大，而其他四个国家的农业用水均达 90%以上(图 2.6)。由于中亚地区农业水资源的不合理利用，水资源浪费和水污染较为严重。

---

① UNECE. 2011. Second Assessment of Transboundary Rivers, Lakes and Groundwaters.

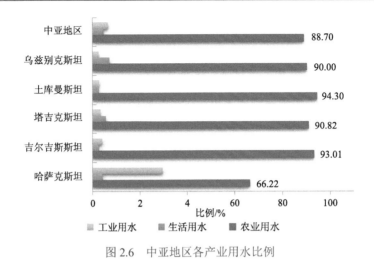

图 2.6　中亚地区各产业用水比例

4. 水力发电

水力发电在中亚地区的能源结构中占有重要的地位，大型水坝及其水库对该地区各国的经济发展非常重要。它们不仅有助于对河流进行季节性和长期的调节，还有利于灌溉、水力发电和生产生活供水。中亚地区各国依据本国的资源优势，利用不同的资源进行发电。位于上游的吉尔吉斯斯坦和塔吉克斯坦，水资源丰富，加上地形优势，水力发电在国家发电结构中占有很大的比例。2014 年，吉尔吉斯斯坦的水力发电占总发电量的 91.26%，塔吉克斯坦的水力发电占总发电量的 97.13%。而哈萨克斯坦、土库曼斯坦和乌兹别克斯坦主要利用煤炭、天然气进行发电(图 2.7)。

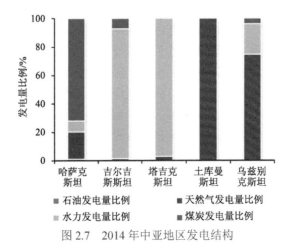

图 2.7　2014 年中亚地区发电结构

2.1.3 水问题

1. 以"能源-水-灌溉"为核心的跨界水问题

中亚地区的水资源争端问题突出，主要是围绕"能源-水-灌溉"这三者之间的关系，上游的两个国家吉尔吉斯斯坦、塔吉克斯坦与下游的三个国家哈萨克斯坦、土库曼斯坦和乌兹别克斯坦之间的冲突(图2.8)。造成中亚跨界水资源冲突的主要原因有两个方面：一是水资源空间分布不均匀；二是水资源分布与开发利用空间不相适应。

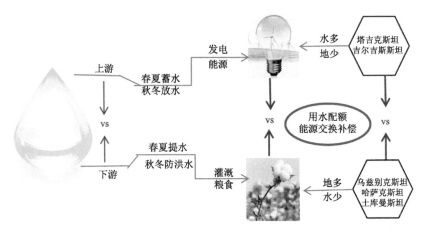

图 2.8 "能源-水-灌溉"之间的冲突关系

中亚的水资源争端主要围绕着锡尔河与阿姆河在吉尔吉斯斯坦、塔吉克斯坦两个上游国家与哈萨克斯坦、土库曼斯坦、乌兹别克斯坦三个下游贫水国家之间展开(Micklin，2002)。苏联时期，苏联对中亚地区的水资源实行集中管理，推行用水配额，上游国家重点建设各类水利调节设施，为下游提供灌溉用水，下游国家重点发展灌溉农业和工业，并向上游国家提供能源和工业产品与农产品。中亚农业发展的重点区域是下游国家，哈萨克斯坦、土库曼斯坦、乌兹别克斯坦三国得到的用水配额相对于吉尔吉斯斯坦、塔吉克斯坦两国占绝对优势。因此，从用水配额来看，反差极其鲜明：拥有丰富水资源的吉尔吉斯斯坦和塔吉克斯坦获取的配额十分有限，而缺水的哈萨克斯坦、乌兹别克斯坦和土库曼斯坦得到大量的用水权限，这种潜在的矛盾在苏联解体后激发了出来(焦一强和刘一凡，2013)。

苏联时期，与用水配额政策相应的政策是损失补偿制度，实行以水资源换取燃料的能源交换补偿机制作为保障，即上游国家秋冬储水，春夏向下游国家放水，供其灌溉用水，而下游国家，为补偿上游的损失提供煤、石油等能源。但是苏联解体后，一方面，中亚地区及国家水力资源基础设施开始遭到创伤，中亚国家没有自己足够的资源来有效地使国家系统运行或是投资建设。另外，新的国界切断了水利设施的关键部分，使水利管理和政治争端更为复杂。另一方面，五个国家各自为政，作为独立主权国家，往往更加注重自身利益，各国家不再执行苏联时期的政策。上游国家缺乏能源，电能需求在冬季达到最大值，因此在冬季通过水库方式进行水力发电，而下游灌溉需水量出现在春季和夏季，若上游冬季加大放水增加发电量，春夏季便没有足够的水用于灌溉。因此，以"能源-水-灌溉"为核心的跨界水问题一直困扰着中亚各国（鲁本·马萨卡尼亚和阿莱哥·谢普，2005；胡文俊，2009；邓铭江等，2010；焦一强和刘一凡，2013）。

2. 生态环境问题

中亚地区大规模的水资源开发，主要是为了发展灌溉农业。但在取得经济效益的同时，也改变了流域的水文循环，从而引发了一系列生态环境问题。其中，问题最突出的是"咸海危机"及生态系统的破坏。

咸海是阿姆河和锡尔河的尾闾湖。1960 年之前，咸海是世界第四大湖，有丰富的水资源和生物矿产资源，是一个非常富饶的地方。而随着人类对附近区域开发利用，且在开发利用过程中，不尊重自然规律，只求索取，忽视生态环境，使得咸海遭遇史无前例的生态危机。

阿姆河和锡尔河位于咸海的上游，从上游塔吉克斯坦和吉尔吉斯斯坦两个国家，流经下游的哈萨克斯坦、乌兹别克斯坦和土库曼斯坦三个国家，最终进入咸海。因此，咸海的水量主要依赖于这两条河的注入。1960 年以前，咸海的水环境是比较稳定的，其表面积约为 6.8 万 km^2，容积约为 $1060km^3$。阿姆河和锡尔河的综合年均排放量为 $47 \sim 50 \ km^3/a$，地下水补给为 $5 \sim 6km^3/a$，降水量为 $5.5 \sim 6.5km^3/a$，每年进入咸海的水量为 $57.5 \sim 62.5km^3$，弥补了湖面每年因蒸发量损失的水量（$60km^3$），水位的变化范围在 $50 \sim 53 \ m$。但是，20 世纪 60 年代之后，为了农业大丰收，获得更多的经济利益，大规模的垦荒将沙漠变为灌溉农田，从锡尔河和阿姆河引走大量的河水进入农田；人口也越来越密集，生活用水也逐渐增多，咸海曾经的辉煌开始慢慢消退。生产力水平低下，没有科学的农业管理方式，灌溉系统不完善，加上落后的耕作方式，最终导致水资源浪费严重。在 20 世纪 80 年代早期，进入咸海的水量几乎降到了零。由于缺乏更新的水源和日趋干旱的气候，咸海的盐度和矿物浓度不断增加，加上周边植被的破坏，导致盐尘暴等灾害。另外，由于长期的大水漫灌，土壤盐渍化程度日益严重，特别是咸海流域的下游地区情况尤为严重（FAO，2013）。1987 年，咸海已经分成了北部和南部。1988

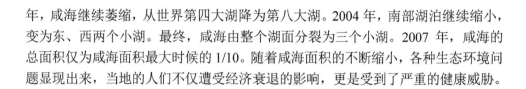
年，咸海继续萎缩，从世界第四大湖降为第八大湖。2004年，南部湖泊继续缩小，变为东、西两个小湖。最终，咸海由整个湖面分裂为三个小湖。2007年，咸海的总面积仅为咸海面积最大时候的1/10。随着咸海面积的不断缩小，各种生态环境问题显现出来，当地的人们不仅遭受经济衰退的影响，更是受到了严重的健康威胁。

2.2 中亚地区水资源利用效率评价

水资源是人类赖以生存和发展的物质基础，也是农业和工业生产中非常重要的自然资源。中亚地区处于亚欧大陆的内部，气候干旱，水资源分布不平衡。中亚地区水资源的储存总量并不是很少，但人们在开发利用水资源的过程中严重浪费，造成水资源短缺。因此，水资源利用效率的高低，对水资源的可持续开发与利用具有重要的意义。本节选取工业用水量、生活用水量、农业用水量、从业人员、固定资产投资5个投入指标及产出指标国内生产总值(GDP)，采用基于投入导向的数据包络分析(data envelopment analysis，DEA)模型中的C2R分析法，对中亚地区的水资源利用效率进行了评估。

2.2.1 评价方法与指标体系

1. 评价方法——DEA模型

DEA是一种典型的非参数评价方法，是最早由Charnes和Cooper等在"相对效率评价"概念的基础上发展起来的一种新的系统分析方法，本质上该法是一种以线性规划理论为依据的求解最优解的方法，主要采用线性规划模型，构建数据包络面来求得最优的决策单元，通过分析决策单元与最优决策单元之间的偏离程度来对其有效性进行综合评价。它能在给定的一系列限制条件下，找到最优的生产边界(郑奕，2011；刘宇宝和闫述乾，2015)。DEA方法在效率评价中的优势使得其在过去几十年里获得了长足发展，取得了大量的理论研究与实践应用成果，并且运用领域也更加广泛。在水资源利用效率的评价方面，DEA也已经成为一种比较常用的方法。在水资源利用效率评估中，当某些数据不易于直接获得，尤其是评估对象结构较为复杂时，DEA便显示出其优势。

DEA中最具代表性的模型有C2R、BC2、C2WH和C2W等。根据报酬不变假设，有两种产出取向的DEA模型，即不变规模报酬(C2R)和可变规模报酬(BC2)(吴福象，2005)。另外，在DEA确定生产前沿面时，一般有投入导向和产出导向两种测度方法可供选择。基于投入的DEA方法是为了测算生产大于相对于给定产出水平下最小可能投入的效率；而基于产出的DEA方法是为了度量实际产出与给定投入水平的最大可能产出的差距(武翠芳等，2015)。

由于 DEA 方法要求决策单元的个数至少大于输入输出指标的个数之和(刘渝等，2007)，而本章的研究对象仅包括五个决策单元。因此，本章在前人对 DEA 方法研究及应用的基础上，又选取了全球范围内几个具有代表性的发达国家(美国、日本、澳大利亚)和发展中国家(中国、巴基斯坦、埃及、印度、阿根廷)作为参考，找出中亚地区水资源利用效率在世界上的相对位置及其与发达国家之间的差距，对中亚地区水资源利用效率进行评估。由于关注的是在不减少产出的情况下，要达到技术有效各项投入应该减少的程度(李剑波，2016)，采用的是基于投入导向的 C2R 模型，即基于规模收益不变的假设条件下，从投入的角度对被评价决策单元(decision making units, DMU)无效率(投入冗余等)的程度进行测度。通过 DEA 分析得出产出数据，计算决策单元(即相对最高的决策单元)，并分析其他部门效率不高的原因和程度，为部门提供管理的政策建议。模型计算过程参见文献(武玉英和何喜军，2006；孙才志和闫冬，2008)。

2. 模型指标选取

鉴于地区投入、产出指标数据的可获得性，同时参考其他文献中关于水资源效率的评价指标，本章投入指标选取 2012 年的工业用水量、生活用水量、农业用水量，以及必要的从业人员和固定资产投资，产出指标为 GDP(表 2.3)。决策单元包括中亚五国、发达国家(美国、日本、澳大利亚)和发展中国家(中国、巴基斯坦、埃及、印度、阿根廷)共 13 个。中亚地区是以农业发展为主的地区，是农业用水比重最大部门，从表 2.3 可以看出，除哈萨克斯坦农业用水比例为 66.22%外，其他四个国家的农业用水比例均在 90%及以上。

表 2.3　中亚五国投入与产出指标

国家	投入						从业人员/10^6 人	固定资产投资/亿美元	产出
	工业用水		生活用水		农业用水				GDP/亿美元
	水量/亿 m^3	占比/%	水量/亿 m^3	占比/%	水量/亿 m^3	占比/%			
哈萨克斯坦	62.64	29.63	8.78	4.15	140.01	66.22	8.42	474.30	2079.99
吉尔吉斯斯坦	3.36	4.20	2.24	2.80	74.47	93.01	2.29	20.96	66.05
塔吉克斯坦	4.08	3.55	6.47	5.63	104.40	90.82	2.73	16.58	76.33
土库曼斯坦	8.39	3.00	7.55	2.70	263.60	94.30	2.32	165.98	351.64
乌兹别克斯坦	15.00	2.68	41.00	7.32	504.00	90.00	12.63	120.64	518.22

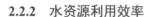
2.2.2 水资源利用效率

1. 中亚五个国家的水资源利用效率处于平均水平以下

中亚不同国家和地区的水资源利用效率有明显差异。根据上述评价模型和指标体系,将 13 个决策单元的投入指标和产出指标代入 DEAP 2.1 软件中,利用 C2R 模型求解,可得出各国(决策单元)的相对水资源利用效率值 θ 和松弛变量值 S_i^- 和 S_r^+,具体结果见表 2.4。

表 2.4　13 个国家范围内中亚地区 C2R 模型参数运算结果

决策单元	效率值 θ	投入冗余					产出不足 S_6^+
		S_1^-	S_2^-	S_3^-	S_4^-	S_5^-	
哈萨克斯坦	0.822	26.029	0	93.952	4.851	0	0
吉尔吉斯斯坦	0.544	1.329	0.491	37.006	1.027	0	0
塔吉克斯坦	0.794	2.665	4.298	78.889	1.916	0	0
土库曼斯坦	0.379	0	0	87.131	0.025	0	0
乌兹别克斯坦	0.741	7.213	24.675	346.185	7.649	0	0
平均值	0.656	7.447	5.893	128.633	3.094	0	0

经过与其他八个国家的对比得出,中亚地区五个国家的相对水资源利用效率均小于 1。其中,哈萨克斯坦的相对水资源利用效率最高,达到了 0.822,也说明哈萨克斯坦还有 17.8%的节水潜力;其次是塔吉克斯坦,相对水资源利用效率为 0.794,有 20.6%的节水潜力;乌兹别克斯坦相对水资源利用效率为 0.741,有 25.9%的节水潜力;吉尔吉斯斯坦相对水资源利用效率为 0.544,有 45.6%的节水潜力;土库曼斯坦的相对水资源利用效率最低,仅为 0.379,有 62.1%的节水潜力。另外,从中亚各国的投入冗余来看,整个中亚地区的固定资产投资没有出现剩余,意味着中亚地区在利用、管理资金的效率和途径方面达到了最优,但是其他四个要素的投入均存在冗余。这些投入冗余是中亚地区非 DEA 有效的原因,其中农业用水的投入冗余量最大。

2. 中亚各国的灌溉方式相对落后

通过水资源利用效率值 θ 和投影权重 λ 得出规模有效性和技术有效性(表2.5),从这两个角度对中亚五个国家 DEA 无效的原因进行进一步分析。从技术有效性层面来看,中亚五个国家均为技术无效,说明各国的水资源利用效率没有达到最优,要素投入结构需要进一步改善。从 K 值可以分析出这五个国家的规模效益是递增的。而综合技术无效(θ 值小于 1),可以分析得出中亚五个国家主要依赖水资源的大量投入来提高经济效益,而不是通过提高水资源利用效率来增加收益,即对技术的依赖性以及投入产出的效率不高(武玉英和何喜军,2006)。中亚地区农业灌溉技术落后,由于成本低、能源投入小,沟渠灌溉和大水灌溉仍是这里主要的灌溉方式,中亚国家 99%的灌区都采用这种灌溉方式(Woznicki and Nejadhashemi,2014;Bekchanov et al.,2016)。相比 DEA 有效国家,美国、日本等发达国家的农业节水体系比较完善,美国的农业发展主要采用规模化、机械化的生产,美国农业生产过程中对于灌溉农场积极采用滴灌技术。另外,通过海水淡化和污水处理再生利用水资源,水资源利用效率较高(张宏志和金飞,2014)。

表 2.5　中亚五国的规模有效性和技术有效性

决策单元	$\sum \lambda_i$	θ	相对有效性	K	规模有效性	技术有效性
哈萨克斯坦	0.019	0.822	DEA 无效	0.023	规模递增	无效
吉尔吉斯斯坦	0.012	0.544	DEA 无效	0.022	规模递增	无效
塔吉克斯坦	0.014	0.794	DEA 无效	0.018	规模递增	无效
土库曼斯坦	0.043	0.379	DEA 无效	0.113	规模递增	无效
乌兹别克斯坦	0.098	0.741	DEA 无效	0.132	规模递增	无效

注:$K=1/\theta\sum \lambda_i$。

对表 2.5 中的五个非 DEA 有效国家在有效平面上进行投影与调整,使其投入和产出都能达到最佳状态,技术和规模效益都有效,得出投入指标的可节约量见表 2.6。

表 2.6　中亚五国非 DEA 有效单元的改进

国家	工业用水可节约量/亿 m^3	生活用水可节约量/亿 m^3	农业用水可节约量/亿 m^3	从业人员可节约量/10^6 人	固定资产投资可节约量/亿美元
哈萨克斯坦	37.179	1.563	118.874	6.349	84.426
吉尔吉斯斯坦	2.861	1.513	70.966	2.072	9.557
塔吉克斯坦	3.505	5.631	100.395	2.478	3.416
土库曼斯坦	5.211	4.688	250.824	1.464	103.071
乌兹别克斯坦	11.099	35.293	476.721	10.921	31.245
总和	59.855	48.688	1017.780	23.284	231.715

3. 中亚五国都有很大的节水增效潜力

从可节约的资源投入量可以看出,中亚地区五个国家的收益主要是依靠大量的水资源投入以及大量的劳动力和资产投入来获得的。一方面,说明中亚五个国家的劳动力素质不高。另一方面,中亚地区的水资源利用效率低下,其水资源节约的空间很大。如果达到 DEA 有效国家的资源利用水平,整个中亚地区的工业用水量可以节约 59.855 亿 m^3,即减少原投入量的 64.04%;生活用水量可节约 48.688 亿 m^3,即可节约原投入量的 73.73%;农业用水量节约空间最大,可节约 1017.780 亿 m^3,即投入原有水量的 6.32%,就可达到相应的 GDP 产值;从业人员可节约 23.284×10^6 人;固定资产投资可节约 231.715 亿美元。因此,需要通过节水措施和产业结构调整来提高水资源利用效率,尤其要关注农业用水的节约。

2.3 中亚地区水资源承载力分析

承载力是一种对环境或区域的能力测量,以可持续的方式支持人类和其他生命以及它们的活动;环境承载力评估包括对某一地区进行土地和水的承载能力分析(Djuwansyah,2018)。经济发展所需的自然因素中,水资源是最重要的因素之一,尤其是在干旱半干旱地区(Meng et al.,2009)。水资源承载力作为衡量水资源是否过度开发,以及经济社会与生态环境能否平衡发展的一个重要指标,在资源环境科学领域被广泛研究。目前,对于水资源承载力的概念,国内外尚无统一的认识(曹丽娟和张小平,2017)。惠泱河等(2001)认为,水资源承载力是某一地区的水资源在某一具体历史发展阶段下,以可预见的技术、经济和社会发展水平为依据,以可持续发展为原则,以维护生态环境良性循环发展为条件,经过合理优化配置,对该地区社会经济发展的最大支撑力。曹丽娟和张小平(2017)认为水资源承载力是承载力概念与水资源领域的自然结合。Djuwansyah(2018)则把水资源承载力评估分为直接水资源承载力和间接水资源承载力,直接水资源承载力评估涉及人口数量的确定和人口活动可以得到可用水资源的支持;而间接水资源承载力评估包括对水的供需平衡状况的分析。为了对一个区域的水资源承载力进行合理评估,国内学者都进行了许多研究。常用的研究方法有:主成分分析法(周亮广和梁虹,2006;许朗等,2011;童纪新和顾希,2015)、因子分析法(张伟,2012;吴琼,2013;邢军和孙立波,2014)、模糊综合评价法(闵庆文等,2004;Meng et al.,2009;邢军和孙立波,2014;戴明宏等,2016)等。模糊综合评价法在运算过程中选取部分影响较大的因子,而因子的取舍难以准确判断,取舍的偏差使得结果存在片面性。主成分分析法通过降维处理技术使数据信息丢失最少,克服了模糊综合评价法的缺陷(许新宜等, 2010), 且操作简单、易于推广, 迅速在水资源领域得到了广泛的推广和应用(赵自阳等, 2017)。

中亚地区的经济安全和生态安全, 传统上是由水资源来保障的。合理利用水资源对经济发展, 尤其对农业生产有很大的影响。在过去 100 年中, 高强度的土地开发和用水导致环境严重退化。例如, "咸海危机"是当代生态环境恶化的典型事件, 伴随着咸海的萎缩和干涸, 咸海周边地区也遭受了显著的荒漠化影响。另外, 欧亚大陆腹地是对全球气候变化响应最敏感的地区之一, 尤其以冰雪融水为基础的水资源系统非常脆弱(陈亚宁等, 2014)。中亚地区的主要水资源发源于东南部的天山山区, 天山被誉为"中亚水塔", 气候变化加剧了水文波动和水资源的不确定, 从而加剧了中亚地区间、国家之间的水资源供需矛盾, 影响中亚区域国家之间的关系以及丝绸之路经济带建设(陈亚宁等, 2017)。因此, 面对人口增长和未来气候变化的不确定性, 研究中亚地区的水资源环境承载力, 对于中亚地区的生态环境与社会经济可持续发展具有重要的参考价值。

2.3.1　评价方法与指标体系

1. 数据来源

本章所采用的数据均来自世界银行 2014 年发展指标以及联合国粮食及农业组织(Food and Agriculture Organization, FAO; 简称联合国粮农组织)相关报告, 采用的评价方法是主成分分析法。主成分分析法的基本思想是采取一种数学降维的方法, 找出几个综合变量来代替原来众多变量, 这些变量能尽可能地代表原来变量的信息量, 而且彼此之间互不相关。主要步骤为: ①原始数据标准化; ②求相关系数矩阵; ③计算特征值和特征向量, 确定主成分的个数; ④计算主成分得分; ⑤根据各主成分的权重, 计算综合指标得分。模型计算过程参见文献(李小冰和胡滨, 2017)。

2. 指标选取

在评价指标的选取上, 根据中亚地区水资源利用现状以及参考有关水资源评价中的指标体系, 同时考虑社会经济、水资源禀赋和生态环境等因素, 本章选取了 18 个指标对中亚五国 2014 年的水资源承载力进行评价及区域差异分析。其中, X_1 为各国的总人口(10^4 人), X_2 为城镇人口比重(%), X_3 为国土面积(10^4 km^2), X_4 为 GDP(10^8 美元), X_5 为固定资产投资(10^8 美元), X_6 为居民消费水平(美元/人), X_7 为地表水资源量(10^9 m^3), X_8 为地下水资源量(10^9 m^3), X_9 为水资源总量(10^9 m^3), X_{10} 为总供水量(10^9 m^3), X_{11} 为水资源开发利用率(m^3/m^3), X_{12} 为生活用水量(10^9 m³)，X_{13} 为农业用水量(10^9 m³)，X_{14} 为工业用水量(10^9 m³)，X_{15} 为每立方米水 GDP 产出量(美元/m³)，X_{16} 为万元工业增加值用水量(m³/10^4 美元)，X_{17} 为年降水量(mm)，X_{18} 为森林覆盖度(%)。利用统计软件 SPASS 21.0 对以上数据进行主成分分析，可以得出中亚五国的水资源承载力变化驱动因素相关系数矩阵和主成分特征值及贡献率。中亚五国 2014 年水资源承载力标准化矩阵如表 2.7 所示。

表 2.7　中亚五国 2014 年水资源承载力标准化矩阵

国家	哈萨克斯坦	吉尔吉斯斯坦	塔吉克斯坦	土库曼斯坦	乌兹别克斯坦
X_1	0.349	−0.717	−0.482	−0.752	1.602
X_2	1.185	−0.431	−1.242	0.856	−0.368
X_3	1.772	−0.553	−0.607	−0.287	−0.325
X_4	1.722	−0.697	−0.675	−0.302	−0.048
X_5	1.692	−0.708	−0.778	−0.171	−0.035
X_6	1.776	−0.296	−0.429	−0.631	−0.420
X_7	0.787	0.423	0.930	−1.225	−0.915
X_8	1.659	0.089	−0.510	−0.946	−0.292
X_9	0.891	0.351	0.860	−1.312	−0.789
X_{10}	−0.198	−0.886	−0.704	0.159	1.629
X_{11}	−0.523	−0.542	−0.540	1.765	−0.160
X_{12}	−0.282	−0.697	−0.428	−0.360	1.767
X_{13}	−0.440	0.813	−0.643	0.264	1.632
X_{14}	1.758	−0.613	−0.585	−0.412	−0.148
X_{15}	1.785	−0.494	−0.517	−0.345	−0.429
X_{16}	−1.173	0.947	1.131	−0.594	−0.310
X_{17}	−0.510	0.712	1.394	−0.895	−0.700
X_{18}	−1.100	−0.440	−0.563	1.235	0.868

3. 主成分抽取及命名

对标准化后的数据进行分析，求出相关系数矩阵(表 2.8)的特征值及其累计方差(表 2.9)。计算结果表明，前三个主成分的累计贡献率已经达到了 99%，为了更充分地表述中亚五国的水资源承载力状况，本章选取前三个因子为主成分，即用主成分 F_1、F_2、F_3 代替原来的 18 个指标来综合评价中亚五国的水资源承载力水平，保留了原始变量 99.186%的信息。

表 2.8　驱动因素相关系数矩阵

	X_1	X_2	X_3	X_4	X_5	X_6	X_7	X_8	X_9	X_{10}	X_{11}	X_{12}	X_{13}	X_{14}	X_{15}	X_{16}	X_{17}	X_{18}
X_1	1.00																	
X_2	0.02	1.00																
X_3	0.25	0.74	1.00															
X_4	0.39	0.73	0.99	1.00														
X_5	0.39	0.79	0.98	1.00	1.00													
X_6	0.21	0.59	0.97	0.94	0.92	1.00												
X_7	−0.26	−0.28	0.31	0.21	0.14	0.51	1.00											
X_8	0.25	0.46	0.89	0.86	0.83	0.96	0.57	1.00										
X_9	−0.16	−0.25	0.37	0.29	0.21	0.57	0.99	0.64	1.00									
X_{10}	0.85	0.14	0.00	0.16	0.19	−0.14	−0.72	−0.17	−0.65	1.00								
X_{11}	−0.28	0.46	−0.19	−0.17	−0.09	−0.40	−0.79	−0.57	−0.83	0.25	1.00							
X_{12}	0.93	−0.11	−0.08	0.08	0.09	−0.16	−0.52	−0.12	−0.45	0.95	−0.04	1.00						
X_{13}	0.79	0.06	−0.14	0.02	0.06	−0.28	−0.78	−0.30	−0.72	0.99	0.31	0.94	1.00					
X_{14}	0.35	0.69	0.99	1.00	0.98	0.97	0.30	0.90	0.38	0.08	−0.24	0.02	−0.06	1.00				
X_{15}	0.20	0.71	1.00	0.97	0.96	0.98	0.38	0.91	0.44	−0.08	−0.23	−0.14	−0.21	0.99	1.00			
X_{16}	−0.42	−0.90	−0.75	−0.81	−0.86	−0.59	0.39	−0.45	0.32	−0.50	−0.38	−0.29	−0.41	−0.75	−0.70	1.00		
X_{17}	−0.45	−0.79	−0.41	−0.50	−0.57	−0.21	0.51	−0.23	0.68	−0.70	−0.58	−0.47	−0.66	−0.42	−0.34	0.90	1.00	
X_{18}	0.17	0.08	−0.50	−0.41	−0.34	−0.68	−0.97	−0.75	−0.98	0.65	0.79	0.49	0.74	−0.49	−0.56	−0.19	−0.56	1.00

表 2.9　主成分特征值及累计贡献率

主成分	特征值	贡献率/%	累计贡献率/%
F_1	8.642	48.009	48.009
F_2	6.659	36.995	85.004
F_3	2.553	14.182	99.186

　　主成分矩阵表示主成分与指标变量之间的相关系数。由表 2.10 主成分矩阵可以看出，第一主成分与 X_6、X_{15}、X_3、X_{14}、X_4、X_5 之间存在着较强的相关关系，即第一主成分与居民消费水平、每立方米水 GDP 产出量、国土面积、工业用水量、GDP、固定资产投资之间存在着较强的正相关关系，这几个影响因素主要体现经济因子的影响，因而将第一主成分 F_1 定义为经济发展因子。第二主成分与 X_{17}、X_{10}、X_{13} 之间存在着较强的相关关系，即第二主成分与年降水量、总供水量、农业用水量之间存在着较强的相关关系，主要体现的是水资源禀赋和供需平衡及农业生产用水量的影响，故将第二主成分 F_2 定义为水资源供需平衡因子。第三主成

分与 X_1、X_{11} 之间存在着较强的相关关系，即第三主成分与总人口、水资源开发利用率之间存在着较强的相关关系，主要体现人口压力的影响，因此第三主成分 F_3 定义为人口压力因子。

表 2.10　主成分矩阵

变量	F_1	F_2	F_3	变量	F_1	F_2	F_3
X_1	0.249	0.602	0.758	X_{10}	−0.069	0.900	0.428
X_2	0.655	0.483	−0.570	X_{11}	−0.324	0.584	−0.725
X_3	0.989	0.110	−0.081	X_{12}	−0.106	0.720	0.686
X_4	0.968	0.239	0.012	X_{13}	−0.206	0.892	0.400
X_5	0.952	0.300	−0.041	X_{14}	0.987	0.144	0.026
X_6	0.995	−0.093	0.024	X_{15}	0.994	0.030	−0.087
X_7	0.424	−0.873	0.218	X_{16}	−0.661	−0.712	0.227
X_8	0.946	−0.181	0.162	X_{17}	−0.305	−0.916	0.232
X_9	0.488	−0.821	0.283	X_{18}	−0.608	0.770	−0.192

2.3.2　水资源承载力比较分析

1. 中亚五国水资源承载力综合得分

利用 SPASS 21.0 软件计算得到各主成分的得分及综合排名。先将三个主成分得分系数(特征向量)(表 2.11)与标准化后的指标相乘，再将 3 个主成分得分方差贡献率加权平均得到综合得分，即可得到水资源承载力的综合得分 F (表 2.12)。

表 2.11　主成分得分系数矩阵

指标	F_1	F_2	F_3
X_1	0.028825	0.090448	0.297082
X_2	0.075745	0.072486	−0.22324
X_3	0.114481	0.016474	−0.03189
X_4	0.112067	0.03592	0.004592
X_5	0.110119	0.045109	−0.01617
X_6	0.115178	−0.01394	0.009229
X_7	0.049106	−0.13117	0.085285
X_8	0.109431	−0.02714	0.063607

指标	F_1	F_2	F_3
X_9	0.056425	−0.12324	0.110929
X_{10}	−0.00801	0.13514	0.167681
X_{11}	−0.03746	0.087773	−0.28398
X_{12}	−0.01225	0.108051	0.268813
X_{13}	−0.02386	0.133993	0.156557
X_{14}	0.114242	0.021631	0.010136
X_{15}	0.115036	0.004499	−0.03404
X_{16}	−0.07653	−0.10696	0.089018
X_{17}	−0.03525	−0.13755	0.090767
X_{18}	−0.07038	0.115623	−0.07527

表 2.12　中亚五国主成分得分及综合评价结果

国家	F_1	F_2	F_3	综合得分 F	排名
哈萨克斯坦	1.783	−0.045	−0.089	0.827	1
吉尔吉斯斯坦	−0.395	−0.876	−0.130	−0.532	4
塔吉克斯坦	−0.526	−1.079	0.402	−0.594	5
土库曼斯坦	−0.519	0.819	−1.469	−0.154	3
乌兹别克斯坦	−0.344	1.181	1.286	0.454	2

　　主成分的得分正负不等，但是这种正负仅仅表明各国水资源承载力所处的位置，并不反映真实的水资源承载力水平(赵自阳等，2017)。对于综合得分来说，它的值与水资源承载力大小成正比，即计算得到的综合得分 F 越大，则说明水资源承载力水平越高；反之，就越低。

　　根据主成分的综合得分，中亚五国水资源承载力表现为：哈萨克斯坦的水资源承载力最大，为 0.827；其次是乌兹别克斯坦(0.454)、土库曼斯坦(−0.154)、吉尔吉斯斯坦(−0.532)，塔吉克斯坦的水资源承载力最低，为−0.594。对经济发展因子、水资源供需平衡因子、人口压力因子的分析结果显示，经济发展因子是主要驱动因素，贡献率为 48.009%，其次是水资源供需平衡因子和人口压力因子，贡献率分别是 36.995% 和 14.182%，三个主成分累计贡献为 99.186%。第一主成分作为主控因子，综合得分与主成分得分一致，说明中亚五个国家的水资源承载力主要由经济发展程度决定。

2. 中亚地区的经济发展水平还都属于中低阶段

从水资源利用占比和投入分析来看，中亚地区的经济发展水平还都属于中低阶段，农业用水占到70%以上，并且人口增加对水资源的压力日益加大。同时，中亚地区对水资源投入的资金和技术远远不够，尤其是在灌溉水系统中，中亚五国的灌溉形式仍以地表漫灌为主，极少采用喷灌、滴灌等先进节水技术。因此，中亚地区需要合理调整本国的产业结构，提高人均收入和生活水平。同时，应继续加大对农业灌溉系统和水利系统的技术投入及资金支持，提高农业用水效率，保障未来水资源安全。

3. 中亚地区的水资源承载力存在区域差异

中亚五国的水资源承载力存在区域差异。中亚地区水土资源组合和空间分布制约了这一地区水-能源-生态系统的协同发展。哈萨克斯坦、乌兹别克斯坦及土库曼斯坦土地资源相对丰富，但水资源相对匮乏。吉尔吉斯斯坦和塔吉克斯坦两国的水资源丰富，然而土地资源较少，有水无地。哈萨克斯坦在中亚五个国家中的水资源承载力相对较高，但是相对土地资源和其他资源开发而言，哈萨克斯坦水资源相对匮乏，未来人口增长、城市化发展以及快速增长的GDP都会导致能源、粮食和水的需求增加，并且水资源的管理和分配是导致中亚地区水资源矛盾的关键。由于中亚的水资源大多具有跨界的特征，邻国之间的水资源分配一直是冲突的焦点，且是国家经济发展的先决条件。因此，加快做好中亚跨境水资源的合理分配，协调"能源-水-灌溉"之间的矛盾，对推动和完善中亚地区水资源可持续利用和生态安全至关重要。

2.4 咸海流域的农业水资源利用效率实证分析

咸海流域是中亚地区水资源问题最为突出的流域，也是生态环境最为严峻的典型区域。本节基于文献和统计数据、MODIS遥感数据和WUEMoCA数据库，首先对咸海流域的水资源现状及其利用进行了分析，其次从时间和空间上分析了咸海流域的水资源利用效率，为咸海流域水资源的可持续管理提供依据。

2.4.1 咸海流域的水资源及利用现状

1. 咸海流域的水资源

咸海流域的水资源主要分为三个部分：地表水资源、地下水资源、回归水（受污染的水和灌溉排泄的水)。咸海流域主要分为两个流域:北部的锡尔河流域和南部的阿姆河流域。另外,咸海流域的主要特点是将区域划分为三个主要的径流区:河流的发源区(流域上游山区的东南部)、中游耗水区(核心部分)、下游三角洲地区(流域的西北部)。山区的冰雪融水是该流域重要的水来源。

1)地表水资源

咸海流域的两个重要河流阿姆河和锡尔河是该流域重要的地表水资源,这两条河流主要发源于东部的帕米尔高原和天山山脉。如今,这两条河流的部分支流都变成了季节性河流,在到达主干道之前就已经干涸。咸海流域所有河流的年径流量共约 116 km^3,其中,阿姆河的年均径流量为 79.396 km^3,锡尔河为 36.625 km^3。水资源空间分布不平衡,塔吉克斯坦和吉尔吉斯斯坦各占 51.5%和 25.2%,而只有 14%汇聚在哈萨克斯坦、乌兹别克斯坦和土库曼斯坦这三个国家(表 2.13)。根据干旱年出现频率 95%和湿润年出现频率 5%,阿姆河的径流量范围在 58.6~109.9 km^3,锡尔河的径流量在 23.6~51.1 km^3。

表 2.13 咸海流域年均地表水资源量

国家	小流域		咸海流域	
	锡尔河流域/(km³/a)	阿姆河流域/(km³/a)	地表水资源量/km³	占比[1]/%
哈萨克斯坦	2.516	—	2.516	2.2
吉尔吉斯斯坦	27.542	1.654	29.196	25.2
塔吉克斯坦	1.005	58.732	59.737	51.5
土库曼斯坦	—	1.405	1.405	1.2
乌兹别克斯坦	5.562	6.791	12.353	10.6
阿富汗和伊朗	—	10.814	10.814	9.3
咸海流域	36.625	79.396	116.021	100

资料来源:http://www.cawater-info.net/。

[1]咸海流域各国地表水资源量占咸海流域地表水资源总量的百分比。

2)地下水资源

咸海流域的地下水可分为两部分:一部分为山区自然流动的淡水;另一部分为通过技术过滤的水或者农业灌溉回归水(FAO,2013)。

通过对 339 个含水层进行勘测,所得出的含水量作为该区域内可供开采的水源(表 2.14)。咸海流域地下水储量约为 31.19×10^6m³,其中阿姆河流域 14.7×10^6m³,锡尔河流域 16.4×10^6m³。地下水的开采会对地表径流产生影响,因此,必须对地下水资源进行量化,确定每年可开采的地下水储量约为 13.1×10^6m³。目前,咸海流域地下水实际开采总量约为 10.0×10^6m³。该地区的地下水质量因含盐量不同而不同，含盐量在 1～3g/L。几乎一半的地下水可以满足生活用水的需要，约 70%用于农业灌溉。由于约 30%的地下水具有跨界性质，其使用需要各国相互监督。

表 2.14　咸海流域的地下水储量和利用　　　　　　　　　　（单位：$\times 10^6 m^3$）

国家	储量	可利用	实际利用	用途					
				饮用水	工业	灌溉	垂直排水	抽水试验	其他
哈萨克斯坦	1864	1224	420	288	120	0	0	0	12
吉尔吉斯斯坦	862	670	407	43	56	308	0	0	0
塔吉克斯坦	6650	2200	990	335	91	550	0	0	14
土库曼斯坦	3360	1220	457	210	36	150	60	1	0.15
乌兹别克斯坦	18455	7796	7749	3369	715	2156	1349	120	40
合计	31191	13110	10023	4245	1018	3164	1409	121	66.15

资料来源：http://www.cawater-info.net/。

3) 回归水

咸海流域水污染的主要原因是回流的水量在流域中形成了较高的水资源比例，造成矿化程度高。大约 95%的回归水来自灌溉系统的排水，其余来自市政生活和工业废水。水循环率随着灌溉的发展而增加，并在 1975～1990 年达到顶峰，之后稳定下来。近年来，来自工业、城市的废水及农业灌溉排放水，年均水量在 28.0～33.5km³，锡尔河流域回归水为 13.5～15.5km³，阿姆河流域为 15～18km³。且 51%以上的回归水被释放回河流，21%～33%的水被释放到自然洼地。由于水污染，仅 16%的回归水被灌溉利用(Sokolov et al., 2004)。高比例的排水系统表明，灌溉实际上只消耗了 45%～50%的农业取水量(FAO, 2013)。

2. 咸海流域水资源的时空变化

咸海流域的水资源对锡尔河和阿姆河的依赖程度很高，因此受这两条河的影响很大。由于灌溉农业的发展和人类活动的影响，咸海流域的水资源变得日益紧缺，生态环境也开始变坏。根据 MODIS 数据产品全球陆地/水掩膜数据 MOD44W，得出 2000～2014 年咸海流域水体面积的空间分布和时间变化趋势。从图 2.9 可以看出，2000～2014 年整个咸海流域的水体面积以每年 1048km² 的速率减少，即每年有 1048km² 的水体面积转化为非水体面积。水体面积仅占整个流域面积的 2% 左右，水体面积比例从 2000 年的 2.5%减少到 2014 年的 1.5%，非水体面积比例从 2000 年的 97.5%增加到 2014 年 98.5%。

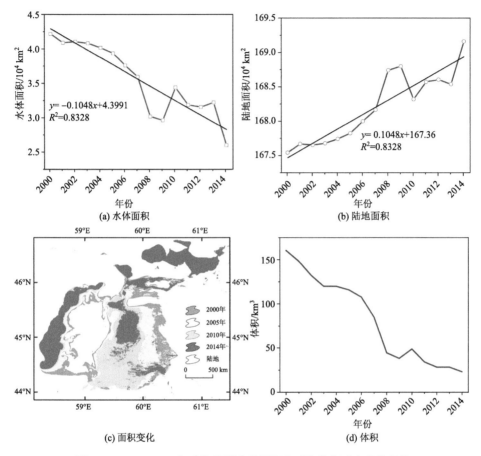

图 2.9　2000～2014 年咸海流域水体面积和咸海体积时空变化趋势

其中，咸海流域水体面积变化最为强烈的是咸海[图 2.9(c)]，南部大咸海的水体面积变化最大，北部小咸海的水体面积变化较小，2000 年南部大咸海的东西两部分还为一体，2005 年已完全分离，且海岸线整体上不断地向西部萎缩。面积由 2000 年的 28119.37km² 减少至 2014 年的 11169.01km²，缩小了 60.28%。咸海体积也由 2000 年的 160.7km³ 减少至 2014 年的 23.3km³[图 2.9(d)]。

3. 咸海流域的水利设施

水库等基础设施对咸海流域的年径流调节、水资源管理分配及水资源高效利用起着重要的作用。咸海流域的水库主要建设在流域的上游地区，其两个子流域是开发较早的古老灌区，锡尔河流域已建水库的有效库容已达年径流量的 77.8%，阿姆河达 32.3%，可做到对河水径流的多年调节和完全年调节(杨繁远，1987)。

一方面，水库等有助于对河流进行季节性和长期调节，也有利于灌溉、水力发电和供水，还能有效抵御洪水、泥石流和干旱。但是水库对径流的截留，用于发电或灌溉，尤其是大量的灌溉用水，导致下游来水量减少，进而引发一系列水问题。另一方面，水资源在各个国家和各河段分配不平衡，这成为水资源争端的一个原因。

由于每年水文状况不一样，这些水库之间合理协作，对水资源进行合理的季节分配。根据中亚国家间协调水委员会科学信息中心(Scientific-Information Center of the Interstate Commission for Water Coordination of Central Asia, SIC ICWC) 2008～2017年水资源管理现状分析报告，咸海流域的水库在生长季(4～9月)和非生长季(10月至次年3月)的入库水量和释放水量不同，具有一定的季节规律，并且不同国家在不同河段所获得的水资源配额不同，不同国家在不同季节的用水量不同。

1)锡尔河流域水库水量变化特征

托克托古尔、安集延、卡拉库姆和恰尔瓦克水库是锡尔河流域四个重要的水利大坝(图2.10)，对该流域的水资源分配起着决定性作用。从图2.10可以看出，托克托古尔、安集延和恰尔瓦克水库在生长季的入库水量远大于非生长季的入库水量，主要是由于这三个水库都位于河流的上游地区，受冰雪融水和降水的影响较大。在生长季，山区的冰雪融化，河道来水量增加，从而导致进入水库的水量增加。而卡拉库姆水库和恰尔达拉水库位于前三个水库的下游地带，受到上游水库水量释放的控制，由于托克托古尔水库在非生长季的释放水量远大于在生长季的释放水量，相应的卡拉库姆水库在非生长季的入库水量大于生长季。2010～2018年的生长季，托克托古尔水库的年均入库水量最多，为10.76km^3，其次为卡拉库姆水库(7.61km^3)；释放水量最多的水库为恰尔达拉水库，年均为9km^3。在非生长季，年均入库水量卡拉库姆水库最多，为13.58km^3，释放水量最多的为恰尔达拉水库，为9.9km^3。

2)阿姆河流域水库水量变化特征

努列克水库和图原水库，分别位于阿姆河的上游和中下游，在生长季的入库水量远大于非生长季的入库水量(图2.11)。2008～2018年，努列克水库在生长季的年均入库水量为17.79km^3，年均释放水量为13.66km^3，释放量占入库水量的76.78%；在非生长季的年均入库水量为3.64km^3，释放水量为7.76km^3，是入库水量的213.19%，生长季释放的水量对中下游国家的农业灌溉具有重要的作用。另外，在塔吉克斯坦，努列克水库起着重要的水力发电作用，为满足本国非生长季的能源需求，需要在生长季储存一定的水量，在冬季进行水力发电。2008～2018年，图原水库生长季的年均入库水量为21.11km^3，释放水量为18.67km^3，释放水量是入库水量的88.44%；在非生长季的年均入库水量为6.93km^3，释放水量7.41km^3，释放水量是入库水量的106.93%。

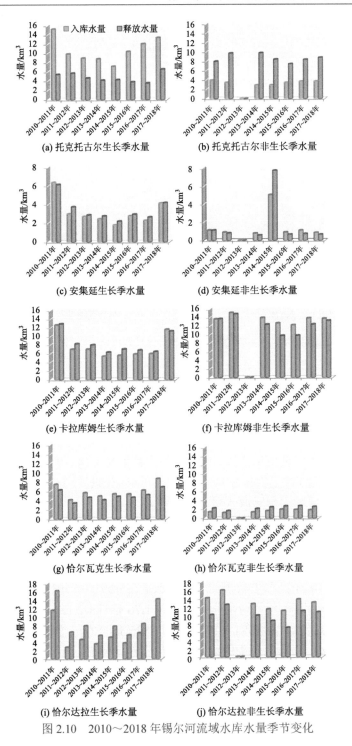

图 2.10　2010～2018 年锡尔河流域水库水量季节变化

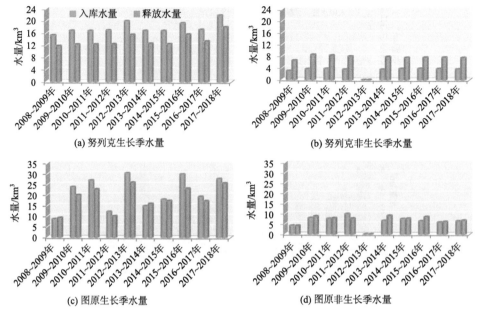

图 2.11 2008～2018 年阿姆河流域水库水量季节变化

4. 咸海流域水资源的时空分配

根据 SIC ICWC 提供的咸海流域 1991～2018 年锡尔河流域和阿姆河流域两个子流域的水量分配数据,统计出咸海流域水资源在时间和空间上的分配特征。咸海流域的水资源主要被用于灌溉,因此,在作物生长季(4～9 月)水资源被提取较多,在非生长季(10 月至次年 3 月)水资源被提取的相对较少。

1)锡尔河流域各国实际取水量和用水配额

乌兹别克斯坦在生长季的年均实际取水量是非生长季的 2.25 倍[图 2.12(a)],1991～2017 年在生长季的实际取水量呈不断下降的趋势,平均以每年 145.26×10⁶m³ 的速率下降,由 1991～1992 年的 18570.45×10⁶m³ 减少至 2016～2017 年的 13270.69×10⁶m³;非生长季的实际取水量在 1991～2017 年呈增加趋势。哈萨克斯坦生长季的取水量大约是非生长季的 1.76 倍[图 2.12(b)],且生长季的取水量也呈下降的趋势,由 1991～1992 年的 1825.36×10⁶m³ 下降至 2016～2017 年的 952.94×10⁶m³;而非生长季的取水量变化不是太明显,年均取水量为 780.81×10⁶m³,因此,哈萨克斯坦生长季的取水量和非生长季的取水量差距不断缩小。吉尔吉斯斯坦生长季的取水量是非生长季的 8.56 倍,1991～2017 年生长季和非生长季的取水量都无明显变化,生长季的年均取水量为 228.66×10⁶m³,非生长季的年

均取水量为 $26.71×10^6m^3$[图 2.12(c)]。塔吉克斯坦生长季的取水量约是非生长季的 17.50 倍，且生长季的取水量有明显的下降趋势，由 1991~1992 年的 $4001.02×10^6m^3$ 减少至 2016~2017 年的 $3283.24×10^6m^3$，非生长季的取水量也由 1991~1992 年的 $318.56×10^6m^3$ 下降至 2016~2017 年的 $57.70×10^6m^3$[图 2.12(d)]。

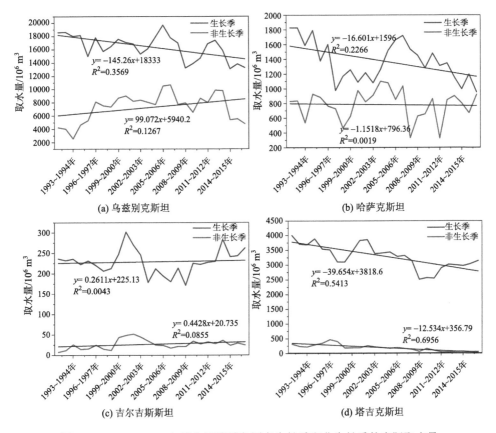

图 2.12　1991~2017 年锡尔河流域各国在生长季和非生长季的实际取水量

　　由于吉尔吉斯斯坦和塔吉克斯坦位于锡尔河流域的上游地区，山区面积大，耕地资源不足，加上能源不足，所以利用水力发电得到的收入来弥补粮食短缺的不足。为了冬季得到更多的能源，在生长季，水库存储更多的水，一方面用来灌溉，另一方面则用于冬季放水发电，所以这两个国家在生长季的取水量远远大于在非生长季的取水量。由于下游的乌兹别克斯坦和哈萨克斯坦主要依赖上游国家的水资源，尤其是乌兹别克斯坦，灌溉水资源需求量很大，因此在生长季的取水量比较大，虽然在非生长季的取水量较少，但仍大于上游两个国家在生长季的取水量。

根据中亚国家间协调水委员会科学信息中心(简称用水协会)的报告,各国的水资源配额和实际水资源提取量也有较大差异(图 2.13)。从图中可以明显看出,超出取水限额的情况主要发生在乌兹别克斯坦,约 60%的年份取水量超过限额,实际用水约为限额的 106.4%,而其他三个国家只有个别年份实际取水量超额,其他年份都小于限额。乌兹别克斯坦的实际取水量常年大于限额,一方面与用水结构有关,90%的水用于农业灌溉;一方面与用水效率有关,灌溉用水效率低,使得实际耗水高于计划用水。

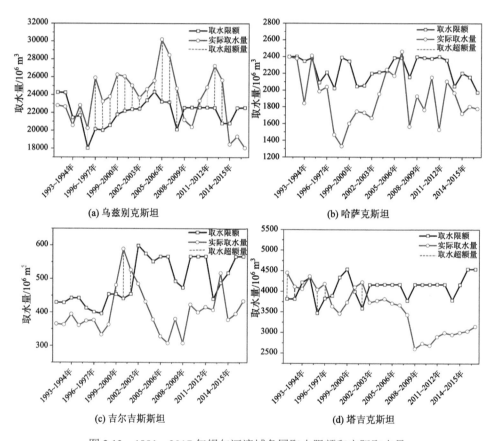

图 2.13 1991～2017 年锡尔河流域各国取水限额和实际取水量

2)阿姆河流域各国实际取水量和用水配额

阿姆河流域的用水国家主要包括乌兹别克斯坦、塔吉克斯坦和土库曼斯坦这三个国家。其中,乌兹别克斯坦在生长季年均取水量为 15511.75×10⁶m³,占全年取水量的 71.5%;非生长季的年均实际取水量为 6187.63×10⁶m³(28.5%);1991～

2017 年，生长季的实际取水量有较明显的下降趋势，而非生长季的实际取水量没有明显的时间变化趋势[图 2.14(a)]。塔吉克斯坦在生长季的年均取水量为 $5597.14×10^6m^3$，占全年取水量的 73.9%；非生长季的年均取水量为 $1979.88×10^6m^3$（26.1%）；1991~2017 年，非生长季和生长季的实际取水量变化不是特别显著，但都呈略微增加趋势[图 2.14(b)]。土库曼斯坦在生长季的年均取水量为 $14038.14×10^6m^3$，占全年实际取水量的 69%；非生长季的年均取水量为 $6243.10×10^6m^3$（31%）；1991~2017 年，生长季的实际取水量有较明显的下降趋势，以每年 $87.906×10^6m^3$ 的速率下降，而非生长季的实际取水量呈略微下降的趋势[图 2.14(c)]。就整个阿姆河流域而言，生长季的年均实际取水量为 $35147.32×10^6m^3$，占全年取水量的 71%；非生长季的年均实际取水量为 $14415.46×10^6m^3$（29%）；1991~2017 年，生长季和非生长季的时间变化趋势和乌兹别克斯坦及土库曼斯坦相似，生

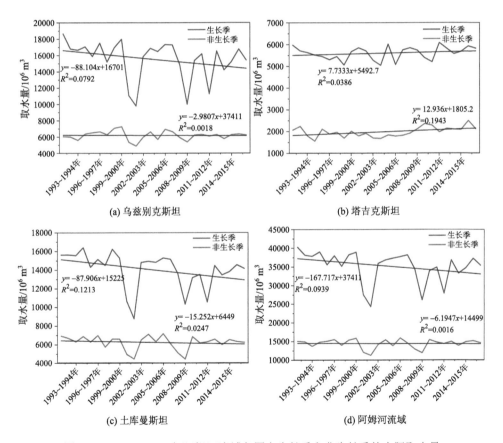

图 2.14　1991~2017 年阿姆河流域各国在生长季和非生长季的实际取水量

长季的实际取水量呈较明显的下降趋势，以每年 $167.717 \times 10^6 m^3$ 的速率下降；非生长季的下降趋势不是太明显[图 2.14(d)]。在阿姆河流域，生长季期间，乌兹别克斯坦的实际取水量最多；非生长季期间，土库曼斯坦的实际年均取水量最多，塔吉克斯坦的取水量最少。

乌兹别克斯坦的实际取水量接近限额，个别年份超过了取水限额，如 1999~2000 年，实际取水量是取水限额的 112.7%；实际取水量的时间变化趋势不稳定，年均实际取水量是年均限额的 94.45%[图 2.15(a)]。1991~2017 年，塔吉克斯坦每年的实际取水量都小于取水限额，年均取水限额为 $9464.74 \times 10^6 m^3$，年均实际取水量约为限额的 81%[图 2.15(b)]。土库曼斯坦的实际取水量与取水限额差额不大，多年年均限额为 $20281.25 \times 10^6 m^3$，多年年均实际取水量为年均限额的 94.25%[图 2.15(c)]。

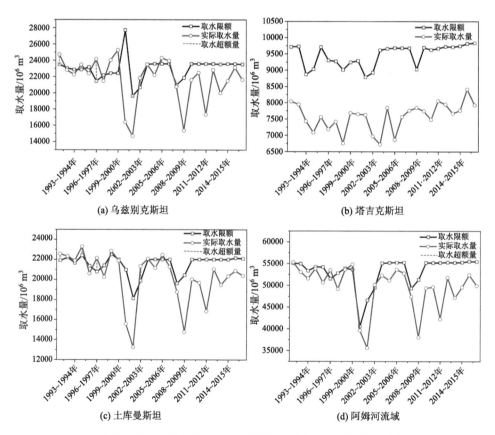

图 2.15　1991~2017 年阿姆河流域各国取水限额和实际取水量

整个阿姆河流域的实际取水量基本没超过取水限额，年均取水限额为 $53248.15×10^6m^3$，年均实际取水量是限额的 93.07%[图 2.15（d）]。另外，从图 2.15 可以看出，乌兹别克斯坦、土库曼斯坦和整个阿姆河流域在 1991～2008 年的实际取水量基本接近取水限额；2008 年之后，每年实际取水量均小于年取水限额，说明阿姆河流域的取水配额基本满足实际取水量的需求。

2.4.2　咸海流域的水资源利用效率

1. 咸海流域的灌溉农业

中亚地区的农业发展主要集中在咸海流域，其中 90% 以上的农作物都是在灌溉地区种植的。1970～1989 年，阿姆河流域的灌溉面积增加了 150%，锡尔河流域增加了 130%。咸海流域大规模的灌溉农业是建立在完善的灌溉和排水等基础设施基础之上的。虽然有些地区灌溉农业发展已经有几个世纪的历史，但是真正快速发展的时期是苏联时期。20 世纪 50～80 年代，咸海流域建设了大量的灌溉和排水系统。截至 1998 年，该流域主要农场灌溉网络总长度为 47750km，农田灌溉网络共达 26.85 万 km。中亚地区，特别是乌兹别克斯坦的灌溉依赖于水泵和运河系统，是世界上最复杂的系统之一。

表 2.15 是咸海流域土地利用现状，可以看出，乌兹别克斯坦的耕地面积（52%）、可耕地面积（43%）和实际灌溉面积（55%）最多，吉尔吉斯斯坦和塔吉克斯坦的可耕地面积和耕地面积最少。因为吉尔吉斯斯坦和塔吉克斯坦大约 90% 是山地，所以，一方面，这两个国家成为水资源的发源地，可以控制水资源向下游的排放；另一方面，由于缺乏平地，可耕地面积不足。

表 2.15　咸海流域土地利用现状（Sokolov et al., 2004）

国家	可耕地面积 /km²	耕地面积/km²	盐碱地/km²	灌溉面积/km²	灌溉水量/km³	棉花灌溉面积/km³	小麦灌溉面积/km³
哈萨克斯坦	238724	16588	2180	621.0	5.9	139.1	58.4
吉尔吉斯斯坦	12574	5950	215	484.2	2.3	26.1	23.6
塔吉克斯坦	15710	7699	7190	747.4	9.3	125.6	295.2
土库曼斯坦	70130	18053	17350	1571.0	22.5	637.8	716.4
乌兹别克斯坦	254477	52078	42334	4211.8	44.7	1090.9	1107.7
咸海流域	591615	100368	69269	7635.4	84.7	2019.5	2201.3

表 2.16 为 2010 年咸海流域农业作物种植状况。从表中可以明显看到，2010 年，棉花和小麦的种植面积在作物种植总面积中所占比重最大，其中土库曼斯坦

和乌兹别克斯坦的小麦和棉花的种植面积和占咸海流域该国农业种植面积的50%以上。苏联时期,棉花一直占据主导地位,但随着苏联的解体,人口不断增加,为了保障粮食安全,小麦的种植面积开始扩大。其中,乌兹别克斯坦一直是中亚地区的农业主产区,棉花种植面积很大,是苏联时期的种植基地,农业总产值中有一半以上是由棉花贡献的,但随着国家的独立,没有苏联政府的支持和粮食提供,为了国内粮食安全,就减小了棉花的种植面积,扩大了粮食作物小麦的种植面积,最终在21世纪,乌兹别克斯坦从之前的小麦进口国变为出口国。咸海流域作为中亚地区最主要的水资源消耗地区,由于高耗水作物在农业生产中占主导地位(主要农作物是需要深层次灌溉的棉花、水稻等),根据世界粮食生产统计,2017年乌兹别克斯坦和土库曼斯坦的棉花生产量位居世界第八和第九,加上水资源的不合理利用,水资源问题非常突出。

表2.16 2010年咸海流域农业作物种植状况(Lee and Jung, 2018)

作物类型	哈萨克斯坦		吉尔吉斯斯坦		塔吉克斯坦		土库曼斯坦		乌兹别克斯坦	
	面积 /10^3hm^2	占比 /%	面积 /10^3hm^2	占比 /%	面积 /10^3hm^2	占比 /%	面积 /10^3hm^2	占比 /%	面积 /10^3hm^2	占比 /%
棉花	155.4	22.4	31.1	3.0	164.5	8.4	887.0	33.3	1422.0	25.9
小麦	65.0	9.4	28.1	2.7	385.8	19.7	997.0	37.4	1442.4	26.3
玉米	24.0	3.5	16.7	1.6	12.5	0.6	14.5	0.5	45.5	0.8
瓜类	27.1	3.9	0.8	0.1	23.3	1.2	15.6	0.6	43.6	0.8
土豆	16.8	2.4	6.4	0.6	28.4	1.4	10.6	0.4	63.7	1.2
水稻	72.0	10.4	3.5	0.3	17.0	0.9	61.1	2.3	80.3	1.5
蔬菜	7.9	1.1	5.5	0.5	31.0	1.6	21.3	0.8	158.2	2.9
饲料作物	129.5	18.6	597.0	56.9	1093.0	55.7	531.0	19.9	316.0	5.8
其他	197.3	28.4	360.0	34.3	205.7	10.5	126.7	4.8	1912.9	34.9
合计	695	100	1049.1	100	1961.2	100	2664.8	100	5484.6	100

2. 水资源利用效率的时空分析

本章分析了两种类型的水分生产率:总灌溉水量的物理水分生产率(kg/m^3)和单位蒸散发的物理水分生产率(kg/m^3)(Abdullaev and Molden, 2004)。物理水分生产率为每消耗1 m^{3}水所生产的粮食产量,其经济效益(美元/m^3)为每消耗1 m^{3}水创造的农业经济价值(IWMI, 2003; Platonov et al., 2008)。利用中亚水资源利用效率监测数据库中有关咸海流域的水资源利用效率指标:每立方米水作物产值

(美元/m³)、每立方米水作物产量(kg/m³)。如图 2.16 所示,小麦每消耗 1m³ 水的产量最大,其次是水稻和棉花[图 2.16(a)]。而作为经济作物,棉花每消耗 1m³ 水产生的经济价值最大,其次是水稻和小麦[图 2.16(b)]。2000~2014 年,小麦平均每消耗 1m³ 水的产出为 0.881 kg 和 0.191 美元。水稻年均水生产力和水生产效益分别为 0.689kg/m³ 和 0.268 美元/m³,棉花年均水生产力和水生产效益分别为 0.451 kg/m³ 和 0.727 美元/m³。2000~2014 年,咸海流域作物的水生产力的粮食产出呈现相对稳定的趋势,年均为 0.674kg/m³。而受农作物价格影响,水生产效益呈现上升趋势,年均为 0.467 美元/m³。

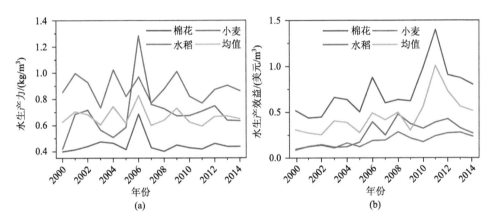

图 2.16　2000~2014 年咸海流域主要作物的水生产力(a)及水生产效益(b)

从空间分布来看(图 2.17),三种主要作物的水生产力主要集中在西北部的费尔干纳盆地和塔什干灌区[图 2.17(d)]。锡尔河(费尔干纳河谷灌区)上游的吉尔吉斯斯坦和塔吉克斯坦的棉花和小麦的水生产力最高[图 2.17(a)和(b)],而水稻的最高水生产力主要位于吉尔吉斯斯坦和哈萨克斯坦南部[图 2.17(c)]。

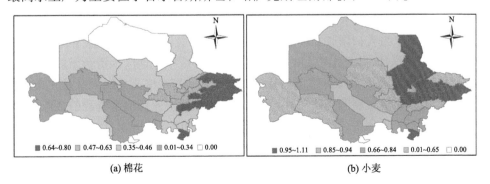

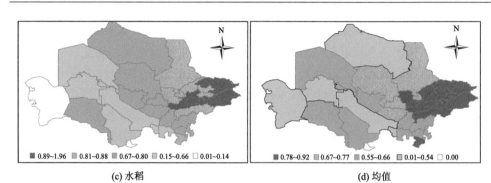

(c) 水稻　　　　　　　　　　　　　　(d) 均值

图 2.17　2000～2014 年咸海流域主要作物水生产力的地区差异（单位：kg/m³）

2.5　本章小结

水资源问题是中亚地区社会经济发展及国家间矛盾冲突的根源，同时灌溉农业的发展和不合理的水资源利用，造成了水资源浪费和生态环境问题。本章以中亚地区的水资源为研究对象，以咸海流域作为典型区域，分析了中亚地区的水资源开发利用现状及水资源利用效率、水资源承载力、咸海流域水资源开发利用及水资源利用效率，可为进一步认识中亚地区的水资源利用现状和解决中亚地区水资源问题及"一带一路"建设提供参考。

基于 DEA 模型计算分析得出，中亚五个国家的经济收益主要是依靠大量的水资源及劳动力投入来获得的，水资源利用的技术有效性比较差。整个中亚地区的平均水资源相对利用效率为 0.656，是我国水资源利用效率的 79.8%，是美国和日本的 65.6%。农业是中亚地区水资源消耗和水资源浪费最大的生产部门，节水潜力较大，可节约 1017.78 亿 m³。

中亚五国的水资源承载力存在区域差异。哈萨克斯坦在中亚五个国家中的水资源承载力相对较高，但是相对土地资源和其他资源开发而言，哈萨克斯坦水资源相对匮乏，未来人口增长、城市化发展以及快速增长的 GDP 都会导致能源、粮食和水需求的增加，并且水资源的管理和分配是导致中亚地区水资源矛盾的关键。由于中亚的水资源大多具有跨境的特征，邻国之间的水资源分配一直是冲突的焦点，且是国家经济发展的先决条件。因此，加快做好中亚跨境水资源的合理分配，协调"水-能源-灌溉"之间的矛盾，对推动和完善中亚地区水资源可持续利用和生态安全至关重要。

典型流域——咸海流域的水资源空间分布不平衡，水资源在各国的分配也不平衡。咸海流域的水资源，不仅主要用于农业灌溉，还用于水力发电。为了发电，位于上游的水库在非生长季释放的水量远大于生长季的释放量。各个国家的取水量主要集中在生长季，非生长季的取水量相对较少，其中，乌兹别克斯坦分配的水量最高，实际取水量也最高，且常年高于用水配额。咸海流域的水生产力，小麦每消耗 1m^3 水的产量最大，其次是水稻和棉花。而作为经济作物的棉花，每消耗 1m^3 水产生的经济价值最大，其次是粮食作物水稻，小麦的水生产力最低。从空间分布来看，西北部的费尔干纳河谷灌区和塔什干灌区具有较高的水生产力。

参 考 文 献

曹丽娟, 张小平. 2017. 基于主成分分析的甘肃省水资源承载力评价. 干旱区地理, (4): 906-912.

陈亚宁, 李稚, 范煜婷, 等. 2014. 西北干旱区气候变化对水文水资源影响研究进展. 地理学报, (9): 1295-1304.

陈亚宁, 李稚, 方功焕, 等. 2017. 气候变化对中亚天山山区水资源影响研究. 地理学报, (1): 18-26.

戴明宏, 王腊春, 魏兴萍. 2016. 基于熵权的模糊综合评价模型的广西水资源承载力空间分异研究. 水土保持研究, (1): 193-199.

邓铭江, 龙爱华. 2011. 咸海流域水文水资源演变与咸海生态危机出路分析. 冰川冻土, 33(6): 1363-1375.

邓铭江, 龙爱华, 章毅, 等. 2010. 中亚五国水资源及其开发利用评价. 地球科学进展, 25(12): 1347-1356.

韩茜. 2018. 中亚楚河流域水与植被变化特征研究. 北京: 中国地质大学(北京).

胡文俊. 2009. 咸海流域水资源利用的区域合作问题分析. 干旱区地理, 32(6): 821-827.

惠泱河, 蒋晓辉, 黄强, 等. 2001. 水资源承载力评价指标体系研究. 水土保持通报, (1): 30-34.

吉力力·阿不都外力, 木巴热克·阿尤普, 刘东伟, 等. 2009. 中亚五国水土资源开发及其安全性对比分析. 冰川冻土, 31(5): 960-968.

焦一强, 刘一凡. 2013. 中亚水资源问题: 症结、影响与前景. 新疆社会科学, (1): 77-83.

李剑波. 2016. 重庆能源绿色低碳发展研究. 重庆: 重庆大学.

李小冰, 胡滨. 2017. 基于主成分分析法的陕西省水资源承载力评价. 地下水, (5): 161-163.

刘渝, 杜江, 张俊飚. 2007. 湖北省农业水资源利用效率评价. 中国人口·资源与环境, (6): 60-65.

刘宇宝, 闫述乾. 2015. 基于 DEA 的甘肃省农业投入-产出效率分析. 资源开发与市场, 31(3): 305-307.

鲁本·马萨卡尼亚, 阿莱哥·谢普. 2005. 中亚水问题: 总结经验, 汲取教训//首届九寨天堂国际环境论坛论文集. 北京: 中华环保联合会: 189-194.

闵庆文, 余卫东, 张建新. 2004. 区域水资源承载力的模糊综合评价分析方法及应用. 水土保持研究, 11(3): 14-16.

孙才志, 闫冬. 2008. 基于DEA模型的大连市水资源-社会经济可持续发展评价. 水利经济, (4): 1-4.

童纪新, 顾希. 2015. 基于主成分分析的南京市水资源承载力研究. 水资源与水工程学报, (1): 122-125.

吴福象. 2005. 参数与非参数前沿方法在生产率效率测度中的应用. 数理统计与管理, (5): 50-55.

吴琼. 2013. 基于因子分析的青海省水资源承载力综合评价. 水资源保护, (1): 22-26.

武翠芳, 柳雪斌, 邓晓红, 等. 2015. 张掖市甘州区农业水资源利用效率分析. 冰川冻土, 37(5): 1333-1342.

武玉英, 何喜军. 2006. 基于DEA方法的北京可持续发展能力评价. 系统工程理论与实践, (3): 117-123.

邢军, 孙立波. 2014. 基于因子分析与模糊综合评判方法的水资源承载力评价. 节水灌溉, (4): 52-55.

许朗, 黄莺, 刘爱军. 2011. 基于主成分分析的江苏省水资源承载力研究. 长江流域资源与环境, (12): 1468-1474.

许新宜, 王红瑞, 刘海军. 2010. 中国水资源利用效率评估报告. 北京: 北京师范大学出版社.

杨繁远. 1987. 中亚主要河流水利建设对自然环境的影响. 干旱区地理, (2): 69-71.

杨胜天, 于心怡, 丁建丽, 等. 2017. 中亚地区水问题研究综述. 地理学报, 72(1): 79-93.

张宏志, 金飞. 2014. 美国农业水资源利用与保护. 世界农业, (12): 130-133.

张伟. 2012. 基于因子分析的安徽省水资源承载力评价. 节水灌溉, (9): 11-14.

赵自阳, 李王成, 王霞, 等. 2017. 基于主成分分析和因子分析的宁夏水资源承载力研究. 水文, (2): 64-72.

郑奕. 2011. 基于DEAP软件的教学案例编制. 计算机教育, (24): 79-83.

周亮广, 梁虹. 2006. 基于主成分分析和熵的喀斯特地区水资源承载力动态变化研究——以贵阳市为例. 自然资源学报, (5): 827-833.

Abdullaev I, Molden D. 2004. Spatial and temporal variability of water productivity in the Syr Darya Basin, central Asia. Water Resources Research, 40(8): 379-405.

Bekchanov M, Ringler C, Bhaduri A, et al. 2016. Optimizing irrigation efficiency improvements in the Aral Sea Basin. Water Resources & Economics, 13: 30-45.

Djuwansyah M R. 2018. Environmental sustainability control by water resources carrying capacity concept: Application significance in Indonesia. IOP Conference Series: Earth and Environmental Science, 118: 012027.

FAO (Food and Agriculture Organization of the United Nations). 2013. Irrigation in Central Asia in Figures. Rome, Italy: FAO Water Reports 39.

IWMI. 2003. Water Productivity in the Syr-Darya River Basin. Research Report 67. Colombo, Sri lanka: International Water Management Institute.

Lee S O, Jung Y.2018. Efficiency of water use and its implications for a water-food nexus in the Aral

Sea Basin. Agricultural Water Management, 207: 80-90.

Lioubimtseva E, Henebry G M. 2009. Climate and environmental change in arid Central Asia: Impacts, vulnerability, and adaptations. Journal of Arid Environments, 73 (11): 963-977.

Meng L H, Chen Y N, Li W H, et al. 2009. Fuzzy comprehensive evaluation model for water resources carrying capacity in Tarim River Basin, Xinjiang, China. Chinese Geographical Science, 19 (1): 89-95.

Micklin P. 2002. Water in the Aral sea basin of Central Asia: Cause of conflict or cooperation?. Eurasian Geography and Economics, 43 (7): 505-528.

Platonov A, Thenkabail P S, Biradar C M, et al. 2008. Water productivity mapping (WPM) using landsat ETM+ data for the irrigated croplands of the Syrdarya River basin in central Asia. Sensors, 8 (12): 8156-8180.

Sokolov V, Bogardi J, Castelein S. 2004. Lessons on co-operation building to manage water conflicts in the Aral Sea Basin. Technical Documents in Hydrology, (11): 109-118.

UNECE. 2007. Dam Safety in Central Asia: Capacity- Building and Regional Cooperation. New York, Geneva: United Nations Economic Commission for Europe.

Woznicki S A, Nejadhashemi A P. 2014. Assessing uncertainty in best management practice effectiveness under future climate scenarios. Hydrological Processes, 28 (4): 2550-2566.

Zhang J Y, Chen Y N, Li Z. 2018. Assessment of efficiency and potentiality of agricultural resources in Central Asia. Journal of Geographical Sciences , 28 (9): 1329-1340.

第 3 章

中亚地区农业生产与作物需水量分析

本章导读

- 中亚地区是受全球气候变化影响最为剧烈的区域之一。气候变化对中亚地区的农业、生态、人类健康等产生了重大影响。本章在分析中亚地区农业生产现状的基础上，评估了中亚地区的农业资源利用效率，预估了中亚地区不同气候变化情景下的作物需水量，综述了未来气候变化对中亚地区农业和粮食安全的影响。

- 1992 年以来，中亚地区耕地面积呈先迅速下降后缓慢上升的趋势。近些年，农业生产要素中的化肥投入和水资源投入有增加趋势，尤其是乌兹别克斯坦。谷物产量持续增加，而棉花产量有总体下降趋势。

- 中亚地区的耕地资源消耗系数和农业水资源消耗系数整体都呈明显下降趋势，而资源消耗系数自 2006 年以来保持稳定。中亚地区的农业生产力水平还较低，土地资源、水资源的开发潜力很大。

- 气候变化改变了中亚地区的水资源可利用量和作物需水量，改变了作物的供需水平衡，增温导致的降水变化以及更频繁的极端高温和干旱事件，将对该地区的水资源供应以及农业用水需求、作物产量产生系列影响，进而影响中亚地区的农业、畜牧业发展和粮食安全。理解中亚地区的气候变化对作物需水量以及粮食安全的影响，对实现区域可持续发展目标至关重要。

中亚地区以农业为主，农业生产对维护区域粮食安全意义重大，研究中亚地区农业生产与气候变化情景下的粮食安全可为联合国可持续发展目标(SDGs)的实现提供数据支撑。中亚地区是受气候变化影响最为剧烈的区域之一。联合国政府间气候变化专门委员会(IPCC)报告显示，中亚地区的升温更加明显，直接影响水资源可利用量和作物需水量，将对中亚地区的农业生产、人类生存环境和经济社会发展产生重大影响(IPCC, 2022)。

3.1　中亚地区农业生产现状及问题分析

中亚地区属于北温带大陆性气候，光热资源丰富，大部分为平原，西部为内陆盆地，北部则是西西伯利亚平原的延续，中部为哈萨克丘陵和低高原，仅东南部边缘有小面积山地盘踞。中亚地区具有较好的农地、水资源、劳动力等传统农业生产要素，农业以种植业和畜牧业为主。中亚五国虽然有着丰富的光、热、水、土等农业资源，具有发展农业的独特资源优势，但农业资源的空间分配比较不均，水资源与土地资源的空间匹配度较低。塔吉克斯坦和吉尔吉斯斯坦的水资源最为丰富，而哈萨克斯坦的土地资源最为丰富，乌兹别克斯坦和土库曼斯坦位于中亚地区两条最大的内陆河——锡尔河和阿姆河的中下游，其土壤、地形、人力等自然条件和社会条件较优越。中亚地区主要为灌溉农业，北部有部分雨养农业。农田灌溉是中亚主要的水资源利用方式，消耗了该区域 80%～85%的可用水资源。

3.1.1　耕地面积变化

中亚地区土地类型多样，其中近一半地区呈现出荒漠、半荒漠的自然景观，北部和东南部植被覆盖度较高，农业和居民区主要集中在河流的两岸。根据欧洲航天局(European Space Agency, ESA)Globcover2 2010 年全球陆地覆盖数据集，整个中亚地区，草地面积占土地总面积的一半以上(图 3.1)，耕地、林地和草地面积分别为 34.1 万 km^2、1.2 万 km^2 和 250.6 万 km^2。乌兹别克斯坦的耕地面积比例最高，为 10.43%；塔吉克斯坦最低，为 5.65%。土库曼斯坦和乌兹别克斯坦的森林覆盖率分别为 8.78%和 7.54%，为中亚地区森林覆盖率较高的国家；哈萨克斯坦草地面积占比为 68.4%，是中亚五国中草地面积占比最高的国家(范彬彬等，2012)。

根据联合国粮农组织 Global Land Cover-SHARE(GLC-SHARE)数据库，中亚地区的农业耕种区主要集中在哈萨克斯坦北部、伊犁河河谷三角洲地区，以及锡尔河和阿姆河沿河道范围内(图 3.2)。中亚五国的耕作强度为各个格点(空间分辨率为 30″，～1 km^2)内耕地面积的占比。其中，乌兹别克斯坦的耕作强度最大，平均耕作强度为 10%；土库曼斯坦的耕作强度最低，为 4.11%；哈萨克斯坦的总耕作规模最大。

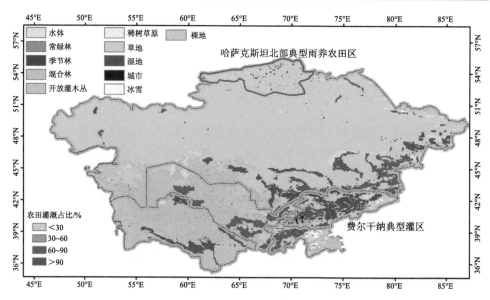

图 3.1　中亚地区土地利用现状图(Li et al., 2020)

灌溉占比用单位面积灌溉设施的比例表示

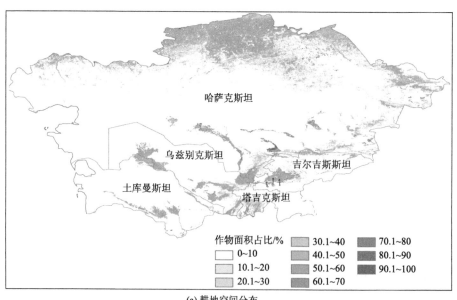

(a) 耕地空间分布

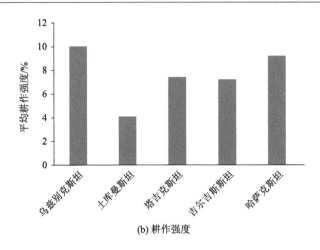

(b) 耕作强度

图 3.2 中亚五国的耕地空间分布及耕作强度

根据联合国粮农组织的统计数据，1992~2019 年，中亚各国的农业面积和作物面积如图 3.3 所示。哈萨克斯坦的农业面积呈现出先下降再上升的趋势，由 1992 年的 221.46 万 km² 降低到 2009 年的 210.78 万 km²，之后迅速上升，并自 2010 年以来保持稳定，在 2019 年为 214.45 万 km²。对于作物面积，在 1992 年以来同样呈现出下降趋势，并在 2000 年以来保持持续缓慢上升状态。究其原因，可能是 1991 年苏联解体导致农业由中央计划经济向社会经济转变。农产品根据市场定价，农业市场开始受到来自国际市场的竞争，大量的农民和资金从农村流失，由此引发了大规模的弃耕，之后随着国家制度的稳定，耕地面积开始有所恢复(范彬彬等，2012)。从遥感影像上可以得出相同的结论，中亚耕地面积呈先迅速下降后缓慢上升的趋势，耕地面积由 1992 年的 43.1 万 km²(比例 10.9%)下降到 2000 年的 29.8 万 km²(比例 7.58%)，之后上升至 2010 年的 31.6 万 km²(比例 8.04%)，但仍未恢复到 20 世纪 90 年代初的水平(范彬彬等，2012)。

3.1.2 农业生产要素投入分析

农业生产要素是在农业生产过程中，为了获得人们需要的各种农产品所必须投入的各种基本要素的总称。直接生产要素包括自然资源(以土地和水为代表)、劳动力、劳动资料、劳动对象等，间接生产要素包括资金、科技、管理、信息等。

本节所采用的农业生产要素主要包括耕地面积、农业用水、化肥等，数据均来自 FAO，以及由世界银行发布的《世界发展指标》(World Development Indicators, WDI)中的相关统计数据。

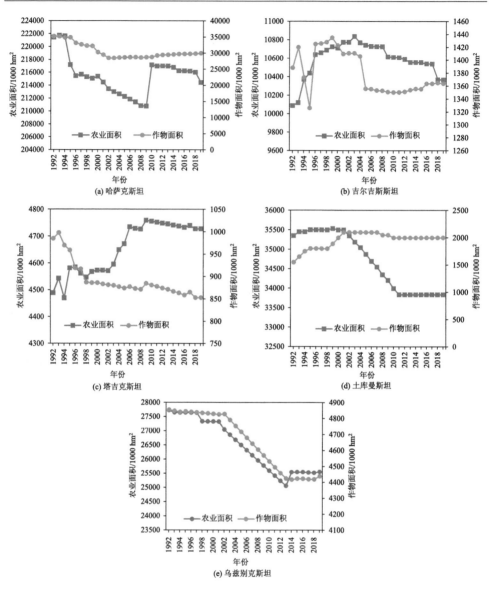

图 3.3　中亚各国 1992～2019 年的农业面积和作物面积

其中农业面积是指可耕地、永久作物和永久牧场面积；作物面积包括用于种植临时(一年生)和永久(多年生)作物
的土地面积，包括定期休耕或用作临时牧场的地区、永久牧场以及用于牧场的一系列土地面积

1. 化肥投入分析

从中亚国家的氮肥、磷肥和钾肥的使用量变化可以看出(图 3.4)，乌兹别克斯

坦耕地的单位面积化肥使用量最大，哈萨克斯坦、吉尔吉斯斯坦、塔吉克斯坦和乌兹别克斯坦的单位面积耕地的化肥使用量分别为 3.1 kg/hm^2、19.7 kg/hm^2、30.1 kg/hm^2 和 170.3 kg/hm^2。1992～2019 年，哈萨克斯坦和塔吉克斯坦的化肥使用量呈现出总体下降趋势，而吉尔吉斯斯坦的单位面积化肥使用量呈现出波动状态，乌兹别克斯坦呈现出上升趋势。

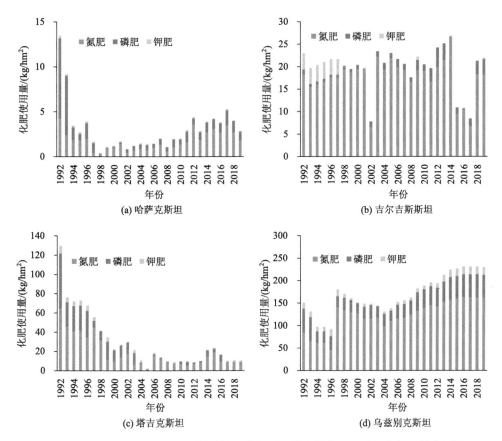

图 3.4　中亚地区(土库曼斯坦缺少数据)单位面积耕地的氮肥、磷肥和钾肥的使用量

2. 水资源投入分析

农业在中亚五国国民经济中占有重要地位，同时也是中亚地区的耗水"大户"，占水资源利用量的 66%以上(Chen et al., 2018)。除了哈萨克斯坦农业用水占比为 66%外，其余四个国家的农业用水占比均在 90%以上，工业用水和生活用水约为 10%。因此，农业用水效率的小幅度提高就可有效提升整体的水资源利用效率，

有助于缓解中亚地区严峻的用水短缺形势。

1997 年以来，中亚五国的农业用水占比均呈下降趋势，哈萨克斯坦由 1997 年的 77%下降到 2012 年的 58%，到 2017 年农业用水占比略有上升。土库曼斯坦的农业用水占比从 1997 年的 97%降低到 2017 年的 94%。吉尔吉斯斯坦、塔吉克斯坦和乌兹别克斯坦的农业用水占比依然保持在高位态。2017 年乌兹别克斯坦的农业用水总量最高，为 543.60 亿 m^3，土库曼斯坦次之，为 262.76 亿 m^3，哈萨克斯坦、塔吉克斯坦和吉尔吉斯斯坦的农业用水总量较低，分别为 138.83 亿 m^3、94.64 亿 m^3 和 71.44 亿 m^3（图 3.5）。

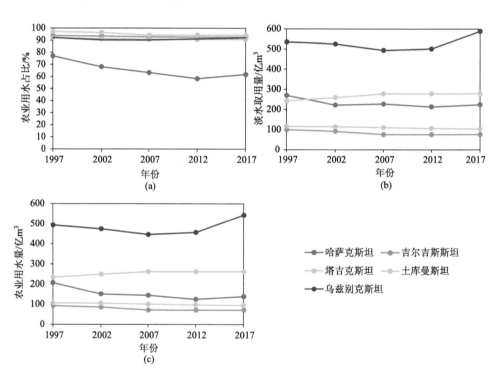

图 3.5　中亚五国农业用水占比(a)、取用淡水资源总量(b)和农业用水量(c)

3.1.3　农作物产量与品质分析

中亚五国与我国新疆一样，位于远离海洋的内陆区域，是典型的大陆性干旱气候区。冬夏分明，冷热悬殊。夏季白天气温一般在 27℃以上，日温差大。光照充足，年均日照时间为 2000～3000 h，光热同季，十分有利于农作物生长和养分积累，尤其有利于优质粮棉、果品、花卉等的生长，在灌溉条件下农作物基本保收。

在种植业方面，以粮食(小麦、玉米和水稻)、油料和棉花这三类土地密集型产品为主，其他较重要的作物是甜菜及蔬菜瓜果。中亚五国都普遍重视粮食生产，强调粮食自给。目前，哈萨克斯坦能够大规模出口谷物，2003 年出口小麦占农产品出口的 71.3%；乌兹别克斯坦和土库曼斯坦粮食基本自给；吉尔吉斯斯坦需要进口约 5%的谷物；塔吉克斯坦一直是缺粮的贫困国家，被联合国列为救援国家。中亚五国的小麦产量占全球的 3.2%，其中，哈萨克斯坦和乌兹别克斯坦列全球小麦生产国第 15 位和第 24 位。

中亚五国是世界重要的棉花产区之一。棉花播种面积占世界总播种面积的 7.21%，棉花产量占世界棉花产量的 7.5%。棉花是乌兹别克斯坦、土库曼斯坦和塔吉克斯坦农业的支柱产业，占大田作物面积的 1/4 以上，分别列世界产棉量第 6 位、11 位和 14 位。乌兹别克斯坦的棉花种植面积自 1992 年至今平均保持在 150 万 hm^2 左右，播种面积占同期世界棉花播种总面积的 5%。棉花质量上乘，以中绒陆地棉和长绒棉为主。2021 年，棉花出口量居世界第 8 位(占全球总出口量的 3.2%)。塔吉克斯坦的棉花产业与铝产业并列为国内两大支柱产业。棉花也是吉尔吉斯斯坦和土库曼斯坦的主要农产品和出口商品。

1. 农作物产量

中亚地区的粮食或者谷物，包括麦类(小麦、大麦、燕麦、荞麦、黑麦等)、水稻、玉米、大豆、黍等(张宁，2019)。小麦是中亚国家最主要的粮食作物，小麦种植面积占本国粮食种植总面积的比例分别为：哈萨克斯坦 82%，吉尔吉斯斯坦 54%，塔吉克斯坦 74%，乌兹别克斯坦和土库曼斯坦均 87%。哈萨克斯坦的小麦主产区在北部科斯塔奈州、北哈萨克斯坦州和阿克莫拉州。哈萨克斯坦北部种植春小麦，种植面积占全国种植面积的 95%。玉米和大豆在中亚地区的种植面积不大，主要用于青贮饲料。大豆种植面积不足 20 万 hm^2，主要产自哈萨克斯坦北部黑土地带。水稻种植面积约 30 万 hm^2，主要分布在吉尔吉斯斯坦的河谷地带以及哈萨克斯坦南部、乌兹别克斯坦和土库曼斯坦三地的灌溉区。

在作物产量方面，根据 FAO 和世界银行的统计值，图 3.6 显示了中亚五国谷物的单产和总产变化。在谷物总产量方面，哈萨克斯坦的谷物产量远高于其他各国，这也使得哈萨克斯坦成为谷物(主要是小麦)出口大国。2018 年，中亚五国谷物年产量约为 3610.6 万 t(大体相当于中国江苏省的粮食年产量)，其中，哈萨克斯坦约 2019.6 万 t，乌兹别克斯坦约 1172.2 万 t(其中小麦占 90%)，吉尔吉斯斯坦约为 178 万 t(其中小麦和玉米各占约 2/5)，塔吉克斯坦约为 121.9 万 t，土库曼斯坦约为 118.9 万 t。从品种上看，中亚主要粮食是小麦，占中亚粮食总产量的

2/3 以上，其次是大麦、玉米、水稻等。1992～2018 年，乌兹别克斯坦的谷物总产量呈现增加趋势，其余国家的谷物总产量表现为波动状态。

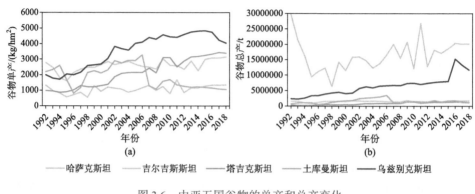

图 3.6　中亚五国谷物的单产和总产变化

在作物产量方面，乌兹别克斯坦的谷物单产最高，其次是塔吉克斯坦、吉尔吉斯斯坦，哈萨克斯坦和土库曼斯坦的谷物单产最低。乌兹别克斯坦单产相对较高与其具有悠久农耕历史(定居的绿洲农业)有关，哈萨克斯坦单产相对较低与其气候条件和化肥使用量不高，以及原始的小麦种植方式有关。除土库曼斯坦外，其余中亚四国的谷物单产均有较大增幅，尤其是塔吉克斯坦和乌兹别克斯坦，吉尔吉斯斯坦和哈萨克斯坦的谷物单产基本保持稳定。

棉花是中亚地区的主要经济作物，本节仅分析棉花的产量变化(图 3.7)。对于播种面积，除哈萨克斯坦的棉花播种面积呈现增加外，其余四国的棉花播种面积呈现降低趋势，尤其是乌兹别克斯坦，棉花播种面积下降趋势明显，从 166.7 万 hm^2 减小到 105.8 万 hm^2，减小幅度达到 36.5%。棉花的单产波动较大，可能受极端气候事件等的影响较大。对于棉花总产量，乌兹别克斯坦的棉花总产量最高，2020 年为 306.4 万 t，其次是土库曼斯坦，为 63.64 万 t，吉尔吉斯斯坦的棉花总产量最低，为 7.28 万 t。对于棉花单产，吉尔吉斯斯坦、乌兹别克斯坦和哈萨克斯坦较高，土库曼斯坦的棉花单产最低。

2. 农作物品质

从品质来看，哈萨克斯坦小麦品质好(基本是筋度高于 23%的三等及以上小麦)，面粉蛋白质含量高达 10.3%，其他中亚四国的小麦品质较差，通常不适合加工高品质面粉，因此每年都需要从哈萨克斯坦等地进口部分优质小麦和面粉(张宁，2019)。

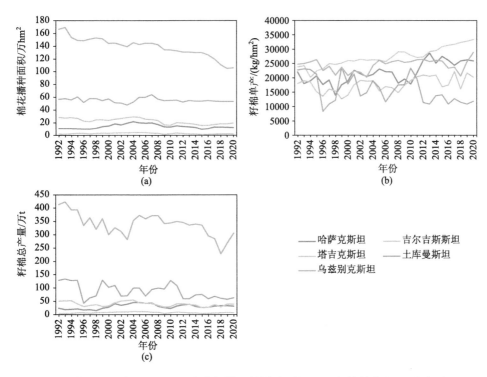

图 3.7　中亚五国地区的主要经济作物棉花的播种面积(a)、籽棉单产(b)和总产量(c)

中亚国家尤其是乌兹别克斯坦，土地肥沃，光热资源充足，非常适宜种植棉花。该国棉花种植历史已逾 2000 年，素有"白金之国"的美誉。该国棉田土壤多为砂壤灰土，水资源相对紧缺，但棉区作物多样，森林覆盖率达 12%，为棉区提供了天然的防护屏障，使相当多的棉田不用化学防治，仅依靠天敌就可实现虫害防治的目的。目前，主产棉区农药用量少，棉花品药物残留低，棉区生态环境优良。由于该国棉花种植管理技术、棉田机械作业质量与效果均相对落后于我国新疆棉区，且欠缺先进的植棉技术，品种更替缓慢，棉花丰产性、品质均表现一般，棉花平均等级较新疆棉花低 1.0～2.0 个级别，棉花种植水平及综合品质明显不及新疆棉区。

3.1.4　农业生产面临的问题分析

中亚地区以旱作农业为主，畜牧业分布广，灌溉农业较发达，受地区干旱气候、生态环境和经济状况影响，水资源匮乏、农业现代化滞后，致使部分土地退化、土地资源利用不足、农业发展水平较低。

1. 土壤次生盐渍化、土地退化和荒漠化严重

中亚地区土地开发最显著的生态问题是土壤次生盐渍化，40%～60%的灌溉用地受盐渍化的影响（范彬彬等，2012; Yapiyev et al., 2021），尤其在阿姆河下游咸海附近的乌兹别克斯坦卡拉卡尔帕克斯坦共和国和布哈拉州等地，部分地方90%～94%的土地受到盐渍化侵害（Li et al., 2021）。中亚地区的河流从山区流往平原区，由于农田引水和回归水的影响，矿化度逐渐提高，特别是在咸海盆地和楚河—塔拉斯河流域等。例如，泽拉夫尚河全长870 km，是流经塔吉克斯坦的主要自然景观，然后流经乌兹别克斯坦的农田和工业区，其中大约60%的水量用于灌溉，最终汇入阿姆河。泽拉夫尚河在塔吉克斯坦地区溶解性总固体（TDS）浓度介于160～190 mg/L，在乌兹别克斯坦边境增加到240 mg/L，然后在流出地达到1800 mg/L，显著超过国家标准和世界卫生组织（World Health Organization, WHO）饮用水阈值。同样，在河长超过1200 km的楚河中，TDS浓度从山区的30 mg/L增加到中游的900 mg/L，到下游增加到2500 mg/L（Yapiyev et al., 2021）。内陆河携带的盐分加重了本区的盐渍化进程。另外，灌溉溶解深层土壤盐分，通过毛细管作用在地表富集。据乌兹别克斯坦农业与水利部灌溉与水问题研究所测算，轻度、中度和重度盐碱化可分别导致20%～30%、40%～60%和80%以上的棉花减产（Aladin et al., 2009）。

根据《联合国防治荒漠化公约》（UNCCD）发布的SDG15.3计算指南，林地转耕地、林地转草地和湿地转草地均被认定为土地退化（Sims et al., 2019）。以2000～2015年为基准年、2016～2019年为变化年进行分析，中亚地区土地退化面积占总面积的14.53%，土地改善面积占总面积的7.19%。中亚五国的土地退化面积比例均高于土地改善面积比例，咸海周边和西哈萨克斯坦的土地退化较为严重（郭华东，2020）。在哈萨克斯坦，大约70%的耕作总面积腐殖质含量低（<4%）（Tokbergenova et al., 2018）。

中亚地区存在较为普遍的荒漠化现象，非荒漠化面积比例较小，约占地区面积的20%，荒漠化面积约占80%。在荒漠化面积中，重度荒漠化占比最高，约占地区总面积的40%，轻度荒漠化面积占地区总面积的5%左右。乌兹别克斯坦与土库曼斯坦、哈萨克斯坦南部荒漠化程度最为严重（陈文倩等，2018）。自20世纪90年代以来，乌兹别克斯坦阿姆河流域至咸海地区的土地荒漠化呈显著增加趋势，1990年、2000年、2010年和2015年土地荒漠化（包括沙化土地和盐碱化土地）面积分别为7.45万 km²、7.49万 km²、8.24万 km²和10.48万 km²，分别占乌兹别克斯坦国土面积的16.86%、16.96%、18.65%和23.72%。其中，沙化土地面积从7.03万 km²扩大到10.04万 km²（图3.8），增加了43%（何明珠等，2021）。部分区域也存在盐渍化和沙化问题叠加的现象，严重威胁灌溉农田。

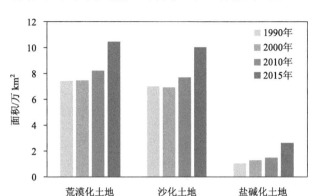

图 3.8　1990～2015 年乌兹别克斯坦荒漠化土地面积 (何明珠等，2021)

2. 粮食生产技术落后，投资相对不足，单产较低

中亚地区农田道路、灌溉等基础设施相对落后，各国独立后农业一直处于投资不足的状态，多数基础设施修建于苏联时期，年久失修。灌溉和排水系统极度不足，水损失巨大(最多到 60%)。此外，排灌系统建设进展缓慢，大部分土地采用地表灌溉，只有一半的灌溉土地配备了排水系统。灌溉和排水系统的落后导致农业实践中土地质量下降。例如，土库曼斯坦农业灌溉用水主要通过卡拉库姆运河从阿姆河引水。然而，由于缺乏精细化管理，卡拉库姆运河存在泥沙堆积和排水沟堵塞等问题。由于缺乏防渗保护和排水设施，水和农田土壤之间的盐分和矿物质交换频繁，造成水土污染。河水的入渗和灌溉水的滞留导致农田地下水位升高，使土壤表层盐分浓度升高，加剧了土壤盐碱化。在乌兹别克斯坦，灌溉排水的处理系统非常落后，地表排水系统未硬化，这种不健全的给排水系统不断导致大量高盐分灌溉水渗入地下，在中浅层土壤中积聚，最终使土壤理化性质逐年恶化(Qin et al., 2022)。

在农业机械方面，中亚国家在农业种植、灌溉、收获等方面对机械设备的依赖性非常大，但各国农机制造业发展不完备，缺乏大中小型、复杂农机产品的综合生产能力，现有的大型农机设备多为苏联时期的产品，已不能适应现代化集约式生产，更新速度缓慢(吴淼等，2017)。根据世界银行的统计结果，中亚产粮大国哈萨克斯坦拖拉机的使用率约为中国的 30%，灌溉用地占农业用地的比例不足中国的 6%(于敏等，2017)。

由于生产方式粗放，资本密集度较低，谷物单产水平较低，哈萨克斯坦的谷物单产不到中国的 1/5。中亚粮食加工，特别是深加工、精加工发展水平低下，农产品加工企业数量少，加工能力低，加工设备基本上是苏联时期留下来的，95%的企业生产工艺陈旧、生产品种单一，而且耗能大、包装粗糙，已无法适应市场经济条件下消费者多样化的需求。中亚国家是重要的棉花生产国，也是中国棉花进口重要来源地，但棉花单产仍较低，是中国籽棉单产水平的 60%（于敏等，2017）。另外，哈萨克斯坦小麦主产区是小麦黑穗病疫情的严重发生区，年均发病率为5%~16%，流行年份达到 30%~54%，造成减产 30%~50%（张宁，2019）。

3. 水土资源不匹配，农业用水矛盾突出

水土资源空间不匹配是中亚地区水资源冲突的主要诱因，也是影响中亚地区农业安全的主要环境因素。咸海盆地是中亚最大的跨界盆地，由阿姆河盆地和锡尔河盆地组成，咸海盆地的水土资源存在严重的空间不匹配现象。吉尔吉斯斯坦和塔吉克斯坦产生了整个咸海盆地约 84%的水资源。然而，这些国家大多是山区，耕地很少，仅占流域农业用地的 15%。相比之下，哈萨克斯坦、土库曼斯坦和乌兹别克斯坦仅产生了 16%的水资源，但耕地面积高达 85%（表 3.1）。同时，产水区与耗水区之间存在严重的不匹配。例如，阿姆河流域 85%的水产生自塔吉克斯坦，而塔吉克斯坦仅消耗了其中的 10%，乌兹别克斯坦仅生产了该流域 10%的水，但消耗了高达 50%的水资源。类似的现象也发生在锡尔河流域。吉尔吉斯斯坦提供了 74.2%水资源，却仅消耗了 11.3%左右的水资源，而乌兹别克斯坦仅生产了 16.6%的流域水，但消耗了多达 57.7%的水。水资源与耕地资源的空间不匹配以及产水区与耗水区的空间差异是造成中亚咸海地区水资源问题和农业生产不稳定的主要原因。

表 3.1　咸海盆地（即阿姆河盆地和锡尔河盆地）水资源和耕地资源汇总

国家	产水量/(km³/a)		流域产水量占比/%	灌溉面积/10³hm²		流域灌溉面积占比/%
	阿姆河流域	锡尔河流域		阿姆河流域	锡尔河流域	
哈萨克斯坦	—	2.43	2.4	—	750.0	9
吉尔吉斯斯坦	1.65	27.61	29.1	22.1	384.8	5
塔吉克斯坦	54.06	1.01	54.7	498.7	303.7	10
土库曼斯坦	1.41	—	1.4	1869.0	—	23
乌兹别克斯坦	6.29	6.17	12.4	2422.8	1962.8	53

3.2　中亚地区农业资源利用效率评估

随着人口和经济的快速增长，有限的土地和淡水资源面临着巨大的压力

(Gopalakrishnan et al., 2009; Godfray et al., 2010; Schneider et al., 2011; Zhao et al., 2015)。农业中土地资源和水资源是维持生命和提供食物的两种重要资源,全球人均农业用地仅约 0.7 hm², 占世界人均土地面积的 37.9%。同时,人均淡水提取量为 552.1m³/a, 农业使用量约占 70%(Chen et al., 2018)。由于水土资源的有限性,来自农业和非农业部门的水资源和土地资源的竞争促进了作物产量的提高,以保证为未来人口提供足够的粮食(Platonov et al., 2008)。因此,农业资源利用效率的研究对保障粮食安全、改善生态环境、提高粮食产量具有重要的理论意义和现实意义。

农业资源主要是指农业在自然再生产和经济再生产过程中所涉及的自然资源和社会经济资源(徐勇, 2001)。农业资源利用效率评估是资源科学研究的重要内容,对于促进资源科学研究理论与实践的结合,实现区域农业资源的高效利用及经济社会可持续发展具有重要意义。粮食产量的增加主要是由于化肥、水、杀虫剂、技术等农业资源的投入(Tilman et al., 2002),所以,耕地、水、化肥等主要农业资源对农业的产出和可持续发展具有极其重要的影响,其利用效率直接决定着农业生产效益的高低。由于农业资源内容庞杂,对其效率的评价需要具有更大的广泛性,包括该资源利用的资源效益、社会效益、经济效益、生态环境效益以及代际利益,这为全面准确地测算与评价资源利用效率带来很多技术上的困难(谢高地等, 1998)。

农业生产活动以土地资源、水资源作为主要的生态要素,并以化肥等作为外界投入要素,其利用效率的高低直接制约着农业的生产效益。本节通过资源利用消耗系数来衡量中亚农业资源利用效率的高低,对中亚农业资源利用情况做出客观评估。选择简单和可操作性较强的比值分析法,采用资源消耗系数,分析计算了中亚地区耕地、水、化肥等主要农业资源的利用效率,旨在为深入评估中亚地区资源开发潜力、提高农业资源利用效率、实现区域农业资源的可持续高效利用提供科学依据。

3.2.1　中亚地区农业资源消耗系数

本节主要采用农业资源投入(耕地、农业用水、化肥)与粮食产出的比值来分析中亚主要农业资源的消耗系数和利用效率。其中,耕地资源消耗系数用耕地播种面积与粮食总产量的比值来表示;农业水资源消耗系数用农业用水量(农业用水占比与年淡水资源开采量)与粮食总产量的比值来表示;化肥消耗系数用年度化肥投入量与粮食总产量的比值表示。

3.2.2　耕地资源消耗系数与利用效率

耕地资源是农业生产所需要的最基本的自然资源。根据世界银行数据(表

3.2），中亚五国自 1960 年以来，人口数量在不断增加，截至 2021 年，中亚总人口约为 7678 万人，其中，乌兹别克斯坦和哈萨克斯坦的人口数量最高，分别为 3492 万人和 1900 万人，其次是塔吉克斯坦、吉尔吉斯斯坦和土库曼斯坦。

表 3.2　中亚五国人口及耕地状况（2021 年）

国家	人口		耕地			
	总人口	占中亚人口比例	土地面积	耕地面积	耕地面积占土地面积比例	人均耕地面积
	/10⁶ 人	/%	/km²	/km²	/%	/(hm²/人)
哈萨克斯坦	19.00	24.75	2699700	296697	10.99	1.56
吉尔吉斯坦	6.77	8.82	191800	12874	6.71	0.19
塔吉克斯坦	9.75	12.70	138790	8380	6.04	0.09
土库曼斯坦	6.34	8.26	469930	19400	4.13	0.31
乌兹别克斯坦	34.92	45.47	440653	40161	9.11	0.12
中亚地区	76.78	100.00	3940873	377512	9.58	0.49

耕地资源消耗系数用地区的粮食播种面积与粮食产量之比来表示，即每生产 1kg 粮食所需要的耕地面积。耕地资源利用效率系数是耕地资源消耗系数的倒数，表示单位面积生产的粮食产量。中亚地区的主要粮食作物是小麦、水稻、玉米等。本节在计算分析耕地资源消耗系数时，采用的粮食产量是谷物产量，相应的耕地面积是种植谷物的耕地面积。图 3.9 是中亚地区 1992～2017 年耕地资源消耗系数变化趋势，中亚地区平均耕地资源消耗系数为 5.83，高于世界平均水平。从横向来看，哈萨克斯坦的耕地资源消耗系数最高，平均达到 9.97，高于整个中亚地区的耕地资源消耗系数，其原因可能是哈萨克斯坦的耕地资源相对较多，生产方式更加粗放，每单位粮食所消耗的耕地面积更多，使得耕地资源利用效率低。吉尔

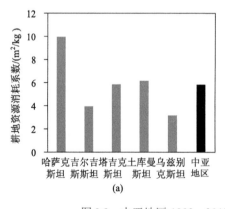
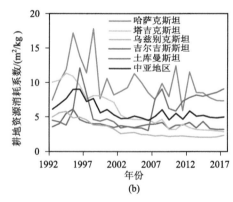

图 3.9　中亚地区 1992～2017 年耕地资源消耗系数变化趋势

吉斯斯坦和塔吉克斯坦国土面积约 90% 都是山地，耕地资源很少，精耕细作，所以相对来说，耕地资源消耗系数较低。吉尔吉斯斯坦、乌兹别克斯坦的耕地消耗系数低于整个中亚地区的耕地资源消耗系数平均值。但相对于我国的平均耕地资源消耗系数 2.15，仍然是较高的(谢高地等，1998)。

中亚五国的耕地资源消耗系数整体呈明显下降趋势，从 1995 年最高 9.09 下降到 2017 年的 4.99，表明苏联解体以来，中亚地区耕地资源利用效率在逐步提高。效率的提高一方面来自优良品种的选择和化肥的投入，另一方面来自耕作制度的变革以及先进管理方式的采用。

3.2.3　农业水资源消耗系数与利用效率

农业用水是中亚地区最主要的水资源利用方式，其中，灌溉是中亚地区农业活动最主要的手段。五个中亚国家都是典型的农业国，在各部门用水比例中，农业用水所占比例最大。2017 年，哈萨克斯坦农业用水比例为 61.85%，吉尔吉斯斯坦农业用水比例为 92.61%，塔吉克斯坦农业用水比例为 90.79%，土库曼斯坦农业用水比例为 94.30%，乌兹别克斯坦农业用水比例为 92.29%(表 3.3)。总体来讲，中亚的农业用水占全部用水的 80% 以上，是用水量最多的产业。人均农耕地的耗水量相当于发达工业国家的 9 倍(莉达，2009)。

表 3.3　中亚国家各部门平均用水比例(2017 年)

国家	工业用水量 /10^9m^3	工业用水比例/%	生活用水量 /10^9m^3	生活用水比例/%	农业用水量 /10^9m^3	农业用水比例/%
哈萨克斯坦	6.41	28.57	2.15	9.58	13.88	61.85
吉尔吉斯斯坦	0.34	4.41	0.23	2.98	7.14	92.61
塔吉克斯坦	0.37	3.55	0.59	5.66	9.46	90.79
土库曼斯坦	0.84	3.01	0.75	2.69	26.28	94.30
乌兹别克斯坦	2.13	3.62	2.41	4.09	54.36	92.29
中亚地区	10.09	7.92	6.13	4.81	111.12	87.26

农业水资源消耗系数是指每生产 1kg 粮食所消耗的水资源量，其倒数即为农业水资源利用效率。从严格意义上来讲，需要利用农业灌溉用水量，特别是粮食作物灌溉用水量来分析农业水资源消耗系数，但是由于数据收集的限制，本书采用农业用水量来分析农业水资源消耗系数，所得的结果稍偏大一些，但不影响对其结果的分析。1997～2017 年，整个中亚地区的平均农业水资源消耗系数为 9.36(图 3.10)，与世界上其他地区的农业水资源消耗系数相比，中亚地区的农业水资源消耗系数远远高于其他地区。中亚地区自然环境和我国西部地区相似，但

是农业水资源消耗系数是我国西部地区的 9 倍，说明中亚地区的农业用水效率很低。从中亚地区各国比较来看，哈萨克斯坦农业水资源消耗系数最低，为 1，低于中亚地区的平均水平；处于第 2 和第 3 位的分别是吉尔吉斯斯坦和乌兹别克斯坦；土库曼斯坦的农业水资源消耗系数最大。从图 3.10 可以看出，中亚各国的农业水资源消耗系数是逐渐降低的，相应的农业水资源利用效率是逐渐增大的。

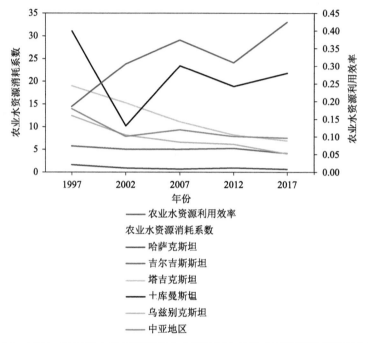

图 3.10　1997～2017 年中亚五国及整个中亚地区农业用水年均消耗系数变化趋势

3.2.4　化肥的消耗系数与利用效率

化肥是农业生产中一项重要的资源，主要包括氮肥、钾肥和磷肥，对粮食增产起着至关重要的作用。在我国，据有关部门测算，化肥在整个农业技术进步作用中的贡献率高达 52%（谢高地等，1998）。正是化肥起到了增产作物的作用，近年来，中亚地区在农业上的化肥投入也在逐年增加，由于数据的限制，除去土库曼斯坦，从单位耕地面积化肥的投入水平来看，2002 年中亚地区每公顷耕地投入化肥 1.97 kg，2014 年每公顷施用化肥的投入量增加到 82.68 kg，化肥施用量大约是原来的 42 倍。在化肥用量不断增大、粮食产量增加的同时，生态环境也受到严重污染，包括土壤的板结、地下水资源的污染、作物品质的下降等一系列问题。其中，乌兹别克斯坦是化肥施用量和土壤盐渍化强度较严重的国家，土壤盐渍化面积从 1994 年的 50%扩大到 2001 年的 65.9%(吉力力·阿不都外力等,2009)。因此,在考虑化肥产生正面效应的同时,必须考虑其带来的负面影响。

中亚地区每生产 1kg 粮食,需要消耗 0.035kg 化肥;我国每生产 1kg 的粮食平均需消耗 0.069kg 化肥,我国西部平均消耗 0.078kg;美国平均水平为 0.022kg,即中亚地区的化肥消耗系数低于我国和我国西部的平均水平,高于美国的平均水平。从横向比较来看(除去土库曼斯坦),乌兹别克斯坦的化肥消耗系数最高,为 0.079。其次是塔吉克斯坦和吉尔吉斯斯坦,化肥消耗系数分别为 0.038 和 0.018;而化肥消耗系数最低的国家是哈萨克斯坦,消耗系数为 0.004,远远低于世界平均水平。图 3.11 是 1992~2017 年中亚地区化肥消耗系数变化趋势,由此可以看出,整个中亚地区化肥消耗系数表现出 1992~2006 年总体降低的趋势,2006~2014 年化肥消耗系数变化较稳定,呈现较小幅度的波动。

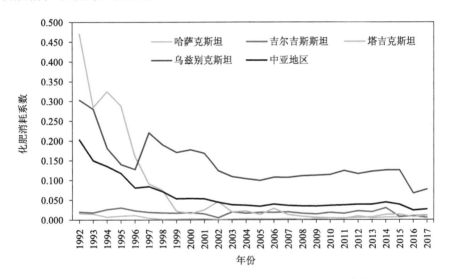

图 3.11 1992~2017 年中亚地区化肥消耗系数变化趋势

3.2.5 中亚地区农业资源利用潜力

虽然中亚地区以农业为主导产业,但其对国民经济收入的贡献很小。根据世界银行数据分析,2017 年哈萨克斯坦农业增加值仅占国民生产总值的 4.52%,土库曼斯坦为 11.12%,吉尔吉斯斯坦为 12.51%,塔吉克斯坦为 20.28%,乌兹别克斯坦为 28.66%。结合前面分析的主要农业资源消耗系数和利用效率,可以得出中亚地区的主要农业资源生产力水平还较低,农业发展有更加广阔的前景,其中土地资源、水资源的开发潜力很大,尤其是水资源节流的潜力很大。

表 3.4 是 2017 年中亚五国每公顷耕地投入的主要农业资源量(水、化肥)与粮食产出量情况,可以看出对于每公顷耕地,哈萨克斯坦投入的水资源量和化肥量都是较少的,虽然哈萨克斯坦的单产较低,但其水资源利用效率最高和化肥施用量较少,且是粮食总产量及粮食出口最多的国家;乌兹别克斯坦每公顷的粮食产量最高,但其水资源利用效率较低,化肥施用量最多。农业生产率提高是发展的关键因素,因为较高的农业生产率能够更快地实现其基本农业需求,并为发展工业释放资源。相反,处于农业生产力低下水平的国家往往会落后(Restuccia et al., 2008)。所以要充分挖掘中亚地区各国的农业资源潜力,加快提高农业资源的利用效率,促进中亚地区的经济发展。

表 3.4 2017 年中亚五国每公顷耕地投入的主要农业资源量与粮食产出量情况

国家	投入		产出	
	耕地/hm^2	水资源量/m^3	化肥量/kg	粮食单产/kg
哈萨克斯坦	1	468.10	8.29	1355.00
吉尔吉斯斯坦	1	5547.11	7.69	3093.70
塔吉克斯坦	1	13197.11	20.71	3461.00
土库曼斯坦	1	13544.37	—	1098.10
乌兹别克斯坦	1	13338.57	251.24	4245.50
中亚地区	1	9219.05	71.98	2650.66

3.3 中亚地区作物供需水变化分析及预估

2017 年,人类活动导致的气候变暖比工业化前水平高出约(1.0±0.2)℃,并且有很高的可信度气温,将以每 10 年(0.2±0.1)℃的速率继续升高。气候变化加剧了水循环,在干旱的内陆地区尤为明显。同时,气候变化还会引起干旱区耗水量的变化。《巴黎协定》提出努力将全球温升水平控制在比工业化前水平高 1.5℃的目标(Seneviratne et al., 2018)。在温升 1.5℃和 2.0℃背景下,水文、生态和社会响应正成为科学家和社会共同关注的问题(Kraaijenbrink et al., 2017; Seneviratne et al., 2018)。

中亚地区是世界上最干旱的地区之一,具有独特的景观和脆弱的山地-绿洲-沙漠生态系统(Chen et al., 2018)。农业是中亚地区的主要产业。根据气候条件和水资源的条件,中亚地区的农田可以分为雨养农田和灌溉农田(Gupta et al., 2009)。雨养农田主要分布在哈萨克斯坦北部和吉尔吉斯斯坦、塔吉克斯坦、乌兹别克斯坦的山区,灌溉农田主要分布在土库曼斯坦、乌兹别克斯坦、吉尔吉斯斯坦、塔吉克斯坦和哈萨克斯坦南部的低洼地区。这些平原区的灌溉农田主要依赖锡尔河和阿姆河的地表径流,大约 90% 的取水用于农业灌溉(Unger-Shayesteh et al., 2013; WWAP, 2018)。中亚地区的灌溉农田占总耕地面积的33%(表 3.5),除去哈萨克斯坦北部地区,有 75% 的农田需要灌溉。

表 3.5 中亚国家的一些农业指标

国家	雨养农田/km²	灌溉农田/km²	灌溉农田占比/%	农业生产总值占 GDP 的比例/%
哈萨克斯坦	189940	20820	10	5.3
吉尔吉斯斯坦	2380	10720	82	25.8
塔吉克斯坦	2080	7220	78	19.8
土库曼斯坦	4000	18000	82	22.1
乌兹别克斯坦	4190	42130	91	19.1
中亚地区	202590	98890	33	9.9

资料来源:联合国粮农组织 Aquastat 数据库和文献(Kienzler et al., 2012)。此处农业包括林业、狩猎和渔业,以及作物种植和畜牧生产。

中亚地区的主要农作物是小麦、棉花和饲料谷物。哈萨克斯坦农业部的数据显示,哈萨克斯坦的主要农作物是春小麦(占总产量的 52.3%),主要种植在哈萨克斯坦北部。该国北部种植的其他谷物是春大麦和燕麦,占总作物的 10.7%。在哈萨克斯坦南部,主要农作物是冬小麦、水稻和棉花。在吉尔吉斯斯坦,小麦和大麦是主要的粮食作物,分别占全国农作物的 30% 和 14%,而玉米和马铃薯占比不到 10%,饲料草约占播种面积的 25%。在塔吉克斯坦,棉花(30%)和小麦(36%)是主要作物。在土库曼斯坦和乌兹别克斯坦,棉花和谷物是关键的作物类型。

在五个中亚国家,雨养和灌溉农业系统支撑了数千年的生计。该地区拥有世界上最大的一些灌溉计划,约有 2200 万人直接或间接依赖灌溉农业(Bucknall et al., 2003)。

受气候变化影响,该地区原本脆弱的水系统变得更加脆弱。事实上,如果水资源供不应求,气候变暖导致的水资源减少可能会使未来作物产量下降,加剧中亚地区和国家间的冲突(Wang et al., 2020)。中亚地区的人口增长进一步加剧了农业生产、能源项目和其他行业缺水的情况。随着气温升高和降水模式的变化,预计这种情况会变得更加严重(Elliott et al., 2014)。在预测的 1.5℃和 2.0℃的全球气候变暖条件下,作物耗水量将如何变化?农业用水需求和水供应的平衡关系将发生怎样的变化?这些问题是关系中亚地区作物生长和粮食安全的重要问题。

3.3.1 作物需水量计算方法

1. 温升 1.5℃和 2.0℃情景下中亚地区气候变化

未来时期的气候变化模拟数据来自耦合模型比较计划第 5 阶段(CMIP5)的 10 个大气环流模型(GCM)在中排放情景 RCP4.5 和高排放情景 RCP8.5 下的模拟数据(Li et al., 2020)。选择的这 10 个 GCM, 既包括气候系统模型, 又有地球系统模型(表 3.6), 空间分辨率为 0.75°～3.75°。

表 3.6 10 个大气环流模型(GCM)的详细信息

序号	模型	研发单位	空间分辨率
1	BCC-CSM1.1-m	中国气象局北京市气候中心	1.12°×1.12°
2	CanESM2	加拿大气候建模与分析中心	2.79°×2.82°
3	CMCC-CM	欧洲-地中海气候变化中心	0.75°×0.75°
4	ACCESS1.3	澳大利亚联邦科学与工业研究组织(CSIRO)和澳大利亚气象局(BOM)	1.25°×1.87°
5	IPSL-CM5B-LR	法国皮埃尔·西蒙·拉普拉斯研究所	1.9°×3.75°
6	MIROC5	东京大学大气与海洋研究所、日本国立环境研究所和日本海洋研究开发机构	1.4°×1.4°
7	MPI-ESM-LR	德国马克斯-普朗克气象研究所	1.87°×1.87°
8	CCSM4	美国国家大气研究中心	1.25°×1.87°
9	GFDL-CM3	美国地球物理流体动力学实验室	2.0°×2.5°
10	CESM1(BGC)	美国国家科学基金会、美国国家能源部、美国国家大气研究中心	0.94°×1.25°

正如 IPCC 全球温升 1.5℃特别报告中所述, 1.5℃或 2.0℃温升水平为超过工业化(参考期: 1850～1900 年)前平均温度水平的 1.5℃或 2.0℃(IPCC, 2022)。在两种 RCP 情景下, 根据 30 年间的 10 个 GCM 模拟值来找到全球温升 1.5℃或 2.0℃的时期。根据 CMIP5 中的气候预测, 确认在 RCP4.5 和 RCP8.5 情景下, 分别于 2016～2045 年和 2006～2035 年达到温升 1.5℃水平, 在 2036～2065 年和 2021～2050 年达到升温 2.0℃水平。

2. NCEP 数据和 GCM 数据的偏差校正

虽然美国国家环境预报中心(NCEP)数据在世界很多地区表现良好, 但在中亚地区存在较大偏差。本节采用线性缩放方法对 NCEP 数据进行了偏差校正, 用来计算参考蒸散发(ET_0)。由于 GCM 输出通常存在偏差, 使用校正后的 NCEP 作为参考数据, 将偏差校正方法应用于 GCM 输出的降水、最高气温和最低气温。

所有这些偏差校正程序都是在日尺度上进行的。GCM 输出的偏差校正是在栅格尺度基础上进行的，即逐个网格进行校正。

作物需水量的计算方法：采用 Penman-Monteith 方法计算了参考作物蒸散发 ET_0，结合作物系数法估算了中亚灌区主要作物的需水量。使用的数据为校正过的 NCEP/NCAR 再分析数据，包括平均温度、最高温度、最低温度（T_{mean}、T_{max}、T_{min}）、气压、相对湿度、经向风（U-wind）、纬向风（V-wind）、净短波辐射和净长波辐射等。Penman-Monteith 方法计算 ET_0 的公式如下：

$$ET_0 = \frac{0.408\Delta(R_n - G) + \gamma\dfrac{900}{T_a + 273}u_2(e_s - e_a)}{\Delta + \gamma(1 + 0.34u_2)} \tag{3.1}$$

式中，R_n 为作物表层净辐射，MJ/（$m^2 \cdot d$）；G 为土壤热通量，MJ/（$m^2 \cdot d$）；u_2 为 2m 高度 24h 内平均风速，m/s；e_s 为饱和水汽压，kPa；e_a 为实际水汽压，kPa；Δ 为饱和水汽压曲线斜率，kPa/℃；T_a 为空气温度；γ 为干湿表常数，kPa/℃。有关这些变量的详细计算方法，请参见 McMahon 等（2013）的研究。

作物需水量 ET_c 指作物在土壤水分、养分适宜、管理良好、生长正常、大面积高产条件下的棵间土面（或水面）蒸发量与植株蒸腾量之和。采用作物系数法计算作物需水量，计算公式如下：

$$ET_{ci} = ET_0 \cdot K_{ci} \tag{3.2}$$

式中，ET_{ci} 为第 i 种作物的作物需水量，mm；ET_0 为参考作物蒸散发，mm；K_{ci} 为第 i 种作物的作物系数。

作物系数 K_c 是指灌溉条件良好的作物需水量 ET_c 和参考作物蒸散发 ET_0 的比值，一般通过实验观测得出，反映了不同作物不同生育阶段的作物耗水能力的差异。在中亚地区，考虑了种植面积最大的三种主要作物，即棉花、小麦和饲料，其他作物包括大麦、大豆、甜菜、土豆和其他蔬菜，由于其种植面积较小，未单独考虑。棉花和小麦的作物系数来自前人在干旱地区的实地测试研究（Conradt et al., 2013; Liu and Shen, 2018）。饲料的作物系数来源于 FAO 的建议，以适应半干旱到干旱的条件（Allen et al., 1998）。

作物需水量是整个作物生长期 ET_c 的总和。为了将来的计算，使用偏差校正的 GCM 输出来计算 ET_0。预期作物需水量的计算基于以下假设：①灌溉面积保持不变；②作物种植结构保持不变；③其他气候变量保持在当前时期，不发生改变，即参考作物蒸散发（ET_0）的增加主要由温度增加决定。

3.3.2　不同温升情景下气温和降水的变化

对于降水，在全球温升 1.5℃ 和 2.0℃ 情景下，集合模型预测的中亚地区降水量增加幅度分别为 20 mm 和 25 mm。在 1.5℃ 全球温升情景下，降水的相对变化（δP）在 -12%~55%，平均增加 9%（图 3.12）。在温升 2.0℃ 情景下，降水增量比 1.5℃ 的情景下略大，δP 的变化范围为 -20%~60%，平均增加幅度为 12%。在季节性上，预计最大的降水增加发生在冬季（高达 20%），而夏季降水量的变化会有很大的不确定性。在温升 1.5℃（2.0℃）情景下，6 月、7 月和 8 月降水的平均变化为 12%（14%）、18%（22%）和 14%（17%）。

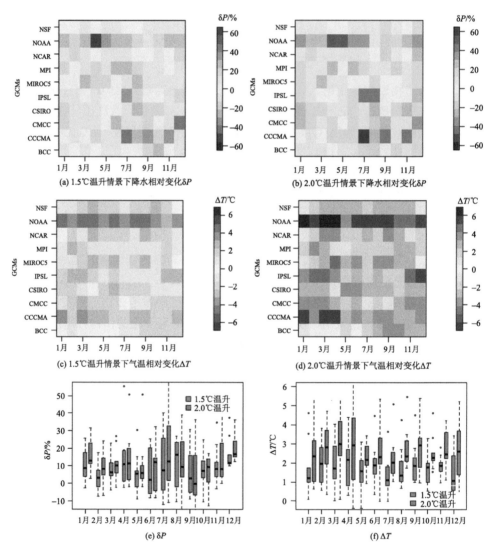

图 3.12　中亚地区温升 1.5℃ 和 2.0℃ 情景下降水的相对变化（δP）和气温变化（ΔT）

对于温度，GCM 集成预测显示，温度将会有一个明显的上升趋势。在全球温升 1.5℃和 2.0℃情景下，预计中亚地区的温度将分别升高约 1.7℃和 2.6℃。在春季，温度升高最为明显，在 1.5℃和 2.0℃的升温下，中亚地区温度的升高幅度分别为 1.8℃和 2.7℃。结果表明，与全球平均水平相比，内陆盆地对气候变暖的响应更加敏感。

3.3.3　不同温升情景下作物需水量变化

通过计算，历史时期(1976～2005 年)中亚地区 ET_0 的空间变化如图3.13所示。整个中亚地区的年平均 ET_0 估计为 800mm，从山区的 422mm 增加到里海附近的 1947mm。在以高山大陆气候为特征的高山地区(如吉尔吉斯斯坦和塔吉克斯坦)，ET_0 值较低，而在土库曼斯坦南部的卡拉库姆运河以及咸海地区周围的阿什哈巴德地区，ET_0 值较高。在此基础上，还计算了水平衡(P–ET_0)，中亚山区和哈萨克斯坦北部较高，而整个乌兹别克斯坦较低。乌兹别克斯坦和土库曼斯坦的作物需

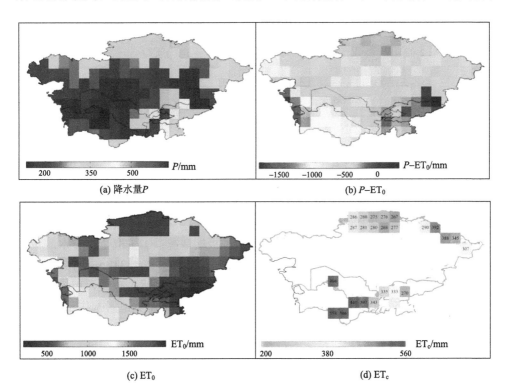

图 3.13　中亚地区年降水量(a)、水平衡(b)参考作物蒸散发(c)及作物需水量 ET_c(d)的空间分布

水量较高，原因是棉花种植面积比例高，同时这些地区的 ET_0 高。哈萨克斯坦北部雨养地区的作物需水量不足 290mm，而以灌溉为主的费尔干纳地区的作物需水量可以达到每年 330mm［图 3.13（d）］。

在 1.5℃ 和 2.0℃ 温升情景下，ET_0 将呈现出大幅增加趋势。如图 3.14 所示，在 1.5℃ 和 2.0℃ 温升情景下，ET_0 总体呈上升趋势，从控制期（1976～2005 年）的平均 772mm 增加到 805mm 和 825mm。与 1.5℃ 温升情景相比，在 2.0℃ 温升情景下，ET_0 的增加更为显著。在气候变暖 1.5℃（2.0℃）的情况下，春季、夏季和秋季的 ET_0 将分别增加 10mm（17mm）、13mm（21mm）和 6mm（10mm）。

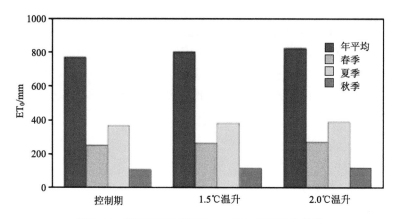

图 3.14　不同温升情景下 ET_0 的年度和季节变化

1976～2005 年，生长季年平均 ET_c 约为 340mm，较大值出现在 5 月（116mm）和 6 月（101mm），其次是 7 月（56mm）（图 3.15）。如果种植结构与历史时期保持一致，在不考虑 CO_2 施肥效应的情况下，在全球温升 1.5℃ 和 2.0℃ 情景下，ET_c 将分别增加 13mm 和 19mm。

在考虑调整作物种植结构时，假设了两种极端情况：①采取全面节水政策，用春小麦代替高需水作物（棉花），由于该地区小麦的 ET_c（每年 319mm）比棉花（每年 500mm）小，因此在本方案下，耗水量将减少；②经济优先政策，用棉花替代春小麦以获得高经济利润。另外，CO_2 浓度的升高将不可避免地影响作物需水量。然而，考虑复杂的气孔反应、不同的水分胁迫水平、生长季的偏移、栽培密度的改变、蒸腾降温作用、叶面积的变化和作物品种等，这种影响尚未被量化甚至无法定性。因此，本节假设在未来 1.5℃ 和 2.0℃ 温升情景下，作物系数的变化范围为［−20%，10%］。假设在 1.5℃ 温升情景下，采用相同的种植方式，如果作物系数分别下降 20% 和上升 10%，则作物需水量会分别变化−10% 和 10%。在全面节水政策下，区域作物需水量将下降 2%～19%。但是，根据经济优先政策，在气候变暖情况下，区域作物需水量将急剧增加 23%~56%。在 2.0℃温升情景下，作物种植结构和作物系数对作物需水量的影响与温升 1.5℃下类似，只是比 1.5℃温升情景下的变化更大(表 3.7)。

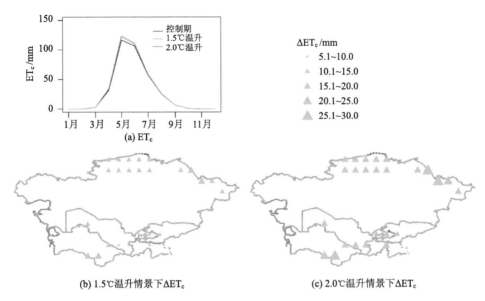

(b) 1.5℃温升情景下 ΔET$_c$　　　　(c) 2.0℃温升情景下 ΔET$_c$

图 3.15　全球温升 1.5℃和 2.0℃情景下 ET$_c$ 变化

表 3.7　不同的种植模式和作物系数下中亚作物需水量的相对变化　　　(单位：%)

模式	作物系数变化	作物种植结构		
		不变	全面节水政策	经济优先政策
1.5℃温升	−20	−10	−19	23
	−10	−3	−13	34
	0	3	−8	45
	10	10	−2	56
2.0℃温升	−20	−8	−17	26
	−10	−1	−11	37
	0	6	−5	48
	10	12	0	59

空间上，土库曼斯坦和哈萨克斯坦东北部呈现出最大的作物需水量增加，其增加幅度大于 25mm。与 1.5℃温升相比，在 2.0℃全球温升下作物需水量的增加要大得多。

3.3.4 中亚典型雨养农田和灌溉农田供需水平衡分析

以哈萨克斯坦中北部雨养小麦农田和以灌溉为主的费尔干纳河谷灌区为例，根据在1.5℃和2.0℃温升情景下降水量和作物需水量的变化，分析未来不同温升情景下的典型地区作物供需水量平衡关系。

根据FAO的MODIS土地利用数据(MCD12Q1)和全球灌溉区地图(GMIA)，哈萨克斯坦中北部的雨养农田面积为154241km²。在1.5℃和2.0℃温升情景下，生长季节(即4~9月)降水量将分别增加21mm和24mm，有效降水量增加16.8亿m³和19.2亿m³。作物需水量将分别增加9.4mm和14.3mm，合计分别为14.5亿m³和22.0亿m³。因此，对于以哈萨克斯坦北部雨养农田为主的地区，在全球温升2.0℃的情况下，作物需水量与降水量之间的差将增加2.8亿m³(表3.8)。

表3.8 典型雨养农田和灌溉农田的降水量和作物需水量变化

	哈萨克斯坦中北部雨养农田		费尔干纳谷地灌区	
	1.5℃温升	2.0℃温升	1.5℃温升	2.0℃温升
面积/km²	154241		13337	
降水量增加	21mm (16.8亿m³)	24mm (19.2亿m³)	11mm (0.8亿m³)	11mm (0.8亿m³)
作物需水量增加	9.4mm (14.5亿m³)	14.3mm (22.0亿m³)	10.4mm (1.4亿m³)	16.8mm (2.3亿m³)
供需水差的变化/亿m³ ($\Delta W = CWR - P$)	−2.3	2.8	0.6	1.5

在季节上，5月降水量估计为35mm，在1.5℃和2.0℃升温情景下，将分别增加到37mm和39mm。而5月，春小麦的需水量也将从114mm分别增加到118mm和121mm。因此，需水量的增加量大于降水量的增加量(图3.16)。大量的需水量无法通过5月的降水来满足，这对哈萨克斯坦北部的雨养农田构成了更大的风险(Pavlova et al., 2014)。

对于费尔干纳河谷灌区，该灌区拥有较为完善的灌溉设施(包括水坝、水库等)，农业面积估计为13337 km²，该地区的农业供水主要由锡尔河供给。在1.5℃和2.0℃温升情景下，年降水量均增加11mm，相当于有效降水量增加0.8亿m³。对于作物需水量，分别增加10.4mm和16.8mm。因此，在2.0℃温升情景下，对于以灌溉为主的费尔干纳地区，需水量的增加量比降水增加量多1.5亿m³。

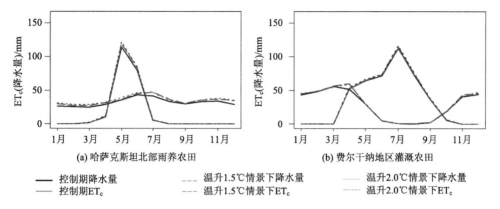

(a) 哈萨克斯坦北部雨养农田　　　　　　　(b) 费尔干纳地区灌溉农田

— 控制期降水量　　　---- 温升1.5℃情景下降水量　　　····· 温升2.0℃情景下降水量
— 控制期ET$_c$　　　---- 温升1.5℃情景下ET$_c$　　　····· 温升2.0℃情景下ET$_c$

图 3.16　全球温升 1.5℃和 2.0℃情景下哈萨克斯坦北部雨养农田和费尔干纳河谷灌区的降水量和 ET$_c$ 的变化

在季节上，在全球温升 1.5℃和 2.0℃的情景下，7 月是需水量最高的月份，需水量从 112mm 增加到 115mm 和 116mm，而降水增量几乎为零。预计未来几十年锡尔河的径流将在一定程度上减少(Nohara et al., 2006)，费尔干纳河谷灌区的水资源冲突可能会进一步恶化。

3.4　气候变化对农业和粮食安全的影响

中亚地区是全球水风险和水短缺问题最为严重的五大区域之一。冰川和其他气候变量的空间变化增加了与水循环动态相关的不确定性。天山和帕米尔高原地区受到降雨强度更强、降雨更频繁、气温更高等变化影响，导致水资源量发生改变，塔吉克斯坦和吉尔吉斯斯坦的作物物候期将提前 1～2 周，农业用水压力不断增加。下游地区的绿洲将面临更加复杂的水资源波动、水资源危机和荒漠化影响，尤其是在哈萨克斯坦北部、乌兹别克斯坦和土库曼斯坦西部的雨养农业。本节综述了中亚地区气候变化对农业生产和粮食安全的影响。预测显示，与工业化前相比，到 21 世纪末，整个地区的平均温度将升高 6.5℃，增温导致的相关物理影响包括降水格局/降水形式的改变、更频繁的极端高温和干旱事件(Reyer et al., 2017)。气候变化导致冰川融化和融雪速度加快，在短期内也将导致径流量的季节性增加，并在中长期内可用水资源量下降。这些变化均会对该地区的水资源供应以及农业用水需求、作物产量、粮食安全等方面产生系列影响。

3.4.1 气候变化对农业和畜牧业的影响

由于中亚地区的高灌溉率，农业对降水的依赖程度明显低于对可用地表水的依赖程度。在不考虑灌溉用水变化的条件下，中亚地区小麦产量平均增加了12%(4%~27%)，主要是由冬季和春季气温升高、霜冻损害减少和CO_2的施肥效应引起的(Sommer et al.，2013)。

然而，有学者认为灌溉用水需求不一定会在气候变化的影响下增加，但是也有学者指出，到2080年，乌兹别克斯坦的灌溉需求可能会增加16%，而锡尔河的径流会大幅减少[①]。这将加剧中亚地区水资源冲突，为当前的农业生产系统带来风险，并可能在2050年之前导致作物产量降低10%~25%。

中亚地区，尤其是哈萨克斯坦，很可能成为未来温升3℃情景下世界小麦产区的主要热点关注区域(Teixeira et al.，2013)。在塔吉克斯坦，由于该国某些地区的水资源压力，到2100年作物产量可能下降多达30%[②]。在乌兹别克斯坦，在2℃温升情景下，如果不采取适应措施和技术进步，由于水热压力，预计到2050年几乎所有作物的产量将下降高达20%~50%(与2000~2009年的基准期相比)(Sutton et al.，2013a)。如果温升幅度较小(1.4℃)，小麦产量预计下降13%，但该国东部地区，作物产量也有可能增加13%。此外，对于棉花，预计产量将下降0%~6%。气候变化可能会促进紫花苜蓿和草地的生长。在RCP2.6和RCP4.5情景下，CO_2大气浓度和积温的增加可以促进中亚地区棉花产量增加23%(Tian and Zhang，2020)，但极端干旱、热浪和暴雨等事件将对农业生产和生态环境产生10%的负面影响(Zhang and Ren，2017)。高效节水技术将有助于中亚国家应对和适应气候变化带来的水资源数量、频率和空间格局变化的挑战。到21世纪中叶，灌溉用水需求也可能增加多达25%，而同期水资源供应量可能下降多达30%~40%，这样严重影响作物灌溉水量的满足度。缺水会对作物生产产生很大影响(Liu et al.，2016)。同时，在全球温升2.0℃下，预计会有更多干旱事件发生，标准化降水指数(SPI)从控制期的0.38下降到2.0℃全球温升情景下的0.34，这可能对哈萨克斯坦北部雨养作物的生产产生重大影响，粮食生产通常每五年遭遇两次严重干旱(Broka et al.，2016)。此外，6月和7月的高温也对中亚地区的农业产生负面影响，7月的高温天数(定义为日最高气温超过历史温度的5%)从控制期的每年1.5d增加到在全球温升1.5℃和2.0℃下的3.8d和4.8d，干旱-热浪复合事件将对中亚地区的农业生产产生重大影响。

---

① Shah J. 2013. Uzbekistan-Overview of Climate Change Activities.

② Shah J. 2013. Tajikistan-Overview of Climate Change Activities.

气候变化对牲畜业的直接影响可能是负面的。随着降水格局/形式的改变和温度的升高，天山和阿莱河谷以及中亚地区其他地区的牲畜放牧牧场的生长和再生性可能会下降。此外，随着气温升高，牲畜的用水需求增加，这将对缺水地区带来水资源压力(Thornton et al., 2009)。在某些情况下，气候变化对牲畜的间接影响可能是积极的。例如，乌兹别克斯坦在变暖的条件下，苜蓿和草原的生产力预计会提高(Sutton et al., 2013b)。

3.4.2　气候变化对粮食安全的影响

中亚地区约有 500 万人缺乏可靠的食物获取途径(Peyrouse, 2013)。在气候变化下，气温升高、降水变化以及河川径流发生了改变(Meyers et al., 2012)，暴雨和风暴侵蚀引起适宜耕地面积减少，病虫害类型和强度也发生了变化，农业、工业和人类活动之间的用水矛盾也在增强，极端温度升高超过作物的敏感性阈值，这些导致中亚地区的粮食安全受到气候变化的威胁(图 3.17)。同时，人口增长加剧了气候变化对土地和水资源造成的压力。作为粮食生产者的农村人口将受到直接影响，但城市人口由于无法自给自足也将受到严重影响。食品价格上涨可能对中亚地区的人口产生严重影响，因为大部分家庭收入用于购买食品，而且该地区许多国家高度依赖食品进口。例如，塔吉克斯坦和乌兹别克斯坦的居民将 80%的家庭收入用于购买食物(Peyrouse, 2013)。塔吉克斯坦仅在国内生产全国 31%的粮食，这表明中亚国家容易受到国际食品价格波动的影响(Meyers et al., 2012; Peyrouse, 2013)。然而，由于复杂的区域贸易联系，如贸易封锁、进出口禁令和配额，进入国际市场仍存在问题。

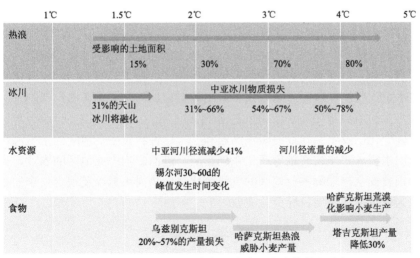

图 3.17　不同全球温升水平对中亚地区的气候、水资源和食物的影响(Reyer et al., 2017)

3.5 本章小结

中亚地区土地资源丰富，农业以种植业和畜牧业为主，农业生产对维护区域粮食安全意义重大，研究中亚地区农业生产与气候变化情景下的粮食安全有助于联合国可持续发展目标(SDGs)实现。

整个中亚地区，草地面积占土地总面积的一半以上，耕地、林地和草地面积分别为 34.1 万 km²、1.2 万 km² 和 250.6 万 km²。1992～2019 年，中亚农业耕地面积呈先迅速下降后缓慢上升的趋势。农业水资源消耗系数与化肥资源消耗系数均呈总体下降趋势。谷物产量持续增加，棉花的播种面积有降低趋势(哈萨克斯坦除外)，产量有总体下降趋势。与此同时，中亚地区农业生产也面临着一些问题，如土壤次生盐渍化、土地退化和荒漠化、粮食生产技术落后、水土资源空间不匹配等，尤其是水资源与耕地资源的空间不匹配是造成中亚地区水资源问题和农业生产不稳定性的主要原因。

利用资源消耗系数法评估了中亚地区农业资源利用效率，发现耕地资源消耗系数和农业水资源消耗系数整体都呈明显下降趋势，而化肥消耗系数自 2006 年以来保持稳定。中亚地区的农业资源生产力水平还较低，农业发展有非常广阔的前景，其中，土地资源、水资源的开发潜力很大，尤其是水资源节流的潜力很大。

中亚地区的气候变化改变了其原有的水资源可利用量和作物需水量，改变了作物的供需水平衡，在全球温升 1.5℃和 2.0℃情景下，中亚地区的 ET_c 将分别增加 13mm 和 19mm。对于哈萨克斯坦中北部雨养小麦农田，在全球温升 1.5℃情景下，作物需水量的增量低于有效降水量的增量，而在全球温升 2.0℃情景下，作物需水量与降水量将分别增加 22.0 亿 m³ 和 19.2 亿 m³，作物需水量的增量大于降水量的增量。对于以灌溉为主的费尔干纳河谷灌区，在 1.5℃和 2.0℃温升情景下，作物需水量大幅增加，而降水量仅表现出微弱增加，尤其是在温升 2.0℃情景下，作物需水量的增加量比降水增加量多出了 1.5 亿 m³。

气候变化以及增温导致的极端高温和干旱事件将对中亚地区的水资源供应以及农业用水需求、作物产量等产生系列影响，进而影响中亚地区的农业、畜牧业发展和粮食安全。理解中亚地区的气候变化对作物需水量以及粮食安全的影响，对实现区域可持续发展目标至关重要。

参 考 文 献

陈文倩, 丁建丽, 谭娇, 等. 2018. 基于 DPM-SPOT 的 2000～2015 年中亚荒漠化变化分析. 干旱区地理, 41 (1): 119-126.

范彬彬, 罗格平, 胡增运, 等. 2012. 中亚土地资源开发与利用分析. 干旱区地理, 35 (6): 928-937.

郭华东. 2020. 地球大数据支撑可持续发展目标报告. 北京: 科学出版社.

何明珠, 高鑫, 赵振勇, 等. 2021. 咸海生态危机: 荒漠化趋势与生态恢复防控对策. 中国科学院院刊, 36 (2): 130-140.

吉力力·阿不都外力, 木巴热克·阿尤普, 刘东伟, 等. 2009. 中亚五国水土资源开发及其安全性对比分析. 冰川冻土, 5: 960-968.

靳京, 吴绍洪, 戴尔阜. 2005. 农业资源利用效率评价方法及其比较. 资源科学, 27 (1): 146-152.

莉达. 2009. 中亚水资源纠纷由来与现状. 国际资料信息, 9: 25-29, 14.

吴淼, 张小云, 郝韵, 等. 2017. 深化面向中亚农业合作的对策研究. 世界农业, (11): 27-33.

谢高地, 齐文虎, 章予舒, 等. 1998. 主要农业资源利用效率研究. 资源科学, (5): 10-14.

徐勇. 2001. 农业资源高效利用评价指标体系初步研究. 地理科学进展, (3): 239-245.

于敏, 姜明伦, 柏娜, 等. 2017. 中国与中亚粮食合作: 机遇与挑战. 新疆农垦经济, (5): 1-4.

张宁. 2019. 中国与中亚国家的粮食贸易分析. 欧亚经济, (2): 8-21, 125, 127.

Aladin N V. Plotnikov I S, Micklin P, et al. 2009. Aral Sea: Water level, salinity and long-term changes in biological communities of an endangered ecosystem-past, present and future. Natural Resources and Environmental, 15 (1): 36.

Allen R G, Pereira L, Raes D, et al. 1998. FAO Irrigation and Drainage Paper No. 56. Rome: Food and Agriculture Organization of the United Nations: 26-40.

Broka S, Giertz A, Christensen G N, et al. 2016. Kazakhstan-Agricultural Sector Risk Assessment: Agriculture Global Practice Technical Assistance Paper. Washington DC: World Bank Group.

Bucknall J, Klytchnikova I, Lampietti J, et al. 2003. Irrigation in Central Asia: Social, Economic and Environmental Considerations. Washington DC: World Bank.

Chen Y, Li Z, Fang G, et al. 2018. Large hydrological processes changes in the transboundary rivers of central Asia. Journal of Geophysical Research: Atmospheres, 123 (10): 5059-5069.

Conradt T, Wechsung F, Bronstert A. 2013. Three perceptions of the evapotranspiration landscape: Comparing spatial patterns from a distributed hydrological model, remotely sensed surface temperatures, and sub-basin water balances. Hydrology and Earth System Science, 17 (7): 2947-2966.

Elliott J, Deryng D, Müller C, et al. 2014. Constraints and potentials of future irrigation water availability on agricultural production under climate change. Proceedings of the National Academy of Sciences of the United States of America, 111 (9): 3239-3244.

Godfray H C J, Beddington J R, Crute I R, et al. 2010. Food security: The challenge of feeding 9 billion people. Science, 327 (5967): 812.

Gopalakrishnan G, Negri C, Wang M, et al. 2009. Biofuels, land, and water: A systems approach to sustainability. Environmental Science & Technology, 43 (15): 6094-6100.

Gupta R, Kienzler K, Martius C, et al. 2009. Research prospectus: A vision for sustainable land management research in Central Asia. ICARDA Central Asia and Caucasus program. Sustainable Agriculture in Central Asia and the Caucasus Series, 1: 84.

IPCC. 2018. Global warming of 1.5℃//Masson-Delmotte V, et al. An IPCC Special Report on the Impacts of Global Warming of 1.5 ℃ above Pre-Industrial Levels and Related Global Greenhouse Gas Emission Pathways, in the Context of Strengthening the Global Response to the Threat of Climate Change, Sustainable Development, and Efforts to Eradicate Poverty. Geneva, Switzerland: Intergovernmental Panel on Climate Change.

IPCC. 2022. Climate Change 2022: Impacts, Adaptation, and Vulnerability. Cambridge, UK: Cambridge University Press.

Kienzler K M, Lamers J, McDonald A, et al. 2012. Conservation agriculture in Central Asia—What do we know and where do we go from here?. Field Crops Research, 132: 95-105.

Kraaijenbrink P D A, Bierkens M F P, Lutz A F, et al. 2017. Impact of a global temperature rise of 1.5 degrees Celsius on Asia's glaciers. Nature, 549(7671): 257-260.

Li Q, Li X, Ran Y, et al. 2021. Investigate the relationships between the Aral Sea shrinkage and the expansion of cropland and reservoir in its drainage basins between 2000 and 2020. International Journal of Digital Earth, 14(6): 661-677.

Li Z, Fang G, Chen Y, et al. 2020. Agricultural water demands in Central Asia under 1.5℃ and 2.0℃ global warming. Agricultural Water Management, 231: 106020.

Liu B, Asseng S, Müller C, et al. 2016. Similar estimates of temperature impacts on global wheat yield by three independent methods. Nature Climate Change, 6(12): 1130.

Liu X, Shen Y. 2018. Quantification of the impacts of climate change and human agricultural activities on oasis water requirements in an arid region: A case study of the Heihe River basin, China. Earth System Dynamics, 9(1): 211-225.

McMahon T A, Peel M C, Lowe L, et al. 2013. Estimating actual, potential, reference crop and pan evaporation using standard meteorological data: A pragmatic synthesis. Hydrology and Earth System Sciences, 17(4): 1331-1363.

Meyers W H, Ziolkowska J R, Tothova M, et al. 2012. Issues affecting the future of agriculture and food security for Europe and Central Asia. Policy Studies on Rural Transition, 3: 115-128.

Nohara D, Kitoh A, Hosaka M, et al. 2006. Impact of climate change on river discharge projected by multimodel ensemble. Journal of Hydrometeorology, 7(5): 1076-1089.

Pavlova V N, Varcheva S E, Bokusheva R, et al. 2014. Modelling the effects of climate variability on spring wheat productivity in the steppe zone of Russia and Kazakhstan. Ecological Modelling, 277: 57-67.

Peyrouse S. 2013. Food Security in Central Asia. Washington DC: Elliott School of International Affairs, George Washington University.

Platonov A, Thenkabail P S, Biradar C M, et al. 2008. Water Productivity Mapping (WPM) using landsat ETM+ data for the irrigated croplands of the Syrdarya River basin in central Asia. Sensors, 8(12): 8156-8180.

Qin Y, He J, Wei M, et al. 2022. Challenges threatening agricultural sustainability in central Asia: Status and prospect. International Journal of Environmental Research and Public Health, 19(10): 6200.

Restuccia D, Yang D T, Zhu X. 2008. Agriculture and aggregate productivity: A quantitative cross-country analysis. Journal of Monetary Economics, 55(2): 234-250.

Reyer C P O, Otto I M, Adams S, et al. 2017. Climate change impacts in Central Asia and their implications for development. Regional Environmental Change, 17(6): 1639-1650.

Schneider U A, Havlík P, Schmid E, et al. 2011. Impacts of population growth, economic development, and technical change on global food production and consumption. Agricultural Systems, 104(2): 204-215.

Seneviratne S I, Rogelj J, Seferian R, et al. 2018. The many possible climates from the Paris Agreement's aim of 1.5℃ warming. Nature, 558(7708): 41-49.

Sims N C, England J R, Newnham G J, et al. 2019. Developing good practice guidance for estimating land degradation in the context of the United Nations Sustainable Development Goals. Environmental Science & Policy, 92: 349-355.

Sommer R, Glazirina M, Yuldashev T, et al. 2013. Impact of climate change on wheat productivity in Central Asia. Agriculture, Ecosystems & Environment, 178: 78-99.

Sutton W R, Srivastava J P, Neumann J E. 2013a. Looking Beyond the Horizon: How Climate Change Impacts and Adaptation Responses Will Reshape Agriculture in Eastern Europe and Central Asia. Washington DC: World Bank Publications.

Sutton W R, Srivastava J P, Neumann J E, et al. 2013b. Reducing the Vulnerability of Uzbekistan's Agricultural Systems to Climate Change: Impact Assessment and Adaptation Options. Washington DC: World Bank Publications.

Teixeira E I, Fischer G, van Velthuizen H, et al. 2013. Global hot-spots of heat stress on agricultural crops due to climate change. Agricultural and Forest Meteorology, 170: 206-215.

Thornton P K, van de Steeg J, Notenbaert A, et al. 2009. The impacts of climate change on livestock and livestock systems in developing countries: A review of what we know and what we need to know. Agricultural Systems, 101(3): 113-127.

Tian J, Zhang Y. 2020. Detecting changes in irrigation water requirement in Central Asia under CO_2 fertilization and land use changes. Journal of Hydrology, 583: 124315.

Tilman D, Kenneth G C, Matson P A, et al. 2002. Agricultural sustainability and intensive production practices. Nature, 418(6898): 671-677.

Tokbergenova A, Kiyassova L, Kairova S. 2018. Sustainable development agriculture in the Republic of Kazakhstan. Polish Journal of Environmental Studies, 27: 1923-1933.

Unger-Shayesteh K, Vorogushyn S, Merz B, et al. 2013. Introduction to "Water in Central Asia —

Perspectives under global change". Global Planetary Change, 110: 1-3.

Wang X, Chen Y, Li Z, et al. 2020. Development and utilization of water resources and assessment of water security in Central Asia. Agricultural Water Management, 240: 106297.

WWAP (United Nations World Water Assessment Programme). 2018. The United Nations World Water Development Report 2018: Nature-Based Solutions for Water. Paris: UNESCO.

Yapiyev V, Wade A J, Shahgedanova M, et al. 2021. The hydrochemistry and water quality of glacierized catchments in Central Asia: A review of the current status and anticipated change. Journal of Hydrology: Regional Studies, 38: 100960.

Zhang C, Ren W. 2017. Complex climatic and CO_2 controls on net primary productivity of temperate dryland ecosystems over central Asia during 1980–2014. Journal of Geophysical Research: Biogeosciences, 122(9): 2356-2374.

Zhao F J, Ma Y, Zhu Y G, et al. 2015. Soil contamination in China: Current status and mitigation strategies. Environmental Science & Technology, 49(2): 750-759.

第 4 章

中亚地区水安全分析

本章导读

• 中亚地区跨境河流众多，水问题突出，已成为影响该地区安全稳定的关键因素。本章通过构建粒子群优化算法投影寻踪(PSO-PPE)模型，综合评估了中亚地区的水安全等级与评分。最后，聚焦于中亚典型跨境河流域——咸海流域，分析了咸海及周围水体的时空变化趋势和水安全风险。

• 在中亚跨境河流域中，咸海流域的水问题最为突出。综合评估结果显示，哈萨克斯坦水安全综合评分最高，乌兹别克斯坦最低；在流域空间分布方面，咸海流域中下游水资源相对风险非常高，咸海流域上游和乌拉尔河流域相对风险为中等。

• 研究结果可为中亚地区水土资源的可持续利用、社会经济可持续发展提供理论依据与数据支持，为国际河流分水谈判和国家"一带一路"倡议提供重要的科学参考，并为实现 SDGs 目标中的促进水资源综合管理服务。

全球共 310 个跨境河流流域，涉及 150 个国家和 28 亿人口，跨境水资源量占陆地淡水总量的 60%。在当今水资源日渐匮乏的形势下，跨境河流的水分配和安全问题已成为不同国家和地区引发争端的导火索，尤其在水资源极为稀缺的干旱区。中亚地区是全球典型的跨境河流密集区，水土资源时空匹配极度失衡，上游的吉尔吉斯斯坦和塔吉克斯坦的水资源总量丰富，但土地资源稀缺，为中亚地区的主要产水国；下游的乌兹别克斯坦、土库曼斯坦土地资源充足却严重缺水，为主要耗水国，区域的水资源供需矛盾突出(Rahaman, 2012; Wang et al., 2020a)。哈萨克斯坦水土资源匹配相对上述四国较好。自苏联解体后，中亚上游国家水力发电与下游国家农业灌溉之间存在着极大的竞争性用水需求，导致水事争端与冲突频繁发生(Libert and Lipponen, 2012; Li and Liu, 2021)。因此，水资源成为区域安全与稳定的关键(Bernauer and Siegfried, 2012; Karthe et al., 2015; Xu, 2017)。此外，在气候变暖与人类活动的双重影响下，中亚地区正面临着水和粮食需求迅速增加、水危机加剧、生态环境恶化等一系列挑战，中亚跨境河流的水安全风险不断加剧，进而导致区域水安全局势更加复杂。

4.1 中亚地区的水安全问题分析

充足而可靠的淡水供应是社会经济发展的必要条件(Oki and Kanae, 2006; Munia et al., 2020)。SDG6.2 指出，到 2030 年，应实现人人普遍、公平地获得安全、负担得起的饮用水。同时，SDG6.4 也指出，到 2030 年，要大幅提高所有部门的用水效率，确保可持续的淡水抽取和供应。而这些目标受到气候变化、水资源和能源短缺等挑战，水安全问题已成为区域发展的关键制约因素(Srinivasan et al., 2012; Arthur et al., 2019)。

水资源短缺与水安全风险不但能在国家内部引发城乡之间的供需水纠纷，而且已成为不同国家和民族之间纠纷、冲突乃至战争的诱因之一(Dinar and Dinar, 2003；Ma et al., 2021; Wang et al., 2021)。世界银行前副行长 Ismail Serageldin 指出，20 世纪人们为石油而战，21 世纪人们将为水而战。显然，有限的淡水资源和对水需求量的增加将导致国家和地区之间出现更激烈的竞争(Rai et al., 2017; Bernauer and Bhmelt, 2020)。中亚地区是世界上典型的内陆干旱区，气候干燥，水资源是宝贵的战略性资源，系统地分析中亚存在的水安全问题以及背后的驱动力迫在眉睫。

水资源危机及其所引起的可持续发展问题，已成为全世界普遍关注的热点(Besada and Werner, 2015; Green et al., 2015; Kumar et al., 2018; Yuan et al., 2019; Roshan and Kumar, 2020)。Schindler 和 Donahue(2006)分析了加拿大西部草原三省 Prairie 省的水安全问题，发现气候变暖和人类活动导致区域主要河流的夏季流量显著减少，并预测未来气候变暖、区域的周期性干旱以及迅速增加的人类活动将导致更严重的水量和水质危机。此外，利用综合指标量化水危机是目前研究的最新方法之一(Veldkamp et al., 2017; Arthur et al., 2019; Smolenaars et al., 2022)。例如，在全球尺度上，Vörösmarty 等(2010)利用土地扰动、水资源开发程度和水污染统计指标分析了多种压力源对全球淡水危机的影响。Wada 等(2014)基于生活在水资源压力下的人口比例指标评估了全球水资源压力。在区域尺度上，Chang 等

(2013)采用代表供水、需水和水质的多个指标评估了哥伦比亚河流域的水安全问题，发现受不同潜在驱动因素的影响，各个子流域水资源脆弱性的空间格局存在明显差异。Mueller 和 Gasteyer(2021)描绘了美国家庭水资源危机的空间分布，包括不完整供水管道和较差水质区域的范围，并认为水危机程度与农村、贫困和教育等社会因素有关。一般而言，水安全的表征方法主要包括单指标和综合评估法，如水资源开发利用指数和水足迹(Pedro-Monzonís et al., 2015)。但对于中亚这个基本水资源数据匮乏的地区来说，水压力指数(WSI)方法概念清晰，数据容易获取，是一种较为合适的方法。同时，将其与水污染指标结合，分别从水量和水质两方面评估水安全问题。

已有相关研究涉及中亚地区水安全问题的某些方面，如咸海流域的水质健康风险评估(Törnqvist et al., 2011)、中亚各国的水–能源纽带关系(Laldjebaev, 2010; Jalilov et al., 2018; Duan et al., 2019)、中亚的水管理风险与机遇等(Abdolvand et al., 2015; Tian and Zhang, 2020; Wang et al., 2021)。

然而，目前还没有人结合水资源可利用性、水量、水质等综合性指标来系统地分析中亚地区水安全问题，从而限制了对该地区水资源可持续性的理解。因此，本章采用水压力指数与水污染相关指标，分析了中亚地区水安全问题及其变化，并分别从气候变化、人口增长与贫困、经济发展与城市化以及跨境河流管理等角度探讨了中亚水安全风险的影响因素。本章研究的主要内容为：①从水压力、清洁水服务和水污染的综合角度探讨中亚地区水安全问题及其变化趋势；②中亚五国水危机的程度及差距，以及各国面临的主要水安全问题；③气候变化、人口增长、经济增长和水资源管理因素对日益严重的中亚地区水危机造成的影响。研究结果为中亚五国制定具体的缓解水危机策略提供了理论基础和可行性参考。同时，为更好地理解水土资源优化和社会经济可持续发展提供了新的视角，并为联合国可持续发展目标的实现提供了基础数据。

4.1.1　水资源现状分析

1. 水资源利用与大型水利设施配套问题

中亚地区可更新的淡水资源总量较为丰富，为 2275.70 亿 m³，但空间分布极为不均(图 4.1)。其中，哈萨克斯坦水资源总量最多，为 1084 亿 m³。其次为乌兹别克斯坦和土库曼斯坦，分别为 488.70 亿 m³ 和 247.70 亿 m³，这两个国家是农业大国，农业生产需水量较大。吉尔吉斯斯坦和塔吉克斯坦可更新的淡水资源总量最少，分别为 236.20 亿 m³ 和 219.10 亿 m³。从内部产水量来看，哈萨克斯坦国土面积辽阔，内部产水量最多(643.50 亿 m³)，其次是上游山地国家塔吉克斯坦和吉尔吉斯斯坦，分别为 634.60 亿 m³ 和 489.30 亿 m³，这两个国家具有大量的冰川积雪融水，水力资源丰富，是中亚主要的产水国。中下游的乌兹别克斯坦、土库曼斯坦两国自身产水量极少，尤其是土库曼斯坦，沙漠广布，内部产水量仅为 14.05 亿 m³。乌兹别克斯坦入境水资源量最多，为 1022.00 亿 m³，对境外水资源的依赖率为 80.07%。其次是土库曼斯坦，入境水资源量为 802.00 亿 m³，对境外水资源的依赖率高达 97.00%，说明该国可利用的水资源几乎全部依赖邻国入境水量。哈萨克斯坦的人均水资源量最多，为 6150.00m³/(人·a)，而乌兹别克斯坦最少，仅有 1635.00m³/(人·a)。

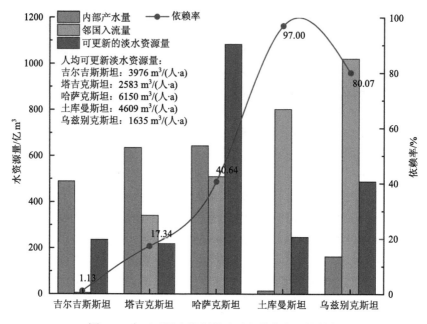

图 4.1　中亚五国水资源量及对入境水资源依赖率

中亚是世界上最古老的灌区之一，自苏联时期开始，中亚地区陆续建造了一大批以灌溉与能源生产为主要用途的大型水库和水坝，随之河流的自然径流过程受到人为干扰，流量模式发生了巨大改变(Karthe et al., 2015)。中亚地区建造了水库 290 余座，总库容量达 163.19 km³。托克托古尔、安集延、恰尔瓦克、卡拉库姆和恰尔达拉是锡尔河流域最大的五座水库。除了用于灌溉，大坝水力发电在中亚电力消耗中占很大比重，上游塔吉克斯坦与吉尔吉斯斯坦水力发电在全国用电总量中的占比高达 98% 与 91%。

托克托古尔水库于 1974 年建成，库容为 19.50 km³，坐落在纳伦河上，该水库是咸海流域最大的蓄水设施，它占整个纳伦河/锡尔河流域总可用水库容量的一半以上。托克托古尔水库的建成标志着锡尔河进入历史上第一个河流管理时期，在水库投入使用后，锡尔河下游流量峰值明显衰减。2010～2017 年，托克托古尔水库年均入库水量和释放水量分别为 14.16 km^3 和 13.24 km^3（图 4.2），水库释放水量多年来保持相对稳定，但入库水量先减少后有所增加。安集延水库位于费尔干纳盆地（中亚重要的农业区之一）上游的卡拉河上，2010～2017 年，该水库年均入库流量为 4.82 km^3，年均释放水量为 5.34 km^3，大部分流出水量用于费尔干纳河谷的作物灌溉。恰尔瓦克水库年均入库流量为 7.53 km^3，出库流量为 7.11 km^3。卡拉库姆水库和恰尔达拉水库的蓄水量受上游水库释放水量的影响较大，卡拉库姆水库年均入库流量为 20.89 km^3，出库流量为 20.33 km^3。恰尔达拉水库年均入库流量为 19.03 km^3，出库流量为 18.75 km^3。

在阿姆河流域，努列克水库和图原水库是最主要的蓄水设施，分别位于流域的上游和中游。努列克水库是咸海流域第二大水库，于 1983 年建成，库容为 10.50 km^3，位于塔吉克斯坦境内的瓦赫什河上。该水库年均入库水量和释放水量分别为 21.07 km^3 和 20.64 km^3。2009～2018 年，水库入库水量和释放水量均呈增加趋势。与努列克水库相似，图原水库在此期间的入库水量和释放水量也有所增加。目前，中亚大多数大坝和水库存在老化问题，缺乏足够的资金维护，加之下游洪泛区人口的快速扩张，显著增加了区域的水资源风险。例如，2010 年哈萨克斯坦 Kyzyl-Agash 大坝坍塌，引发了严重的洪涝灾害（Libert and Lipponen，2012）。

2. 水资源与社会经济要素的时空匹配问题

中亚水资源与社会经济要素的匹配程度差异较大。如图 4.3 所示，水资源与人口的匹配度优于水资源与其他社会经济要素的匹配度，平均基尼系数为 0.19，低于 0.4 的"警戒线"。然而，1997～2016 年，水资源与人口匹配的基尼系数显著上升（通过 0.05 显著性水平检验），匹配程度由"高度匹配"变为"相对匹配"。水资源与 GDP 匹配的平均基尼系数为 0.47（相对不匹配），1997～2016 年，该系数也显著增加（$P < 0.05$），说明整体匹配度下降。具体来看，1997～2006 年，匹配程度由"合理匹配"转化为"相对不匹配"，而 2007～2016 年又恢复为"合理匹配"。这主要是由于 20 世纪 90 年代中亚国家经历经济大萧条，各国的社会经济状况恶化。目前，大多数中亚国家尚未成功实现经济转型，造成整个地区的不稳定性（Falkingham，2005）。水资源与耕地的匹配程度最差，年均基尼系数为 0.61。这不仅超出了"警戒线"，还属于"高度不匹配"范畴。1997～2016 年，水资源与耕地的匹配程度持续恶化，基尼系数从 0.56 增加到 0.63。这表明中亚整体水土资源配置严重失衡。

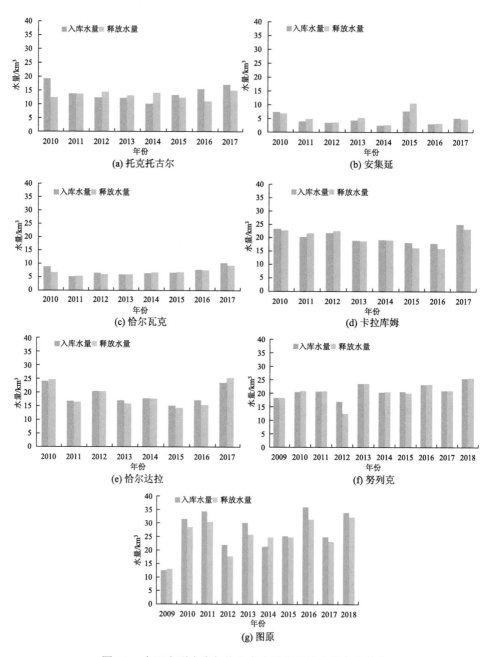

图 4.2 中亚大型水库年均入库水量和释放水量变化趋势

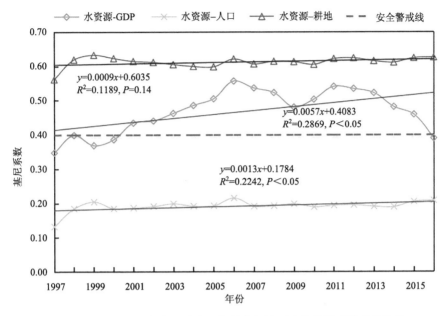

图 4.3　1997～2016 年中亚水资源与社会经济要素的基尼系数变化趋势

由于基尼系数无法反映五个国家内部的空间差异,采用水土资源匹配系数来体现五国水土匹配程度的空间分布(图 4.4)。水土资源匹配系数的计算公式为:可利用的水资源量×农业用水量占比/耕地面积。匹配系数越大,表明水土资源的匹配程度越好。研究结果表明,上下游国家的水土资源匹配系数存在较大差异,上游两个国家的水土匹配状况明显好于下游国家。其中,塔吉克斯坦平均水土资源匹配系数最大,为 2.61,其次是吉尔吉斯斯坦(1.96)。三个下游国家的平均水土资源匹配系数分别为:土库曼斯坦 1.30、乌兹别克斯坦 1.02、哈萨克斯坦 0.29。

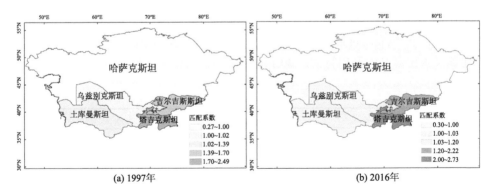

图 4.4　1997 年和 2016 年中亚五国水土资源匹配系数空间分布

与 1997 年相比,土库曼斯坦 2016 年水土资源匹配程度明显恶化,匹配系数由 1.39 下降至 1.20。其余四个国家水土资源匹配水平有所提高,其中吉尔吉斯斯坦的匹配程度提高最快,匹配系数增加了 0.52。中亚水资源总量较为丰富,但空间分布极不均匀。因此,中亚的水相关冲突并不是由水资源总量不足直接引起的,从以上分析可知,其是由水资源配置不均衡和国家间水土资源匹配程度差异较大导致的。

4.1.2 水安全问题分析

1. 中亚五国水压力变化

中亚地区年均用水总量为 1248.85 亿 m^3[图 4.5(a)]。其中,乌兹别克斯坦年均用水量最多,为 560.13 亿 m^3,占中亚地区总用水量的 44.85%。其次是土库曼斯坦,总用水量为 259.92 亿 m^3,占中亚用水总量的 20.81%,乌兹别克斯坦、土库曼斯坦灌溉用地面积大,且灌溉水的运输路途遥远,作物实际耗水量与取水量之间存在相当大的差异。塔吉克斯坦(116.16 亿 m^3)与吉尔吉斯斯坦(82.95 亿 m^3)的年均用水量最少。1997~2016 年,中亚地区年均总用水量整体减少了 145.31 亿 m^3,其变化趋势表现为两个阶段:1997~2008 年呈下降趋势,而 2009~2016 年呈增加趋势。其中,塔吉克斯坦用水量基本维持稳定,哈萨克斯坦、吉尔吉斯斯坦、乌兹别克斯坦用水量有所减少,而土库曼斯坦用水量呈增加趋势(Wang et al.,2022)。

水压力指数定义为区域总用水量与可更新水资源总量之比,该指数是一个无量纲的值,揭示了区域内水资源利用所面临的压力程度(Pedro-Monzonís et al., 2015; Arnell, 2004)。其计算公式为

$$\text{WSI} = \frac{S}{W} \tag{4.1}$$

式中,WSI 为水压力指数;S 为区域总用水量,亿 m^3;W 为区域内可更新水资源总量,亿 m^3(Vinca et al., 2021)。根据 Alcamo 等(2003)对水压力的解释,结合中亚地区水资源开发利用特征,WSI 的阈值划分如表 4.1 所示。

表 4.1 WSI 的阈值划分

阈值	分区
<0.1	无水压力
[0.1, 0.2)	低水压力
[0.2, 0.4)	中度水压力
[0.4, 1)	高度水压力
≥1	极度水压力

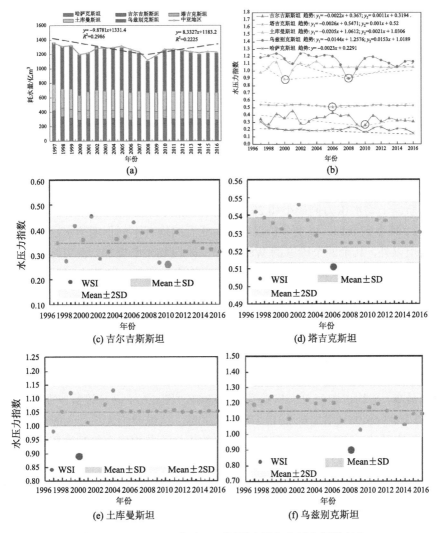

图 4.5　1997～2016 年中亚五国用水量和水压力指数变化

(b)～(f) 为各国水压力指数(WSI)的散点图

y_1、y_2 分别表示 WSI 在第一、第二阶段的变化趋势。黑圈表示第一、第二阶段的分界点。(c)～(f)中，SD 表示 WSI 序列值的标准差

　　为了更好地拟合 WSI 的变化趋势,根据 WSI 的离散程度和标准差来识别 WSI 趋势变化的转折点,并以此点为分界线,将各国 WSI 变化划分为两个阶段。由图 4.5(b)可以看出,中亚五国 WSI 差异较大。乌兹别克斯坦年均 WSI 最大(1.15),属于"极度水压力"范畴,虽然该指数在 1997～2008 年有所下降,但 2008 年后又持续增长,表明近些年来乌兹别克斯坦水压力在加剧,这可能与该国耗水量增

加有关。土库曼斯坦年均 WSI 为 1.04，略低于乌兹别克斯坦，也属于"极度水压力"范畴，该国 WSI 在 1997～2000 年有所下降，但自 2000 年以来水压力持续增加，WSI 由 0.89（高度水压力）增加到 1.05（极度水压力）。这说明两国的水资源供需极度不均衡。

塔吉克斯坦的年均 WSI 值为 0.53，属于"高度水压力"，且 21 年间水压力值基本保持稳定。具体来讲，该国 WSI 在 1997～2006 年有所下降，但 2007～2016 年持续升高。吉尔吉斯斯坦平均 WSI 为 0.34，属于"中度水压力"，变化幅度较大，1997～2010 年 WSI 值略有下降，此后呈增加趋势。塔吉克斯坦、吉尔吉斯斯坦虽产水量较多，但真正可用于本国的水资源量很少，因此供需水也不平衡。哈萨克斯坦平均水压力值最小（0.20），属于"中度水压力"，WSI 在 1997～2016 年由 0.31 减小到 0.14。以上分析表明，中亚五国均有不同程度的水压力，除了哈萨克斯坦以外，其余四个国家的 WSI 在第二阶段均不断增加，表明近些年来水压力在加剧。此外，随着未来经济和生态用水需求的增加，中亚水资源供需矛盾必将进一步加剧。

2. 可获取的清洁水服务

不清洁的水资源对人类和生态系统的健康构成严重威胁，因为被污染的水资源通常会导致多种疾病。在中亚五国中，土库曼斯坦可获得安全管理饮用水的人口比例最高，平均占国家总人口数量的 79.84%（图 4.6），而且该数字在迅速增加，由 2000 年的 65.95%增加至 2017 年的 93.90%，这说明绝大部分人能获得清洁饮用水。其次是哈萨克斯坦，平均有 72.64%的人口可获得安全管理饮用水服务，且在 2000～2017 年人口比例呈显著增加趋势，年均增加速率为 1.96% /a。乌兹别克斯坦可获得安全管理饮用水比例的人口约有 57.78%，但其变化不显著，是五国中增加幅度最小的国家。吉尔吉斯斯坦和塔吉克斯坦的比例最小，分别为 55.58%和43.58%，尤其是塔吉克斯坦，仅有不及国民 50%的人口可使用安全管理饮用水服务。2000～2017 年，中亚各国可获得安全管理饮用水服务的国民人口比例均有不同程度增加，说明各国清洁水供应情况有较大改善，但对农村地区来说形势依然非常严峻，需要很大的提高（图 4.7）。

各国农村可使用安全管理饮用水的人口比例均远低于城市。尤其是乌兹别克斯坦，可获得安全管理饮用水的农村人口比例与城市人口比例差距极为悬殊，农村比城市低 54.28 个百分点。差距同样较大的还有吉尔吉斯斯坦，约有 86.27%的城市人口可获得安全管理饮用水服务，而该国农村中仅有 38.74%的人口可获得安全管理饮用水。即便是在吉尔吉斯斯坦的首都比什凯克，有些农村地区的人口也要每天花费好几个小时，步行很长的距离从附近的抽水机取水。造成这一现象

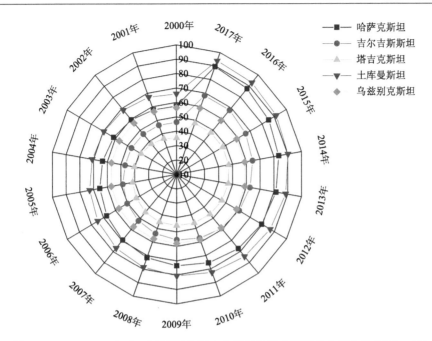

图 4.6　2000～2017 年中亚五国可获得安全管理饮用水服务的人口占比（单位：%）

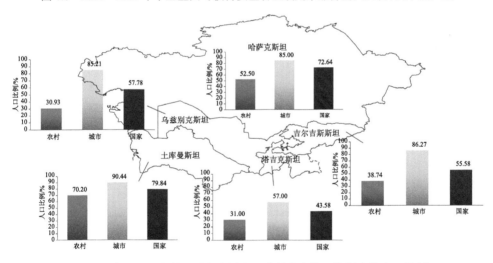

图 4.7　中亚五国农村、城市和国家可获得安全管理饮用水的人口比例

的主要原因是中亚国家的农村发展普遍落后，缺乏足够的资金来维护现有的供水系统和建设新的供水系统。农民不得不经过长途跋涉，直接从溪流和灌溉渠中取水，或者购买质量不达标的水，并通过油罐车运送。污染水进入饮用水系统后，对饮用水安全构成威胁。根据 FAO 的统计，在哈萨克斯坦、吉尔吉斯斯坦、土库

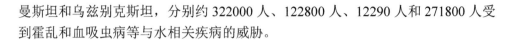

曼斯坦和乌兹别克斯坦，分别约 322000 人、122800 人、12290 人和 271800 人受到霍乱和血吸虫病等与水相关疾病的威胁。

3. 水质和水污染

人类对水资源开发利用的加剧，导致中亚地区水质恶化、盐渍化等问题日益突出，引发了严重的生态环境危机。"咸海危机"是最为典型的例子。咸海在过去的 60 多年间出现了严重的水量与水质危机，已成为世界重点关注的热点区域之一。由图 4.8 可知，1950～1960 年，咸海的水位较为稳定，平均为 53.14 m，湖水的含盐量也很低，平均为 10.13 g/L。但自 1960 年起，苏联大规模取水导致咸海水位显著降低，下降速率为-0.4759 m/a，2009 年已降至 27.53 m，而最近 10 年来咸海的水位也持续下降，截至 2018 年已跌至 24.92 m。

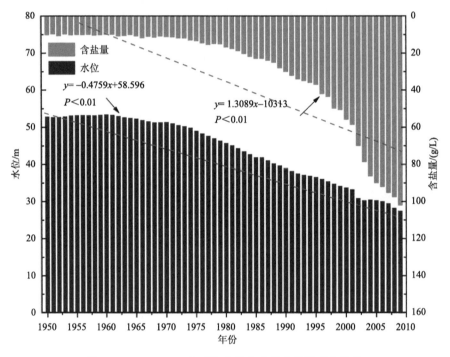

图 4.8　1950～2009 年咸海水位和水体含盐量变化趋势

相反地，咸海水体的含盐量却自 1960 年以来剧烈增加，截至 2009 年，湖水含盐量已高达 102.00 g/L，是 1950 年的 10.03 倍。这主要是由于流域中下游的河流被大量拦截用于农业灌溉，最终注入咸海的水量大大减少，同时，携带着化肥和农药的灌溉排水会直接排进咸海，造成湖水的水质污染。而部分干涸湖底中的盐尘随风吹到周围地区，导致农田土壤盐碱化，引起了严重的生态环境问题（Micklin, 2010; Zhang et al., 2020）。

中亚地区耕地总面积约 $38.70×10^4$ km^2［图 4.9（a）］。中亚五国中，哈萨克斯坦耕地面积最多，为 $30.43×10^4$ km^2；其次是乌兹别克斯坦，为 $4.29×10^4$ km^2，而塔吉克斯坦是中亚耕地面积最少的国家，为 $0.77×10^4$ km^2。1992～2018 年，中亚耕地面积呈下降趋势，共减少了 $5.59×10^4$ km^2，除了土库曼斯坦耕地面积有所扩大以外，其余四个国家均有不同程度的缩减。而在同一时段内，中亚地区氮、磷、钾三种主要化肥的使用量都在持续增加［图 4.9（b）］。其中，氮肥的年均使用量最多（17.75 kg/ hm^2），增加趋势也最显著（0.4424 kg/hm^2），而磷肥和钾肥年均使用量分别为 6.10 kg/ hm^2 和 1.43 kg/ hm^2，增加速率分别为 0.0367 kg/hm^2 和 0.0289 kg/hm^2。化肥对作物增产起着至关重要的作用，因此近些年来中亚地区对化肥的投入量逐年增加。此外，中亚地区每年农药使用量约为 0.50 kg/hm^2，1992～2000 年，中亚地区农药使用量大幅减少，由 0.67 kg/ hm^2 下降到 0.35 kg/hm^2，但自 2000 年以来迅速增加，2018 年已增加到 0.61 kg/ hm^2。总而言之，近些年来中亚地区化肥和农药使用量不断增加，这会使农田土壤的含盐量增加。此外，灌溉渠渗漏、过量用水和排水不良等问题也十分突出，这共同导致进入河流的排泄废物增多，污染河水水质。更重要的是，农药和杀虫剂的过度使用已经导致当地居民健康状况恶化，造成孩童营养不良，易患呼吸道疾病、贫血症、肝、肾等疾病（Dwivedi et al., 2018; Singh, 2021）。

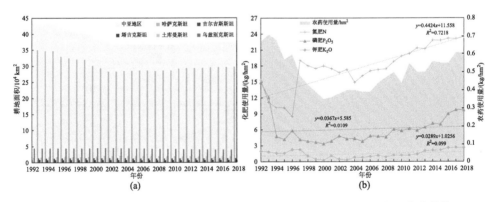

图 4.9　1992～2018 年中亚耕地面积（a）以及农药和主要肥料使用量（b）变化趋势

4.1.3　水安全影响因素分析

1. 气候变化

气候变暖会干扰全球水循环系统的稳定性，加剧水资源的分配不均，导致水资源危机不断扩大和加深。由于地理位置特殊，中亚干旱区对气候变化的响应十分敏感。1960～2018 年，中亚年均温显著增加（$P<0.001$），增温速率达 0.287℃/10a ［图 4.10（a）］，由 1960 年的年均 6.57℃增加到 2018 年的 8.26℃。从年均温看［图 4.10（b）］，下游国家土库曼斯坦和乌兹别克斯坦的年均温较高，分别是 15.74℃和 12.96℃，而上游国家吉尔吉斯斯坦和塔吉克斯坦的年均温比较低，分别是 0.94℃和 2.99℃。从气温变化率的空间分布来看［图 4.10（c）］，中亚全区的年均温都呈增加趋势，增温速率介于 0.19～0.36℃/10a，塔吉克斯坦的增温速率最小，其他地区的增温均较明显，尤其是中下游国家。气温升高会导致上游帕米尔高原和天山地区的冰川数量锐减，使得各大河流的径流量减少。近几十年来，吉尔吉斯斯坦约有 20%以上的冰川融化（Hu et al., 2014）。

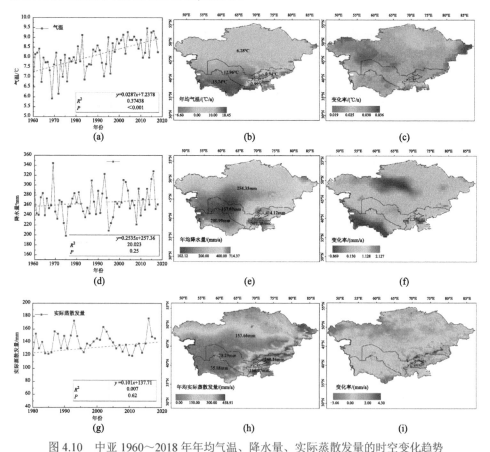

图 4.10　中亚 1960～2018 年年均气温、降水量、实际蒸散发量的时空变化趋势

（a）～（c）为中亚 1960～2018 年年均气温变化趋势、空间分布、空间变化率；（d）～（f）为 1960～2018 年降水量变化趋势、空间分布、空间变化率；（g）～（i）为 1980～2018 年实际蒸散发量变化趋势、空间分布、空间变化率

一方面，冰川的流失加剧了水文过程的复杂性和水资源系统的脆弱性 (Pritchard, 2017; Chen et al., 2018)。在中亚地区，冰川和积雪融水是河流重要的补给来源，冰川消融在短期内会使以冰川融水补给为主的河流径流量有所增加，并造成径流峰值时间提前 (Duethmann et al., 2015)。但长期来看，冰川面积不可逆性的减少会导致河流径流量减少（尤其是冰川补给比重大的河流），并加大水资源不确定性，减少可利用的水资源量，导致水危机加重 (Luo et al., 2020)。另一方面，冰川消融带来的大量融水，会加速冰湖的溃决，并增加区域雪崩、泥石流、滑坡等自然灾害风险，威胁河流沿岸及下游地区的用水安全 (Zhao et al., 2022)。

中亚地区年均降水量为 264.97 mm[图 4.10(d)]，降水量在 1960～2018 年变化的波动性较大，整体呈微弱增加趋势（增加速率为 0.2535 mm/a）。塔吉克斯坦的年均降水量最多[图 4.10(e)]，为 507.30 mm，其次是吉尔吉斯斯坦 (414.12 mm)，而哈萨克斯坦、土库曼斯坦和乌兹别克斯坦年降水量较少，分别为 254.33 mm、200.99 mm 和 157.07 mm。从降水变化率的空间分布来看[图 4.10(f)]，土库曼斯坦与哈萨克斯坦的中部和西部地区的降水量都以减少为主，其中降水减小速率最多的地区就位于土库曼斯坦，为–8.69 mm/10a。上游吉尔吉斯斯坦、塔吉克斯坦山区的降水量则呈增加趋势，最大增加速率为 21.27 mm/10a。

中亚地区年平均实际蒸散发为 139.73 mm[图 4.10(g)]，且 1980～2020 年呈增加趋势，年增长速率为 0.101 mm/a。年均实际蒸散发最高的国家是吉尔吉斯斯坦，为 260.26 mm[图 4.10(h)]，该国全部地区的蒸散发都很高，其次是塔吉克斯坦和哈萨克斯坦，年均实际蒸散发分别为 166.07 mm 和 153.66 mm。其中，哈萨克斯坦的年均实际蒸散发从南部向北部递增。乌兹别克斯坦和土库曼斯坦的年均实际蒸散发最少，分别是 78.29 mm 和 35.88 mm，主要是由于两国境内植被稀少、水资源短缺。如图 4.10(i)所示，除了哈萨克斯坦西部和土库曼斯坦东南部蒸散发有所减少外，中亚其他地区实际蒸散发均有所增加，尤其是咸海流域的中上游地区，年均蒸散发增加速率高达 4.30 mm，这会加快可利用水资源量的消耗。

由此看出，在过去的 60 年间，中亚的主要耗水国家，即咸海流域中下游的乌兹别克斯坦、土库曼斯坦、哈萨克斯坦三国，气温和蒸散发显著增加，而降水量有所减少。这共同导致平原地区河川径流量减少，造成可利用水资源短缺，使水资源供需矛盾更为突出，这无疑加剧了中亚水危机。

2. 人口快速增长和贫困

人口增长过快会导致水资源需求量剧增。2018 年，中亚地区人口总量为 7250.71 万人，比 1961 年增加了 4727.07 万人[图 4.11(a)]。1961～2018 年，中亚五国人口数量均呈显著增加趋势 ($P<0.001$)。乌兹别克斯坦是人口最多的国家

（3295.61 万人，2018 年），同时人口增长速率也最快，为 41.952 万人/a。乌兹别克斯坦在 1961 年的人口为 881.36 万人，而 2018 年增至 3295.61 万人，增加了 2.74 倍。哈萨克斯坦是中亚地区人口第二大国（1827.65 万人，2018 年），该国人口数量在 1991 年之前增长较快，而 1991 年后增长速率有所减小。其余三国人口数量都低于 1000 万人，塔吉克斯坦、吉尔吉斯斯坦、土库曼斯坦三国在 2018 年的人口数量分别为 910.08 万人、632.28 万人、585.09 万人，但在 1961～2018 年都呈迅速增长趋势。中亚五国人口密度的差异较大[图 4.11（b）]，2018 年，乌兹别克斯坦人口密度最大（74.81 人/km²），其次是塔吉克斯坦（65.57 人/km²），而哈萨克斯坦的人口密度最小（6.77 人/km²）。1961～2018 年，中亚各国的人口密度也在显著增加。因此，中亚地区人口的过快增长造成了水资源的过度开发和利用，形成与水资源供应不相适应的尖锐矛盾，并加剧了水污染和生态环境破坏，是引发水安全问题的重要原因之一。

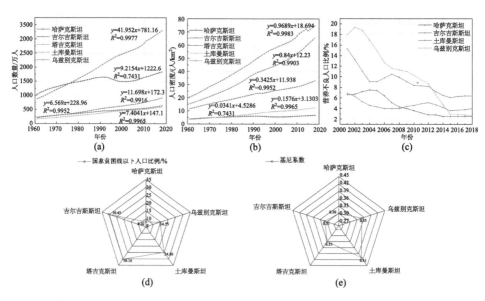

图 4.11　中亚五国人口（a）、人口密度（b）、营养不良人口比例（c）、国家贫困线以下人口比例（d）、基尼系数（e）变化趋势

　　在一个面临人口快速增长、水资源短缺和持续饥饿等问题突出的地区，贫困可能会带来更大的挑战。营养不良是反映贫困的一个重要指标，从营养不良发生率来看[图 4.11（c）]，乌兹别克斯坦营养不良人口占总人口的比例最高，为 10.31%，其次是吉尔吉斯斯坦，为 8.94%，而土库曼斯坦和哈萨克斯坦营养不良人口的占比相当，分别为 4.58% 和 4.45%（塔吉克斯坦数据缺失）。自 2001 年起，四个国家

营养不良人口的比例整体呈下降趋势，其中乌兹别克斯坦下降速度最快。但吉尔吉斯斯坦和土库曼斯坦自 2015 年后占比又有所增加。

　　吉尔吉斯斯坦是中亚贫困率最高的国家[图 4.11(d)]，约有 30.43%的人口生活在贫困线以下；其次是塔吉克斯坦，为 30.16%。这两个国家在苏联时期的经济发展水平就较为落后。土库曼斯坦的贫困率为 24.80%，虽然该国的经济并不发达，但油气资源丰富，所以贫困程度不是最高的。乌兹别克斯坦的贫困率为 14.55%，哈萨克斯坦的贫困率最小，为 8.20%，哈萨克斯坦在独立前是中亚地区经济发展程度最高的加盟国家之一，独立后经济受到严重冲击，贫困问题逐渐出现，但近些年来贫困率明显降低。

　　通过基尼系数来展示各国的贫富差距[图 4.11(e)]。基尼系数越接近 0，表示收入分配越平均，而越接近 1，表示分配越不均衡(Shlomo, 1979; Yitzhaki, 1979; Song et al., 2021)。0.4 是国际上公认的安全警戒线，高于 0.4 表示该区域的居民收入和分配差距极大。哈萨克斯坦的基尼系数最小，为 0.30，表明该国的贫富差距最小。其次是吉尔吉斯斯坦、塔吉克斯坦和乌兹别克斯坦，分别为 0.31、0.33 和 0.35。而土库曼斯坦的基尼系数最高，为 0.41，超出了国际警戒线，是中亚收入分配差距最大的国家。由此可见，中亚五国都有着不同程度的贫困，这会使区域的供水条件和安全用水服务难以改善，导致水危机加剧。反过来，如果水危机无法解除，那么，贫困地区的农业生产、人民生活水平和健康状况就无法提高，进而难以摆脱贫困，这会形成恶性循环。

3. 经济增长和城市化

　　中亚地区的经济发展对水资源有较大的依赖性。图 4.12(a)是中亚五国 GDP 增长率的变化趋势，可以看出，总体上中亚五国 GDP 的波动性较大。首先，1991 年苏联解体后，新独立的五个国家经济迅速衰退，各国 GDP 在 1991~1995 年几乎全部为负增长，塔吉克斯坦增长率最低，达到–20.09%。此期间出现了经济危机，贫困问题也很突出。1996 年起，各国经济开始恢复性增长，这一年除了塔吉克斯坦 GDP 有所减小外，其余四个国家的 GDP 均呈增加趋势。此后各国 GDP 在波动中不断增加，增长率基本上为正值。2000 年以后，中亚五国的 GDP 都明显增加，有些国家的增长速率超过了俄罗斯。土库曼斯坦 GDP 变化的波动性最强，增长速度也最快，增长率为 5.60%/a。其次是乌兹别克斯坦，GDP 增长率为 4.35% /a，该国年均 GDP 为 327.54 亿美元，在中亚地区排第二。哈萨克斯坦的年均 GDP 为 929.31 亿美元，是中亚最多的，该国的 GDP 增长率为 2.95%。

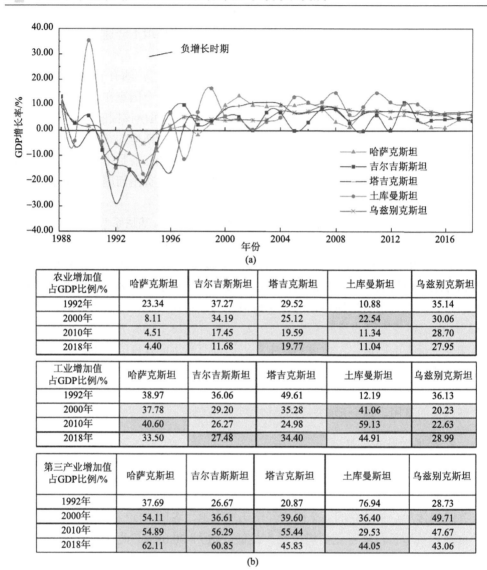

图 4.12　中亚五国 GDP 增长率和农业、工业、第三产业增加值在 GDP 中占比变化趋势
橙色表示数值较前一时段下降，蓝色表示数值较前一时段增加

（a）

农业增加值占GDP比例/%	哈萨克斯坦	吉尔吉斯斯坦	塔吉克斯坦	土库曼斯坦	乌兹别克斯坦
1992年	23.34	37.27	29.52	10.88	35.14
2000年	8.11	34.19	25.12	22.54	30.06
2010年	4.51	17.45	19.59	11.34	28.70
2018年	4.40	11.68	19.77	11.04	27.95

工业增加值占GDP比例/%	哈萨克斯坦	吉尔吉斯斯坦	塔吉克斯坦	土库曼斯坦	乌兹别克斯坦
1992年	38.97	36.06	49.61	12.19	36.13
2000年	37.78	29.20	35.28	41.06	20.23
2010年	40.60	26.27	24.98	59.13	22.63
2018年	33.50	27.48	34.40	44.91	28.99

第三产业增加值占GDP比例/%	哈萨克斯坦	吉尔吉斯斯坦	塔吉克斯坦	土库曼斯坦	乌兹别克斯坦
1992年	37.69	26.67	20.87	76.94	28.73
2000年	54.11	36.61	39.60	36.40	49.71
2010年	54.89	56.29	55.44	29.53	47.67
2018年	62.11	60.85	45.83	44.05	43.06

（b）

各国农业、工业和第三产业对 GDP 的贡献率差异较大[图 4.12（b）]。1992～2018 年，除了土库曼斯坦，其他国家的农业对 GDP 的贡献率均呈显著下降趋势。例如，哈萨克斯坦由 1992 年的 23.34%下降到 2018 年的 4.40%，吉尔吉斯斯坦由 1992 年的 37.27%下降到 2018 年的 11.68%。而土库曼斯坦农业增加值占 GDP 比例在 1992～2000 年快速上升，此后又有所下降。中亚地区工业对 GDP 的贡献率

较高，哈萨克斯坦、吉尔吉斯斯坦、塔吉克斯坦、土库曼斯坦和乌兹别克斯坦工业对 GDP 的贡献率分别为 34.87%、23.67%、30.18%、48.73%和 24.53%。1992～2018 年，土库曼斯坦的工业对 GDP 的贡献显著增加，其余四个国家的工业贡献占比则有所下降。

在中亚地区，第三产业对 GDP 的贡献率是最大的，1992～2018 年，土库曼斯坦第三产业贡献率由 76.94%减小到 44.05%，而其余四个国家贡献率都有一定程度的增加，尤其是哈萨克斯坦、吉尔吉斯斯坦，第三产业对 GDP 的贡献率持续上升。哈萨克斯坦的第三产业对 GDP 的贡献最大，其次是工业，农业贡献率最小，且 1992～2018 年该国第三产业的贡献率上升了 24.42 个百分点。值得注意的是，中亚五国农业部门的耗水量远超过其他产业，而创造的 GDP 少于工业和第三产业，这说明农业用水效率很低，远低于工业和第三产业的用水效率。然而，工业发展会使更多有毒的化学废物、有机溶剂和染料等污染物排放到河流中，对河流健康产生负面影响。

中亚地区经济增长伴随着产业升级，有更多农业人口流向城市，推动了区域城市化，而城市化与经济增长带来的水资源需求增加是导致水危机的重要原因之一。

城市化率是衡量一个国家或地区经济发展水平的重要指标，一般按照人口统计学指标计算(Liang et al., 2019)。其计算公式如下：

$$R = \frac{U}{P} \times 100 \tag{4.2}$$

式中，R 为城市化率；U 为城镇人口数量；P 为全国总人口数量(包括农业人口和非农业人口)(Brückner, 2012; Shi and Li, 2018)。

哈萨克斯坦的城市化率最高，平均为 53.98%，城市人口超过了国民人口的一半(图 4.13)。该国家的城市化率在 1960～2018 年显著增加，到 2018 年已达到 57.43%。土库曼斯坦的城市化率仅次于哈萨克斯坦，为 47.08%，该国的城市化率整体有所增加。乌兹别克斯坦的城市化率为 42.76%，自 1960 年以来增加显著，是中亚地区增长速率最快的国家。吉尔吉斯斯坦、塔吉克斯坦两国年均城市化率分别为 36.63%、31.13%，这两个国家在 2000 年以前城市化率均先上升后下降，而 2000 年开始，两国的城市化率一直稳定增长。

总体而言，经济增长导致工业规模扩大，从而增加了区域对水资源质量和数量的需求。当供水量跟不上经济发展的速度时，区域将会面临严重的水资源短缺，经济增长则将受阻。同时，水资源为城市化提供了支持和保障，但城市化进程往往伴随着水稀缺、水环境污染和地下水过度开采(Yue et al., 2021)。城市化水平越高，区域的水资源压力越大。此外，城市建设面积扩大导致自然水域和草地面积减少，生态环境因此遭到严重破坏。

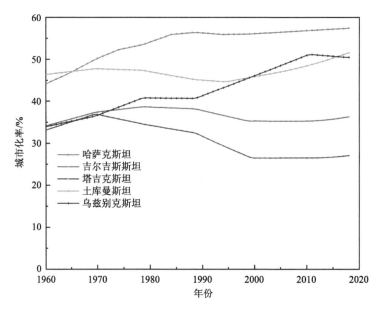

图 4.13 1960～2018 年中亚五国城市化率变化趋势

中亚地区的水安全问题始于苏联时期盲目的大规模取水（Sun et al., 2019; Ruan et al., 2020）。60 年后，农业依然是耗水量最多的部门，而农业水危机是造成中亚水危机的关键所在。从前面的分析可以发现，中亚地区的灌溉强度必须通过人工排水来控制内涝和盐碱化。但苏联解体后，排水系统不再得到妥善维护，使得遭受盐碱化和内涝的区域不断增加。如图 4.14 所示，吉尔吉斯斯坦排灌设施的面积最少，平均为 14.53 万 hm^2，可能与耕地面积的减小有关，而且 1993～2017 年，该国排灌设施面积持续减小；其次是塔吉克斯坦和哈萨克斯坦，分别为 34.05 万 hm^2 和 36.84 万 hm^2。乌兹别克斯坦的排灌设施面积最大，为 292.64 万 hm^2，且在 1993～2017 年有所增加；第二是土库曼斯坦，为 101.27 万 hm^2。

各国设有排灌设施的土地面积占耕地总面积的比例不均衡（表 4.2）。只有乌兹别克斯坦、土库曼斯坦两国的比例超过 50%。其中，乌兹别克斯坦平均为 68.28%，土库曼斯坦为 52.35%。而塔吉克斯坦、哈萨克斯坦和吉尔吉斯斯坦的平均比例分别为 46.45%、16.05% 和 14.07%。1993～2017 年，除了土库曼斯坦设有排灌设施耕地的比例减少以外，其余国家的比例都有所提升，说明近些年来灌溉排水设备有所增加，这有利于用水效率的提高（Fu et al., 2020）。同时，Li 和 Liu（2021）发现，中亚地区自 2000 年以来，在新土地政策的影响下，耕地面积和种植结构已经开始逐渐走向可持续发展道路。Wang 等(2020a)研究表明，近些年来中亚地区农业用水占比有所下降，而工业用水占比增加。这些对于中亚地区水危机的缓解来说是一个好的开始。

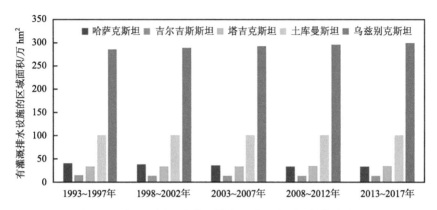

图4.14　中亚五国设有灌溉排水设施土地面积的变化趋势

表4.2　中亚五国设有灌溉排水设施的土地占土地总面积比例的变化　　(单位：%)

国家	1993~1997 年	1998~2002 年	2003~2007 年	2008~2012 年	2013~2017 年
哈萨克斯坦	12.93	19.54	16.65	15.56	15.56
吉尔吉斯斯坦	13.84	13.98	14.19	14.16	14.19
塔吉克斯坦	45.86	46.92	46.41	46.52	46.52
土库曼斯坦	56.22	53.02	50.83	50.83	50.83
乌兹别克斯坦	66.81	67.58	68.35	69.12	69.54

贫困是中亚五国面临的共同问题，尤其是吉尔吉斯斯坦和塔吉克斯坦，贫困率都超过 30%。贫困导致供水和灌溉设施得不到维护，从而使得区域(尤其是农村地区)的供用水安全受到威胁。因此，各个国家应该制定有效的减贫政策，成立专门的组织机构，减小各国的贫困率。同时，要逐步减小城市和农村之间的贫富差距，并重点关注农村地区的供水安全和卫生服务，改善农村地区的水资源基础设施，减少对除草剂和杀虫剂的过度依赖和使用。

协调好水资源利用与经济增长和城市化进程之间的矛盾。中亚五国在刚独立的前几年经济波动较大，但 2000 年以后 GDP 稳定增长，城市化率也不断提高，这加剧了缺水和水污染等问题。因此，要建立高效而低能耗的水资源管理体系，加强工业和城市污水处理能力，发展回归水利用技术，改善区域的水资源与生态环境，加强环境立法，缓解水资源危机。

实施科学而有效的跨境河流水管理。面对频频出现的水冲突，中亚各国并非没有做出努力，独立初期，中亚五国就签署了一系列合作协议，并不断探索新的合作方式，但是由于上下游之间的利益分歧，合作效果并不显著。因此，最重要的问题不是持续制定新的合作计划，而是如何将已经签署的水合作协议真正落实，这需要建立一个强有力的国际协调机制。同时，各国之间要尽可能对跨界河流的开发利用方案达成一致，寻找兼顾水资源利益最大化和可持续发展的开发模式。随着水危机的不断加剧，各国之间进行长期而稳定的合作才是保证该地区水资源可持续发展的有效方式。

4.2 中亚地区水资源安全评估

随着全球水资源匮乏、极端气候灾害频发、水资源污染严重等问题日益突出，水资源保护利用与水安全已成为当今人类生存、生产和发展面临的最严峻挑战之一（Grey and Sadoff, 2007; Vörösmarty et al., 2010; Garfin et al., 2016）。联合国安全理事会（United Nations Security Council）将水安全视为全球面临的最重要的安全问题之一，认为水安全是实现社会福祉和经济发展的必要条件。本节采用的粒子群优化算法投影寻踪模型（PSO-PPE）将生物种群进化理论融入投影寻踪模型中，基于仿生学算法，对粒子进行高效智能化全局寻优，进而通过构建水安全评价指标体系和对影响水安全的 4 个子目标进行分析计算，综合评估了中亚五国的水资源安全状况。

4.2.1 水安全评价指标体系

本节构建了中亚五国水安全评价指标体系，评估指标的选取要参照水资源供需分析体系，并结合中亚水资源实际利用特点和数据可获得性，考虑水资源系统的随机过程与年际丰枯变化。因此，基于 2010～2016 年统计均值数据，建立了中亚五国水安全评价指标体系与分级标准数据集。该体系选取了 4 个准则层，即生态安全、水资源量、社会经济、供需状况，以及 16 个指标层，其中包括 10 个正向指标与 6 个负向指标（表 4.3 和表 4.4）。

表 4.3 中亚五国水安全评价指标体系

准则层	指标层	国家				
		哈萨克斯坦	吉尔吉斯斯坦	塔吉克斯坦	土库曼斯坦	乌兹别克斯坦
生	C_1 草地覆盖率/%	67.89	46.30	27.18	62.90	49.17
态	C_2 林地覆盖率/%	1.23	3.40	2.95	8.78	7.62
安	C_3 生态用水率/%	64.35	43.18	35.07	21.08	19.35
全	C_4 盐碱化面积比率/%	19.57	5.00	3.13	68.00	65.90

续表

准则层	指标层	国家				
		哈萨克斯坦	吉尔吉斯斯坦	塔吉克斯坦	土库曼斯坦	乌兹别克斯坦
水资源量	C_5 产水模数/(万 m^3/km^2)	2.36	24.47	44.56	0.29	3.65
	C_6 人均水资源量/m^3	6490	8480	13500	4090	1870
	C_7 单位面积水资源量/(万 m^3/km^2)	3.98	11.81	15.50	5.07	10.92
	C_8 水资源开发利用率/%	19.74	31.05	52.44	112.84	112.83
社会经济	C_9 人口密度/(人/km^2)	6.26	28.69	57.61	11.00	67.64
	C_{10} 人均 GDP/美元	11144.96	1140.84	912.40	6407.60	1840.57
	C_{11} 万元 GDP 耗水量/m^3	1214.88	12551.10	15845.97	8218.37	10298.02
	C_{12} 灌溉率/%	7.05	79.98	99.52	100.00	96.68
供需状况	C_{13} 水资源供需比	1.84	1.69	1.20	0.68	0.67
	C_{14} 供水模数/(万 m^3/km^2)	0.82	4.27	8.23	1.43	13.03
	C_{15} 人均可供水量/m^3	5218	8826	7629	4681	1646
	C_{16} 地下水供水比例/%	4.33	3.82	19.04	5.16	8.40

表 4.4 中亚五国水安全评价分级标准数据集

准则层	指标层	类型	水安全等级				
			I (非常安全)	II (较安全)	III (基本安全)	IV (较不安全)	V (不安全)
生态安全	C_1 草地覆盖率/%	正	>40	40～30	30～15	15～10	<10
	C_2 林地覆盖率/%	正	>30	30～20	20～15	15～10	<10
	C_3 生态用水率/%	正	>40	40～25	25～15	15～10	<10
	C_4 盐碱化面积比率/%	负	<1	1～4	4～7	7～10	>10
水资源量	C_5 产水模数/(万 m^3/km^2)	正	>70	70～50	50～30	30～20	<20
	C_6 人均水资源量/m^3	正	>3000	3000～2300	2300～1700	1700～1000	<1000
	C_7 单位面积水资源量/(万 m^3/km^2)	正	>60	60～35	35～20	20～15	<15
	C_8 水资源开发利用率/%	负	<10	10～25	25～40	40～60	>60
社会经济	C_9 人口密度/(人/km^2)	负	<30	30～150	150～250	250～350	>350
	C_{10} 人均 GDP/元	正	>12000	12000～8000	8000～5000	5000～2000	<2000
	C_{11} 万元 GDP 耗水量/m^3	负	<500	500～1000	1000～1500	1500～2000	>2000
	C_{12} 灌溉率/%	负	<25	25～50	50～75	75～80	>80
供需状况	C_{13} 水资源供需比	正	>1.2	1.2～1.0	1.0～0.7	0.7～0.5	<0.5
	C_{14} 供水模数/(万 m^3/km^2)	正	>20	20～14	14～8	8～4	<4
	C_{15} 人均可供水量/m^3	正	>800	800～500	500～350	350～240	<240
	C_{16} 地下水供水比例/%	负	<10	10～30	30～40	40～50	>50

采用粒子群优化算法(PSO)的投影寻踪模型(PPE)确定评价指标的最优值,对中亚五国水安全等级进行综合评估。投影寻踪模型是通过投影寻踪将高维非线性问题进行降维处理,转化为一维问题进行分析的新兴统计方法,采用粒子群优化算法对传统的投影寻踪模型进行改进,进而通过动态调整粒子的速度和运动方向来寻找最优位置,以确定最佳投影方向(Shi and Eberhart, 1998; Friedman, 2016)。

1. 样本数据集归一化

为消除各评估指标值的量纲,并将评估指标值的变化范围进行统一,需对各正向指标与负向指标进行归一化处理。

对于各正向指标:

$$x(i,j) = \frac{x'(i,j)}{x_{\max}(j)} \tag{4.3}$$

对于各负向指标:

$$x(i,j) = \frac{x_{\min}(j)}{x'(i,j)} \tag{4.4}$$

式中,$x(i,j)$ 为归一化后的评价指标序列;$x'(i,j)$ 为第 i 个样本的第 j 个评价指标值;$x_{\min}(j)$,$x_{\max}(j)$ 分别为第 i 个指标值的最小值和最大值。

2. 构造投影指标函数

投影寻踪模型将 m 维数据 $\{x(i,j) \,|\, j=1,2,\cdots,m\}$ 集成到一维投影值中。设 a 为 m 维的单位投影方向向量,其分量设为 $a_1, a_2, \cdots, a_m$。因此,x_{ij} 的一维投影特征值 z_i 为

$$z_i = \sum_{j=1}^{m} a_j x_{ij} \, (i = 1, 2, \cdots, n) \tag{4.5}$$

影指标值时,要求 z_i 在一维空间散布的类间距离 $s(z)$ 和类内密度 $d(z)$ 同时取得最大值,构造目标函数 $Q(a)$ 的表达式为

$$Q(a) = s(z) \cdot d(z)$$

$$s(z) = \sqrt{\sum_{i=1}^{n} (z_i - z_0)^2 \Big/ (n-1)} \tag{4.6}$$

$$d(z) = \sum_{i=1}^{n} \sum_{k=1}^{n} [R - r(i,j)] \cdot u[R - r(i,j)]$$

式中,z_0 为投影特征值 z_i 的均值;$s(z)$ 越大,样本散布越开;R 为局部密度的窗

口半径，一般可取值为 $0.1s(z)$；$r(i,j)$ 为样本间的距离；$u(t)$ 为单位阶跃函数，$t = R-r(i,j)$，若 $t \geqslant 0$，则 $u(t)=1$，若 $t<0$，$u(t)=0$。

3. 粒子群优化投影指标函数

通过求解投影指标函数最大化问题来估计最佳投影方向，即
最大化目标函数：

$$Q(a) = s(z)d(z) \tag{4.7}$$

约束条件：

$$\sum_{j=1}^{p} a^2(j) = 1 \tag{4.8}$$

式中，若粒子的群体规模为 N，则第 $i(i = 1, 2, \cdots, N)$ 个粒子的位置可表示为 x_i，速度为 v_i，自适应值为 f_i。粒子个体所经历过的最佳位置记为 $p_{\text{best}_i}(t)$，粒子群体所经历过的最佳位置记为 $g_{\text{best}}(t)$，最优值在 $t+1$ 时刻确定。粒子根据以下公式更新自己的位置和速度：

$$v(t+1) = wv_i(t) + c_1 b_1(t)[p_{\text{best}_i}(t)] - s_i(t) + c_2 b_2(t)[g_{\text{best}}(t) - s_i(t)] \tag{4.9}$$

$$s_i(t+1) = s_i(t) + v_i(t+1) \tag{4.10}$$

式中，w 为惯性权重；c_1 与 c_2 为常数，称学习因子；$b_1(t)$ 和 $b_2(t)$ 为在 $(0,1)$ 之间均匀分布的随机函数。

各粒子的个体极值和全体粒子的全局极值更新公式分别为

$$p_{\text{best}_i}(t+1) = \begin{cases} x_i(t+1)f_i(t+1) \geqslant f[p_{\text{best}_i}(t)] \\ p_{\text{best}_i}(t)f_i(t+1) < f[p_{\text{best}_i}(t)] \end{cases} \tag{4.11}$$

$$g_{\text{best}}(t+1) = s_{\max}(t+1) \tag{4.12}$$

式中，$f_i(t+1)$ 为粒子 i 在 $t+1$ 时刻的最佳适应度值；$f[p_{\text{best}_i}(t)]$ 为粒子 i 在历史上所经历的最佳适应度值；$s_{\max}(t+1)$ 为所有粒子中最大 $f[p_{\text{best}_i}(t)]$ 在 $t+1$ 时刻的粒子位置（Zhao et al., 2012; Liu et al., 2019）。

优化投影寻踪最佳投影方向的计算过程为：①当前粒子的位置 $s_i(t+1)$ 代入式 (4.10) 中，计算一维投影值 $z(i)$；②基于式 (4.6) 得到 $s(z)$ 和 $d(z)$；③基于式 (4.7) 得到投影指标函数 $Q(a)$，也就是粒子的适应值 $f_i(t+1)$。当最优粒子在 $t+1$ 时刻和 t 时刻的适应值之差小于设置的阈值或达到预定的迭代次数 $G_{\max}$ 时，算法运行结束。因此，粒子群得到的全局极值为最佳投影方向 a^*，与全局极值对应的适应值为最佳投影指标函数 $Q^*(a)$。

4.2.2 水安全评分与等级划分

模型在 Matlab 软件中运行，分级标准数据集建模的参数设置为：学习因子 $c_1=c_2=1.4962$，惯性权重 $w=0.99$，最大迭代次数为 300 次，种群规模 $N=200$。图 4.15 展示了目标函数的优化过程，反映了目标函数的最优（最大）值与迭代次数的关系。由图 4.15(a)可以看出，经过约 20 次迭代，得到了分类标准数据的最优目标函数值(1.2055)，说明模型收敛速度较快。目标函数的最佳投影方向为 a^* =(0.2621, 0.2446, 0.2524, 0.2464, 0.2551, 0.2439, 0.2543, 0.2422, 0.2460, 0.2457, 0.2465, 0.2621, 0.2537, 0.2518, 0.2475, 0.2446)，最佳投影值为 Q^* =(3.9988, 2.3659, 0.9923, 0)。因此，中亚五国水安全评价标准Ⅰ～Ⅱ级分界点的最佳投影值为 $Q_{(1)}^*$ =3.9988，Ⅱ～Ⅲ级分界点的最佳投影值为 $Q_{(2)}^*$ =2.3659，Ⅲ～Ⅳ级分界点的最佳投影值为 $Q_{(3)}^*$ =0.9923，Ⅳ～Ⅴ级分界点的最佳投影值为 $Q_{(4)}^*$ =0。

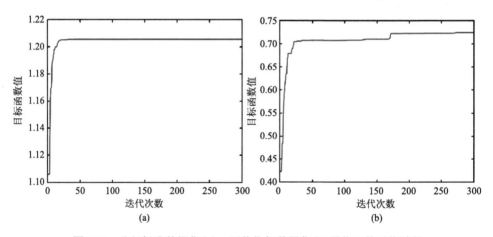

图 4.15 分级标准数据集(a)、评价指标数据集(b)最优函数寻优过程

评价指标数据集建模的目标函数寻优过程如图 4.15(b)所示，经过约 170 次迭代后趋于稳定。目标函数的最佳投影方向为 a^* =(0.19338, 0.0021, 0.3778, 0.2006, 0.0013, 0.1705, 0.0062, 0.3485, 0.3689, 0.3643, 0.2388, 0.3290, 0.3693, 0.0007, 0.17258, 0.16991)，目标函数值最大值为 0.7310。哈萨克斯坦、吉尔吉斯斯坦、塔吉克斯坦、土库曼斯坦、乌兹别克斯坦评价指标数据集的最佳投影值分别为 Q^* =(3.0575, 1.9258, 1.1106, 1.1111, 0.3714)，投影值越高，表明该国水安全状况越好。

根据各国评价指标最佳投影值与分级标准最佳投影值，得到中亚各国水安全综合评价等级，用同样的方法计算出生态安全、水资源量、社会经济和供需状况

4 个子目标层的最佳投影值(评价值)及其排序,综合评价结果见表 4.5。

表 4.5 中亚五国水安全综合评价结果

地区	生态安全		水资源量		社会经济		供需状况		水安全综合评价		评价等级
	评价值	排序	评价值	排序	评价值	排序	评价值	排序	评价值	排序	
哈萨克斯坦	1.0586	1	0.4089	3	1.8322	1	1.3835	2	3.0575	1	II
吉尔吉斯斯坦	1.0071	3	1.1835	2	0.5956	3	1.3837	1	1.9258	2	III
塔吉克斯坦	1.0568	2	1.8114	1	0.1177	4	0.5408	3	1.1106	4	III
土库曼斯坦	0.0140	5	0.4089	3	0.9941	2	0.5406	4	1.1111	3	III
乌兹别克斯坦	0.0302	4	0.1439	5	0.1177	4	0.5405	5	0.3714	5	IV

1. 生态安全子目标

中亚地广人稀,超过 50%的地区为荒漠、半荒漠地区(图 4.16)。中亚五国生态安全评价结果如表 4.6 所示。可以看出,哈萨克斯坦综合评分值较高,生态安全状况最好。这是因为哈萨克斯坦草地覆盖率最高,为 67.89%,而草地是中亚地区最主要的土地利用类型之一。然而近些年来,中亚地区草地灌丛化现象日益突出,草地面积在过去 30 年间共减少了 25.90%,2000～2013 年约 8%的草地转变为灌木丛,其中,乌兹别克斯坦、土库曼斯坦两国灌木入侵幅度最大(Li et al.,2015)。灌木植物的增加通常会改变生态系统的结构与功能,降低生物多样性,并加速土地荒漠化。生态用水率最高的国家为哈萨克斯坦(64.35%),其次为吉尔吉斯斯坦(43.18%)和塔吉克斯坦(35.07%),土库曼斯坦与乌兹别克斯坦生态用水率最低,分别为 21.08%与 19.35%。

中亚五国林地覆盖率均处于较低水平,其中土库曼斯坦最高,为 8.78%,而哈萨克斯坦林地覆盖率仅为 1.23%。从盐碱化面积比率来看,上游塔吉克斯坦(3.13%)与吉尔吉斯斯坦(5.00%)较低,而下游的乌兹别克斯坦、土库曼斯坦两个农业大国的土壤盐碱化比例较高,分别为 65.90%、68.00%。低效、落后的农业灌溉与农药化肥的不合理使用是造成中亚土壤盐碱化的主要原因(Zhang et al.,2018)。

图 4.16 中亚 2015 年土地利用与土地覆被分布图

2. 水资源量子目标

水是影响中亚干旱区经济发展、生态安全与社会稳定最关键的自然因素。中亚地区水资源总量较为丰富，为 1944.85 亿 m³（表 4.6），其中，地表水资源量为 1739.60 亿 m³，占水资源总量的 89.45%，地下水资源量为 627.50 亿 m³。考虑各国的出入境水量，中亚地区实际可利用的水资源量为 2275.70 亿 m³。但水资源空间分布极不均匀，哈萨克斯坦境内水资源总量最多，占中亚水资源总量的 33.09%，其次是上游山地国家塔吉克斯坦和吉尔吉斯斯坦，水资源分别占中亚水资源总量的 32.63% 和 25.16%。下游乌兹别克斯坦、土库曼斯坦两国产水量较少且远离水源地，主要依赖境外水资源维持经济生活需求。

评估结果显示，塔吉克斯坦水资源量子目标综合评分最高，为 1.8114，乌兹别克斯坦最低，评分仅为 0.1439。产水模数是指单位国土面积内部产生的多年平均水资源总量（Shi et al., 2013）。中亚五国中，产水模数较高的是塔吉克斯坦和吉尔吉斯斯坦，分别为 44.56 万 m³/km² 和 24.47 万 m³/km²，远高于下游国家。土库曼斯坦产水模数最低，仅为 0.29 万 m³/km²。土库曼斯坦位于中亚西南部，气候干旱，卡拉库姆沙漠面积占国土面积的 80% 以上，可利用的水资源主要来自跨境河流阿姆河、穆尔加布河和捷詹河等。

表 4.6　中亚五国水资源数据

国家	国土面积/km²	降水量/mm	地表水资源量/亿 m³	地下水资源量/亿 m³	内部水资源总量/亿 m³	可利用的水资源量/亿 m³
哈萨克斯坦	2724902	250.00	565.00	338.5	643.50	1084.00
吉尔吉斯斯坦	199950	533.00	464.60	136.9	489.30	236.20
塔吉克斯坦	141380	691.00	604.60	60.00	634.60	219.10
土库曼斯坦	488100	161.00	10.00	4.10	14.05	247.70
乌兹别克斯坦	447400	206.00	95.40	88.00	163.40	488.70
中亚地区	4001732	368.20	1739.60	627.50	1944.85	2275.70

人均水资源量是体现水资源紧缺程度、衡量区域水安全状态的重要指标之一。按照国际公认的水资源短缺标准，人均水资源量不足 3000 m³ 是轻度缺水，1000～2000 m³ 为中度缺水，500～1000 m³ 表示重度缺水，而不足 500 m³ 为极度缺水。在中亚五国中，乌兹别克斯坦人均水资源量最少(1870 m³)，属于中度缺水。而其余国家的人均水资源量均高于缺水标准，塔吉克斯坦人均水资源量最多，高达 13500 m³。由此也可看出，中亚地区水资源矛盾本质上不是水资源总量缺乏，而是水资源分配利用不当(Chen et al., 2018)。从单位面积水资源量来看，塔吉克斯坦最多(15.50 万 m³/km²)，其次为吉尔吉斯斯坦(11.81 万 m³/km²)，哈萨克斯坦虽然是水资源总量最丰富的国家，但国土面积辽阔，单位面积水资源量较少，仅为 3.98 万 m³/km²。

水资源开发利用率也是反映水资源稀缺程度的重要指标之一，人类对水资源的开发利用程度越高，水系统及自然生态受到的压力就越大(Qadir et al., 2009)。国际上公认将 40% 作为水资源开发的安全临界值。中亚五国中，哈萨克斯坦(19.74%)与吉尔吉斯斯坦(31.05%)开发利用率较低，土库曼斯坦、乌兹别克斯坦两国较高，分别高达 112.84%、112.83%。自 1997 年以来，中亚地区年均总用水量为 1255.57 亿 m³，且共减少 125.25 亿 m³。从用水结构来看，农业用水量最多，约占总用水量的 89.39%，高于世界平均水平(71%)(Lee and Jung, 2018)。工业与市政生活部门用水量远小于农业用水，分别占总用水量的 7.22% 与 3.92%。但自 1997 年以来，中亚地区农业用水比例呈逐渐下降趋势，由 1997 年的 91.89% 下降至 2014 年的 87.61%(图 4.17)。反之,工业用水与生活用水占比均不断增加,但目前工业水资源的重复利用率较低,大量饮用水资源被直接用于工业。因此,未来应大力发展淡水回收与循环利用设施,提高工业水资源利用效率。从各国内部来看,哈萨克斯坦农业用水的比例最小(71.33%),其余四国农业用水比例均高于90%,而且工业用水比例非常低。土库曼斯坦农业用水占比最大,高达 95.77%,工业用水占比仅为 1.92%。

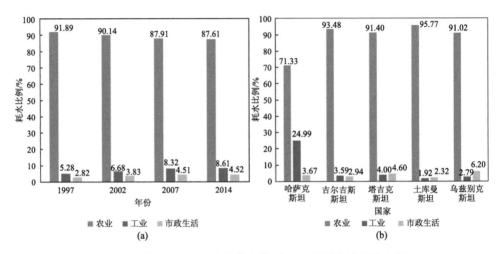

图 4.17 中亚各行业用水结构变化(a)及五国用水结构分布(b)

3. 社会经济子目标

人口动态与经济状况是影响区域水资源需求的潜在驱动因素(Cashman, 2014; Jalilov et al., 2016)。评估结果显示,哈萨克斯坦评分值最高(1.8322),而塔吉克斯坦、乌兹别克斯坦评分值较低(0.1177)。乌兹别克斯坦人口密度最大,为 67.64 人/km^2,而哈萨克斯坦仅为 6.26 人/km^2。从人均 GDP 来看,哈萨克斯坦最高,为 11144.96 美元;塔吉克斯坦最低,为 912.40 美元,表明各国贫富差距较大。万元 GDP 耗水量是衡量区域社会经济可持续发展的重要指标,也是评价用水效率的常用指标。中亚各国万元 GDP 耗水量整体较大,表明用水效率不高。年均万元 GDP 耗水量最多的是塔吉克斯坦(15845.97 m^3)和吉尔吉斯斯坦(12551.10 m^3),而哈萨克斯坦万元 GDP 耗水量最少,为 1214.88 m^3。在时间变化上,1997~2016 年中亚五国万元 GDP 耗水量均呈显著的下降趋势(图 4.18)。例如,塔吉克斯坦 1997~2016 年共减少 11.22 万 m^3;土库曼斯坦在 1997~2016 年共减少 8.93 万 m^3。虽然中亚社会经济发展严重依赖水资源,水资源消耗量较大,但近几十年来该地区用水效率逐渐提高，农业用水比重的下降与技术进步都促进了各国万元GDP 耗水量的下降。

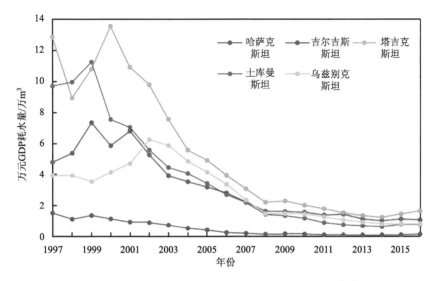

图 4.18　中亚五国 1997～2016 年万元 GDP 耗水量变化

中亚各国以地表水灌溉为主，灌溉面积为 994.98 万 hm²，而地下水仅占总灌溉面积的 4.86%（50.86 万 hm²）。目前，中亚滴灌、喷灌、微灌等先进技术还未得到普及，灌溉水主要来源为跨界河流。以中亚两大河流阿姆河与锡尔河为例，从图 4.19（a）可以看出，阿姆河生长季年均取水量为 342.49 亿 m³，约为非生长季取水量（143.90 亿 m³）的 2.38 倍。1997～2016 年，阿姆河生长季取水量总体变化趋势不大，非生长季中 2005 年取水量骤增，其余年份较平稳。锡尔河总取水量低于阿姆河 [图 4.19（b）]，与阿姆河情况相同，锡尔河生长季取水量远高于非生长季，年均生长季取水量为 206.39 亿 m³，是非生长季的 2.14 倍。自 1997 年以来，锡尔河取水量总体呈下降趋势，生长季取水量由 1997 年 198.19 亿 m³ 减少至 2016 年的 176.30 亿 m³；非生长季取水量由 1997 年 101.63 亿 m³ 减少至 2016 年的 60.49亿 m³。

4. 供需状况子目标

气候变暖导致中亚主要河流径流峰值时间由夏季向春季提前，造成 7 月、8月河流径流量显著下降，从而使作物在需水的关键季节难以满足灌溉要求。同时，气候变化导致极端水文事件增多，进一步加剧了水资源的短缺现状，并可能对未来水资源供需产生负面影响（Hagg et al., 2013; Chen et al., 2018）。

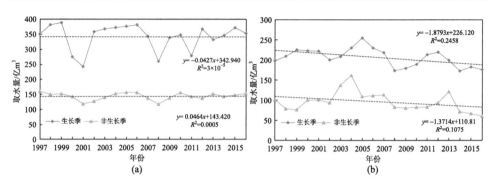

图4.19 阿姆河(a)与锡尔河(b)1997～2016年生长季、非生长季取水量变化趋势

评估结果显示,在水供需状况方面,吉尔吉斯斯坦综合评分值最高,为1.3837;乌兹别克斯坦评分最低,为0.5405。从水资源供需比来看,哈萨克斯坦供需比最为安全,为1.84,其次是吉尔吉斯斯坦与塔吉克斯坦,水资源供需比分别为1.69与1.20,土库曼斯坦与乌兹别克斯坦水资源供需比最不安全。供水模数是指区域供水量与土地面积之比,五国中供水模数最高的是乌兹别克斯坦,为13.03万m^3/km^2,哈萨克斯坦最低,为0.82万m^3/km^2。中亚五国人均可供水量均较丰富,其中吉尔吉斯斯坦与塔吉克斯坦最高,分别为8826 m^3与7629 m^3,乌兹别克斯坦人均可供水量为1646 m^3,是中亚最低的国家。从地下水供水比例可看出,塔吉克斯坦最高,为19.04%,其余国家地下水供给比例均低于10%。一般认为地下水供给比例越高,水资源风险也越大,因为地下水过度抽取会导致区域总蓄水量减少、地下水位大幅下降,并进一步引起生态系统退化。

基于跨境淡水数据库计算了中亚主要跨境河流域的相对风险类别(图4.20),即各流域年总取水量与年供水量的比值。根据数据库设定的阈值,确定了五个相对风险类别(非常低:< 0.1;低:0.1～0.2;中度:0.2～0.4;高:0.4～0.8;非常高:>0.8)。中亚不同流域相对风险类别差异较大。在咸海流域上游(吉尔吉斯斯坦和塔吉克斯坦境内)和乌拉尔河流域(哈萨克斯坦境内),虽然取用水量较多,但水资源总储量较为丰富,因此水资源相对风险为中度。而广大的绿洲灌区内,如咸海流域中下游、土库曼斯坦南部诸流域、伊犁河流域等农业发达地区,大量河流水资源通过运河、灌渠被拦截引入灌溉(Micklin, 2007),加之多数灌区距水源地遥远,地表干旱,蒸发强烈,供水相对不足,水资源供需矛盾突出,因此水资源相对风险类别均为高或非常高。

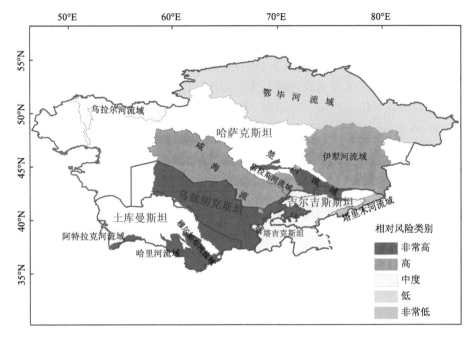

图 4.20　中亚跨境河流域水资源相对风险类别

4.2.3　水安全综合评估

　　中亚五国水安全状况各不相同(表 4.5)。可以看出,哈萨克斯坦的水安全水平最高(Ⅱ级),处于较安全等级,投影值为 3.0575。在中亚五国中,哈萨克斯坦水资源量充足,人口密度最低,同时水资源开发利用程度仅为 19.74%,目前水安全保障程度较高。吉尔吉斯斯坦、塔吉克斯坦、土库曼斯坦水安全均处于Ⅲ级,即基本安全等级,投影值评分排序为:吉尔吉斯斯坦(1.9258)>土库曼斯坦(1.1111)>塔吉克斯坦(1.1106)。上游吉尔吉斯斯坦、塔吉克斯坦两国产水量较多,水资源总量丰富。下游土库曼斯坦内部产水极少,经济发展与生活用水基本依赖跨境河流水资源,目前该国水资源开发利用率与灌溉率均已达到较高水平。乌兹别克斯坦是中亚水安全状况最差的国家,处于较不安全等级(Ⅳ级),最佳投影值最低,仅为 0.3714。该国人口密度最大,人均水资源量最少,水资源开发利用率高达112.83%,水安全形势严峻。不过乌兹别克斯坦是中亚地区经济发展水平较高的国家,对水安全风险的调控能力也较强。针对以上问题,今后哈萨克斯坦应加大对水资源的合理开发利用,而吉尔吉斯斯坦、塔吉克斯坦和土库曼斯坦应促进其经济结构从用水向节水的转变。乌兹别克斯坦则应在严格控制人口增长的基础上,协调经济发展与可持续利用水资源之间的关系。

1. 优化作物种植结构，提高农业用水安全

农业是中亚用水量最多的部门，棉花、水稻等高耗水作物在中亚作物种植结构中占较大比重，需大量水资源满足生长要求。但苏联解体后各国农业政策有所改变，导致棉花种植面积呈下降趋势。1997~2016 年，中亚主要作物种植面积增加了 351.00 万 hm^2（图 4.21），其中小麦种植面积逐渐增加，而棉花种植面积在此期间共减少了 33.86 万 hm^2。作为中亚主要的农业区，咸海流域东北部地区（除乌兹别克斯坦纳曼干州以外）2000~2018 年棉花种植面积均呈减少趋势（图 4.22），其中乌兹别克斯坦塔什干州减少速率最明显，平均每年减少 3246 hm^2；其次是乌兹别克斯坦安集延州，平均每年减少 1512 hm^2。主要原因是乌兹别克斯坦自独立以来施行粮食自给自足政策，逐渐减少了棉花种植，转而大规模地种植小麦、玉米等粮食作物（Wegerich et al., 2015）。

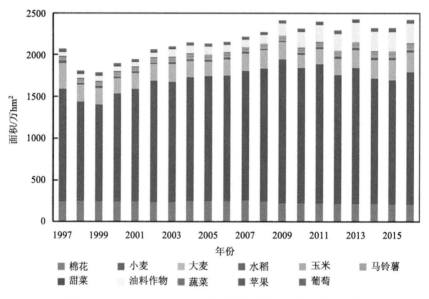

图 4.21　1997~2016 年中亚作物种植结构及种植面积变化

在咸海流域的其他灌区，如南哈萨克斯坦州、克孜勒奥尔达州以及费尔干纳州等，棉花种植面积也呈现下降趋势。国际危机组织（International Crisis Group, ICG）的报告指出，1 hm^2 棉花生长需使用 8000~10000 m^3 灌溉水（Zhupankhan et al., 2017），而小麦所需水量不足棉花的 1/2。因此，近些年来中亚地区农业用水量的下降与棉花种植的减少有较大关系。Wegerich 等（2015）研究也发现，费尔干纳州自从采取粮食安全政策后，棉花种植面积不断减少，而小麦种植比例在 1994~

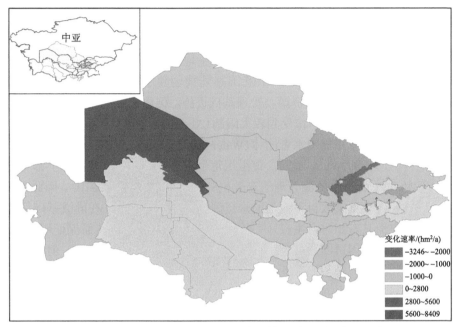

图 4.22 2000～2018 年咸海流域各州棉花种植面积变化速率

2010 年共增加了 31%。然而，农民在冬小麦收获后往往愿意种植二茬作物，这使得农业节水潜力大大下降。因此，作为用水第一"大户"，农业部门需要进一步优化种植结构，完善灌溉基础设施建设，提高节水潜力，保证农业用水安全。

2. 中亚水安全管理建议

首先，现有的中亚水资源配置体系存在诸多缺陷，水资源优化配置是提高水资源利用效率和增强水安全管理的重要措施之一，希望从以下几个方面实现优化：第一，中亚可利用的水资源严重依赖地表水，根据计算，中亚地区的地下水供应比例仅为 8.15%。然而，地表水的季节性和空间变异性较强，制约了地表水的有效利用。因此，有必要对地下水和地表水进行联合统一管理。第二，完善现有的水资源配置机制，协调好上下游国家用水、经济发展和生态保护用水、农业和其他部门用水之间的矛盾。此外，改善水利和灌溉基础设施，减少运输过程中的水量耗损（Rahaman, 2012; Yang et al., 2015; 王旋旋等，2020; Li and Liu, 2021）。加强水管理自动化技术建设，鼓励研究人员开发更强大、更实用的区域水资源配置优化模型（Davijani et al., 2016; Xu, 2017）。

水权是影响中亚水安全的重要因素，苏联解体后，水权制度发生巨大改变，水资源分配完全取决于跨界流域和灌溉系统的水资源供应状况，缺乏有效的分配机制(Unger-Shayesteh et al., 2013)。水资源分配冲突主要发生在经济不发达、较不民主和政治不稳定的多国共享跨界河流域，这些国家依赖薄弱的国际水资源管理机构，因而时常因水土资源所有权问题发生地区间冲突(Bernauer and Siegfried, 2012)。20 世纪 90 年代开始，中亚国家陆续创建了水用户协会(Water Users Association, WUA)来分配水资源及管理基础设施，但由于缺乏资金、技术支持以及完善的管理体系，机构运作受到较大限制(Abdullaev and Mollinga, 2010)。而费尔干纳灌区创建了非正规用水者团体(Water Users Groups, WUG)进行基层水资源管理，与自上而下的 WUA 不同，该组织每个成员在水资源管理问题上都有发言权。经证明，WUG 是水资源管理的有效机制(Abdullaev et al., 2010)。因此，各国可以积极借鉴，尝试采取自下而上的水资源管理策略，使农民在灌溉基础设施的运营和维护方面具有相对自主权，使更多的利益相关者参与，从而保证用水公平。

此前，中亚各国试图通过制定单一水资源政策改善水安全形势，但取得的效果并不显著。因此，必须协调各国水资源政策，从全球政治经济视角寻求新的区域水协议。例如，2002 年成立的欧洲联盟水事倡议(European Union Water Initiative, EUWI)，在东欧地区、高加索地区和中亚地区等 10 个国家之间建立跨国水资源合作关系，促进了中亚流域尺度水管理的发展(Fritsch et al., 2017)。此外，各国应更加关注生态和环境问题，维护脆弱的生态系统，减少生态灾害的影响；提供有效的水立法保障，提高公民的水资源保护意识(Halvorson and Hamilton, 2007; Li et al., 2019)。

4.3 咸海流域水安全评估实证分析

咸海位于哈萨克斯坦与乌兹别克斯坦交界处，曾是世界第四大湖泊、中亚第一大湖泊，为中亚地区提供了约90%的水资源，在中亚地区的水资源和生态系统中有极为重要的地位(Lee and Jung, 2018)。咸海在过去的 60 年间急剧萎缩，对水资源和当地生态造成严重的负面影响。这一现象自 20 世纪 90 年代起成为全球广泛关注的热点，被称为"咸海危机"(Lioubimtseva and Henebry, 2009; Micklin, 2016; Chen et al., 2018)。

咸海流域涉及塔吉克斯坦、土库曼斯坦、乌兹别克斯坦、哈萨克斯坦、吉尔吉斯斯坦、阿富汗、伊朗七个国家，其中包括塔吉克斯坦、土库曼斯坦、乌兹别克斯坦三国的大部分地区(超过国土总面积的 95%)，吉尔吉斯斯坦的三个州(奥什州、贾拉拉巴德州和纳伦州)，哈萨克斯坦南部的两个州(克孜勒奥尔达州和南哈萨克斯坦州)，阿富汗北部(占国土面积的 38%)以及伊朗部分地区(Zhang et al.,

2019)，主要靠跨境阿姆河和锡尔河水量补给(图 4.23)。咸海流域水土资源时空匹配严重失衡，流域下游的哈萨克斯坦、土库曼斯坦、乌兹别克斯坦三国是主要的用水国，依赖来自上游吉尔吉斯斯坦、塔吉克斯坦两国的跨境水资源来维持农业生产，苏联时期及苏联解体后中亚各国的大规模土地开垦与灌溉消耗了大量的水资源(Duan et al., 2019)。同时，上游国家的水能潜力很大，为了冬季的用电保障，夏季水库大量蓄水，而冬季向下游大量释放水。这与下游国家灌溉用水的利益产生了冲突，生长季(作物需水量最多)下游国家没有足够的灌溉水来满足农作物的耗水需求，致使农作物产量下降、耕地面积减少，而冬季因大量的上游来水遭受洪涝灾害。频繁的水冲突和政治不稳定限制了咸海流域水资源的统一规划和合理配置，导致水资源开发利用效率低下，加之近些年来极端气候水文事件的增加，加剧了咸海的水安全风险。因此，分析 1960 年以来咸海的水体变化与水安全风险具有重要意义。

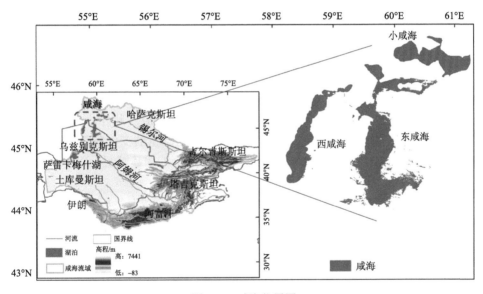

图 4.23　咸海位置图

4.3.1　咸海变化的多尺度波动特征

1. 咸海水体时空变化

咸海水体的变化主要分为两个阶段：1987 年，咸海主体分为两部分——大咸海(南咸海)和小咸海(北咸海)。小咸海的水量补给主要来自锡尔河，大咸海的水资源主要来自阿姆河。2004 年，大咸海继续分裂为两部分：东咸海和西咸海。咸海水体面积以年均 0.109 万 km² 的速度迅速减少［图 4.24（a）］。近 60 年来，水体面积从 1960 年的 6.89 万 km² 减少到 2018 年的 0.70 万 km²[①]。1960～2004 年水体面积萎缩速率较快，为 1087.00 km²/a。而 2004 年后，退缩趋势有所减缓，平均退缩速率为 760.00 km²/a。

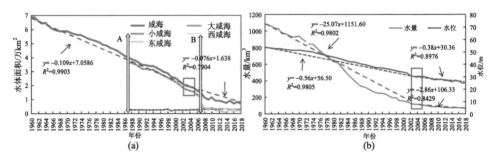

图 4.24　1960～2018 年咸海水体面积（a）和水量及水位（b）变化趋势

（a）中，节点 A：咸海分为大咸海和小咸海；节点 B：大咸海分为西咸海和东咸海

从图 4.24（b）可以看出，咸海的水量和水位也经历了快速下降。水量从 1960 年的 1083.00 km³ 减少到 2018 年的 69.31 km³。其中，1960～2004 年下降较快（速率为–25.07 km³/a），之后下降速率有所减缓（–2.86 km³/a）。此外，水位也明显下降，从 1960 年的 53.50 m 下降到 2018 年的 24.92 m。与水量的变化趋势相似，1960～2004 年水位下降迅速，速率为年均–0.56 m，之后萎缩明显减缓，以年均 0.38 m 的速率下降。

1992～2015 年，咸海空间变化趋势如图 4.25 所示。咸海经历了显著的退缩过程，而咸海南部退缩面积明显大于咸海北部。造成该差异的主要原因是，为了维持北部小咸海的水量和改善周边生态环境，哈萨克斯坦政府于 1992 年在大小咸海之间筑了大坝将二者隔开，用来防止小咸海的水向南流入大咸海。该举措有效地保持了小咸海的水量稳定，除 1999 年小咸海水量有所减少外，其他年份小咸海水量均呈增加趋势。

2. 咸海水体多尺度波动特征

基于极点对称模态分解（ESMD）方法对咸海水位变化特征进行分解，ESMD 是 Wang 和 Li（2013）提出的一种自适应非线性时变信号分解模型，是提取时间序

---

① 本章数据参考 http://www.cawater-info.net/index_e.htm.

列数据变化及其波动周期的新方法。该模型是著名经验模态分解(EMD)方法的新发展(Huang et al., 1998)。通过 ESMD 方法，将原始时间序列数据分解为一系列 IMF 分量和一个趋势残差 $\text{RES}(t)$，能够准确反映数据的变化趋势和波动特征。ESMD 的具体算法如下(Qin et al., 2018):

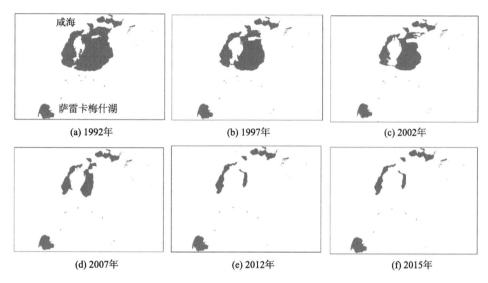

(a) 1992年　　　　　　(b) 1997年　　　　　　(c) 2002年

(d) 2007年　　　　　　(e) 2012年　　　　　　(f) 2015年

图 4.25　1992~2015 年咸海空间变化趋势

(1)输入时间序列 $X(t)$，设定滤波器的最大个数 K 和剩余极点个数 l，找出所有局部极值点(极大点和极小点)。标记为 $E_i(1 \leqslant i \leqslant n)$，$E_i = (z_i, y_i)$。

(2)将相邻极点 E_i 用线段连接，记录线段的中点为 $F_i(1 \leqslant i \leqslant n-1)$，然后添加边界中点 F_0 和 F_n。

$$F_i = \left(\frac{x_{i+1} + x_i}{2}, \frac{y_{i+1} + y_i}{2} \right) \tag{4.13}$$

(3)构造 $n+1$ 个中点的 p 条插值曲线 $L_1, \cdots, L_p$（$p > 1$），并用 $L^* = (L_1 + \cdots + L_p)/p$ 计算均值。

(4)对 $X(t) - L^*$ 重复上述步骤，直到 $|L^*| \leqslant \varepsilon$($\varepsilon$ 为允许误差)或滤波次数得到预设最大值 K，则得到第一个 IMF 分量 M_1。

(5)对剩余序列 $X(t) - M_1$ 重复上述 4 步，直到剩余趋势残差 $\text{RES}(t)$ 为单一信号或不再大于给定极值点，则可分别求得 IMF 分量 $M_2, M_3, \cdots, M_n$。

(6)在限定区间 $[K_{\min}, K_{\max}]$ 内改变 K 的值，计算方差比 G，记录序列为 $X(t) = \{x_t\}_{t=1}^N$，趋势残差为 $\text{RES}(t) = \{r_t\}_{t=1}^N$，$\sigma$ 和 σ_0 分别是 $X(t) - \text{RES}(t)$ 的相对标准差和

$X(t)$ 的标准差。

$$X(t) = \frac{1}{N} \sum_{t=1}^{N} x_t \tag{4.14}$$

$$\sigma_{0^2} = \frac{1}{N} \sum_{t=1}^{N} [x_t - \overline{X(t)}]^2 \tag{4.15}$$

$$\sigma^2 = \frac{1}{N} \sum_{t=1}^{N} (x_t - r_t)^2 \tag{4.16}$$

$$G = \sigma / \sigma_0 \tag{4.17}$$

当 G 取最小值时，意味着去掉趋势残差 $RES(t)$ 的序列与原序列 $X(t)$ 最接近，即分解效果最好(Wang et al., 2010)。

(7)绘制方差比随 K 的变化曲线图，并根据方差比最小选取滤波次数 K_0 的最大值。重复(1)～(6)，得到最优分解结果。通过对分解后的模型分量和趋势残差 $RES(t)$ 进行重构，得到原始序列：

$$X(t) = \sum M_q(t) + RES(t) \tag{4.18}$$

式中，q 为 IMF 分量的个数。

基于 ESMD 分解得到 3 个模型分量(IMF1～IMF3)和 1 个趋势余项 RES，每个模式分量反映了不同时期水位波动的变化。趋势余项 RES 代表了水位的整体波动情况，表明咸海整体波动呈非线性下降趋势。具体来说，波动程度在 1987 年有所减小，而 2005 年出现大幅度减小(图 4.26)。

采用快速傅里叶变换(FTT)方法计算出模型各分量的平均振荡周期。IMF 各组分的功率-周期变化趋势如图 4.27 所示，最大功率对应的年份即为平均振荡周期。IMF1～IMF3 的振荡周期分别为 2.03 年、7.38 年和 29.5 年，表明咸海水位在年际尺度上具有准 2.03 年和准 7.38 年的周期性特征，在年代际尺度上具有准 29.5 年的周期性振荡特征。

模型分量 IMF1 和 IMF2 对原水位的方差贡献率较小(表 4.7)，分别为 3.67%和 4.08%，说明这两个振荡信号较弱，因此这两个周期对咸海整体波动的影响不大。IMF3 的方差贡献率最大(10.48%)，说明准 29.50 年周期对水体的波动起主导作用。1960～2018 年，IMF3 振荡信号始终较强，且振荡程度逐渐减小。为了验证结果的可靠性，使用模型 IMF1～IMF3 和趋势残差 RES 对数据进行重构，发现重构序列与原始序列的差值仅为 0.0005，几乎完全吻合，因此分解结果是可靠的。

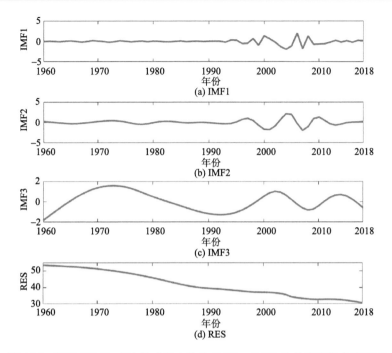

图 4.26　基于 ESMD 方法的咸海水位的 IMF1～IMF3 分量和趋势余项 RES

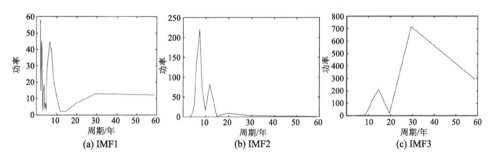

图 4.27　IMF 各组分的功率-周期变化趋势

表 4.7　ESMD 分解各组分周期与贡献率

IMF 组分	IMF1	IMF2	IMF3	RES
周期	2.03	7.38	29.50	—
贡献率/%	3.67	4.08	10.48	81.77

3. 咸海周围水体面积变化

如前文所述，咸海在过去 60 年中经历了剧烈的退缩，但咸海附近其他水域是否也经历了同样的退缩？基于全球地表水数据(global surface water data)，提取了咸海周围 500 km 范围内的水体，并计算了水域面积，发现近些年来，咸海周围的水体面积呈现出明显的增加趋势[图 4.28(a)]，与咸海的变化形成了鲜明对比。2000～2018 年，咸海周围水体面积增加了 4455.76 km²。

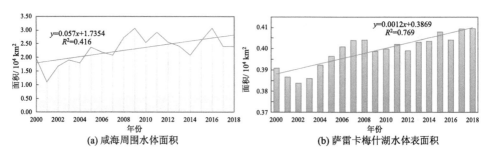

图 4.28　2000～2018 年咸海周围水域面积和萨雷卡梅什湖水体面积变化

造成这种增加趋势的主要原因是咸海流域下游地势平坦，在灌溉季节，由于落后的运河灌渠和老旧的灌溉设施，过量的农田排水直接流入周边的自然洼地。因此，随着灌溉排水的持续汇流，这些洼地逐渐形成湖泊，并导致河流干流的水量减少(Scott et al., 2011; Conrad et al., 2016)。

以萨雷卡梅什湖为例，该湖泊毗邻咸海，位于土库曼斯坦的中北部，且与乌兹别克斯坦接壤。该湖目前面积约为 4095.52 km²。如图 4.28(b)所示，该湖泊面积正在迅速扩大。2000～2018 年，湖泊面积扩张了 187.44 km²。萨雷卡梅什湖处于达沙古兹农业区(土库曼斯坦人口最密集的地区)的西部。因此，由于阿姆河中下游的灌溉用水较多，不断有农田排水注入萨雷卡梅什湖，湖泊面积不断增加。

4.3.2 咸海流域土地覆盖时空变化

咸海流域共有 6 种主要的土地覆盖类型：裸地、耕地、林地、草地、城镇和水体。从图 4.29 可以看出，1992～2015 年，耕地、林地、裸地和城镇面积普遍呈增加趋势，而草地和水体面积呈下降趋势。

耕地变化呈现明显的阶段性特征[图 4.29(a)]。首先，1992～2004 年，耕地面积显著增加，共增加了 0.36 万 km²，但 2005～2015 年耕地面积较为稳定，并出现略微减少的趋势,共减少了 0.10 万 km²。这主要是由于咸海流域有部分耕地被摆荒,农田转换为草地和灌丛等自然植被。1992~2015 年,林地面积以年均 0.05 万 km² 的速度增加[图 4.29(b)],共增加了 0.97 万 km²,而城镇面积在 2000 年前保持相对稳定,之后迅速增加到 0.77 万 km²[图 4.29(d)]。裸地面积也呈现出明显的增加趋势[图 4.29(e)],共增加了 2.05 万 km²,尤其是在咸海周边地区。随着咸海水体的减少,原来的河床逐渐转变为盐沙量丰富的裸地,并最终成为沙尘暴的主要来源。

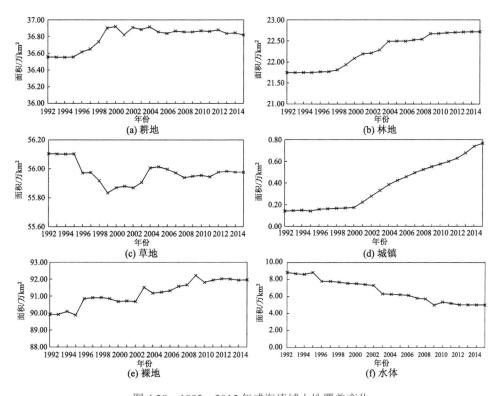

图 4.29 1992~2015 年咸海流域土地覆盖变化

1992~2015 年,流域水体总面积有所减小,减小速率为 0.19 万 km²,共减少了 3.83 万 km²[图 4.29(f)]。流域草地面积减少了 10.13 万 km²[图 4.29(c)],且草地灌丛入侵问题较为严重。受气候变化、过度放牧等因素的影响,大量草地遭受灌丛化。1992~2015 年,咸海流域灌丛面积增加了 42.00 km²。

从流域土地覆盖的空间分布来看(表 4.8),耕地、林地、裸地、城镇、草地和水体分别占土地总面积的 17.25%、10.42%、42.68%、0.18%、26.25% 和 3.23%。

流域裸地面积所占比例最大,且分布广泛,中西部地区较为集中(图 4.30)。水体(包括咸海)面积大幅减少,导致裸地面积大量增加。农田主要分布在河流的中下游,特别是阿姆河和锡尔河,那里有广泛用于灌溉的运河和管道,费尔干纳谷地也有大量农田分布。

表 4.8　咸海流域 1992 年、1999 年、2006 年与 2015 年土地覆盖结构占比　　(单位:%)

占比	1992 年	1999 年	2006 年	2015 年
裸地	42.16	42.61	42.83	43.13
耕地	17.14	17.31	17.27	17.27
林地	10.20	10.29	10.55	10.65
草地	26.30	26.18	26.26	26.25
城镇	0.07	0.08	0.22	0.36
水体	4.14	3.54	2.88	2.34

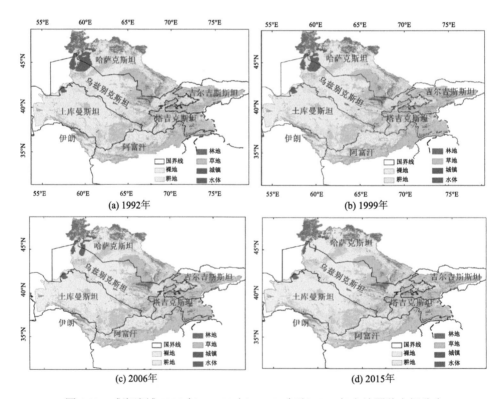

图 4.30　咸海流域 1992 年、1999 年、2006 年和 2015 年土地覆盖空间分布

　　流域草地占比面积较大，是仅次于裸地的第二大土地覆盖类型，草地主要分布在流域中上游，其中吉尔吉斯斯坦和塔吉克斯坦的草地面积最多，但 1992～2015 年，草地占比下降了 0.05 个百分点。林地集中分布在流域西北部，即哈萨克斯坦南部地区，在此期间，林地覆盖率由 1992 年的 10.20%提高到 2015 年的 10.65%。城镇主要集中在流域东北部地区，这些区域绿洲分布广泛，水资源量丰富，也是裸地覆盖占比最小的地区。从图 4.30 可以看出，1992～2015 年，城镇面积有明显的扩张趋势，比例从 0.07%增加到 0.36%。水体主要分布在东南部山区以及巴尔喀什湖流域和咸海周边地区，包括河流、湖泊、湿地和永久性冰雪。同时，水体面积占比由 1992 年的 4.14%下降到 2015 年的 2.34%。

4.3.3　咸海流域变化的驱动力

　　气候变化对咸海流域的影响主要包括改变流域上游径流量和蒸散发量。人类活动影响主要包括流域内的农业、工业和市政生活取水，其中，农业是最大的耗水部门。因此，选择流域气温和降水这两个自然因素，以及耕地面积和城镇面积两个人为因素，共同作为自变量，咸海水量作为因变量。同时，选取 1960～2004 年（由于数据可得性，耕地面积和城镇面积数据始于 1992 年）和 2005～2018 年两个时段，分析了咸海退缩减缓前后的驱动力，并分别得到两个多元线性回归方程：

$$Y = -0.023\,X_1 + 0.022\,X_2 - 0.712X_3^{**} - 0.461\,X_4^{**} - 1.168\,(R^2 = 0.962,\ t = 1960\sim2004\ \text{年})$$
$$(4.19)$$

$$Y = 0.031\,X_1 + 0.034\,X_2 - 0.294\,X_3 - 0.727\,X_4^{**} - 1.905\,(R^2 = 0.931,\ t = 2005\sim2018\ \text{年})$$
$$(4.20)$$

式中，Y 为咸海水量；X_1、X_2、X_3、X_4 分别为归一化后的气温、降水、耕地面积、城镇面积。**表示 P 值在 0.01 水平上显著相关。

　　由式(4.19)和式(4.20)可知，耕地面积和城镇面积对咸海水量长期变化的影响较大，而气候变化的影响相对不显著。1960～2004 年，耕地面积和城镇面积均与咸海水量呈显著负相关，相关系数分别为–0.712 和–0.461。气温对咸海也有负影响，系数为–0.023，而降水的影响为正，系数为 0.022。2005～2018 年，城镇面积对咸海水量变化仍产生显著的负影响，且随着城镇面积的加速增长，其负影响程度逐渐增强，系数为–0.727。而 2005 年以后，耕地面积对咸海的影响变得不显著，系数为–0.294，主要是因为 2005 年以来流域耕地面积有所减少，且随着灌溉效率的提高，作物耗水量未出现明显的增加(Zhang et al., 2019)。温度对咸海水量的影响为正，系数为 0.031，主要是由于流域山区加速升温，上游来水量增加(Chen et al., 2016)。

两个时段内的多元线性回归方程的 R^2 分别为 0.962 和 0.931，说明拟合效果较好。因此，人类活动是导致咸海近 60 年退缩的主要因素，而气温和降水对咸海变化的影响较小。为了更系统地分析咸海退缩减缓的原因，分别从阿姆河和锡尔河上游径流量、流域取水量和入咸海径流量三个方面探讨了咸海消退减缓的驱动力，这些因素与咸海的变化密切相关。

1. 上游出山口径流量增加

咸海流域可利用的水资源主要来自阿姆河和锡尔河上游的河流。这两条河流都发源于山区，依靠冰川和积雪融水补给。阿姆河发源于帕米尔高原，年均径流量为 544.98 亿 m^3，呈波动增加趋势，径流量从 1960 年的 500.29 亿 m^3 增加到 2016 年的 645.40 亿 m^3，增长速率为 1.38 亿 m^3/a[图 4.31（a）]。锡尔河发源于天山山脉，出山口处年平均径流量为 358.10 亿 m^3，少于阿姆河径流。锡尔河流域的年径流量 1960～2014 年也有所增加[图 4.31（b）]，增长率为 1.37 亿 m^3/a，1960～2010 年共增加 140.80 亿 m^3，而 2011～2014 年略有下降。

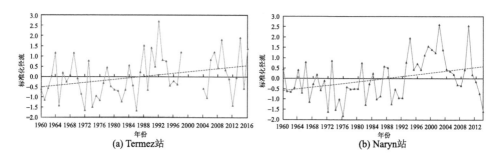

图 4.31　阿姆河上游 1960～2016 年（a）和锡尔河上游 1960～2014 年（b）标准化径流量变化趋势
Termez 站位于阿姆河出山口；Naryn 站位于锡尔河出山口

这是气候变暖的结果，因为中亚地区对气候变化的响应非常敏感。在过去的 60 年中，咸海流域年均升温速率达到 0.291℃/10a[图 4.32（a）]，显著高于全球平均升温速率（0.175℃/10a）（Hu et al.，2014）。从空间变化上看，整个流域普遍变暖，增暖速率在 0.16～0.34℃/10a[图 4.32（b）]。其中，塔吉克斯坦南部和阿富汗东北部的增温速率较低，而哈萨克斯坦西南部的增温速率较高。气温升高既加快了冰川退缩，又加速了积雪融化（Zhang et al.，2016）。

1960～2018 年，流域降水量变化速率不大，总体呈略微增加趋势[图 4.32（c）]，增幅为 1.194 mm/10a（未通过 0.05 水平上的显著性检验）。其中，流域上游国家（吉尔吉斯斯坦和塔吉克斯坦）降水量增幅明显，增速最高达 21.27 mm/10a

[图 4.32(d)]。因此，上游降水量的增加也促进了出山口径流量的增加。而中游和下游国家降水量变化不明显，土库曼斯坦西南部和阿富汗西北部地区降水呈减小趋势。

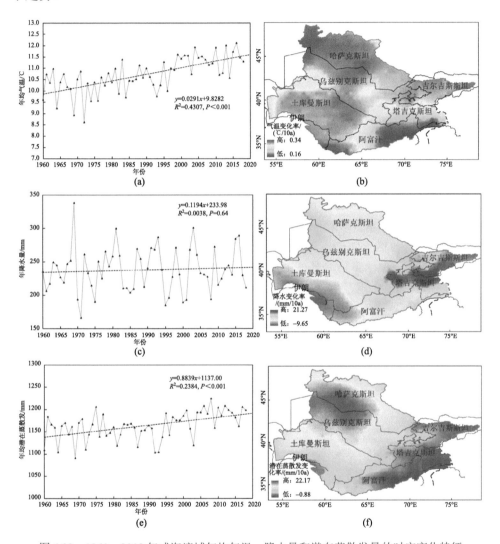

图 4.32　1960～2018 年咸海流域年均气温、降水量和潜在蒸散发量的时空变化特征

(a)、(b) 为年均温的年际和空间线性变化趋势；(c)、(d) 为年降水量的年际和空间线性变化趋势；(e)、(f) 为潜在蒸散发的年际和空间线性变化趋势

自 1960 年起，咸海流域年均潜在蒸散发呈显著增加趋势[图 4.32(e)]，从 1960 年的年均 1108.58 mm 增加到 2018 年的年均 1198.08 mm，增加速率为 8.839 mm/10a

($P<0.001$)。在空间变化上[图 4.32(f)]，流域西北部(哈萨克斯坦西南部和乌兹别克斯坦西部)潜在蒸散发增加量最多，增加速率高达 22.17 mm/10a，而上游山区(吉尔吉斯斯坦、塔吉克斯坦和阿富汗北部)潜在蒸散发略有下降。

2. 流域取水量减少

咸海流域中下游是中亚最重要的农业生产区。由于气候干旱和雨水缺乏，加之高耗水作物(如棉花、水稻和小麦)的大面积种植，该流域 90%以上的作物依赖灌溉。此外，由于管理不善和资金匮乏，农田以大水漫灌为主，大量水资源蒸发渗漏或流失(Ward and Pulido-Velazquez, 2008; Wang et al., 2020b)。总的来说，咸海流域的水资源主要用于农业生产，在吉尔吉斯斯坦和塔吉克斯坦也有一部分水资源被用于水力发电。

阿姆河流域的主要用水国家包括塔吉克斯坦、土库曼斯坦和乌兹别克斯坦。流域年均取水量为 493.85 亿 m^3，而年均取水限额为 539.63 亿 m^3。如图 4.33(a)所示，除了 1996 年和 1999 年外，其他年份的取水量都没有超出限额。整体来看，取水量从 1992 年的 533.62 亿 m^3 减少到 2016 年的 506.60 亿 m^3，下降速率为 1.46 亿 m^3/a。2001 年取水量达到最低值，为 361.14 亿 m^3。2001 年后，流域取水量逐渐增加，但从 2006 年又开始下降。

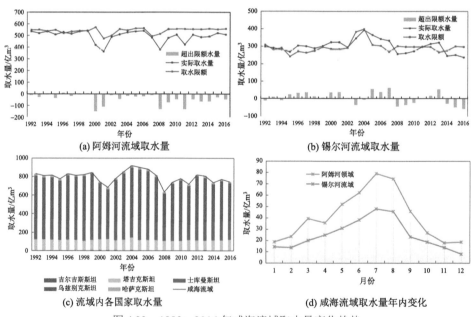

图 4.33 1992~2016 年咸海流域取水量变化趋势

锡尔河流域的主要用水国家包括吉尔吉斯斯坦、塔吉克斯坦、乌兹别克斯坦和哈萨克斯坦。流域年均取水量为 299.86 亿 m^3，而年均取水限额为 294.58 亿 m^3。如图 4.33(b) 所示，锡尔河流域的取水超额年份多于阿姆河流域。乌兹别克斯坦是该流域用水量最多的国家，而且取水量超额的次数也最多。在乌兹别克斯坦，64%的年份都出现了取水量超出限额的情况。锡尔河流域的取水量总体上也呈下降趋势，从 1992 年的 297.18 亿 m^3 下降到 2016 年的 236.79 亿 m^3，共减少了 60.39亿 m^3。取水量变化主要分为两个阶段：①1992～2004 年，取水量呈上升趋势，年均增长率为 6.06 亿 m^3；②2005～2016 年，取水量以年均 9.76 亿 m^3 的速率不断减少。

咸海流域的年均总取水量为 793.71 亿 m^3[图 4.33(c)]，在流域沿岸国家中，乌兹别克斯坦的年取水量最多(456.10 亿 m^3)，其次是土库曼斯坦和塔吉克斯坦，年均取水量分别为 202.28 亿 m^3 和 112.39 亿 m^3，而哈萨克斯坦和吉尔吉斯斯坦的年均取水量最少(分别为 18.83 亿 m^3 和 4.10 亿 m^3)。从时间变化趋势来看，1992～2016 年，流域年取水总量共减少 87.41 亿 m^3，年均减少速率为 2.56 亿 m^3。咸海流域取水量变化也大致分为两个阶段：1992～2004 年取水量持续增长，年均增长率为 1.07 亿 m^3；然而，自 2005 年以来，取水量呈下降趋势。同时，在对咸海流域土地覆盖的分析中，也发现流域耕地面积从 2005 年开始减少，这与取水量减少的时间基本吻合。这是由于流域大部分耕地依赖灌溉，所以耕地减少是流域取水量减少的重要原因。

图 4.33(d) 为阿姆河和锡尔河流域月平均取水量的变化趋势。总体上，两个子流域在生长季(4～9 月)取水量均较多，而非生长季取水量较少，主要是因为生长季节作物需水量更多。其中，阿姆河和锡尔河流域用水量最多的月份都为 7 月，阿姆河流域用水量最少的月份为 11 月，而锡尔河流域 12 月用水量最少。

值得注意的是，流域取水量的减少与咸海退缩速度的减缓同时发生在 2005年。这是因为流域的取水量对咸海水量有较大的影响，如果流域中下游消耗过多的水量，则最终流入咸海的水量会减少，导致咸海萎缩速度加快。相反地，当流域的取水量减少时，则有更多的径流最终进入咸海，导致咸海退缩速度减缓。

3. 入咸海径流量增多

阿姆河入咸海的年均径流量为 145.27 亿 m^3[图 4.34(a)]，最大径流量出现在1969 年(706.00 亿 m^3)，最小径流量出现在 2001 年(2.47 亿 m^3)。从时间变化来看，由于中下游水资源的大量消耗，1960～2006 年阿姆河对咸海的输水量呈明显的减少趋势，年均径流量减少 7.17 亿 m^3。而 2006 年以后，入咸海径流量以 0.90 亿m^3 的速度增加，这可能与近些年流域的取水量减少有关。

锡尔河入咸海的年均径流量为 48.66 亿 m³[图 4.34(b)]。1960 年的径流量为 211.00 亿 m³。此后，径流量以年均 4.38 亿 m³ 的速率急剧减少，1986 年达到了最低水平(2.00 亿 m³)。在 1987 年小咸海与大咸海分离后，锡尔河向咸海的输水量逐渐增加，平均增加速率为 0.86 亿 m³。此外，由于锡尔河只补给小咸海，因此小咸海水量保持相对稳定，只经历了轻微的萎缩。

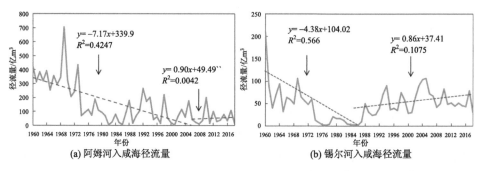

图 4.34　1960～2018 年入咸海径流量变化趋势

咸海的萎缩引起了众多学者的关注，他们从不同角度分析了咸海的变化，都得出了咸海发生剧烈萎缩的结论(Stanev et al., 2004; Shi et al., 2014; Jin et al., 2017)。本节不仅计算了咸海的退缩趋势，还进一步基于 ESMD 方法，发现自 2005 年以来咸海萎缩速度有所减缓。同时，计算发现，2000～2018 年，咸海周边水域面积增加了 4455.76 km²，Conrad 等(2016)的研究也发现阿姆河下游小型湖泊面积有所增加。他们认为主要是农田灌溉排水的流入(尤其是在生长季)造成的，并计算得出 2002 年在花拉子模州共 24.58 km³ 的农业排水流入湖泊，导致 11 月湖区面积比 7 月大。咸海周围地区增加的水量目前并未得到有效利用。

聚焦于咸海退缩的驱动力，发现人类活动对咸海水量的影响比气候变化更为显著，这与 Yang 等(2020)的发现一致，他们认为人类活动(尤其是灌溉和筑坝)是影响咸海长期变化的主导因素。同样，Micklin(2014)认为灌溉取水是导致 1911～2010 年咸海衰退的主要因素。进一步分析发现，咸海消退的减缓主要受到上游径流量增加和流域取水量减少的影响。更具体地说，取水量减少是 2005 年以来耕地面积减少造成的。Wegerich 等(2015)和 Fang 等(2018)得出的结论是，由于苏联解体后中亚五国粮食政策改革，高耗水量作物的种植面积(如棉花和水稻)逐渐减少，而低耗水作物(如小麦)的种植面积持续增加，导致农田灌溉需水量减少。因此，种植结构的改善也有利于流域取水量的减少。

虽然咸海的萎缩速度有所放缓，但对生态环境产生的负面影响仍然相当严重。1960 年，咸海的年均含盐量仅为 10.13g/L，而到 2011 年，咸海水体的年均含盐量已超过 100g/L，增长了 9 倍多（Micklin, 2007）。含盐量的显著增加导致湖中大量水生动物死亡，渔业随之遭受严重损失。更糟糕的是，咸海的环境污染和生态退化导致周围居民感染了各种呼吸道和消化道疾病，如肺癌和食道癌（Micklin, 1988; Saiko and Zonn, 2000）。因此，缓解咸海的水生态危机，是流域所有国家义不容辞的责任和义务。首先，根据研究，农田流入周边洼地的排水逐渐增加，而这些水资源基本没有经过再利用，如果将这些排水收集并合理利用，可能对缓解"咸海危机"有一定的作用。其次，应改善流域作物种植结构，适当减少耗水量高的作物面积。同时，各国应完善环境保护立法，减缓咸海周边土地沙漠化和盐渍化的扩张，减少草地灌丛化（Li et al., 2015）。最后，应大力发展先进的农业和工业节水技术，提高水资源利用效率。除了流域取水和上游径流外，还有许多其他因素影响咸海的变化，包括地下水位变化、水分利用效率（WUE）的提高、水库建设等（Zhupankhan et al., 2017）。此外，由于联合国和其他国际组织对咸海的关注越来越多，中亚国家也更加意识到生态保护的重要性（Libert and Lipponen, 2012），这些都对咸海退缩的减缓具有积极影响。

4.4 本章小结

就整个中亚地区而言，在水资源量子目标方面，塔吉克斯坦评分最高，乌兹别克斯坦最低。除乌兹别克斯坦中度缺水外，其余国家水资源量均高于缺水标准；在生态安全子目标方面，哈萨克斯坦、塔吉克斯坦、吉尔吉斯斯坦三国安全状况较好，土库曼斯坦最差；在社会经济子目标方面，哈萨克斯坦评分最高，塔吉克斯坦、乌兹别克斯坦最低；中亚五国万元 GDP 耗水量整体较高，但均呈显著下降趋势，表明中亚五国的用水效率在逐渐提高；在供需状况子目标方面，吉尔吉斯斯坦、哈萨克斯坦、塔吉克斯坦三国安全等级高于土库曼斯坦和乌兹别克斯坦。

中亚跨境河流域中，咸海流域中下游水资源相对风险类别为高或非常高，而咸海流域上游和乌拉尔河流域相对风险为中度。在咸海流域，哈萨克斯坦处于水资源较安全等级（Ⅱ级），目前水安全保障程度较高；吉尔吉斯斯坦、塔吉克斯坦、土库曼斯坦处于水资源基本安全等级（Ⅲ级）；乌兹别克斯坦水安全综合评分最低，处于较不安全等级（Ⅳ级）。

中亚地区咸海流域的水-生态问题已经成为国际社会关注的热点。1960～2004年，咸海流域的水体面积以 1087.00 km²/a 的速率经历了快速萎缩。自 2005 年以来，退缩速率呈明显减缓态势（水体面积减少速率为 760.00 km²/a），水体波动程度明显减小；与咸海萎缩趋势相反，咸海周边区域的水体面积和数量表现出增加态势。咸海具有准 2.1 年、7.6 年和 29.5 年的周期性振荡，其中，准 29.5 年为振荡主周期。流域耕地面积、城镇面积与咸海水量的相关性比气温、降水更显著。总体而言，温度升高造成冰川积雪加速消融，加之山区降水增多，导致上游出山口径流增加。2005 年以来，流域取水量的减少使入咸海径流有所增加，咸海退缩减缓。咸海周边区域水体面积和数量增加则由农田退水所致。

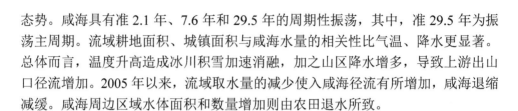

王旋旋, 陈亚宁, 李稚, 等. 2020. 基于模糊综合评价模型的中亚水资源开发潜力评估. 干旱区地理, 43(1): 126-134.

Abdolvand B, Mez L, Winter K, et al. 2015. The dimension of water in Central Asia: Security concerns and the long road of capacity building. Environmental Earth Sciences, 73: 897-912.

Abdullaev I, Mollinga P P. 2010. The socio-technical aspects of water management: Emerging trends at grass roots level in Uzbekistan. Water, 2(1): 85-100.

Abdullaev I, Kazbekov J, Manthritilake H, et al. 2010. Water user groups in Central Asia: Emerging form of collective action in irrigation water management. Water Resources Management, 24 (5): 1029-1043.

Alcamo J, Doll P, Henrichs T, et al. 2003. Development and testing of the Water GAP2 global model of water use and availability. Hydrological Sciences Journal, 48(3): 317-337.

Arnell N W. 2004. Climate change and global water resources: SRES emissions and socio-economic scenarios. Global Environmental Change, 4(1): 31-52.

Arthur M, Liu G Y, Hao Y, et al. 2019. Urban food-energy-water nexus indicators: A review. Resources Conservation and Recycling, 151: 104481.

Bernauer T, Siegfried T. 2012. Climate change and international water conflict in Central Asia. Journal of Peace Research, 49 (1): 227-239.

Bernauer T, Bhmelt T. 2020. International conflict and cooperation over freshwater resources. Nature Sustainability, 3(5): 350-356.

Besada H, Werner K. 2015. An assessment of the effects of Africa's water crisis on food security and management. International Journal of Water Resources Development, 31(1): 120-133.

Brückner M. 2012. Economic growth, size of the agricultural sector, and urbanization in Africa. Journal of Urban Economics, 71(1): 26-36.

Cashman A. 2014. Water security and services in the Caribbean. Water, 6 (5): 1187-1203.

Chang H, Jung I W, Strecker A, et al. 2013. Water supply, demand, and quality indicators for assessing the spatial distribution of water resource vulnerability in the Columbia River Basin. Atmosphere-Ocean, 51(4): 339-356.

Chen Y N, Li W H, Deng H J, et al. 2016. Changes in Central Asia's water tower: Past, present and future. Scientific Reports, 6(1): 35458.

Chen Y N, Li Z, Fang G H, et al. 2018. Large hydrological processes changes in the transboundary rivers of Central Asia. Journal of Geophysical Research: Atmospheres, 123（10）: 5059-5069.

Conrad C, Kaiser B O, Lamers J P A. 2016. Quantifying water volumes of small lakes in the inner Aral Sea Basin, Central Asia, and their potential for reaching water and food security. Environmental Earth Sciences, 75（11）: 16.

Davijani M H, Banihabib M E, Anvar A N, et al. 2016. Multi-objective optimization model for the allocation of water resources in arid regions based on the maximization of socioeconomic efficiency. Water Resources Management, 30（3）: 927-946.

Dinar S, Dinar A. 2003. Recent developments in the literature on conflict negotiation and cooperation over shared international fresh waters. Natural Resources Journal, 43（4）: 1217.

Duan W L, Chen Y N, Zou S, et al. 2019. Managing the water-climate-food nexus for sustainable development in Turkmenistan. Journal of Cleaner Production, 220: 212-224.

Duethmann D, Bolch T, Farinotti D, et al. 2015. Attribution of streamflow trends in snow and glacier melt-dominated catchments of the Tarim River, Central Asia. Water Resources Research, 51: 4727-4750.

Dwivedi S, Mishra S, Tripathi R D. 2018. Ganga water pollution: A potential health threat to inhabitants of Ganga basin. Environment International, 117: 327-338.

Falkingham J. 2005. The end of the rollercoaster? Growth, inequality and poverty in Central Asia and the Caucasus. Social Policy & Administration, 39（4）: 340-360.

Fang G H, Chen Y N, Li Z. 2018. Variation in agricultural water demand and its attributions in the arid Tarim River Basin. The Journal of Agricultural Science, 156（3）: 301-311.

Friedman J H. 2016. Exploratory projection pursuit. Journal of the American Statistical Association, 82（397）: 249-266.

Fritsch O, Adelle C, Benson D. 2017. The EU Water Initiative at 15: Origins, processes and assessment. Water International, 42（4）: 425-442.

Fu L, Xu Y, Xu Z H, et al. 2020. Tree water-use efficiency and growth dynamics in response to climatic and environmental changes in a temperate forest in Beijing, China. Environment International, 134: 105209.

Garfin G M, Scott C A, Wilder M, et al. 2016. Metrics for assessing adaptive capacity and water security: Common challenges, diverging contexts, emerging consensus. Current Opinion in Environmental Sustainability, 21: 86-89.

Green P A, Vörösmarty C J, Harrison I, et al. 2015. Freshwater ecosystem services supporting humans: Pivoting from water crisis to water solutions. Global Environmental Change, 34: 108-118.

Grey D, Sadoff C W. 2007. Sink or swim? Water security for growth and development. Water Policy, 9（6）: 545-571.

Hagg W, Hoelzle M, Wagner S, et al. 2013. Glacier and runoff changes in the Rukhk catchment, upper Amu-Darya basin until 2050. Global and Planetary Change, 110: 62-73.

Halvorson S J, Hamilton J P. 2007. Vulnerability and the erosion of seismic culture in mountainous Central Asia. Mountain Research and Development, 27(4): 322-330.

Hu Z Y, Zhang C, Hu Q, et al. 2014. Temperature changes in Central Asia from 1979 to 2011 based on multiple datasets. Journal of Climate, 27(3): 1143-1167.

Huang N E, Shen Z, Long S R, et al. 1998. The empirical mode decomposition and the Hilbert spectrum for nonlinear and non-stationary time series analysis. Proceedings of the Royal Society of London. Series A: Mathematical, Physical and Engineering Sciences, 454(1971): 903-995.

Jalilov S M, Keskinen M, Varis O, et al. 2016. Managing the water-energy-food nexus: Gains and losses from new water development in Amu Darya River Basin. Journal of Hydrology, 539: 648-661.

Jalilov S M, Amer S A, Ward F A. 2018. Managing the water-energy-food nexus: Opportunities in Central Asia. Journal of Hydrology, 557: 407-425.

Jin Q J, Wei J F, Yang Z L, et al. 2017. Irrigation-induced environmental changes around the Aral Sea: An integrated view from multiple satellite observations. Remote Sensing, 9(9): 900.

Karthe D, Chalov S, Borchardt D. 2015. Water resources and their management in central Asia in the early twenty first century: Status, challenges and future prospects. Environmental Earth Sciences, 73(2): 487-499.

Kumar R, Vaid U, Mittal S. 2018. Water crisis: Issues and challenges in Punjab//Water Resources Management. New York: Springer: 93-103.

Laldjebaev M. 2010. The water-energy puzzle in Central Asia: The Tajikistan perspective. International Journal of Water Resources Development, 26(1): 23-36.

Lee S O, Jung Y. 2018. Efficiency of water use and its implications for a water-food nexus in the Aral Sea Basin. Agricultural Water Management, 207: 80-90.

Li J X, Chen Y N, Xu C C, et al. 2019. Evaluation and analysis of ecological security in arid areas of Central Asia based on the emergy ecological footprint (EEF) model. Journal of Cleaner Production, 235: 664-677.

Li Q, Liu G L. 2021. Is land nationalization more conducive to sustainable development of cultivated land and food security than land privatization in post-socialist Central Asia?. Global Food Security, 30: 100560.

Li Z, Chen Y N, Li W H, et al. 2015. Potential impacts of climate change on vegetation dynamics in Central Asia. Journal of Geophysical Research: Atmospheres, 120(24): 12345-12356.

Liang L W, Wang Z B, Li J X. 2019. The effect of urbanization on environmental pollution in rapidly developing urban agglomerations. Journal of Cleaner Production, 237: 117649.

Libert B O, Lipponen A. 2012. Challenges and opportunities for transboundary water cooperation in Central Asia: Findings from UNECE's regional assessment and project work. International Journal of Water Resources Development, 28(3): 565-576.

Lioubimtseva E, Henebry G M. 2009. Climate and environmental change in arid Central Asia: Impacts, vulnerability, and adaptations. Journal of Arid Environments, 73 (11): 963-977.

Liu D, Zhang G D, Li H, et al. 2019. Projection pursuit evaluation model of a regional surface water environment based on an Ameliorative Moth-Flame Optimization algorithm. Ecological Indicators, 107: 105674.

Luo M, Sa C L, Meng F H, et al. 2020. Assessing extreme climatic changes on a monthly scale and their implications for vegetation in Central Asia. Journal of Cleaner Production, 271: 122396.

Ma C, Yang Z W, Xia R, et al. 2021. Rising water pressure from global crop production—A 26-yr multiscale analysis. Resources, Conservation and Recycling, 172: 105665.

Micklin P. 1988. Desiccation of the Aral Sea: A water management disaster in the Soviet Union. Science, 241 (4870): 1170-1176.

Micklin P. 2007. The Aral sea disaster. Annual Review of Earth and Planetary Sciences, 35: 47-72.

Micklin P. 2010. The past, present, and future Aral Sea. Lakes & Reservoirs: Research & Management, 15 (3): 193-213.

Micklin P. 2014. Aral sea basin water resources and the changing aral water balance//The Aral Sea. Berlin, Heidelberg: Springer: 111-135.

Micklin P. 2016. The future Aral Sea: Hope and despair. Environmental Earth Sciences, 75 (9): 844.

Mueller J T, Gasteyer S. 2021. The widespread and unjust drinking water and clean water crisis in the United States. Nature Communications, 12 (1): 1-8.

Munia H A, Guillaume J H A, Wada Y, et al. 2020. Future transboundary water stress and its drivers under climate change: A global study. Earth's Future, 8 (7): e2019EF001321.

Oki T, Kanae S. 2006. Global hydrological cycles and world water resources. Science, 313 (5790): 1068-1072.

Pedro-Monzonís M, Solera A, Ferrer J, et al. 2015. A review of water scarcity and drought indexes in water resources planning and management. Journal of Hydrology, 527: 482-493.

Pritchard H D. 2017. Asia's glaciers are a regionally important buffer against drought. Nature, 545 (7653): 169-174.

Qadir M, Noble A D, Qureshi A S, et al. 2009. Salt-induced land and water degradation in the Aral Sea basin: A challenge to sustainable agriculture in Central Asia//Natural Resources Forum. Oxford, UK: Blackwell Publishing Ltd, 33 (2): 134-149.

Qin Y H, Li B F, Chen Z S, et al. 2018. Spatio-temporal variations of nonlinear trends of precipitation over an arid region of northwest China according to the extreme-point symmetric mode decomposition method. International Journal of Climatology, 38 (5): 2239-2249.

Rahaman M M. 2012. Principles of transboundary water resources management and water-related agreements in central Asia: an analysis. International Journal of Water Resources Development, 28 (3): 475-491.

Rai S P, Young W, Sharma N. 2017. Risk and opportunity assessment for water cooperation in transboundary river basins in South Asia. Water Resources Management, 31(7): 2187.

Roshan A, Kumar M. 2020. Water end-use estimation can support the urban water crisis management: A critical review. Journal of Environmental Management, 268: 110663.

Ruan H W, Yu J J, Wang P, et al. 2020. Increased crop water requirements have exacerbated water stress in the arid transboundary rivers of Central Asia. Science of the Total Environment, 713: 136585.

Saiko T A, Zonn I S. 2000. Irrigation expansion and dynamics of desertification in the Circum-Aral region of Central Asia. Applied Geography, 20(4): 349-367.

Schindler D W, Donahue W F. 2006. An impending water crisis in Canada's western Prairie provinces. Proceedings of the National Academy of Sciences, 103(19): 7210-7216.

Scott J, Rosen M R, Saito L, et al. 2011. The influence of irrigation water on the hydrology and lake water budgets of two small arid-climate lakes in Khorezm, Uzbekistan. Journal of Hydrology, 410(1-2): 114-125.

Shi C X, Zhou Y Y, Fan X L, et al. 2013. A study on the annual runoff change and its relationship with water and soil conservation practices and climate change in the middle Yellow River basin. Catena, 100: 31-41.

Shi W, Wang M H, Guo W. 2014. Long-term hydrological changes of the Aral Sea observed by satellites. Journal of Geophysical Research: Oceans, 119(6): 3313-3326.

Shi X C, Li X Y. 2018. Research on three-stage dynamic relationship between carbon emission and urbanization rate in different city groups. Ecological Indicators, 91: 195-202.

Shi Y H, Eberhart R C. 1998. A modified particle swarm optimizer// IEEE international conference on evolutionary computation proceedings. IEEE world congress on computational intelligence (Cat. No. 98TH8360). IEEE: 69-73.

Shlomo Y. 1979. Relative deprivation and the Gini coefficient. The Quarterly Journal of Economics, 93(2): 321-324.

Singh A A. 2021. Review of wastewater irrigation: Environmental implications. Resources, Conservation and Recycling, 168: 105454.

Smolenaars W J, Dhaubanjar S, Jamil M K, et al. 2022. Future upstream water consumption and its impact on downstream water availability in the transboundary Indus Basin. Hydrology and Earth System Sciences, 26(4): 861-883.

Song Y M, Chen B, Ho H C, et al. 2021. Observed inequality in urban greenspace exposure in China. Environment International, 156: 106778.

Srinivasan V, Lambin E F, Gorelick S M, et al. 2012. The nature and causes of the global water crisis: Syndromes from a meta-analysis of coupled human-water studies. Water Resources Research, 48(10): W10516.

Stanev E V, Peneva E L, Mercier F. 2004. Temporal and spatial patterns of sea level in inland basins: Recent events in the Aral Sea. Geophysical Research Letters, 31(15): L15505.

Sun J, Li Y P, Suo C, et al. 2019. Impacts of irrigation efficiency on agricultural water-land nexus system management under multiple uncertainties—A case study in Amu Darya River basin, Central Asia. Agricultural Water Management, 216: 76-88.

Tian J, Zhang Y Q. 2020. Detecting changes in irrigation water requirement in Central Asia under CO_2 fertilization and land use changes. Journal of Hydrology, 583: 124315.

Törnqvist R, Jarsjö J, Karimov B. 2011. Health risks from large-scale water pollution: Trends in Central Asia. Environment International, 37(2): 435-442.

Unger-Shayesteh K, Vorogushyn S, Farinotti D, et al. 2013. What do we know about past changes in the water cycle of Central Asian headwaters? A review. Global and Planetary Change, 110: 4-25.

Veldkamp T I E, Wada Y, Aerts J C J H, et al. 2017. Water scarcity hotspots travel downstream due to human interventions in the 20th and 21st century. Nature Communications, 8(1): 1-12.

Vinca A, Parkinson S, Riahi K, et al. 2021. Transboundary cooperation a potential route to sustainable development in the Indus basin. Nature Sustainability, 4(4): 331-339.

Vörösmarty C J, Green P, Salisbury J, et al. 2000. Global water resources: Vulnerability from climate change and population growth. Science, 289(5477): 284-288.

Vörösmarty C J, McIntyre P B, Gessner M O, et al. 2010. Global threats to human water security and river biodiversity. Nature, 467(7315): 555-561.

Wada Y, Gleeson T, Esnault L. 2014. Wedge approach to water stress. Nature Geoscience, 7(9): 615-617.

Wang J L, Li Z J. 2013. Extreme-point symmetric mode decomposition method for data analysis. Advances in Adaptive Data Analysis, 5(3): 1350015.

Wang J, Li H Y, Hao X H. 2010. Responses of snowmelt runoff to climatic change in an inland river basin, Northwestern China, over the past 50 years. Hydrology and Earth System Sciences, 14(10): 1979-1987.

Wang X X, Chen Y N, Li Z, et al. 2020a. Development and utilization of water resources and assessment of water security in Central Asia. Agricultural Water Management, 240: 106297.

Wang X X, Chen Y N, Li Z, et al. 2020b. The impact of climate change and human activities on the Aral Sea Basin over the past 50 years. Atmospheric Research, 245: 105125.

Wang X X, Chen Y N, Li Z, et al. 2021. Water resources management and dynamic changes in water politics in the transboundary river basins of Central Asia. Hydrology and Earth System Sciences, 25(6): 3281-3299.

Wang X X, Chen Y N, Fang G H, et al. 2022. The growing water crisis in Central Asia and the driving forces behind it. Journal of Cleaner Production, 378: 134574.

Ward F A, Pulido-Velazquez M. 2008. Water conservation in irrigation can increase water use. Proceedings of the National Academy of Sciences, 105(47): 18215-18220.

Wegerich K, van Rooijen D, Soliev I, et al. 2015. Water security in the Syr Darya basin. Water, 7(9):

4657-4684.

Xu H Y. 2017. The study on eco-environmental issue of Aral Sea from the perspective of sustainable development of Silk Road Economic Belt. IOP Conference Series: Earth and Environmental Science, 57(1): 012060.

Yang G Q, Guo P, Huo L, et al. 2015. Optimization of the irrigation water resources for Shijin irrigation district in north China. Agricultural Water Management, 158: 82-98.

Yang X W, Wang N L, Chen A A, et al. 2020. Changes in area and water volume of the Aral Sea in the arid Central Asia over the period of 1960-2018 and their causes. Catena, 191: 104566.

Yitzhaki S. 1979. Relative deprivation and the Gini coefficient. The Quarterly Journal of Economics, 93(2): 321-324.

Yuan F, Wei Y D, Gao J, et al. 2019. Water crisis, environmental regulations and location dynamics of pollution-intensive industries in China: A study of the Taihu Lake watershed. Journal of Cleaner Production, 216: 311-322.

Yue Q, Wu H, Wang Y Z, et al. 2021. Achieving sustainable development goals in agricultural energy-water-food nexus system: An integrated inexact multi-objective optimization approach. Resources, Conservation and Recycling, 174: 105833.

Zhang C, Yi X H, Chen C, et al. 2020. Contamination of neonicotinoid insecticides in soil-water-sediment systems of the urban and rural areas in a rapidly developing region: Guangzhou, South China. Environment International, 139: 105719.

Zhang Y Q, You Q L, Chen C C, et al. 2016. Impacts of climate change on streamflows under RCP scenarios: A case study in Xin River Basin, China. Atmospheric Research, 178: 521-534.

Zhang Z X, Chang J, Xu C Y, et al. 2018. The response of lake area and vegetation cover variations to climate change over the Qinghai-Tibetan Plateau during the past 30 years. Science of the Total Environment, 635: 443-451.

Zhang J Y, Chen Y N, Li Z, et al. 2019. Study on the utilization efficiency of land and water resources in the Aral Sea Basin, Central Asia. Sustainable Cities and Society, 51: 101693.

Zhao F Y, Long D, Li X D, et al. 2022. Rapid glacier mass loss in the Southeastern Tibetan Plateau since the year 2000 from satellite observations. Remote Sensing of Environment, 270: 112853.

Zhao J, Jin J L, Zhang X M, et al. 2012. Dynamic risk assessment model for water quality on projection pursuit cluster. Hydrology Research, 43(6): 798-807.

Zhupankhan A, Tussupova K, Berndtsson R. 2017. Could changing power relationships lead to better water sharing in Central Asia?. Water, 9(2): 139.

第 5 章

中亚地区植被生态系统变化及水分利用效率分析

本章导读

• 植被生态系统是陆地生态系统的主体，也是对气候变化最敏感的部分之一。归一化植被指数(normalized difference vegetation index, NDVI)和生态系统水分利用效率(WUE)是评价植被生态系统健康发展和生存适宜度的重要指标，在调节陆地生态系统的碳水平衡方面具有重要意义。

• 本章在分析地球遥感和再分析数据产品的基础上，介绍了中亚地区 NDVI 变化及其归因、中亚地区植被生态系统 WUE 变化及其对气候变化的响应、中亚地区生态质量时空变化及驱动因素。本章结果可为今后陆地生态系统"碳水"耦合的评估提供科学决策依据，更好地服务"碳中和"目标需求。

• 本章全面介绍了中亚地区植被生态系统现状，对于了解植被生长和碳循环对环境变化的反应以及预测未来发展具有科学价值，并为中亚五国政府在水资源合理配置、生态环境修复及应对气候变化等方面提供决策参考。同时，对中亚地区生态环境和社会经济可持续发展具有积极意义。

5.1　中亚地区 NDVI 变化分析

本节基于长期卫星遥感数据归一化植被指数(NDVI)研究了中亚地区的植被变化。选取 1981～2013 年 GIMMS-NDVI 和 2000～2021 年 MODIS-NDVI 进行评估，以确定中亚地区的植被是否发生褐化及其由绿化至褐化的转折点。同时，探讨了植被 NDVI 与帕尔默干旱指数(PDSI)的相关性，并解析了中亚地区植被褐化的原因。这项研究对于了解植被生长和碳循环对气候变化的响应以及预测未来发展具有科学价值。

5.1.1 中亚地区 NDVI 的时空分异特征

NDVI 是反映农作物长势和营养信息的重要参数之一。计算公式为 $NDVI=(NIR-R)/(NIR+R)$，NIR 为近红外波段的反射值，R 为红光波段的反射值。取值范围为 $[-1,1]$，-1 表示可见光高反射，0 表示有岩石或裸土等，NIR 和 R 近似相等；正值表示有植被覆盖，且随覆盖度增大而增大。有研究显示不包括多年平均值 NDVI<0.1 的区域，这些区域通常被认为是贫瘠的（Piao et al., 2005），植被与非植被的 NDVI 阈值确定为 0.1（Zhou et al., 2001）。NDVI 能反映出植物冠层的背景影响，如土壤、潮湿地面、雪、枯叶、粗糙度等，且与植被覆盖有关。同时能够监测植被生长状态、植被覆盖度和消除部分辐射误差等，如根据该参数，可以知道不同季节农作物对氮的需求量，对合理施用氮肥具有重要的指导作用。

本节选取遥感产品 GIMMS 和 MODIS 的 NDVI 数据（表 5.1）。GIMMS-NDVI 是由美国国家海洋和大气管理局（NOAA）的几个 AVHRR 传感器为全球 1/12°（约 8km）的纬度/网格生成的。最新版本的 GIMMS-NDVI 数据集被命名为 NDVI3g（第三代 GIMMS-NDVI 来自 AVHRR 传感器），是全球清单建模和制图研究 NDVI3g 数据集（覆盖 1981 年 7 月至 2013 年 12 月的时间间隔为半个月）。GIMMS-NDVI3g 数据集已针对校准、火山气溶胶、轨道漂移效应和视图几何进行了校正。其数据处理目标旨在提高高纬度地区的数据质量，以便于更适合北半球生态系统植被活动变化的研究。

表 5.1　GIMMS 和 MODIS 数据产品

产品名称	地表特征参数	时间序列	时间分辨率/d	空间分辨率/km
GIMMS	归一化植被指数（NDVI）	1981～2013 年	15	8
MOD13A2	归一化植被指数（NDVI）	2000～2021 年	16	1

全球 MODIS（MOD13A2）植被指数提供了一致的植被状况的空间和时间比较。MODIS 分别以 469nm、645nm 和 858nm 为中心波长的蓝色、红色和近红外波段反射率用来确定每日植被指数。MODIS 归一化植被指数（NDVI）是对 NOAA 高分辨率辐射计（AVHRR）NDVI 产品的补充。MODIS-NDVI 产品是由大气校正的双向表面反射率计算出来的，这些反射率已经屏蔽了水、云、重气溶胶和云影。全球 MOD13A2 数据以 1km 的空间分辨率每 16d 提供一次，作为正弦波投影中的网格化三级产品。植被指数用于全球植被状况的监测，并被用于显示土地覆盖变化的产品。这些数据可作为全球生物地球化学和水文过程以及全球和区域气候建模的输入。这些数据也可用于描述土地表面的生物物理特性和过程，包括初级生

产和土地覆盖的转换。收集的 5 个 MODIS/Terra 植被指数产品在第二阶段得到验证，这意味着已经通过一些地面实况和验证工作，在广泛分布的地点和时间段内评估了这些数据的准确性。尽管以后可能会有改进的版本，但这些数据已经可以用于科学出版物中。

本节利用 1981～2021 年生长期(4～10 月)的月平均 NDVI，选取每 5 年间隔的 NDVI 空间分布进行分析，发现 1981 年、1986 年、1991 年的 NDVI 值较 1996 年、2001 年、2006 年、2011 年、2016 年和 2021 年高(图 5.1)。上述年份 NDVI 空间分布的高值区集中在北部丘陵区和东部及南部的山地区，而 NDVI 低值区 (NDVI<0.1)集中在西南部，该地区分布有著名的卡拉库姆沙漠和克孜勒库姆沙漠。整体空间规律以咸海流域为中心由内向外呈上升趋势的半环状分布格局。

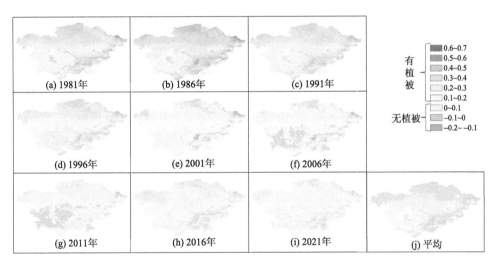

图 5.1　每 5 年间隔的 NDVI 空间分布

GIMMS:1981 年、1986 年、1991 年、1996 年、2001 年、2006 年、2011 年; MODIS：2016 年和 2021 年

同时，计算了中亚地区 GIMMS、MODIS 和 GIMMS-MODIS(两套产品联立均值)的 NDVI 值在不同季节下的空间分布格局。研究发现，不同产品 NDVI 在季节上均表现出夏季>春季>秋季>冬季的时序。MODIS-NDVI 在整体上低于 GIMMS-NDVI，但不同产品 NDVI 在年内季节上的空间变化规律基本一致，均为以咸海流域为中心由内向外呈上升趋势的半环状分布格局(图 5.2)。

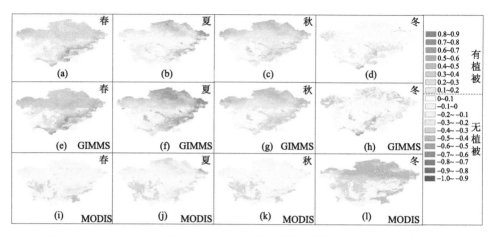

图 5.2　GIMMS-NDVI 和 MODIS-NDVI 及其均值在不同季节的空间分布格局

5.1.2　中亚地区 NDVI 的时空变化趋势

本节选取 4～10 月的月平均 NDVI，即生长期 NDVI 计算中亚地区的 NDVI 变化。1981～1994 年，GIMMS-NDVI 绿化趋势，每年上升速率为 0.0026；但 1994～ 2013 年，GIMMS-NDVI 绿化趋势不明显，每年上升速率为 0.0001，1994 年之前 的绿化趋势为其后绿化趋势速率的 26 倍。此期间，GIMMS-MODIS-NDVI 均值 呈褐化趋势，每年下降速率为 0.0002。结果表明，MODIS-NDVI 和 GIMMS3g- NDVI 呈显著的正相关（相关系数为 0.74，$P < 0.01$），若将 GIMMS 与 MODIS 数 据联合（GIMMS:1981～2013 年；MODIS:2014～2021 年），发现在 1994～2021 年 NDVI 呈褐化趋势，每年下降速率为 0.0022。若仅考虑 MODIS-NDVI 在 2000～ 2021 年褐化速率低于二者联合 NDVI，下降速率仅为 0.00006。总的来说，从 20 世纪 80 年代初到 90 年代中期，植被 NDVI 呈绿化趋势且速率较快；自 20 世纪 90 年代中期以来，植被 NDVI 绿化趋势不明显且有向褐化转变的趋势（GIMMS/ MODIS-NDVI 产品速率均可体现）。

同时，如图 5.3 所示，进一步考虑年内月和季节变化情况，发现 GIMMS-NDVI 与 MODIS-NDVI 年内变化基本一致，呈单峰变化（3 月起始）。高值均出现在夏季 （6 月、7 月、8 月），低值均出现在冬季（12 月、1 月、2 月），过渡期出现在春季 和秋季。但 GIMMS-NDVI 的春季（0.228）高于秋季（0.206）；MODIS-NDVI 的秋 季（0.213）高于春季（0.163）。由于产品的不一致性，GIMMS-NDVI 在春、夏季（3～ 9 月）高于 MODIS-NDVI，但在秋、冬季低于（10 月至次年 2 月）MODIS-NDVI， 即 GIMMS- NDVI 的年内变化幅度高于 MODIS-NDVI。进一步说明 GIMMS-NDVI

比 MODIS-NDVI 对年内月（季节）变化更敏感，原因可能体现在传感器上波段的计算差异。

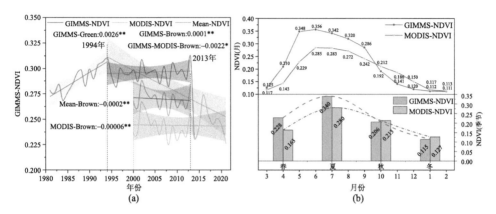

图 5.3 GIMMS-NDVI 和 MODIS-NDVI 及其均值的年趋势及年内月序（季节）NDVI 分布

进一步针对栅格进行空间变化的趋势探究，由图 5.4(a) 发现，1981～1994 年，NDVI 在空间上绿化趋势明显，面积占比达 82.28%。其中，空间极显著(P<0.01) 绿化趋势 NDVI 变化为 0～0.022，主要集中在中亚地区的西北、东北及中东部山地区，面积占比为 10.35%；空间显著(0.01<P<0.05)绿化趋势 NDVI 变化为 0～0.009，主要集中在极显著上升区周围，面积占比为 14.98%；空间不显著(P>0.05)绿化趋势 NDVI 变化为 0～0.012，主要集中于整个研究区，面积占比高达 56.95%。在此期间，NDVI 在空间上褐化趋势不明显，面积占比仅达 17.71%，主要集中在中西部荒漠-草原区及东南部山地干热河谷-盆地区，如费尔干纳盆地。空间极显

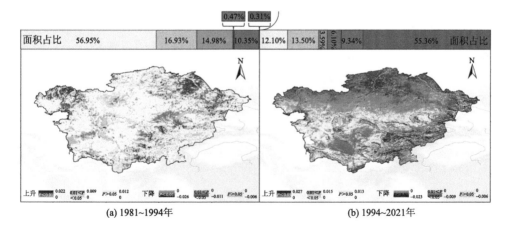

图 5.4 GIMMS-NDVI 和 MODIS-NDVI 及其均值在不同季节下的空间分布格局

著褐化趋势 NDVI 变化为-0.026~0,面积占比仅达 0.31%;空间显著(0.01<P<0.05) 褐化趋势 NDVI 变化为-0.011~0,面积占比仅达 0.47%;空间显著(0.01<P<0.05) 褐化面积总计占比不足 0.8%,主要集中于咸海流域周边。不显著褐化趋势 NDVI 变化为-0.006~0,面积占比达 16.93%。

由图 5.4(b)可知,1994~2021 年,NDVI 在空间上褐化趋势明显,面积占比达 74.96%。其中,空间极显著(P<0.01)褐化趋势 NDVI 变化为-0.023~0,主要集中在中亚地区的 45°N 以北大部及中东部山地区,面积占比为 55.36%;空间显著(0.01<P<0.05)褐化趋势 NDVI 变化为-0.009~0,主要集中在极显著褐化区周围,面积占比为 6.10%;空间不显著(P>0.05)褐化趋势 NDVI 变化为-0.006~0,主要集中于咸海流域、巴尔喀什湖流域及荒漠区周边,面积占比达 13.50%。在此期间,NDVI 在空间上绿化趋势不明显,面积占比仅达 25.03%。主要集中在西南部荒漠-草原区、咸海流域及巴尔喀什湖流域。空间极显著(P<0.01)绿化趋势 NDVI 变化为 0~0.027,面积占比达 9.34%;空间显著(0.01<P<0.05)绿化趋势 NDVI 变化为 0~0.015,面积占比仅达 3.59%;空间显著(0.01<P<0.05)绿化面积总计占比达 12.93%。不显著绿化趋势 NDVI 变化为 0~0.013,面积占比达 12.10%。

5.1.3 中亚地区 NDVI 变化的原因解析

为了探究上述 NDVI 时空变化规律的原因,本节选取 1981~2020 年全球陆地表面气候水平衡 TerraClimate 月数据集,再分析数据中的实际水汽压(VAP)、水汽压差(VPD)、潜在蒸散发(PET)、降水(PRE)、土壤水(SM)及帕尔默干旱指数(PDSI);进一步通过 VAP 与 VPD 计算得到饱和水汽压(VSP),同时,还选取了 ERA5 的气温(TEM)数据。由于 TerraClimate 再分析数据空间分辨率为 4638.3m(表5.2),将空间分辨率 0.1°的 ERA5 气温(TEM)数据进行克里金插值到 4638.3m 的栅格中,进而将空间分辨率统一。

表 5.2 TerraClimate 和 ERA5 数据产品

产品名称	地表特征参数	时间序列	时间分辨率	空间分辨率
TerraClimate	降水(PRE)	1981~2020 年	月	4638.3m
	水汽压差(VPD)			
	实际水汽压(VAP)			
	土壤水(SM)			
	潜在蒸散发(PET)			
	帕尔默干旱指数(PDSI)			
ERA5	气温(TEM)	1981~2020 年	月	11132m 或 0.1°

首先,通过求取 VSP、VPD 和 VAP 的时空分布趋势(图 5.5),发现 1981～1994 年,VSP 与 VPD 时空变化趋势一致,且均为负变化趋势。VSP 空间趋势变化范围为–0.12～0.08hPa/a,栅格均值为–0.05 hPa/a,年均值趋势变化率为–0.0048 hPa/a。VPD 空间趋势变化范围为–0.29～0 hPa/a,栅格均值为–0.06 hPa/a,年均值趋势变化率为–0.0060 hPa/a。而 VAP 为正变化趋势,空间趋势变化范围为–0.05～0.24hPa/a,栅格均值为 0.01 hPa/a,年均值趋势变化率为 0.0012 hPa/a。从水汽压层面说明了 1981～1994 年气候环境显示为湿与冷结合的态势。1994～2020 年,VSP 与 VPD 时空变化趋势一致,且均为正变化趋势。VSP 空间趋势变化范围为–0.07～0.11hPa/a,栅格均值为 0.03 hPa/a,年均值趋势变化率为 0.0030 hPa/a。VPD 空间趋势变化范围为–0.01～0.12 hPa/a,栅格均值为 0.03 hPa/a,年均值趋势变化率为 0.0034 hPa/a。而 VAP 为负变化趋势,空间趋势变化范围为–0.08～0.02hPa/a,栅格均值为 0 hPa/a,年均值趋势变化率为–0.004 hPa/a。从水汽压层面说明了 1994～2020 年气候环境显示为干与热结合的态势。总的来说,1981～1994 年(湿冷)与 1994～2020 年(干热)的气候环境呈明显相反的态势。

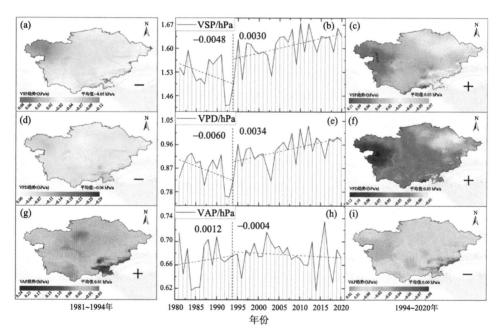

图 5.5　VSP、VPD 及 VAP 的时空变化趋势

其次,通过求取 PET、PRE 和 SM 的时空变化趋势(图 5.6),发现 1981～1994 年,PRE 与 SM 时空变化趋势一致,且均为正变化趋势。PRE 空间趋势变化范围

为-10.85~23.31mm/a，栅格均值为 1.67 mm/a，年均值趋势变化率为 0.6667 mm/a。SM 空间趋势变化范围为-24.47~38.89 mm/a，栅格均值为 0.27 mm/a，年均值趋势变化率为 0.0224 mm/a。但 PET 为负变化趋势，空间趋势变化范围为-12.45~2.96 mm/a，栅格均值为-2.77 mm/a，年均值趋势变化率为-2.7663 mm/a。从水含量层面说明了 1981~1994 年气候环境显示为湿与冷结合的态势。1994~2020 年，PRE 与 SM 时空变化趋势一致，虽然均为正变化趋势(相对来说为负变化态势)，但相比前一阶段趋势大幅下降。PRE 空间趋势变化范围为-3.44~4.94mm/a，栅格均值为 0.33 mm/a，年均值趋势变化率为 0.3256mm/a，相比前一阶段下降一半以上。SM 空间趋势变化范围为-22.18~5.60 mm/a，栅格均值为 0.08 mm/a，年均值趋势变化率为 0.0070 mm/a。PET 为正变化趋势，空间趋势变化范围为-2.43~6.34 mm/a，栅格均值为 2.09 mm/a，年均值趋势变化率为 2.0855 mm/a。从水含量层面说明了 1994~2020 年气候环境显示为干与热结合的态势。总的来说，1981~1994 年(湿冷)与 1994~2020 年(干热)的气候环境呈明显相反的态势。

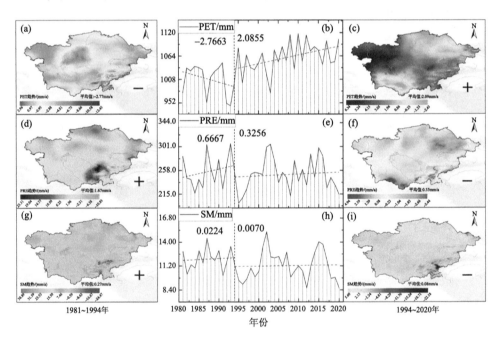

图 5.6　PET、PRE 及 SM 的时空变化趋势

进一步探究各环境因子与 NDVI 的相关系数发现(图 5.7)，NDVI 与 SM、PRE 及 VAP 呈正相关关系，与 PET、VPD 及 VSP 呈负相关关系。在正相关性方面，1981~1994 年，NDVI 与 PRE 的正相关性最高，与 SM 的正相关性最低。但 1994~

2020 年，NDVI 与 VAP 的正相关性最高，与 SM 的正相关性仍为最低。在负相关性方面，1981~1994 年和 1994~2020 年，NDVI 与 VPD 均为显著负相关性最高，与 VSP 的负相关性最低。综上，选取上述两个时段与 NDVI 负相关性、信任度最高的 VPD 和正相关性最低的 SM 进行进一步探究。

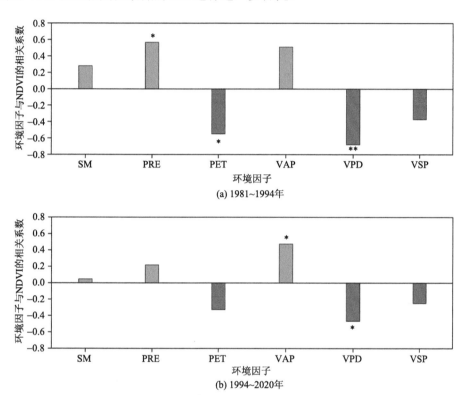

图 5.7　1981~1994 年与 1994~2020 年各自时段环境因子(SM、PRE、PET、VAP、VPD 和
VSP)与 NDVI 的年均相关性

*表示显著性 $P<0.05$；**表示极显著性 $P<0.01$

　　为了进一步探究 NDVI 与 VPD、SM 的关系(图 5.8)，通过两个时段 VPD 与 NDVI、SM 各自趋势的散点图发现，1981~1994 年(湿润)，VPD 为负趋势，NDVI 均表现为绿化，SM 趋势集中在−1.5~3mm/a，但大部为正趋势。随着 VPD 趋势的上升，NDVI 绿化与 SM 正趋势均呈减速态势。但 SM 减速趋势更大，说明 SM 受 VPD 变化影响更为敏感，即说明 SM 为 NDVI 与 VPD 之间的中间环节。此区间，NDVI 绿化受 VPD 负趋势与 SM 正趋势的双重影响，即 NDVI 绿化在 VPD 负趋势格局下受 SM 正趋势主导，并且 NDVI 已表现出绿化减速态势(朝着褐化方向

转变)。而 1994～2020 年(干旱),VPD 为正趋势,NDVI 均表现为褐化,SM 趋势集中在-1～1.5mm/a,但大部分为负趋势。随着 VPD 趋势的上升,NDVI 褐化速度呈减速态势,SM 趋势呈负加速态势。显示 NDVI 褐化速度与 SM 趋势呈负相关关系,与 VPD 趋势速度呈正相关。说明 NDVI 空间褐化速度受 SM 负趋势与 VPD 正趋势的双重影响,即 NDVI 褐化在 VPD 正趋势格局下受 SM 负趋势变化主导,并且 NDVI 趋势变化已表现出褐化减速态势(朝着绿化方向转变)。说明 1994 年确实为二者变化的转折点,也表明图 5.7 中的 NDVI 与 SM 相关性并不能直接解析变量之间的关系机理,但能够为探究主导变量指明方向。

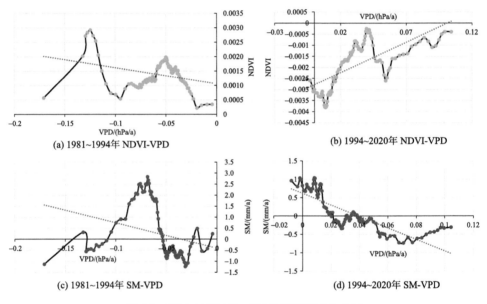

图 5.8 VPD 与 NDVI、SM 的空间趋势散点图

如图 5.9 所示,1981～1994 年,PDSI 月均上升趋势为 0.00725,0 以上(湿润方向)月份占比达 64.29%,0 以下(干旱方向)月份占比达 35.71%。中亚地区整体上向湿润趋势发展,栅格均值为 0.09,湿润趋势(<0)集中在区域外围地区,占比高达 76.24%。1994～2020 年,PDSI 月均上升趋势为 0.00006,栅格均值为-0.01,0 以上(湿润方向)月份占比达 32.05%,0 以下(干旱方向)月份占比达 67.95%,同样与前一阶段呈现相反的时间格局。中亚地区整体上向干旱趋势发展,干旱趋势的区域分布在西部和东部地区,占比达 51.42%,与前一阶段呈相反的空间格局。总的来说,中亚地区在 1981～1994 年和 1994～2020 年分布表现出干旱与湿润的时空一致性的客观规律,并且 1981～1994 年(湿润)和 1994～2020(干旱)年表现

出数量级上的相反互补态势。

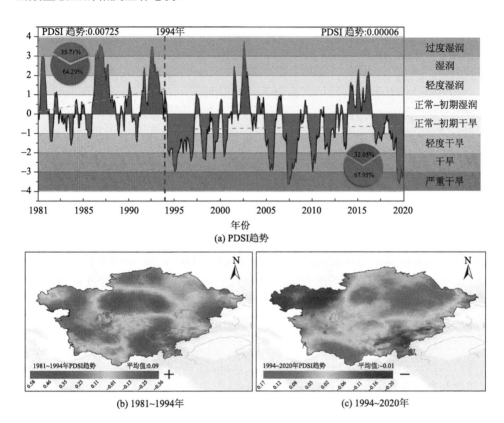

图 5.9　中亚地区 PDSI 动态特征及时空趋势

进一步探究发现 GIMMS 和 MODIS 产品 NDVI 与 PDSI 均为时空正相关性（图 5.10），1981～1994 年，GIMMS-NDVI 与 PDSI 呈正相关关系，栅格均值为 0.38，正相关区域占比 90.94%，负相关区域占比 9.06%。1994～2013 年，GIMMS-NDVI 与 PDSI 呈正相关关系，栅格均值为 0.29，正相关区域占比 86.87%，负相关区域占比 13.13%。2000～2020 年，MODIS-NDVI 与 PDSI 呈正相关关系，栅格均值为 0.33，正相关区域占比 87.33%，负相关区域占比 12.67%。进一步说明不同产品下 NDVI 随干旱程度的变化起落的一致性规律，即 PDSI 值越低（干旱），NDVI 值越低。

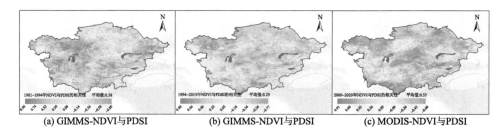

(a) GIMMS-NDVI与PDSI (b) GIMMS-NDVI与PDSI (c) MODIS-NDVI与PDSI

图 5.10 中亚地区 NDVI 与 PDSI 的相关性

  综上所述,分析得出图 5.11 NDVI 时空变化的机理解析图。植被绿度(褐度)的变化受多种因素的相互影响,如 CO_2 施肥效应、气候变暖、氮沉降、土地利用变化(人类活动)等因素;若从自然角度分析,CO_2 施肥效应和气候变暖被认为是解释植被绿化的主要驱动因素(Nemani et al., 2003; Zhu et al., 2016; Chen et al., 2019; Piao et al., 2020)。然而,最近一项使用多个长期卫星和地面数据集的研究表明,1982~2015 年,全球大多数陆地地区的 CO_2 施肥效果都有所下降,这与养分浓度的变化和土壤水的可用性密切相关(Willett et al., 2013; Wang S et al., 2020)。气候变暖对植被的影响既有优点又有缺点。一方面,气候变暖可以提高植被的光合作用和水分利用效率;另一方面,持续变暖也会增加蒸发量,导致水分散失(Li et al., 2021)。大多数研究表明,干旱导致的缺水会阻碍植被的持续绿化,突出了变暖的负面生态效应(Piao et al., 2014; Pan et al., 2018; Wang S et al., 2020)。低 SM 有效性和高 VPD 被认为是植被干旱胁迫的两个主要驱动因素,这可能对农业生产构成重大威胁,并导致广泛的植被褐变(Liu et al., 2020a, 2020b)。然而,在同一时期(1994~2015 年),由于海洋蒸发减少,实际水汽压有下降的趋势(Yu and Weller, 2007),这共同导致了 VPD 增加。此外,气候变暖导致的蒸发增加和降水减少也使中亚地区发生了更严重的土壤水分危机。低 SM 和高 VPD 可通过水力破坏、碳饥饿、韧皮部运输限制和生物攻击等机制触发植被死亡(McDowell et al., 2008)。土壤水分供应不足,再加上强烈的蒸发,会导致木质部导管和根际产生气穴(充满空气),导致水流停止,植物组织脱水,使植物死亡(Hirschi et al., 2011)。气孔在高 VPD 条件下关闭,导致碳饥饿,因为碳水化合物的供应和储存不能满足需求(Buermann et al., 2018)。强烈和长期的压力可能会削弱森林抵御生物攻击的能力,并可能改变植物的适应性以及种子的生产和萌发。研究还进一步指出了 SM 相对于 VPD 在控制中亚植被生长中的重要性,之前的研究也得出了这一结论(Dai, 2011; Novick et al., 2016; Liu et al., 2020a, 2020b)。这可能因为 SM 是植物的直接蓄水池(Liu et al., 2020a, 2020b),决定了植物根系可以吸收的水量,通常用于确定植被干旱胁迫,并能成功捕获干旱对植被生产力的损害。此外,与降水量相比,土壤湿度可以直接反映植物可利用的水量(Liu et al., 2013)。从机理上讲，在非常干燥和潮湿的条件下，VPD 和土壤水分变得不耦合(Stocker et al., 2018)。在潮湿条件下，土壤水分不会限制蒸腾作用，因此也不会控制蒸腾作用。VPD 随大气逆温变化，但波动太小，寿命太短，无法影响 SM。在中等干燥条件下，VPD 和土壤水分之间存在相关性。干燥的土壤很少或根本不向大气释放水分，在炎热的日子里，土壤受热更强烈，从而加剧了热浪。相比之下，潮湿的土壤对大气有冷却作用。由于 ET 的控制，高 VPD 不一定会减少 SM。中亚的主要环境特征是稀疏的植被，这些植物的生存水源主要来自浅层地下水和浅层土壤水(Li et al., 2015)。气候变化加剧了土壤水分的流失，导致水基生态系统变得更加脆弱。一项研究发现，春季的早期绿化也会加剧夏季土壤干燥(Lian et al., 2020)。未来中亚地区的生态干旱可能会变得更长、更严重(Schlaepfer et al., 2017)，近年来的植被褐化可能就是一个迹象。

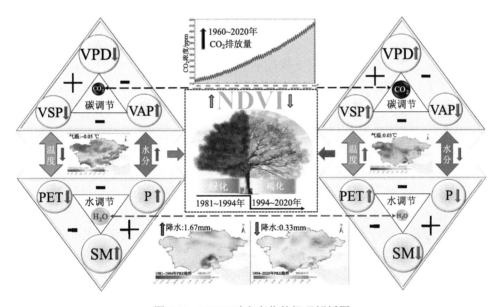

图 5.11　NDVI 时空变化的机理解析图

5.2　中亚地区植被生态系统的水分利用效率

本节基于遥感数据与气象再分析数据计算了三套水分利用效率数据[EWUE(生态系统水分利用效率)、SWUE(土壤水分利用效率)及 PWUE(降水水分利用效率)]，分析了中亚地区三种类型 WUE 的时空分异特征，包括此区域 WUE

的时间变化分析(年际、年内及季节)、水平空间变化分析及垂直梯度分析,并计算了 WUE 对气象要素(降水和气温)及 NDVI 的敏感性、各要素对 WUE 的贡献率,全面探讨了此区域不同植被类型、不同海拔及不同行政区划下植被生态系统 WUE 对气候变化的动态响应,量化了气象要素(降水、气温)及 NDVI 对 WUE 的影响,旨在筛选出结构合理、节水性强、生产力高的天然及人工植被类型,为中亚五国政府决策(如水资源合理配置、生态环境修复及应对气候变化等方面)提供参考。同时,该结论对区域经济社会可持续发展也有着重要意义。

5.2.1 中亚地区水分利用效率的时空分异特征

1. 中亚地区 WUE 的时间序列变化分析

中亚 2000～2018 年月序列上,$EWUE_0$(分辨率 500m 的 EWUE)月序变化幅度为 0～5g C/(mm·m²)(以 C 计,下同), 月序 GPP 变幅为 0～75g C/m²,月序 ET(实际蒸散发)变幅为 0～40 mm/m²,三者中月序 ET 波动较为复杂,不同年份不同季节 ET 波动大小不一致,不具有规律性。总的来说,月均 $EWUE_0$ 虽受双重影响呈不显著下降趋势,平均月下降速率为 0.001g C/(mm·m²),但 $EWUE_0$ 受 GPP影响大于 ET,$EWUE_0$ 与 GPP 波动呈单峰状,二者夏季(6～8 月)为最高点;冬季(12 月至次年 2 月)为最低点,排序为 $EWUE_0$ 夏> $EWUE_0$ 春> $EWUE_0$ 秋> $EWUE_0$ 冬[图 5.12(a)和(b)]。$EWUE_0$ 与 GPP 在年内变化上波动规律高度一致,其中,GPP 月最大值为 58.35g C/m²,最低值为 12 月的 1.59g C/m²,低值月份基本可以忽略,GPP 与 $EWUE_0$ 的中高值所在时间范围均为生长期(4～10 月),总体上,年内 GPP、ET 均呈略微下降趋势,但年内 $EWUE_0$ 呈略微上升趋势,每月上升速率为 0.062g C/(mm·m²)[图 5.12(b)]。2000～2018 年年均序列上,GPP 与 ET 变化趋势高度一致,波峰与波谷均相位对应,而 $EWUE_0$ 与 GPP 变化趋势不一致,可能是由于 $EWUE_0$ 对 GPP 和 ET 的放大效应,反映出二者的匹配关系,与图 5.12(a)年际月序列相一致,波峰和波谷相间分布的规律与 GPP 和 ET 的总体规律相一致[图 5.12(c)]。

2000～2018 年 19 年月均温呈上升趋势,降水呈下降趋势,为了深入探讨中亚地区 EWUE(GPP/ET)、SWUE(GPP/SW)及 PWUE(GPP/PRE),发现中亚地区水分利用效率 SWUE 和 PWUE 呈上升趋势。其中,SWUE 平均每年上升 0.01g C/(mm·m²),呈显著上升趋势($P<0.05$);PWUE 平均每年上升 0.17g C/(mm·m²),呈不显著上升趋势;EWUE 平均每年下降 0.003g C/(mm·m²),呈不显著下降趋势,此规律与上文 $EWUE_0$ 规律一致,表明 EWUE 的变化不随空间精度的改变而改变。在 2000～2018 年年均及春、夏、秋季上,SWUE 与 PWUE 波动幅度均高于 EWUE,

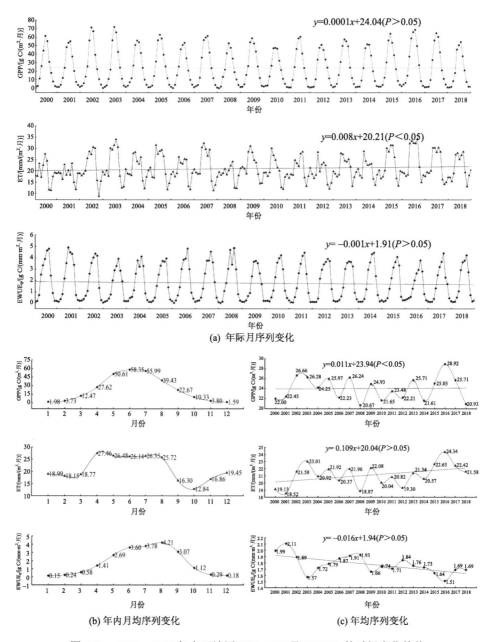

图 5.12　2000～2018 年中亚地区 GPP、ET 及 $EWUE_0$ 的时间变化趋势

但 PWUE 远高于 SWUE 与 EWUE，EWUE 处于最低值范围且波动最为稳定[图 5.13（a）]。中亚地区平均 EWUE 季节（本书考虑冬季，虽然中高纬大部分地区植被在冬季无生命活动，但是由于波段噪声影响，部分低纬度地区及干热河谷存在有值情况）及生长期由大到小排序为夏季＞生长期＞春季＞秋季＞冬季；平均 PWUE 季节及生长期由大到小排序为夏季＞春季＞生长期＞秋季＞冬季；平均 SWUE 季节及生长期由大到小排序为夏季＞春季＞冬季＞秋季＞生长期；平均 EWUE 与 PWUE 由大到小的规律均为夏季＞春季＞秋季＞冬季；而平均 SWUE 冬季高于秋季，是由于土壤水秋季高于冬季，GPP 秋、冬季差异却较小。中亚水分利用效率 PWUE、SWUE 及 EWUE 的季节规律均为夏季＞春季＞秋季/冬季[图 5.13（b）]。

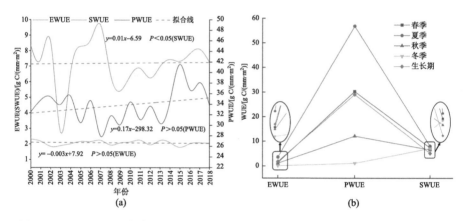

图 5.13　2000~2018 年中亚地区 WUE 及气象要素的年际变化及 WUE 季节变化规律

2. 中亚地区 WUE 的水平空间变化分析

中亚地区 $EWUE_0$ 时空差异明显，特别是季节上的水平空间变化，空间分布规律一致的季节为春季、秋季，高值区主要为作物、灌木和草原，分布在东部和南部平原绿洲区，低值区植被类型为作物和森林，位于中北部平原和东部山地[图 5.14（a）和（g）]。但冬夏季 $EWUE_0$ 空间变化具有明显差异，夏季 $EWUE_0$ 与春季、秋季空间变化较为一致，夏季低值区的主要植被类型为森林、草原和作物，与气温相关性呈正值，与降水相关性呈负值[图 5.14（d）]；冬季 $EWUE_0$ 除南部小部分区域有值外，大部分区域为无值区，在冬季中高纬植被凋零无 GPP 值，符合以热量为主的纬度地带性[图 5.14（j）]。在植被生长期内：空间上，$EWUE_0$ 从咸海向东呈环状递减，在不同植被类型上，$EWUE_0$ 升序（由低到高）为灌丛、草原、作物、森林及湿地[图 5.14（h）和（i）]。

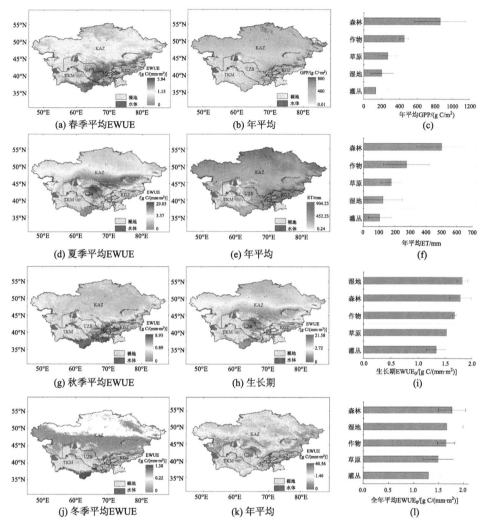

图 5.14　2000～2018 年中亚地区 GPP、ET 和 $EWUE_0$ 空间分布及植被类型对比

图中 KAZ 表示哈萨克斯坦，KGZ 表示吉尔吉斯斯坦，TJK 表示塔吉克斯坦，UZB 表示乌兹别克斯坦，TKM 表示土库曼斯坦；下同

　　植被 GPP 与 ET 受降水影响较大，均从咸海向东呈环状上升趋势［图 5.14（b）和（e）］。此区域年均 GPP 与 ET 的植被类型升序为灌丛、湿地、草原、作物及森林［图 5.14（c）和（f）］。但 $EWUE_0$ 有所不同，植被类型升序为：灌丛（1.33 ± 0.18）g C/(mm·m²)（误差为标准偏差 STDEV）、草原（1.53 ± 0.12）g C/(mm·m²)、作物（1.67 ± 0.03）g C/(mm·m²)、湿地（1.78 ± 0.20）g C/(mm·m²) 和森林（1.82 ± 0.10）g C/(mm·m²)，即不同植被类型 $EWUE_0$ 随生境湿润程度的降低而下降，主

要受到非生长期的干扰而不同于生长期[图 5.14(h)、(i)、(k)和(l)]。

2000~2018 年，中亚地区总体上 $EWUE_0$ 显著下降区域占大部分($P<0.05$)，但部分区域存在上升趋势。其中，哈萨克斯坦南部、乌兹别克斯坦中东部、土库曼斯坦东北部以及吉尔吉斯斯坦高山区高度上升。哈萨克斯坦中西部 $EWUE_0$ 为高度下降；而乌兹别克斯坦东南部、塔吉克斯坦西南部及土库曼斯坦西北部 $EWUE_0$ 为轻度下降；塔吉克斯坦西北部及水体周边 $EWUE_0$ 为重度下降[图 5.15(a)和(b)]。中亚 $EWUE_0$ 大部分区域呈不显著趋势($P>0.05$)，小部分区域显著($P<0.05$)，极小部分区域极显著($P<0.01$)[图 5.15(b)和(c)]。

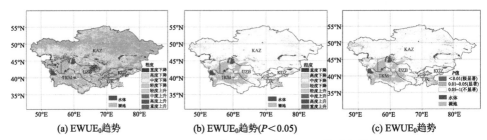

图 5.15　2000~2018 年中亚地区 $EWUE_0$ 的时空趋势

2000~2018 年，PWUE 与 SWUE 空间递变规律均为随生境湿润程度的增加，从咸海向东呈环状上升趋势，而 EWUE 从咸海向东呈环状下降趋势[图 5.16(a)、(c)、(e)]。哈萨克斯坦 EWUE 从南至北呈下降趋势，南部高，北部低，PWUE 与 SWUE 北部平原区和东部山地区为高值区，中南部区域为低值区。中亚地区东部(吉尔吉斯斯坦和塔吉克斯坦)PWUE 与 SWUE 为高值区，而 EWUE 为低值区。中亚地区西南部(乌兹别克斯坦和土库曼斯坦)大部分为裸地沙漠区，该地东南部 EWUE 为高值区，而 PWUE 与 SWUE 为低值区，主要植被类型为灌丛与草原。中亚地区西部 EWUE 呈上升趋势，中南部区域及巴尔喀什湖为下降趋势，西部和东南部区域通过了显著性水平检验($P<0.05$)。SWUE 呈上升趋势的区域为北部地区及东南部山区，下降趋势为西部及东北部区域，通过显著性水平检验($P<0.05$)的区域为西部里海东部沿岸；PWUE 与 SWUE 规律类似，但通过显著性水平检验($P<0.05$)的区域为东部(巴尔喀什湖区域)和北部(哈萨克斯坦农业区)[图 5.16(b)、(d)、(f)]。

为了说明中亚地区不同季节及生长期内 WUE 的空间分异规律，进一步探究 EWUE、SWUE 及 PWUE 的空间变化，上文分析发现 EWUE 空间分布规律与 SWUE、PWUE 不一致，且不随季节变化而变化，是由于各自空间分布规律具有时间的稳定性。PWUE 与 SWUE 空间递变规律均为随着生境湿润程度增加，从咸海向东呈环状上升趋势，主要受 GPP 值空间分布规律影响，降水与土壤水(受降

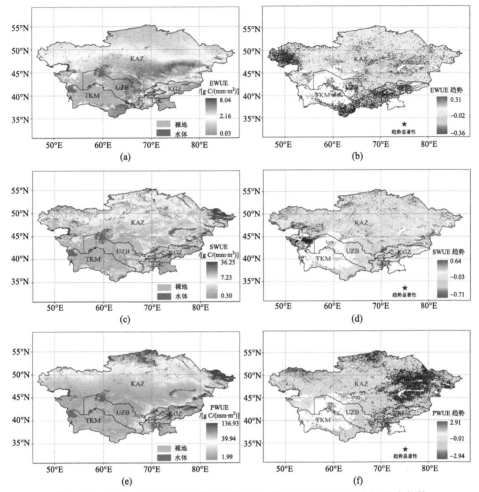

图 5.16　2000~2018 年中亚地区 EWUE、SWUE 及 PWUE 空间分布规律

水约束)空间规律与 GPP 相同，且二者为模式再分析数据，对实际情况考虑略显不足，同时干旱区降水时空变率大，受到时间段的平均化。而 EWUE 从咸海向东呈环状下降趋势，是由于 ET 的空间变化，荒漠区 ET 低，山区与此相反，因为ET 表示下垫面的实际蒸散发能力，受气温影响较大，时空变率影响较小。不同类型 WUE 随着季节变化各自空间分布有所差异，其中，SWUE 各季节空间差异较小，主要原因是土壤水各季节数值差异变化小及模式再分析数据本身存在缺点，如不能考虑实际情况，农田土壤水受人为灌溉影响较大。WUE 生长期变化规律与夏季一致性最高，春季、秋季其次，冬季一致性最差，进一步说明生长期与夏季最能反映各类型 WUE 真正的变化规律。同时，发现冬季 EWUE 与 PWUE 空间分布规律一致性高，主要是由于冬季降水与蒸散发空间分布规律具有一致性。其

中，中亚东南部 EWUE 与 PWUE 值较高，其余部分为低值无值区，哈萨克斯坦北部有大面积低值无值区域，主要是由于冬季高纬度区域 GPP 与 ET 均处于低值无值区，再分析数据降水同样处于低值区。实际上，降水、蒸散发与总初级生产力三者在机理上具有先后顺序的因果关系(图 5.17)。

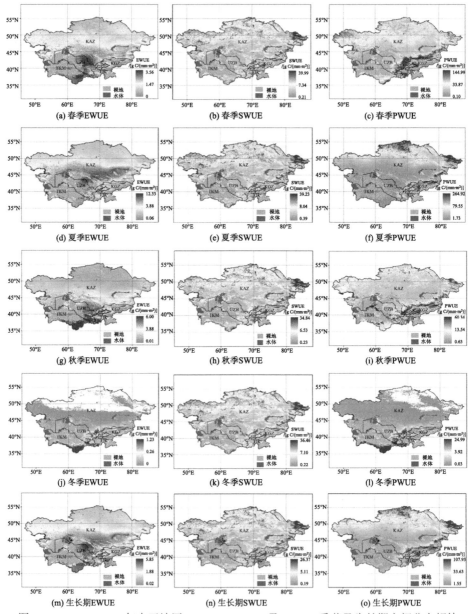

图 5.17　2000～2018 年中亚地区 EWUE、SWUE 及 PWUE 季节及生长期空间分布规律

3. 中亚地区 WUE 的垂直梯度变化分析

中亚地区地势表现为东南高、西北低[图 5.18(b)]，随着经度由西向东降水呈增加趋势，每经度升幅约 9.14 mm，而气温由西向东呈下降趋势，每经度降幅约 0.29 ℃；进一步解释了中亚地区降水受西风带的影响自西向东随着地势升高呈增加趋势，气温呈下降趋势，可称之为特殊的"中亚大区域垂直地域分异规律"[图 5.18(a)]。结合不同类型水分利用效率的空间分布规律[图 5.18(c)]，发现 SWUE 与 PWUE 随着海拔升高呈上升趋势，而 EWUE 与此相反，根据上文分析是由蒸散发与降水(土壤水)的差异导致的。

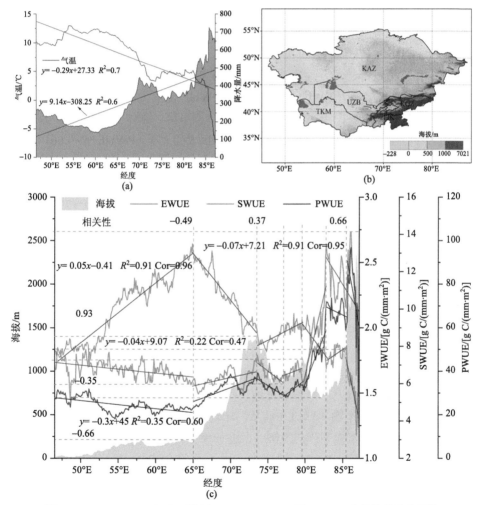

图 5.18　2000～2018 年中亚地区 EWUE、SWUE 及 PWUE 垂直梯度分布规律

在中亚地区纬向上，46.5°E～65°E：海拔（0～212m）呈平缓上升波动趋势，EWUE 呈上升趋势，随着海拔升高每经度上升 0.05 g C/(mm·m²)，与海拔因子呈正相关关系（$R=0.93$，R 与 Cor、Pearson 等同，下同），SWUE 与 PWUE 均呈下降趋势，但 PWUE 下降趋势大于 SWUE；PWUE 随着海拔升高每经度下降 0.3 g C/(mm·m²)，与海拔因子呈负相关关系（$R=-0.66$）；SWUE 随着海拔升高每经度下降 0.04 g C/(mm·m²)，与海拔因子呈负相关关系（$R=-0.35$）。在 65°E～73.5°E：海拔（193～1397m）呈急剧上升趋势，EWUE 呈下降趋势，与海拔因子呈负相关关系，而 SWUE 与 PWUE 呈上升趋势，与海拔因子呈正相关关系。在 73.5°E～79°E：海拔（1397～845～1143m）先下降后升高，SWUE 与 PWUE 同此格局相吻合，而 EWUE 呈上升趋势。在 79°E～83°E，海拔总体呈下降趋势，SWUE 与 PWUE 呈上升趋势，与海拔呈负相关关系；而 EWUE 呈下降趋势，与海拔呈正相关关系。在 83°E～85.5°E，EWUE 随着海拔升高呈上升趋势，由于 ET 下降，SWUE 与 PWUE 随着海拔升高呈下降趋势，主要由于降水与土壤水的上升速率高于 GPP 上升速率。在 85.5°E～87.2°E，EWUE、SWUE 与 PWUE 随着海拔（1225～2610m）的升高均呈下降趋势，主要由于高海拔区域 GPP 急剧下降。总体上，EWUE 与海拔因子（由低到高）呈负相关关系（$R=-0.49$），SWUE（$R=0.37$）、PWUE（$R=0.66$）与海拔因子呈正相关关系，主要由于降水（土壤水）与海拔呈正相关，但 PWUE 与海拔相关性高于 SWUE，归因于降水与土壤水的差异［图 5.18(c)］。

PWUE 随着海拔梯度上升呈升高趋势，且升高幅度最大，1000～7021m 为最高点，−228～0m 为最低点；SWUE 与 EWUE 随着海拔梯度上升呈先升高后降低趋势。其中，SWUE 与 EWUE 均在 500～1000m 为最高点，但 SWUE 在−228～0m 为最低点，EWUE 在 1000～7012m 为最低点［图 5.19(a)］。在植被类型上，随着海拔的升高，梯度依次分布有永久湿地、稀树草原、草原、多树草原、作物和自然植被的镶嵌体、作物、开放灌丛、郁闭灌丛、落叶阔叶林、混交林、常绿针叶林和落叶针叶林，归类为湿地、草原、作物、灌丛及森林，发现根据植被生活型依次为草、灌、乔，植被高度与海拔及降水呈正相关关系，与气温呈负相关关系，这进一步说明了植被类型生境的水热组合状况。其中，植被类型年均 EWUE 变化由高到低序列为灌丛、草原、湿地、作物和森林；年均 SWUE 变化由高到低序列为森林、湿地、作物、草原和灌丛；年均 PWUE 变化由高到低序列为森林、作物、湿地、草原和灌丛［图 5.19(b)］。进一步分析发现，作物 GPP 与 ET 均呈高值仅次于森林，作物 EWUE 表现为低值，而作物 SWUE 与作物 PWUE 表现为高值。EWUE 作物区主要受人为灌溉的影响，水层厚度大，实际蒸散发大，而 SWUE 与 PWUE 作物区主要是在 GPP 不变的情况下，ERA5 再分析数据降水与土壤水没有考虑人为灌溉影响，即 ERA5 降水与土壤水不受人为灌溉影响，反映模式条件下的纯自然状况(降水及土壤水为低值)。因此，作物区的 SWUE 与 PWUE 呈高值区，主要集中在哈萨克斯坦北部灌溉区及乌兹别克斯坦、塔吉克斯坦和吉尔吉斯斯坦三国交界的费尔干纳盆地灌溉区。

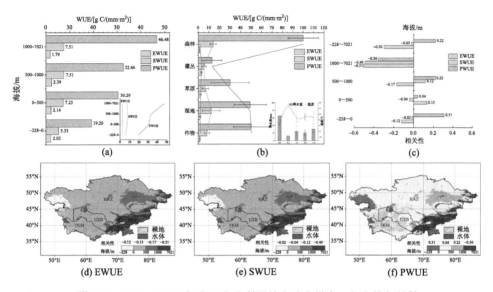

图 5.19　2000～2018 年中亚水分利用效率垂直梯度及与海拔相关性

进一步分析了–228～7021m 四个海拔梯度区域与对应区域 EWUE、SWUE 及 PWUE 之间的相关性，发现 EWUE 与 SWUE 随海拔升高呈升高趋势，但 EWUE 各梯度相关性均高于 SWUE。EWUE 在 0～500m 梯度区域呈正相关性，在–228～0m、500～1000m 及 1000～7021m 梯度区域内呈负相关，即 EWUE 随着海拔梯度的上升呈下降趋势。SWUE 在 500～1000m 梯度区域呈正相关性，即 SWUE 随着海拔的上升呈升高趋势，在–228～0m、0～500m 及 1000～7021m 梯度区域内呈负相关。而 PWUE 在四个由低到高的海拔梯度区域内呈先降低后升高的趋势，在–228～0m、0～500m 及 500～1000m 梯度区域内呈正相关，在 1000～7021m 梯度区域内呈负相关，即 PWUE 随着海拔梯度的上升呈下降趋势，这与 SWUE 规律相一致。各种类型水分利用效率在–228～0m、0～500m、500～1000m 梯度区域呈弱相关与极弱相关，而 1000～7021m 梯度区域呈中等程度相关，呈现出水分利用效率随着海拔梯度的上升升高的趋势[图 5.19(c)]。

5.2.2 中亚地区水分利用效率时空分异规律的原因解析

1. 中亚地区 WUE 对降水、气温及 NDVI 的敏感性

2000～2018 年,中亚地区 $EWUE_0$ 对气象要素(降水和气温)和 NDVI 的敏感性系数(ε_{PRE}、ε_{TEM} 和 ε_{NDVI})空间差异明显,如图 5.20 所示。从图 5.20 可以看出,ε_{NDVI} 的空间规律与 $EWUE_0$ 本身趋势一致,且 $EWUE_0$ 对三个要素的敏感性系数正值区面积都多于负值区。$EWUE_0$ 对降水的敏感性系数和对温度的敏感性系数表现为负相关关系,其中,中亚地区北部 $EWUE_0$ 对降水的敏感性系数以负值为主,对温度的敏感性系数以正值为主,南部则呈相反态势。ε_{PRE} 正值区主要为中部和南部区域,这些地区地表覆盖以草原和作物为主,面积约占整个研究区的 56.05%;负值区主要在中亚西部和东部,地表以草原、森林和湿地为主(43.95%)[图 5.20(a)]。ε_{TEM} 正值区位于北部及中南部地区(50.50%),负值主要分布于中南部及西部(49.50%)[图 5.20(b)]。从敏感性系数空间变化趋势来看,整体上,$EWUE_0$ 对降水的敏感性系数(ε_{PRE})表现为以咸海流域为中心,随着降水的增多 ε_{PRE} 由内向外逐渐降低,$EWUE_0$ 对温度的敏感性系数(ε_{TEM})由东北向西南随着温度升高而降低。ε_{NDVI} 正值区面积(66.93%)大于负值区面积(33.07%),其中高山和水域 ε_{NDVI} 最高,如东部帕米尔高原地区及巴尔喀什湖、咸海和里海周边,植被覆盖以森林和湿地为主;东北部、中部及南部为负值低值区,植被覆盖以草原、灌丛和作物为主[图 5.20(c)]。

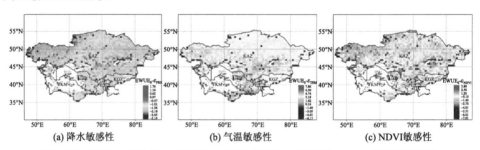

图 5.20　2000～2018 年中亚地区 $EWUE_0$ 对降水、气温及 NDVI 的敏感性系数

研究 $EWUE_0$ 对气象要素(降水和气温)及 NDVI 的敏感性变化的空间分异时发现,降水介于 150～250 mm 时,ε_{PRE} 以正值为主,$EWUE_0$ 与降水呈负相关关系,ε_{NDVI} 随降水增加呈下降趋势;介于 300～550 mm 时,ε_{PRE} 正负并存但大部分为负值,此时 $EWUE_0$ 与降水呈正相关关系,ε_{NDVI} 呈略微上升趋势;介于 550～700 mm 时,$EWUE_0$ 仍与降水呈正相关关系。气温介于-3～6 ℃时,$EWUE_0$ 与气温呈正相关关系,ε_{NDVI} 呈下降趋势;介于 3～12 ℃时,$EWUE_0$ 与气温呈负相关关系,ε_{NDVI}

呈上升趋势；介于 9~18 ℃时，$EWUE_0$ 与气温呈正相关关系，ε_{NDVI} 波动上升。因此，$EWUE_0$ 对气象要素（降水和气温）及 NDVI 的敏感性均存在阈值，ε_{PRE}（WUE 对降水的敏感性）阈值范围为 250~300 mm（低值点）和 500~550 mm（高值点），ε_{TEM}（WUE 对气温的敏感性）阈值为 3~6 ℃（高值点）和 9~12 ℃（低值点）。并发现 ε_{NDVI} 与降水呈正相关性，与气温呈负相关性（表 5.3）。

表 5.3 2000~2018 年 $EWUE_0$ 对降水、气温及 NDVI 敏感性随梯度变化

降水/mm	ε_{PRE}	ε_{NDVI}	气温/℃	ε_{TEM}	ε_{NDVI}
100~150	0.17	0.55	−6~−3	0.24	0.20
150~200	0.21	0.28	−3~0	−0.01	0.22
200~250	0.00	0.13	0~3	0.04	0.49
250~300	−0.07	0.09	3~6	0.09	0.16
300~350	−0.06	0.24	6~9	−0.19	0.12
350~400	−0.02	0.24	9~12	−0.49	0.27
400~450	−0.07	0.29	12~15	−0.23	0.52
450~500	0.05	0.27	15~18	0.16	0.39
500~550	0.08	0.23	>18	−0.37	0.30
550~600	−0.16	0.45	—	—	—
600~650	−0.04	0.23	—	—	—
650~700	0.02	0.38	—	—	—

注：ε_{PRE}、ε_{TEM} 和 ε_{NDVI} 分别是指中亚 $EWUE_0$ 对降水、气温和 NDVI 的敏感性。

植被 ε_{PRE} 升序为草原、作物、森林、灌丛及湿地，除森林外，其余均为正值。植被 ε_{TEM} 升序为森林、作物、草原、湿地及灌丛，正值植被为作物和湿地，负值植被为森林、草原及灌丛。植被 ε_{NDVI} 升序规律与 $EWUE_0$ 植被变化一致，为灌丛、草原、作物、森林及湿地，且均为正值。总体来说，湿地和灌丛 $EWUE_0$ 受降水和气温影响的变率高于森林。其中，关于 $EWUE_0$ 的 ε_{PRE} 为正值植被包括湿地、作物、灌丛及草原，ε_{PRE} 的负值植被为森林。ε_{TEM} 的正值植被为湿地、作物，而 ε_{TEM} 的负值植被为森林、灌丛和草原。灌丛、草原的 $EWUE_0$ 与降水呈正相关，与气温呈负相关。ε_{NDVI} 真实表现了 $EWUE_0$ 的景观格局变化，且 $EWUE_0$ 与其呈正相关关系（表 5.4）。

表 5.4 不同植被类型 $EWUE_0$ 对降水、气温及 NDVI 的敏感性系数

植被类型	敏感性系数 ε_{PRE}	敏感性系数 ε_{TEM}	敏感性系数 ε_{NDVI}
森林	−0.167±0.158	−0.002±0.010	0.573±0.338
灌丛	0.206±0.263	−0.492±2.135	0.201±0.554
草原	0.015±0.413	−0.109±0.800	0.223±0.627
湿地	0.238±0.488	0.118±1.331	0.751±0.583
作物	0.057±0.271	0.071±0.858	0.320±0.656

进一步计算 EWUE、SWUE 及 PWUE 对降水、气温及 NDVI 的敏感性系数，通过计算多套数据的不同类型 WUE，剖析影响其变化的因子及其空间分布规律，发现 EWUE、SWUE 及 PWUE 对降水的敏感性系数 ε_{PRE} 空间分布规律具有高度一致性，但存在略微不同，空间上均呈现中亚地区北部、东北部及里海沿岸地区的 ε_{PRE} 为正值，植被类型有湿地、草原、森林及作物。其次为哈萨克斯坦北部灌溉作物区，特别是 SWUE 最为明显，其余大部分区域为负值，不同的是，里海沿岸平原 EWUE 的 ε_{PRE} 为负值，主要是由于 ET（为遥感数据的实际蒸散发）与 ERA5 降水具有空间异质性，计算 SWUE 和 PWUE 中的降水与土壤水是模式输出的再分析数据，且二者具有极强相关性[图 5.21(a)、(d)、(g)]。三种类型 WUE 对气温的敏感性 ε_{TEM} 北部大部分区域为负值而南部区域为正值，这充分反映了纬度地带性规律，纬度越低，温度越高，热量越充足，进而水分利用效率越高。但里海沿岸平原及巴尔喀什湖周围 EWUE 与 ε_{TEM} 呈正相关关系，主要是由于湖区周围水热组合状况好，在水分充足的情况下，气温越高，总初级生产力 GPP 越高，ET 越高，但存在人为干涉情况，如湖区灌溉[图 5.21(b)、(e)、(h)]。

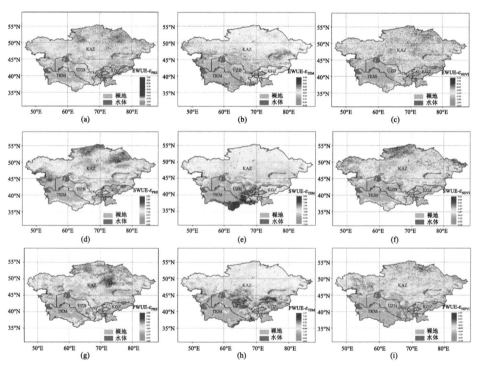

图 5.21　2000～2018 年中亚 EWUE、SWUE 及 PWUE 对气象要素（降水、气温）及 NDVI 的敏感性系数

　　对 NDVI 的敏感性系数 ε_{NDVI} 与对降水的敏感性系数 ε_{PRE} 空间分布规律具有一致性，主要由于 NDVI 受降水影响较大，ε_{NDVI} 大于 0 即正敏感区域，主要位于中亚北部、东北部及南部区域，植被类型有作物、多树草原、灌丛、森林及湿地等；而 ε_{NDVI} 小于 0 即负敏感区域，主要位于主体为稀树草原及草原的荒漠过渡带区域，进一步说明了草原的退化与荒漠化加剧。当然 NDVI 只是植被覆盖率的表象，实质仍然是水热组合状况的差异，即气温与降水的差异，发现此区域（ε_{NDVI}<0）对降水与气温敏感性均为负（ε_{PRE}<0 及 ε_{TEM}<0）［图 5.21（c）、（f）、（i）］。

　　通过比较不同植被类型下不同类型 WUE 对气象要素及 NDVI 的敏感性系数（表 5.5），发现 EWUE-ε_{PRE} 与 EWUE-ε_{NDVI} 均为负值，EWUE 随着降水与 NDVI 的增加而呈下降趋势，但不同植被类型各有差异，EWUE-ε_{PRE} 下降程度由高到低（比较绝对值大小）为灌丛（−0.277）、草原（−0.260）、作物（−0.201）、湿地（−0.127）及森林（−0.056）。EWUE-ε_{NDVI} 下降程度由高到低（比较绝对值大小）为湿地（−0.574）、灌丛（−0.511）、作物（−0.471）、草原（−0.434）及森林（−0.276）。不同于 EWUE-ε_{PRE} 的是 PWUE-ε_{PRE} 均为正值，主要原因是降水的时空变率大于蒸散发，PWUE 随着降水的增加而呈上升趋势，规律仍是灌丛（0.541）最高，森林（0.038）最低，并发现 PWUE-ε_{NDVI} 规律与 PWUE-ε_{PRE} 一致，由高到低为灌丛、作物、草原、湿地及森林，充分体现了降水对植被 NDVI 的影响。SWUE-ε_{PRE} 在不同植被类型下均存在正负值，其中灌丛、湿地及作物为正值，而森林（−0.172）与草原（−0.008）为负值（数值较小），进一步说明森林与草原在降水增大到一定程度后土壤水饱和，SWUE 将呈不变或者下降趋势，但 SWUE-ε_{NDVI} 由于土壤补给水分充足，NDVI 不足以发生量与质的变化，显示 5 种植被类型下 SWUE-ε_{NDVI} 均为正值。EWUE-ε_{TEM} 为湿地（0.172）、作物（0.062）、草原（0.040）及森林（0.020）为正值，灌

表 5.5　不同植被类型 WUE 对降水、气温及 NDVI 的敏感性系数

植被类型	森林	灌丛	草原	湿地	作物
EWUE-ε_{PRE}	−0.056 ±0.189	−0.277 ±0.174	−0.260 ±0.250	−0.127 ±0.222	−0.201 ±0.206
EWUE-ε_{TEM}	0.020 ±0.095	−0.093 ±1.022	0.040±0.384	0.172 ±0.420	0.062 ±0.459
EWUE-ε_{NDVI}	−0.276 ±0.620	−0.511 ±0.433	−0.434 ±0.380	−0.574 ±0.652	−0.471 ±0.442
SWUE-ε_{PRE}	−0.172 ±0.249	0.047 ±0.162	−0.008 ±0.341	0.163 ±0.384	0.124 ±0.308
SWUE-ε_{TEM}	0.129 ±0.111	2.386 ±1.115	0.268 ±0.616	0.279 ±0.558	0.699 ±0.865
SWUE-ε_{NDVI}	1.127 ±1.233	0.237 ±0.354	0.023 ±0.541	0.130 ±0.701	0.339 ±0.678
PWUE-ε_{PRE}	0.038 ±0.209	0.541 ±0.243	0.446 ±0.291	0.338 ±0.322	0.514 ±0.264
PWUE-ε_{TEM}	−0.019 ±0.061	−0.055 ±0.887	0.186 ±0.388	−0.110 ±0.500	0.103 ±0.392
PWUE-ε_{NDVI}	−0.466 ±0.797	1.158 ±0.282	0.805 ±0.425	0.757 ±0.628	0.905 ±0.449

丛（–0.093）为负值。SWUE-ε_{TEM} 均为正值，随着气温的变化由高到低为灌丛（2.386）、作物（0.699）、湿地（0.279）、草原（0.268）及森林（0.129）。PWUE-ε_{TEM} 随着气温的变化由高到低为草原（0.186）、作物（0.103）为正值，湿地（–0.110）、灌丛（–0.055）及森林（–0.019）为负值。

为进一步探究 EWUE、SWUE 和 PWUE 对气象要素（降水、气温）及 NDVI 的敏感性，当降水介于 200～300mm 时，EWUE-ε_{PRE}、SWUE-ε_{PRE}、SWUE-ε_{NDVI} 及 PWUE-ε_{NDVI} 均为"V"形的低值点；在 300～400 mm，降水与 NDVI 对 WUE 的敏感性系数均为"峰"形的高值点；在 1500～1600mm，PWUE-ε_{PRE} 为高值点，而 SWUE-ε_{PRE} 为低值点；在 1600～1700mm，EWUE-ε_{PRE}、SWUE-ε_{PRE} 及 PWUE-ε_{PRE} 均为"V"形的低值点[图 5.22（a）]。而气温在 3～6℃，SWUE-ε_{TEM} 和 PWUE-ε_{TEM} 均为高值点，而在 9～12℃，EWUE-ε_{TEM} 与 PWUE-ε_{TEM} 为低值点，而 SWUE-ε_{TEM} 为高值点。同样证实，不同 WUE 对降水和气温的敏感性均存在阈值，ε_{PRE}（WUE 对降水的敏感性）阈值范围为 200～300 mm（低值点）和 300～400 mm（高值点），ε_{TEM}（WUE 对气温的敏感性）阈值为 3～6℃（高值点）和 9～12℃（低值点）。SWUE-ε_{NDVI} 与降水（R=0.73）及气温（R=0.70）的敏感性变化均呈正相关，PWUE-ε_{NDVI} 与降水（R=0.80）的敏感性正相关性最高，EWUE-ε_{NDVI} 最低（R=0.02），而 EWUE-ε_{NDVI}（R=0.47）及 PWUE-ε_{NDVI}（R=0.27）与气温相关性较低[图 5.22（b）]。

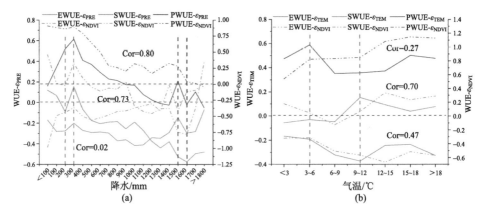

图 5.22　2000～2018 年 WUE 对降水、气温及 NDVI 敏感性随气象要素梯度变化

2. 中亚地区 WUE 对降水、气温及 NDVI 的贡献率

$EWUE_0$ 在不同季节中的 ε_{PRE}、ε_{TEM} 及 ε_{NDVI} 均有所差异，ε_{PRE} 升序为秋季、夏季、冬季及春季；ε_{TEM} 升序为冬季、夏季、春季及秋季；ε_{NDVI} 升序为夏季、冬季、春季及秋季。气象要素（降水和气温）及 NDVI 对 $EWUE_0$ 的贡献率具有季节的一

致性规律，与 ε_{TEM} 相一致的升序为冬季、夏季、春季及秋季，进一步证实在春季、秋季气象要素对植被生态系统 $EWUE_0$ 影响更大，主要在于对植被 GPP 的影响，直观表现为在春季、秋季 NDVI 对 $EWUE_0$ 的贡献率大。在夏季和冬季中，同一季节下植被 GPP 与 ET 较为稳定。因此，气象要素及 NDVI 对 $EWUE_0$ 的贡献率在夏季和冬季表现为低值(表 5.6)。

表 5.6　不同季节 $EWUE_0$ 对降水、气温和 NDVI 的敏感性系数及贡献率

因子	春季		夏季		秋季		冬季	
	敏感性系数	贡献率/%	敏感性系数	贡献率/%	敏感性系数	贡献率/%	敏感性系数	贡献率/%
降水	11.40	59.65	−0.37	7.02	−3.04	−91.27	−0.02	0.14
气温	0.80	66.16	0.20	0.28	0.93	−93.03	−1.04	0.08
NDVI	1.68	66.02	−1.20	7.93	4.70	−92.81	−0.01	0.54

通过计算降水、气温及 NDVI 对 WUE(EWUE、SWUE 及 PWUE)的贡献率，进行空间绘图发现，降水、气温及 NDVI 对 EWUE 的贡献率分别与对 PWUE 贡献率的空间变化规律呈相反的趋势；降水对 EWUE 的贡献率在中亚西北地区及东南部作物区呈正贡献，而哈萨克斯坦北部作物区、中东部草原区、高山森林区及西南部灌丛区均呈低值，降水对 SWUE 的贡献率与 EWUE、PWUE 的贡献率均有所差别，西部里海沿岸区、北部及东南部作物区贡献率为负，与 PWUE 相一致，巴尔喀什湖北部区域贡献率为负，与 EWUE 一致，主要由于土壤水受到降水与蒸散发的双重影响，而降水对 PWUE 的贡献率空间分布规律与之呈相反趋势[图 5.23(a)、(d)、(g)]。气温对 WUE(EWUE、SWUE 及 PWUE)的贡献率以 45°N 为界，北部大部分区域为负贡献率，而东南大部分区域为正贡献率，体现了中高纬度以热量为基础的纬度地带性。同时，东部山区正贡献率占比较大，符合水热组合的垂直地带性规律[图 5.23(b)、(e)、(h)]。NDVI 对 WUE 的贡献率受降水影响较大，NDVI 其实可以直观反映 WUE 本身的规律，发现 NDVI 对灌丛与作物 WUE 为负贡献，反映出灌丛低植被覆盖与作物受人为干预的影响，里海沿岸、巴尔喀什湖周围及山区贡献率的正负变化，也进一步反映出此区域 WUE 差异较大[图 5.23(c)、(f)、(i)]。总之，整个中亚区域 WUE 在经度变化上受降水影响较大；而纬度变化上受气温的影响较大，气温对南部雨养农业区 WUE 为正贡献率，而北部寒冷区域为负贡献，NDVI 受降水与气温的双重影响，但受降水影响较大，因此，NDVI 贡献率与降水贡献率空间规律具有高度一致性。

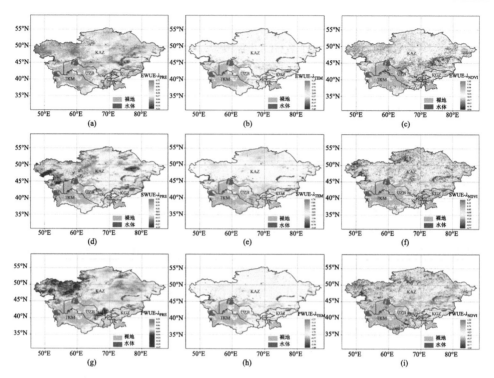

图 5.23　2000～2018 年中亚地区气象要素(降水、气温)及 NDVI 对 EWUE、SWUE
及 PWUE 的贡献率

进一步按不同植被类型分析,发现降水对 EWUE 的贡献率按植被类型由大到
小(比较绝对值大小)为草原(0.026%)、灌丛(0.011%)、作物(0.010%)、湿地
(0.007%)及森林(−0.001%);对 SWUE 的贡献率按植被类型由大到小为湿地
(−0.006%)、森林(0.0033%)、作物(0.0029%)、草原(−0.00069%)及灌丛
(0.00054%);对 PWUE 的贡献率按植被类型由大到小为草原(−0.033%)、灌丛
(−0.025%)、作物(−0.013%)、湿地(−0.012%)及森林(0.002%)。气温对 EWUE 的
贡献率由大到小为作物(−0.0024%)、森林(−0.002%)、草原(−0.001%)、湿地
(0.00037%)及灌丛(0.00031%);对 SWUE 的贡献率由大到小为灌丛(0.051%)、
森林(0.015%)、草原(0.004%)、作物(0.003%)及湿地(−0.001%);对 PWUE 的贡
献率按植被类型由大到小为草原(0.006%)、灌丛(−0.005%)、作物(0.005%)、森
林(−0.001%)及湿地(0.001%)。NDVI 对 EWUE 的贡献率由大到小为湿地
(−0.056%)、作物(−0.024%)、灌丛(0.013%)、草原(−0.007%)及森林(−0.002%);
对 SWUE 的贡献率由大到小为灌丛(−0.012%)、草原(−0.006%)、作物(0.004%)、
湿地(0.004%)及森林(−0.002%);对 PWUE 的贡献率由大到小为灌丛(−0.074%)、

湿地(0.048%)、作物(0.024%)、森林(0.022%)及草原(0.003%)[表 5.7 和图 5.24(a)]。

表 5.7　气象要素(降水、气温)及 NDVI 对不同植被类型 WUE 的贡献率　　(单位: %)

植被类型	森林	灌丛	草原	湿地	作物
EWUE-λ_{PRE}	-0.001 ± 0.013	0.011 ± 0.025	0.026 ± 0.052	0.007 ± 0.028	0.010 ± 0.033
EWUE-λ_{TEM}	-0.002 ± 0.026	0.00031 ± 0.026	-0.001 ± 0.065	0.00037 ± 0.012	-0.0024 ± 0.015
EWUE-λ_{NDVI}	-0.002 ± 0.029	0.013 ± 0.089	-0.007 ± 0.075	-0.056 ± 0.204	-0.024 ± 0.077
SWUE-λ_{PRE}	0.0033 ± 0.016	0.00054 ± 0.015	-0.00069 ± 0.037	-0.006 ± 0.051	0.0029 ± 0.032
SWUE-λ_{TEM}	0.015 ± 0.044	0.051 ± 0.031	0.004 ± 0.067	-0.001 ± 0.02	0.003 ± 0.038
SWUE-λ_{NDVI}	-0.002 ± 0.069	-0.012 ± 0.042	-0.006 ± 0.054	0.004 ± 0.136	0.004 ± 0.064
PWUE-λ_{PRE}	0.002 ± 0.012	-0.025 ± 0.045	-0.033 ± 0.065	-0.012 ± 0.05	-0.013 ± 0.048
PWUE-λ_{TEM}	-0.001 ± 0.016	-0.005 ± 0.025	0.006 ± 0.075	0.001 ± 0.011	0.005 ± 0.017
PWUE-λ_{NDVI}	0.022 ± 0.048	-0.074 ± 0.156	0.003 ± 0.119	0.048 ± 0.246	0.024 ± 0.113

通过降水、气温及 NDVI 对 WUE(EWUE、SWUE 及 PWUE)的贡献率权重归并为百分之百，计算栅格点上每一要素的权重，中亚地区 EWUE、SWUE 及 PWUE 大部分栅格点权重趋势均显示气温的贡献率占比多数处于 25%以下[图 5.24(a)～(c)]。而降水与 NDVI 对 WUE 的贡献率占比在各个阶段均有分布，气温对 EWUE 贡献率占比多数介于 0～25%[图 5.24(a)]。降水与 NDVI 对 SWUE 的贡献率占比分布具有高度一致性，印证了降水与 NDVI 的高度相关性[图 5.24(b)]。

降水对森林 EWUE、SWUE 及 PWUE 的贡献率占比较低，占比大部分低于 25%，NDVI 贡献率占比各阶段均有分布，50%以上较为集中，但分散程度 EWUE>SWUE>PWUE[图 5.24(d)～(f)]。降水、气温及 NDVI 对灌丛 EWUE、SWUE 及 PWUE 的贡献率占比均有不同表现，其中，对 EWUE 贡献率占比三者均有分布，但降水、气温占比集中在 0～50%阶段，NDVI 集中在 25%～100%阶段，在对 SWUE 的贡献率占比中发现，气温贡献率占比最高，均集中在 47%以上，NDVI 集中在 0～50%，降水集中在 0～25%，而在对 PWUE 的贡献率占比中，气温贡献率占比较低，严格低于 25%，降水与 NDVI 贡献率占比各阶段均有分布，表现为高度一致[图 5.24(g)～(i)]。降水、气温及 NDVI 对草原 EWUE、SWUE 及 PWUE 贡献率占比与全区贡献率占比规律具有高度一致性，主要是草原面积最大，是中亚干旱区最典型的优势种[图 5.24(j)～(l)]。在降水、气温及 NDVI 对作物 EWUE、SWUE 及 PWUE 的贡献率占比中，EWUE 与 SWUE 具有一致规律。NDVI 贡献率占比均高于气温与降水，SWUE 中气温高于降水，而在 PWUE 中气温贡献率占比最低(<25%)[图 5.24(m)～(o)]。在降水、气温及 NDVI 对湿地 EWUE、SWUE 及 PWUE 的贡献率占比中，三者对 EWUE 贡献率占比均匀，气温对 SWUE 贡献率占比最低(<25%)，降水对 PWUE 贡献率占比最低(<50%)[图 5.24(p)～(r)]。

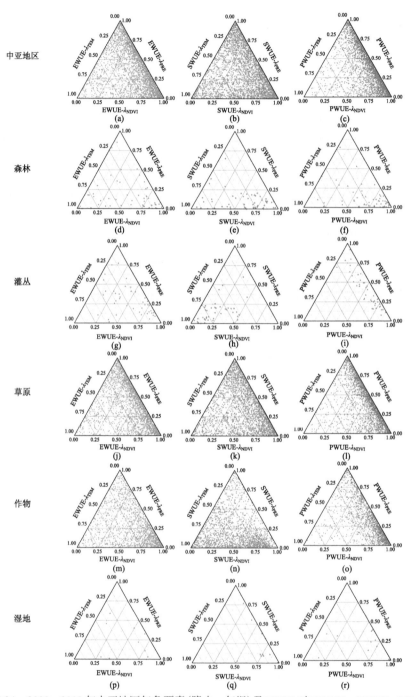

图 5.24 2000～2018 年中亚地区气象要素(降水、气温)及 NDVI 对 EWUE、SWUE、PWUE 的贡献率占比

从全区域来看，降水对 EWUE、SWUE 及 PWUE 贡献率占比分别为 96.74%、29.57%及 79.12%（贡献率 WUE-λ_{PRE}：7.28%、2.35%及 5.11%），气温对 EWUE、SWUE 及 PWUE 贡献率占比分别为 2.10%、15.51%及 17.80%（贡献率 WUE-λ_{TEM}：2.14%、1.80%及 1.16%），NDVI 对 EWUE、SWUE 及 PWUE 贡献率占比分别为 1.16%、5.37%及 52.63%（贡献率 WUE-λ_{NDVI}：4.94%、3.61%及 8.74%）[图 5.24（a）～（c）和表 5.7]。

森林 EWUE 排序为 EWUE-λ_{TEM}> EWUE-λ_{NDVI} > EWUE-λ_{PRE}；灌丛、湿地及作物 EWUE 排序为 EWUE-λ_{NDVI} > EWUE-λ_{PRE} > EWUE-λ_{TEM}；草原 EWUE 排序为 EWUE-λ_{PRE}>EWUE-λ_{NDVI}>EWUE-λ_{TEM}[图 5.25（b）]。森林 SWUE 排序为 SWUE-λ_{TEM}>SWUE-λ_{PRE}>SWUE-λ_{NDVI}；灌丛 SWUE 排序为 SWUE-λ_{TEM}>SWUE-λ_{NDVI}>SWUE-λ_{PRE}；草原及作物 SWUE 排序为 SWUE-λ_{NDVI} > SWUE-λ_{TEM} > SWUE-λ_{PRE}；湿地 SWUE 排序为 SWUE-λ_{PRE} > SWUE-λ_{NDVI}>SWUE-λ_{TEM}[图 5.25（c）]。森林、灌丛、湿地及作物 PWUE 排序为 PWUE-λ_{NDVI}>PWUE-λ_{PRE}>PWUE-λ_{TEM}；草原 PWUE 排序为 PWUE-λ_{PRE} > PWUE-λ_{TEM} > PWUE-λ_{NDVI}[图 5.25（d）]。研究发现降水及 NDVI 对 EWUE 和 PWUE 贡献率占比大，降水对草

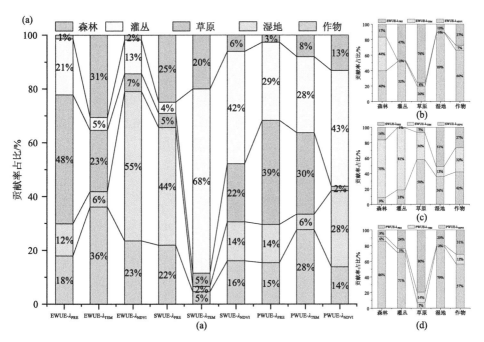

图 5.25　2000～2018 年中亚地区气象要素（降水、气温）及 NDVI 对植被类型 EWUE、SWUE、PWUE 的贡献率占比

原 EWUE 和 PWUE 贡献率占比分别高达 76%和 80%，NDVI 对湿地 EWUE 和 PWUE 贡献率占比达到 89%和 79%，对森林 PWUE 更是高达 86%。气温对 SWUE 贡献率占比大，特别是灌丛（81%）、森林（75%）、草原（36%）及作物（32%）[图 5.25（b）～（d）]。

5.3 中亚地区水分利用效率对干旱的动态响应

本节基于 CRU 4.2.1 的降水及潜在蒸散发栅格数据计算了中亚地区的标准化降水蒸散发指数（SPEI），同时，下载了 CRU 4.2.1 的 PDSI 产品数据。结合 SPEI 与 PDSI 广泛应用的干旱指数分级标准，研究分析了 21 世纪以来中亚地区 SPEI 与 PDSI 年际、年内变化的空间趋势，以及中亚地区的干旱特征和不同植被类型下 WUE 对气温和降水及干旱的时间滞后性，综合分析了 WUE 对干旱的动态响应（时滞相关系数和滞后时间），对中亚地区生态环境和社会经济可持续发展具有积极意义。

5.3.1 中亚地区干旱指数的计算及其趋势分析

本节的 SPEI 是基于水量平衡方程利用 CRU 的降水和潜在蒸散发之差估算的（Vicente-Serrano et al.，2010），过程如下。

首先，计算逐月降水量与潜在蒸散发量的差额：

$$D_m = P_m - \text{ET}_{0m} \tag{5.1}$$

式中，m 为月份数量；P_m 为第 m 个月的降水量；ET_{0m} 为第 m 个月的潜在蒸散发量。

其次，依据不同时间上的尺度，将 D_m 进行聚集和归一化：

$$\begin{cases} D_{m,n}^i = \sum_{j=13-i+n}^{12} D_{m-1} + \sum_{j=1}^{n} D_{m,j} & n < i \\ D_{m,n}^i = \sum_{j=n-i+1}^{n} D_{m,n} & n \geqslant i \end{cases} \tag{5.2}$$

然后，使用 log-Logistics 概率分布函数拟合 D_m 序列（Trenberth et al.，2013），得到累积概率密度函数 $F(D)$：

$$F(D) = \left[1 + \left(\frac{\alpha}{D - \gamma} \right)^{\beta} \right]^{-1} \tag{5.3}$$

式中，依据线性矩的方法，确定参量 α、β、γ 各代表尺度、形状、位置。

最后，对累积概率密度进行正态标准化：

$$\text{SPEI} = W - \frac{c_1 + c_2W + c_3W^2}{1 + t_1 + t_2W^2 + t_3W^3} \tag{5.4}$$

$$W = \sqrt{-2\ln(P)} \tag{5.5}$$

式中，W 为水量平衡序列转换成一个标准正态分布；P 为大于某个确定的 D_m 值的概率，$P \leqslant 0.5$ 时，$P = 1 - F(D)$，$P > 0.5$ 时，$p = 1 - P$，p 为累积概率的互补概率；c_1=2.515517，c_2=0.802853，c_3=0.010 328；t_1=1.432788，t_2=0.189269，t_3=0.001308（Ayantobo et al., 2017）。SPEI 值为正时，表示湿润状态；SPEI 值为负时，表示干旱状态。

帕尔默干旱指数（PDSI）是 CRU 数据产品，空间精度为 0.5°，时间精度为月，由于最晚年限为 2017 年，本节选取 2000～2017 年月尺度，进行数据的提取与合成。为了统一精度，将 SPEI 与 PDSI 均插值为 0.1°，进行干旱的分析研究，根据前人研究对 SPEI（李斌和李洁，2016）和 PDSI 进行分级（Drought, 1965），见表 5.8。

表 5.8　SPEI 与 PDSI 分级

SPEI	SPEI 程度	PDSI	PDSI 程度
—	—	≥4.00	极度湿润
>2.00	特涝	3.00～3.99	过度湿润
(1.50, 2.00]	重涝	2.00～2.99	湿润
(1.00, 1.50]	中涝	1.00～1.99	轻度湿润
(0.50, 1.00]	轻涝	0.50～0.99	初始湿润
(−0.50, 0.50]	无旱	−0.49～0.49	正常
(−1.00, −0.50]	轻旱	−0.99～−0.50	初始干旱
(−1.50, −1.00]	中旱	−1.99～−1.00	轻度干旱
(−2.00, −1.50]	重旱	−2.99～−2.00	干旱
≤−2.00	特旱	−3.99～−3.00	严重干旱
—	—	≤−4.00	极度干旱

2000～2018 年，中亚地区年平均 SPEI 空间分布规律为从咸海向东呈环状上升趋势，即干旱程度逐渐减弱，甚至转向无旱（−0.50～0.50）[图 5.26（a）]。根据中亚地区 SPEI 空间分布趋势，过去 19 年以来，此区域东北部、中部及东南部区域呈不显著变湿趋势，而中东部呈不显著变干趋势，西北大部呈显著变干趋势（P<0.05）[图 5.26（c）]。2000～2017 年，中亚地区年平均 PDSI 呈斑块状分布，由区域几何中心向外呈上升趋势，即干旱程度逐渐减弱转向无旱，甚至转向轻度湿润（1.00～1.99）[图 5.26（b）]。过去 18 年以来，中亚中部区域（60°E～70°E, 45°N～

50°N)、南部部分区域及东北部呈显著变湿趋势（P<0.05），其余区域呈变干趋势，其中哈萨克斯坦西部（50°E，50°N）附近呈显著变干趋势（P<0.05）[图 5.26（d）]。SPEI 侧重于大气干旱，而 PDSI 更侧重于土壤干旱，因此，造成二者 18 年来中亚地区干旱程度及其趋势规律的空间差异（图 5.26）。

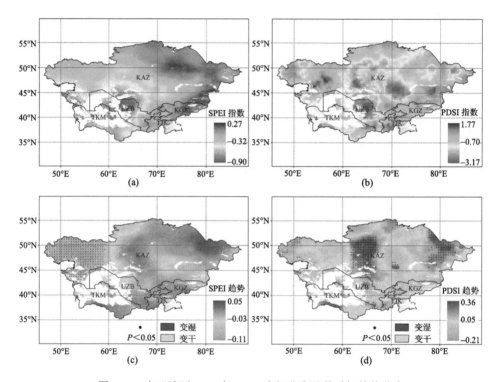

图 5.26　中亚地区 SPEI 与 PDSI 空间分布及其时间趋势分布

5.3.2　中亚地区 WUE 对干旱响应的时空规律

本节发现，中亚地区的 $EWUE_0$ 与 SPEI 总体变化保持一致，但 2009～2012 年除外。就不同时期变化来看，中亚地区在 2000～2008 年为历史的干旱期，其中，$EWUE_0$ 随干旱程度的加剧而下降，2009～2012 年为干旱过渡期，$EWUE_0$ 随干旱程度的变化略表现相反态势；2013 年之后，$EWUE_0$ 表现出同干旱程度变化的一致性。通过 SPEI 干旱分类方法，对不同干旱等级 $EWUE_0$ 的变化进行了详细分析[图 5.27（a）]。研究发现，在干旱期，不同植被类型的 $EWUE_0$ 对干旱程度的响应存在明显的异质性。森林 $EWUE_0$ 与 SPEI 呈正相关性，但并不显著，主要原因是森林在水分充足的高海拔地区，受干旱影响小。然而，作物、草原、湿地和灌丛

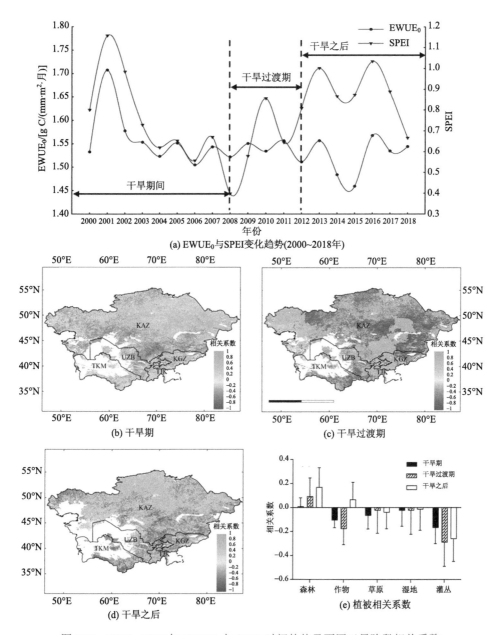

图 5.27　2000～2018 年 EWUE$_0$ 与 SPEI 时间趋势及不同干旱阶段相关系数

的 $EWUE_0$ 与 SPEI 呈负相关性(但相关性均处于弱相关级别),由高到低分别为灌丛、作物、草原和湿地。在干旱过渡期,$EWUE_0$ 与 SPEI 相关性明显增强,同干旱期一致。而在干旱之后,$EWUE_0$ 与 SPEI 相关性较干旱过渡期明显减弱,但强于干旱期。森林和作物的 $EWUE_0$ 与 SPEI 表现为正相关,这与其均有充足水分补给关系较大,其中,森林主要以山地降水补给,作物主要受人工灌溉影响。然而,草原、湿地和灌丛的 $EWUE_0$ 与 SPEI 均为负相关,受人为干预较少。中亚地区不同植被类型受干旱影响,$EWUE_0$ 升序为湿地、草原、森林、作物及灌丛[图 5.27(e)];中亚不同时期 $EWUE_0$ 与 SPEI 正负相关系数具有明显空间异质性。干旱期:$EWUE_0$ 与 SPEI 正相性主要位于哈萨克斯坦中东部山区、吉尔吉斯斯坦、塔吉克斯坦和土库曼斯坦高海拔地区,而平原大多地区呈现负相关性[图 5.27(b)]。干旱过渡期:$EWUE_0$ 与 SPEI 的正负相关系数呈东西相间分布,与 $EWUE_0$ 的变化密切相关[图 5.27(c)]。干旱之后:$EWUE_0$ 与 SPEI 的相关系数与干旱过渡期规律一致,呈负相关关系,而这反映了干旱事件的结束,$EWUE_0$ 与 SPEI 相关系数回归到干旱之前的状态[图 5.27(d)]。

为探究不同植被类型 $EWUE_0$ 同 SPEI 的复杂关系,根据 MCD12Q1 土地利用类型数据中 12 种植被类型,提取了 $EWUE_0$ 和 SPEI 近 19 年的栅格数据,将相关系数 R 的绝对值与 R^2 之和作为评价指标。$EWUE_0$ 和 SPEI 的相关性升序为:永久湿地、落叶针叶林、草原、常绿针叶林、作物和自然植被镶嵌体、稀树草原、作物、郁闭灌丛、落叶阔叶林、开放灌丛、混交林、多树草原。其中,负相关的为作物和自然植被镶嵌体、作物、草原和落叶针叶林(图 5.28)。

5.3.3 中亚地区 WUE 对降水、气温及干旱的滞后性

有学者根据中亚五国草地覆盖率、森林覆盖率、生态用水比例及土壤盐渍化面积比,评估得出各国生态安全分数,其中哈萨克斯坦得分为 1.0586,塔吉克斯坦得分为 1.0568,吉尔吉斯斯坦得分为 1.0071,乌兹别克斯坦得分为 0.0302,土库曼斯坦得分为 0.0140,分数越高代表生态安全程度越好,因此,生态安全程度由高到低排名为哈萨克斯坦、塔吉克斯坦、吉尔吉斯斯坦、乌兹别克斯坦及土库曼斯坦(Wang X et al., 2020)。本节将根据行政区范围及植被利用类型分析中亚地区 WUE 对气温及降水的时间滞后性,研究区生态系统 EWUE 和 PWUE 与降水的最大时滞偏相关系数介于–0.90~1.00,而 SWUE 最大时滞偏相关系数介于–0.66~1.00,EWUE 与 SWUE 总体上呈东北低西南高的空间格局,而 PWUE 呈西高东低的空间格局[图 5.29(a)、(c)、(e)]。其中,乌兹别克斯坦的 EWUE、SWUE 及 PWUE 与降水的最大时滞偏相关系数均为最高,分别为 0.7532、0.7671 及 0.6925。

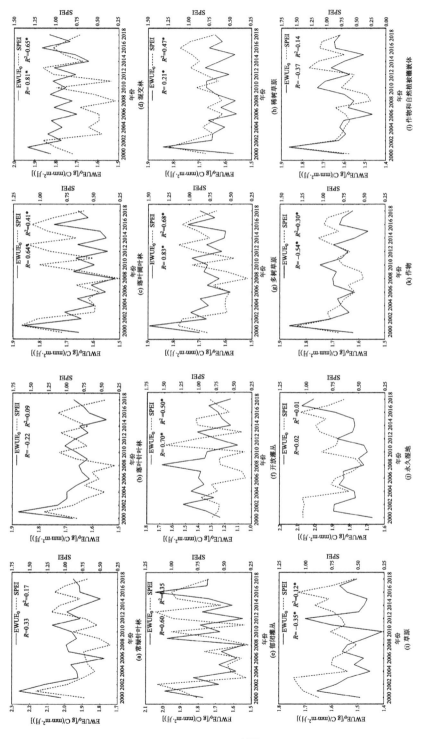

图 5.28　2000～2018 年不同植被类型下 EWUE₀ 与 SPEI 的年均趋势图

*表示相关系数分别通过了 0.05 显著性水平检验

由于乌兹别克斯坦位于中亚南部干旱区，荒漠广布，气候相对干旱，植被类型以旱性灌木为主，植被覆盖年内变化受降水影响大，特别是夏季较为茂盛，最大时滞偏相关系数较大[图 5.29(a)、(c)、(e)]。山区国家吉尔吉斯斯坦的 EWUE、SWUE 及 PWUE 与降水的最大时滞偏相关系数均为最低，分别为 0.6073、0.6770 及 0.5636。此区域生态区气候相对湿润，植被类型以冷性森林植被为主，植被覆盖年内变化不大，WUE 受降水影响小，最大时滞偏相关系数最小[图 5.29(a)、(c)、(e)]。

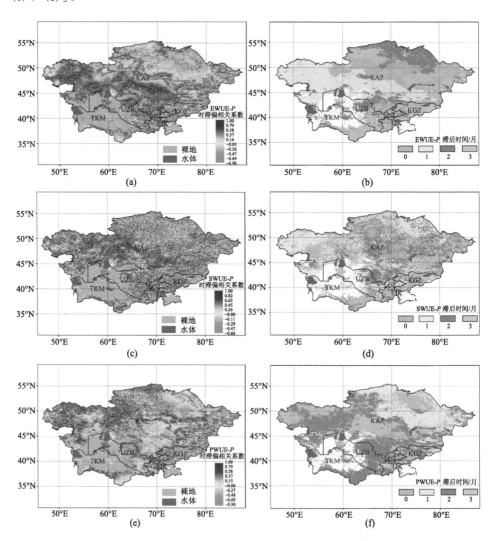

图 5.29　2000～2018 年中亚地区 WUE 与降水(P)的最大时滞偏相关系数及滞后时间

EWUE 和 PWUE 与降水的时滞偏相关系数由大到小排序为乌兹别克斯坦、塔吉克斯坦、土库曼斯坦、哈萨克斯坦及吉尔吉斯斯坦，SWUE 时滞偏相关系数中，土库曼斯坦高于塔吉克斯坦。中亚五国在 WUE 与降水的时滞中，土库曼斯坦在 EWUE 和 SWUE 时滞中最高分别为 2.5 个月和 1.7 个月，哈萨克斯坦在 EWUE 和 PWUE 时滞中最低为 1.3 个月和 1.9 个月，乌兹别克斯坦在 SWUE 时滞中最低为 1.3 个月，塔吉克斯坦在 PWUE 时滞中最高为 2.0 个月。因此，研究区整体滞后效应明显。其中，EWUE、SWUE 及 PWUE 占研究区面积 21.75%、22.00% 及 7.65% 的区域不存在滞后效应，时滞 1 个月占研究区面积 32.32%、35.97% 及 22.27% 的区域，时滞 2 个月占研究区面积 19.61%、24.51% 及 43.59% 的区域，时滞 3 个月占研究区面积 26.33%、17.53% 及 26.50% 的区域。EWUE、SWUE 及 PWUE 时滞空间规律各不相同，由东北向西南 EWUE 为 2-0-1-3 月型，SWUE 为 1-3-0-2-0-3 月型，PWUE 为 0-1-3-2 月型 [图 5.29 (b)、(d)、(f)]。

在植被利用类型中，EWUE 和 PWUE 与降水的最大时滞偏相关系数由大到小均为灌丛、湿地、草原、作物及森林，但 SWUE 与降水的最大时滞偏相关系数中，草原 (0.71) 大于湿地 (0.66) [图 5.30 (a)、(c)、(e)]。其中，灌丛最大时滞偏相关系数最高，主要由于灌丛区位于荒漠过渡带，降水少且变率大，植被覆盖年内变化大，因此，受降水影响大。湿地受附近湖泊及河流水域环境的影响，同样受区域气温影响小，受山区降水补给的河水及湖水的洪枯水位影响较大，因此，植被覆盖变化大，最大时滞偏相关系数较大。森林位于气候相对湿润生态区，全年植被覆盖稳定，最大时滞偏相关系数最小。作物最大时滞偏相关系数较小，是由于人为灌溉影响，受自然条件下的降水影响较小。总之，由图 5.30 得出，受降水影响越大时滞越长，受降水影响越小时滞越短，受降水影响程度与时滞呈正相关关系。EWUE、SWUE 及 PWUE 与降水的时滞，分别为森林 (2.06 个月，1.58 个月，0.90 个月)、灌丛 (1.97 个月，2.01 个月，2.69 个月)、草原 (1.89 个月，1.38 个月，1.40 个月)、湿地 (1.20 个月，1.23 个月，1.57 个月) 及作物 (1.62 个月，1.11 个月，2.02 个月) [图 5.30 (b)、(d)、(f)]。

研究区 EWUE、SWUE 和 PWUE 与气温的最大时滞偏相关系数均介于 -0.99 ~ 1.00，其中，EWUE、SWUE 和 PWUE 最大时滞偏相关系数最小为 -0.74、-0.99 和 -0.89，EWUE、SWUE 与 PWUE 总体上均呈中部高南北低的空间格局 [图 5.31 (a)、(c)、(e)]。其中，哈萨克斯坦 EWUE 与气温的最大时滞偏相关系数最高为 0.7863，哈萨克斯坦位于中亚地区中北部区域，气候相对寒冷，植被类型以草原为主，全年植被覆盖变化大，最大时滞偏相关系数较大。PWUE 和气温最大时滞偏相关系数与降水相一致。土库曼斯坦 SWUE 与气温的最大时滞偏相关系数最低 (-0.6805)，此区域主要为荒漠植被，虽为干旱区，但 WUE 受降水影响大，

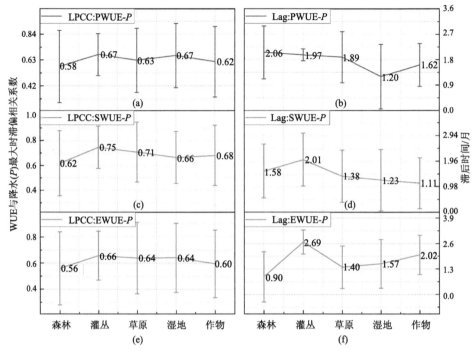

图 5.30　不同植被类型 WUE 与降水（P）最大时滞偏相关系数及滞后时间

受气温影响小。因此，植被覆盖率低且变率大，最大时滞偏相关系数最小 [图 5.31（a）、（c）、（e）]。塔吉克斯坦 EWUE 最大时滞偏相关系数为最低值，在 SWUE 最大时滞偏相关系数中却为最高值，充分说明山区国家水热组合的复杂性，同时也进一步说明山区 ET 平均状态受气温影响小，而土壤水受气温影响大。EWUE 时滞偏相关系数由大到小排序为哈萨克斯坦、乌兹别克斯坦、土库曼斯坦、吉尔吉斯斯坦及塔吉克斯坦；SWUE 时滞偏相关系数由大到小排序为塔吉克斯坦、哈萨克斯坦、乌兹别克斯坦、吉尔吉斯斯坦及土库曼斯坦；PWUE 时滞偏相关系数由大到小为哈萨克斯坦、吉尔吉斯斯坦、塔吉克斯坦、乌兹别克斯坦及土库曼斯坦。

　　中亚五国在 WUE 与气温的滞后时间中，吉尔吉斯斯坦在 EWUE 时滞中最高为 2.7 个月，而在 SWUE 时滞中最低，为 1.1 个月，印证上文相关性的分析，得出受气温影响越高时滞越短，受气温影响越低时滞越长，受气温影响程度与时滞呈负相关关系。EWUE 和 SWUE 整体滞后效应明显 [图 5.31（b）和（d）]，PWUE 整体滞后效应不明显 [图 5.31（f）]。其中，EWUE、SWUE 和 PWUE 面积占比 2.26%、7.78% 和 37.25% 的区域不存在滞后效应，时滞 1 个月面积占比 4.45%、45.04% 和 30.93%，时滞 2 个月面积占比 31.81%、29.41% 和 12.54%，时滞 3 个月面积占比 61.48%、18.66% 和 19.28%，EWUE、SWUE 及 PWUE 时滞空间规律各不相同，由东北向西南 EWUE 为 3-2-1-3 月型，SWUE 为 3-2-1 月型，PWUE 为 3-2-1-0-3 月型［图 5.31（b）、（d）、（f）］。

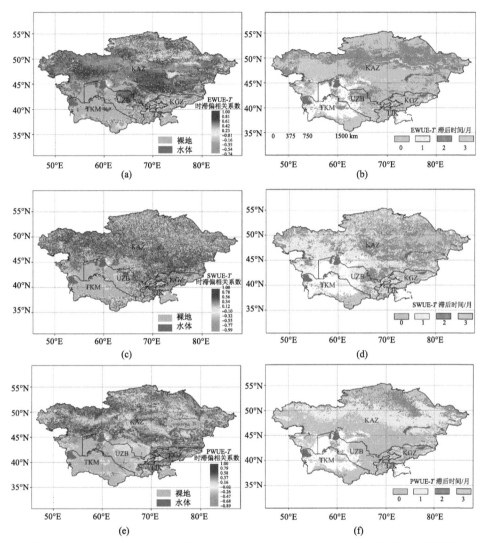

图 5.31　2000～2018 年中亚地区 WUE 与气温（T）的最大时滞偏相关系数及滞后时间

PWUE 与气温的最大时滞偏相关系数由大到小为森林、湿地、草原、作物及灌丛；SWUE 与气温的最大时滞偏相关系数由大到小为草原、灌丛、湿地、作物及森林；EWUE 与气温的最大时滞偏相关系数由大到小为草原、森林、湿地、作物及灌丛［图 5.32（a）、（c）、（e）］。在 EWUE 与 PWUE 中，灌丛对气温的最大时滞偏相关系数最小，由于灌丛位于中亚南部荒漠过渡带，气温变化较为稳定，受气温影响较小。森林对气温的最大时滞偏相关系数较大，由于森林大部分位于东部山区，实际蒸散发与降水受气温(海拔梯度)影响较大，而 SWUE 中森林最大时滞偏相关系数最小，土壤水受到植被覆盖及降水影响较大，因此，林下土壤水受气温影响较小。草原在三种 WUE 类型下，与气温的最大时滞偏相关系数较大，主要由于草原在研究区占比高(72.26%)，水平空间与垂直梯度变化大，气温由低到高序列均有分布。此外，草原多为一年生草本，受气候变化较为敏感。由图 5.32 得出，受气温影响越高时滞越短，受气温影响越低时滞越长，受气温影响程度与时滞呈负相关关系。不同植被类型 PWUE、SWUE 及 EWUE 与气温的时滞分别为森林(2.03 个月，1.22 个月，2.31 个月)、灌丛(2.30 个月，2.07 个月，2.63 个月)、草原(0.99 个月，1.62 个月，2.52 个月)、湿地(2.43 个月，1.13 个月，2.27 个月)及作物(2.10 个月，1.06 个月，2.42 个月)[图 5.32(b)、(d)、(f)]。

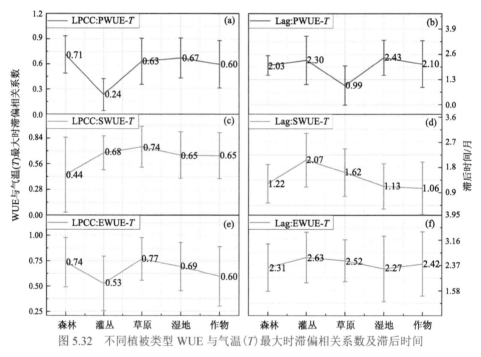

图 5.32 不同植被类型 WUE 与气温(T)最大时滞偏相关系数及滞后时间

中亚 EWUE、PWUE 分别与 SPEI 的最大时滞偏相关系数具有空间分布上的一致性规律，但中南部略有差异，发现最大时滞偏相关系数负值区域与 SPEI 时序变湿区域一致[图 5.26(c)、图 5.33(a)和(c)]，EWUE 与 PWUE 在时序上均呈下降趋势，反映出中亚地区东北部及北部区域气候越湿润，EWUE 与 PWUE 值越低，时滞同样较低为 0(无时滞)或 1 个月[图 5.33(b)和(d)]。中亚地区西部及南部区域 EWUE、PWUE 与 SPEI 的最大时滞偏相关系数为正值，体现出中亚地区

西部及南部区域气候干旱,且此区域大部分无时滞。中亚 EWUE 、PWUE 与 SPEI
的最大时滞偏相关系数大部分区域为 3 个月(60°E~90°E),时滞 2 个月集中在西部
区域,时滞 1 个月集中在哈萨克斯坦东北部及乌兹别克斯坦东南部,无时滞区域集
中在荒漠区周围(乌兹别克斯坦与土库曼斯坦大部分)及哈萨克斯坦东北部[图
5.33(b)和(d)]。中亚 SWUE 最大时滞偏相关系数不同于 EWUE 及 PWUE,其在
45°N 以北区域大部分为正值区,较为湿润,时滞由西到东为 2-1-2-0-3 月型;在
45°N 以南区域大部分为负值区,较为干旱,时滞由西到东为 3-0-3 月型。总体来
说,山区 WUE 时滞较大,受干旱影响较小;平原荒漠 WUE 时滞较小,受干旱
影响较大[图 5.33(c)和(f)]。

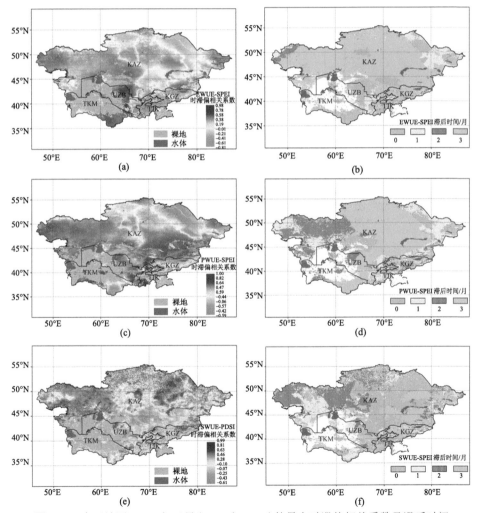

图 5.33　中亚地区 WUE 与干旱(SPEI 和 PDSI)的最大时滞偏相关系数及滞后时间

表 5.9 中亚地区 WUE 对干旱响应的最大时滞偏相关系数及滞后时间

国家	时滞系数			滞后时间/月		
	EWUE-SPEI	PWUE-SPEI	SWUE-PDSI	EWUE	PWUE	SWUE
哈萨克斯坦	-0.317	0.425	0.251	1.83	2.36	1.4
塔吉克斯坦	0.123	0.436	0.307	2.70	2.59	2.17
吉尔吉斯斯坦	0.503	0.677	0.265	1.07	2.28	1.83
乌兹别克斯坦	0.535	0.464	0.338	0.53	2.53	1.82
土库曼斯坦	0.365	0.553	0.495	2.45	2.13	1.38

植被类型	时滞系数			滞后时间/月		
	EWUE-SPEI	PWUE-SPEI	SWUE-PDSI	EWUE	PWUE	SWUE
森林	0.494	0.700	0.632	1.24	1.29	1.69
灌丛	0.628	0.456	0.355	0.33	2.71	1.51
草原	0.358	0.55	0.460	2.31	2.16	1.44
湿地	0.315	0.357	0.480	1.89	2.37	1.30
作物	0.288	0.500	0.433	2.22	2.54	1.69

海拔梯度	时滞系数			滞后时间/月		
	EWUE-SPEI	PWUE-SPEI	SWUE-PDSI	EWUE	PWUE	SWUE
AL1	0.606	0.8230	0.640	2.88	1.66	1.70
AL2	0.380	0.545	0.456	2.19	2.20	1.39
AL3	0.349	0.531	0.465	2.09	2.21	1.43
AL4	0.148	0.501	0.347	2.46	2.28	2.02

注: AL1: -288~0m; AL2: 0~500m; AL3: 500~1000m; AL4: 1000~7021m。

通过分析发现，在 EWUE 时滞中，塔吉克斯坦时滞最高，为 2.70 个月，乌兹别克斯坦最低，为 0.53 个月。在 PWUE 与 SWUE 时滞中，塔吉克斯坦时滞最高，为 2.59 个月与 2.17 个月，土库曼斯坦最低，为 2.13 个月与 1.38 个月，由于时滞计算基于栅格进行，受区域面积影响较大。在最大时滞偏相关系数中，EWUE-SPEI 最高为乌兹别克斯坦（0.535），最低为塔吉克斯坦（0.123）；PWUE-SPEI 最高为吉尔吉斯斯坦（0.677），最低为哈萨克斯坦（0.425）；SWUE-PDSI 最高为土库曼斯坦（0.495），最低为哈萨克斯坦（0.251）。进一步说明水分条件的变化是 PWUE-SPEI 的主要控制因素，在植被覆盖度较低的地区，温度条件的变化是 EWUE-SPEI 与 SWUE-PDSI 的主要控制因素；进一步分析不同植被类型及海拔梯度的时滞，发现 EWUE 中草原的时滞最高，灌丛最低；SWUE 中森林和作物的时滞最高，湿地最低；PWUE 中灌丛的时滞最高，森林最低。在 SWUE 与 PWUE 中，AL4（海拔 1000～7021m）时滞高，AL1（海拔–288～0m）时滞低（表 5.9）。

5.4 本章小结

中亚地区是亚洲高山雨影区，拥有脆弱的山地-绿洲-荒漠生态系统。植被类型以草原为主，还包括山地森林、河湖湿地、绿洲作物及荒漠灌丛等，植被生态系统 NDVI 时空差异明显。1981～2021 年中亚地区植被不同产品的 NDVI 呈半环状分布模式，以咸海流域为中心，从内到外呈上升趋势。就季节而言，时间上的变化清楚地表明，夏季>春季>秋季>冬季，GIMMS 比 MODIS 对每年的时间变化更加敏感。研究期间，植被绿化和褐化最初是并存的，直到 1994 年达到一个转折点，此后褐化占主导地位。研究表明，在高 VPD 和低 SM 的气候环境中，干旱地区的植被对温度变化引起的缺水更为敏感。同时，植被 NDVI 的变化与干旱程度的变化相一致，较低的 PDSI 值（干旱程度的加剧）对应植被褐化。这项研究具有巨大的科学价值，它有助于了解植被生长和碳循环对环境变化的反应，也有助于预测中亚地区的未来发展。与此同时，由于气候变化，中亚地区内陆水循环过程加快，一定程度上改变了径流的补给构成，直接改变了山地-绿洲-荒漠植被 WUE、生长状态及其时空分布。2000～2018 年，$EWUE_0$ 呈不显著下降趋势，其月序列与 GPP 变化趋势高度一致，年内月尺度呈单峰波动。$EWUE_0$ 在不同季节和植被生长期由内向外以咸海为中心呈递减趋势，生长期 $EWUE_0$ 由高到低为森林、湿地、作物、草原、灌丛，即 $EWUE_0$ 随着生境湿润程度的降低而升高。中亚 WUE 的 PWUE > SWUE > EWUE，SWUE 和 PWUE 均呈上升趋势，但上升趋势不明显，季节规律为夏季>春季>秋季>冬季。EWUE 与海拔因子(由低到高)呈负相关关系(R=−0.49),SWUE(R=0.37)、PWUE(R=0.66)与海拔因子呈正相关关系。中亚地区降水对海拔梯度 WUE 贡献率为正;而气温对纬度 WUE 影响较大,NDVI 贡献率与降水贡献率空间规律具有高度一致性。不同类型 WUE 均存在阈值,ε_{PRE}(WUE 对降水的敏感性)阈值范围为 250~300 mm(低值点)和 500~550 mm(高值点),ε_{TEM}(WUE 对气温的敏感性)阈值为 3~6℃(高值点)和 9~12℃(低值点)。在 EWUE、SWUE 及 PWUE 与气象要素的时滞中,受降水影响程度与时滞呈正相关关系;受气温影响程度与时滞呈负相关关系,即水热条件组合越好的植被类型,响应时间越短。中亚地区不同植被 $EWUE_0$ 及其趋势,随着干旱程度的增加而升高,在不同干旱阶段下(干旱期、干旱过渡期、干旱之后),均呈现随着干旱影响程度的增加,$EWUE_0$ 降序排列为灌丛、作物、森林、草原和湿地。山区 WUE 时滞较大,主要受干旱影响较小;平原荒漠 WUE 时滞较小,主要受干旱影响较大。水分条件的变化是影响 PWUE-SPEI 的主要控制因素,在植被覆盖度较低的地区,温度条件的变化是 EWUE-SPEI 与 SWUE-PDSI 的主要控制因素。在不同植被类型及海拔梯度发现,EWUE 中草原的时滞最高,灌丛最低;SWUE 中森林和作物的时滞最高,湿地最低;PWUE 中灌丛的时滞最高,森林最低。在 SWUE 与 PWUE 中,AL4 时滞高,AL1 时滞低。此区域水资源利用高耗低效,水资源系列问题突出,致使水资源矛盾加剧,成为中亚地区经济发展和社会稳定的核心问题。准确量化中亚生态系统 WUE 对其应对水资源日益短缺及生态环境恶化的严峻形势具有重要意义。

参 考 文 献

蒋超亮, 吴玲, 刘丹, 等. 2019. 干旱荒漠区生态环境质量遥感动态监测——以古尔班通古特沙漠为例. 应用生态学报, 30(3): 7.

李斌, 李洁. 2016. 基于 SPEI 的鄱阳湖流域旱涝特征分析. 水资源研究, 5(5): 488-494.

宋慧敏, 薛亮. 2016. 基于遥感生态指数模型的渭南市生态环境质量动态监测与分析. 应用生态学报, 27(12): 7.

王劲峰, 徐成东. 2017. 地理探测器: 原理与展望. 地理学报, 72(1): 19.

王士远, 张学霞, 朱彤, 等. 2016. 长白山自然保护区生态环境质量的遥感评价. 地理科学进展, (10): 1269-1278.

徐涵秋. 2013. 区域生态环境变化的遥感评价指数. 中国环境科学, (5): 9.

朱青, 国佳欣, 郭熙, 等. 2019. 鄱阳湖区生态环境质量的空间分异特征及其影响因素. 应用生态学报, 30(12): 9.

Ayantobo O O, Li Y, Song S, et al. 2017. Spatial comparability of drought characteristics and related return periods in mainland China over 1961—2013. Journal of Hydrology, 550: 549-567.

Buermann W, Forkel M O, Sullivan M, et al. 2018. Widespread seasonal compensation effects of spring warming on northern plant productivity. Nature, 562 (7725) :110-114.

Chen C, Park T, Wang X, et al. 2019. China and India lead in greening of the world through land-use management. Nature Sustainability, 2 (2) :122-129.

Chen T, Tang G, Yuan Y, et al. 2020. Unraveling the relative impacts of climate change and human activities on grassland productivity in Central Asia over last three decades. Science of the Total Environment, 743:140649.

Chen Y, Li W, Deng H, et al. 2016. Changes in Central Asia's water tower: Past, present and future. Scientific Reports, 6 (1) :1-12.

Dai A. 2011. Drought under global warming: A review. Wiley Interdisciplinary Reviews: Climate Change, 2 (1) : 45-65.

Drought M. 1965. Research Paper Number 45. US Department of Commerce. Washington DC: Weather Bureau.

Eyring V, Cox P M, Flato G M, et al. 2019. Taking climate model evaluation to the next level. Nature Climate Change, 9 (2) :102-110.

Hirschi M, Seneviratne S I, Alexandrov V, et al. 2011. Observational evidence for soil-moisture impact on hot extremes in southeastern Europe. Nature Geoscience, 4 (1) :17-21.

Huang W, Duan W, Chen Y. 2021. Rapidly declining surface and terrestrial water resources in Central Asia driven by socio-economic and climatic changes. Science of the Total Environment, 784:147193.

Jing Y, Zhang F, He Y, et al. 2020. Assessment of spatial and temporal variation of ecological environment quality in Ebinur Lake Wetland National Nature Reserve, Xinjiang, China. Ecological Indicators, 110:105874.

Li J, Chen Y, Xu C, et al. 2019. Evaluation and analysis of ecological security in arid areas of Central Asia based on the emergy ecological footprint (EEF) model. Journal of Cleaner Production, 235:664-677.

Li Y, Chen Y, Sun F, et al. 2021. Recent vegetation browning and its drivers on Tianshan Mountain, Central Asia. Ecological Indicators, 129:107912.

Li Z, Chen Y, Li W, et al. 2015. Potential impacts of climate change on vegetation dynamics in Central Asia. Journal of Geophysical Research: Atmospheres, 120 (24) :12345-12356.

Lian X, Piao S, Li L Z, et al. 2020. Summer soil drying exacerbated by earlier spring greening of northern vegetation. Science Advances, 6 (1) :x255.

Liu H, Tian F, Hu H C, et al. 2013. Soil moisture controls on patterns of grass green-up in Inner Mongolia: An index based approach. Hydrology and Earth System Sciences, 17 (2) :805-815.

Liu L, Gudmundsson L, Hauser M, et al. 2020a. Soil moisture dominates dryness stress on ecosystem production globally. Nature Communications, 11 (1) :4892.

Liu L, Teng Y, Wu J, et al. 2020b. Soil water deficit promotes the effect of atmospheric water deficit on solar-induced chlorophyll fluorescence. Science of the Total Environment, 720:137408.

Loboda T V, Giglio L, Boschetti L, et al. 2012. Regional fire monitoring and characterization using global NASA MODIS fire products in dry lands of Central Asia. Frontiers of Earth Science, 6(2):196-205.

McDowell N, Pockman W T, Allen C D, et al. 2008. Mechanisms of plant survival and mortality during drought: Why do some plants survive while others succumb to drought?. New Phytologist, 178(4):719-739.

Nemani R R, Keeling C D, Hashimoto H, et al. 2003. Climate-driven increases in global terrestrial net primary production from 1982 to 1999. Science, 300(5625):1560-1563.

Novick K A, Ficklin D L, Stoy P C, et al. 2016. The increasing importance of atmospheric demand for ecosystem water and carbon fluxes. Nature Climate Change, 6(11):1023-1027.

Pan N, Feng X, Fu B, et al. 2018. Increasing global vegetation browning hidden in overall vegetation greening: Insights from time-varying trends. Remote Sensing of Environment, 214:59-72.

Piao S, Fang J, Zhou L, et al. 2005. Changes in vegetation net primary productivity from 1982 to 1999 in China. Global Biogeochemical Cycles, 19(2): GB2027.

Piao S, Nan H, Huntingford C, et al. 2014. Evidence for a weakening relationship between interannual temperature variability and northern vegetation activity. Nature Communications, 5(1):1-7.

Piao S, Wang X, Park T, et al. 2020. Characteristics, drivers and feedbacks of global greening. Nature Reviews Earth & Environment, 1(1):14-27.

Schlaepfer D R, Bradford J B, Lauenroth W K, et al. 2017. Climate change reduces extent of temperate drylands and intensifies drought in deep soils. Nature Communications, 8(1):1-9.

Stocker B D, Zscheischler J, Keenan T F, et al. 2018. Quantifying soil moisture impacts on light use efficiency across biomes. New Phytologist, 218(4):1430-1449.

Sun C, Li X, Zhang W, et al. 2020. Evolution of ecological security in the tableland region of the Chinese loess plateau using a remote-sensing-based index. Sustainability, 12(8):3489.

Trenberth K E, Dai A, Gerard V D S, et al. 2013. Global warming and changes in drought. Nature Climate Change, 4(1):17-22.

Vicente-Serrano S M, Beguería S, López-Moreno J I. 2010. A multiscalar drought index sensitive to global warming: The standardized precipitation evapotranspiration index. Journal of Climate, 23(7):1696-1718.

Wang J, Liu D, Ma J, et al. 2021. Development of a large-scale remote sensing ecological index in arid areas and its application in the Aral Sea Basin. Journal of Arid Land, 13(1):40-55.

Wang S, Zhang Y, Ju W, et al. 2020. Recent global decline of CO_2 fertilization effects on vegetation photosynthesis. Science, 370(6522):1295-1300.

Wang X, Chen Y, Li Z, et al. 2020. Development and utilization of water resources and assessment of water security in Central Asia. Agricultural Water Management, 240:106297.

Wang X, Peng S, Ling H, et al. 2019. Do ecosystem service value increase and environmental quality improve due to large-scale ecological water conveyance in an arid region of China?. Sustainability, 11 (23) : 6586.

Wen X, Ming Y, Gao Y, et al. 2019. Dynamic monitoring and analysis of ecological quality of pingtan comprehensive experimental zone, a new type of sea island city, based on RSEI. Sustainability, 12 (1) :21.

Willett K M, Williams Jr C N, Dunn R, et al. 2013. Hadisdh: An updateable land surface specific humidity product for climate monitoring. Climate of the Past, 9 (2) :657-677.

Yu L, Weller R A. 2007. Objectively analyzed air-sea heat fluxes for the global ice-free oceans (1981 —2005). Bulletin of the American Meteorological Society, 88 (4) :527-540.

Yuan X A, Wxab C, Ning L A, et al. 2021. Assessment of spatial-temporal changes of ecological environment quality based on RSEI and GEE: A case study in Erhai Lake Basin, Yunnan province, China. Ecological Indicators, 125: 107518.

Zhang Y, Liu W, Cai Y, et al. 2020. Decoupling analysis of water use and economic development in arid region of China—Based on quantity and quality of water use. Science of the Total Environment, 761 (2) : 143275.

Zhou L, Tucker C J, Kaufmann R K, et al. 2001. Variations in northern vegetation activity inferred from satellite data of vegetation index during 1981 to 1999. Journal of Geophysical Research: Atmospheres, 106 (D17) :20069-20083.

Zhu Z, Piao S, Myneni R B, et al. 2016. Greening of the Earth and its drivers. Nature Climate Change, 6 (8) : 791-795.

第 6 章

中亚地区干旱风险评估

本章导读

• 本章准确地描述中亚地区干旱时空变化特征，评估干旱风险和重现期，预估未来干旱变化趋势，对保证当地人民正常的生产实践活动具有十分重要的作用。

• 本章基于地球系统科学数据集等计算了中亚五国标准化降水蒸散发指数，分析了中亚五国干旱的时空变化特征，发现中亚地区干旱化趋势较明显。基于游程理论分析了干旱历时、干旱强度和峰值，通过 Copula 函数构造联合分布模型，计算联合概率密度和联合重现期，对中亚五国的干旱风险进行了具体的统计与分析。中亚地区干旱以重度干旱为主，中度干旱较少，极端干旱在哈萨克斯坦中部时有发生。基于 CMIP6 模型数据预估了共享社会经济路径下未来干旱变化趋势及干旱属性特征，未来气象干旱表现为更长期和强烈的特征。

• 科学评估中亚地区干旱变化、探讨干旱变化归因，旨在为合理规划和配置水资源、维护区域稳定、积极应对未来干旱风险提供决策参考。

随着气候变化和经济社会的不断发展，干旱及其可能引发的生产、生活、生态等问题更加突出。受气候变化和人类活动的影响，全球干旱区还在继续扩张，3/4 的干旱地区扩张发生在贫穷和技术不发达的国家（Huang et al., 2017b）。干旱化的加剧将会使得这些国家和地区面临土地进一步退化、贫穷程度加剧的风险。中亚地处干旱、半干旱地区，降水较少而蒸散发较大，由于特殊的地理位置和自然环境，其对气候变化的影响和人类活动的干扰响应更为明显。与此同时，人口的不断增长和苏联解体导致的当地水资源分配不平衡，灌溉用水得不到有效利用，极易引发各国之间的水资源争夺。准确地描述中亚地区干旱的时空变化特征，评估干旱风险和重现期，预估未来干旱变化趋势，对保证当地人民正常的生产实践活动具有十分重要的作用。目前关于中亚地区的干旱研究主要存在的难点有：①缺乏可以全面描述干旱现象与事件的指标；②缺乏可以精准识别干旱事件、灵活分析干旱特点的方法；③缺乏可以具体统计干旱事件出现概率的模型。基于联合概率和重现期描述干旱事件的风险已经成为灾害事件风险规划的一种常规方法，因此本章基于 CRU 数据集计算了中亚五国标准化降水蒸散发指数(SPEI)，分析了中亚五国干旱的时空变化特征。基于 SPEI 和游程理论定义了干旱历时、干旱强度和干旱峰值，通过 Copula 函数构造联合分布模型，计算联合概率密度和联合重现期，对中亚五国的干旱风险进行了具体的统计与分析。基于 CMIP6 模型数据预估了贡献社会经济路径下未来干旱的变化趋势及干旱事件特征，以期提升国家和地区应对气候变化的能力，为维护中亚地区的稳定发展、合理有效地进行水资源管理和分配、减轻干旱的不利影响提供参考。

6.1　中亚地区干旱变化特征

中亚地区是"一带一路"建设发展的重要区域，干旱问题突出，详细分析中亚干旱的时空分布及变化情况，可为中亚地区的干旱风险评估提供重要的科学依据，为该地区经济社会发展和区域稳定提供技术支持。本节基于 CRU 4.2.1 格点数据计算了中亚五国的 SPEI，结合各类干旱指数的分级标准，依据中亚地区的特殊气候条件和环境特征划分了干旱等级。通过 1961～2017 年中亚地区 SPEI 的年际变化、年内变化以及过去半个多世纪的空间趋势，分析了中亚地区的干旱特征，旨在为合理规划和配置水资源、维护区域稳定、积极应对未来干旱风险提供决策参考。

6.1.1　干旱等级划分

目前有多种指数可作为指标来描述干旱特征，如帕尔默干旱指数(PDSI)、标准化降水蒸散发指数(SPEI)(周丹等，2014)、作物水分系数(CMI)(Palmer，1968)、标准化降水指数(SPI)(Mckee et al.，1993)、降水距平(PA)(李树岩等，2012)、综合气象干旱指数(CI)(张调风等，2012)等。其中，SPI 较常见于各类干旱分析中(Tue et al.，2015；Zhu et al.，2016；Guo et al.，2016)，但其局限性在于计算过程仅基于降水数据，忽略了其他因素在干旱中的重要作用(Yoon et al.，2012)。Vicente-Serrano 等(2010)在前述各种干旱指数的基础上，提出了 SPEI，目前在干旱分析中已得到广泛应用(周丹等，2014；Trenberth et al.，2014；Loon and Anne，

2015; Gao et al., 2017)。在计算潜在蒸散发时，无法直接获得中亚五国用于计算 Penman-Monteith 公式的具体气象数据，但在 CRU 数据的官方说明中解释了 CRU TS 4.02 数据(Harris et al., 2014)是在 CRU TS 3.10 的基础上改进的，而 CRU TS 3.10 数据的说明文献(Djaman et al., 2015)中明确说明 CRU 数据中的潜在蒸散发数据是基于 Penman-Monteith 方法计算得到的，因此本章采用 CRU 的潜在蒸散发数据计算 SPEI，具体步骤见 5.3.1 节式(5.1)至式(5.5)。

目前的研究中，针对不同的地区，结合不同的指数，对干旱等级的划分不尽相同，最常见的是依据 SPI、PDSI 和 SPEI 这三种指数进行划分：Serinaldi 等(2009)在进行西西里岛的干旱分析时，将 SPI<−1 作为中度干旱的标准；Li 等(2017)分析中亚地区干旱问题时，使用 PDSI<0 作为干旱发生的标准；Ayantobo 等(2017)分析 1961～2013 年中国的干旱特征时，使用 SPEI<−0.5 和 CI<−0.6 作为轻度干旱的标准。中亚地区与中国西北地区的自然气候环境相似，因此本章结合中亚地区的气候特点和环境特征，借鉴相关研究制定干旱等级(李伟光等，2012；王林和陈文，2012)，基于 SPEI 将中亚地区的干旱划分为 5 个等级来分析(表 6.1)：SPEI 值在−0.5～0.5 表示为正常状态，SPEI 值在−0.99～−0.5 表示轻度干旱，SPEI 值在−1.49～−1.0 表示中度干旱，SPEI 值在−1.99～−1.5 表示重度干旱，SPEI 值< −2.0 时表示极端干旱。依据此划分标准，可以定量统计中亚地区不同等级干旱事件的发生频次，详尽地研究中亚地区干旱的特征。

表 6.1　SPEI 分类

水平	SPEI	分类
0	−0.49～0.5	正常
1	−0.99～−0.5	轻度干旱
2	−1.49～−1.0	中度干旱
3	−1.99～−1.5	重度干旱
4	≤−2.0	极端干旱

6.1.2　中亚地区干旱时空变化特征

1. 中亚地区不同时间尺度 SPEI 的变化趋势

为了获取多尺度干旱特征，根据月尺度的降水和潜在蒸散发数据，计算得到中亚地区 1 个、3 个、6 个、9 个、12 个月时间尺度的 SPEI 变化过程(图 6.1)。从不同的时间尺度上可以看出，过去 57 年里中亚地区的 SPEI 变化存在一定的规律：1961～1974 年和 1979～1995 年 SPEI 多呈正值，其他时间段 SPEI 以负值为主，这表明在 1961～1974 年和 1979～1995 年整个中亚地区 SPEI 值波动不大，反映气候较稳定。而 1974～1979 年和 1995～2017 年中亚地区 SPEI 值相对较低，表明该地区经历了较长时间的干旱期。随着时间尺度增加，干旱事件发生的频次和强度开始变低，但相应地，其干旱历时逐渐延长，例如，由 9 个、12 个月尺度的 SPEI 值识别出来的干旱历时要大于 1 个、3 个、6 个月尺度。其中，1 个月时间尺度的 SPEI 正负交替频繁，用来反映干旱现象存在较大误差，而在 9 个、12 个月中长期时间尺度的 SPEI 过于粗略，不可避免地忽略了局部时间段内的变化情况。因此，在具体进行干旱分析时，需要依据研究对象的不同选用不同时间尺度的 SPEI。

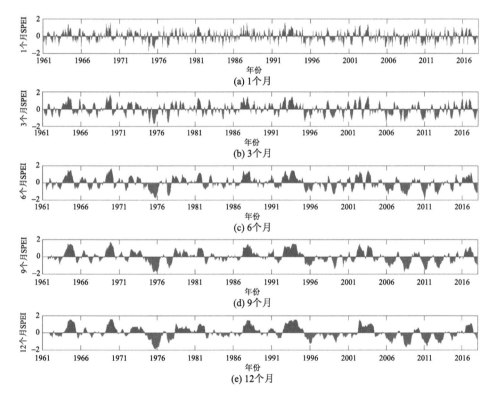

图 6.1　1961～2017 年中亚地区 1 个、3 个、6 个、9 个、12 个月尺度 SPEI(基于各月平均)

2. 中亚地区 SPEI-6 时间变化特征

通过对 1961～2017 年中亚地区干旱的年际变化进行分析可知(图 6.2)，中亚地区 SPEI 波动幅度较大，整体以–0.0538/10a 的速率下降。具体观察，1975 年、1995 年、2008 年的 SPEI 值分别是–1.377、–0.666、–1.130，表明这三个年份中亚地区分别遭遇了中度干旱、轻度干旱、中度干旱，1964 年、1969 年、1987 年和1993 年中亚则较湿润(张乐园等，2020)。

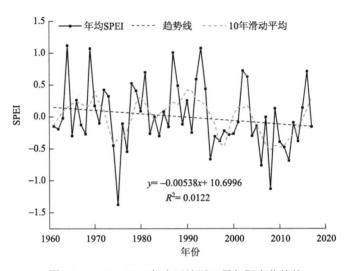

图 6.2 1961～2017 年中亚地区干旱年际变化趋势

通过对 1961～2017 年中亚地区干旱的年内变化进行分析可知(图 6.3)，四个季节 SPEI 波动均较大。春季整体以 0.00364/10a 的速率缓慢下降；夏季以0.0643/10a 的速率下降，其中 1975 年达到重度干旱，1977 年和 2008 年达到中度干旱，1962～1971 年、1980～1994 年气候相对湿润；秋季以 0.1135/10a 的速率显著下降；冬季 SPEI 值以 0.0405/10a 的速率呈较缓慢下降趋势，其中 1961～1974年、1977～1994 年气候较湿润，1995～2011 年为干旱时期。2012 年以后 SPEI 值出现上升趋势，可能是由气候变量的波动所致(张乐园等，2020)。

3. 中亚地区干旱变化突变检验

从年际变化来看(图 6.4)，1961～2017 年中亚地区 SPEI 突变曲线未超出 0.05的显著性临界线，在临界线内于 1994 年出现突变。从年内变化来看(表 6.2)，春季干旱突变年份发生在 1961～1994 年，未达到 0.05 显著性水平，说明春季中亚地区干旱在长时间段内一直在波动，趋势不显著；夏季干旱突变年份出现在 2000年、2003 年和 2015 年，均未超出 0.05 显著性水平，说明夏季中亚地区干旱虽出现三次突变，但总体干旱转变不明显；秋季干旱在 2003 年产生突变，并于 2010

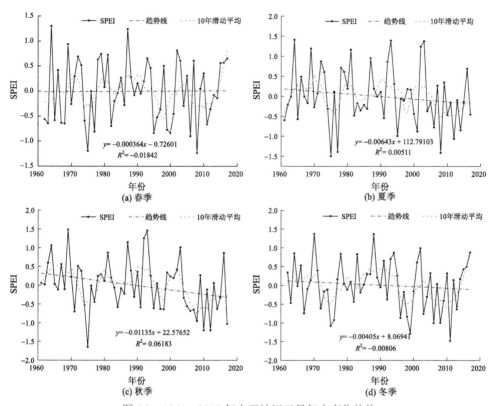

图 6.3　1961～2017 年中亚地区干旱年内变化趋势

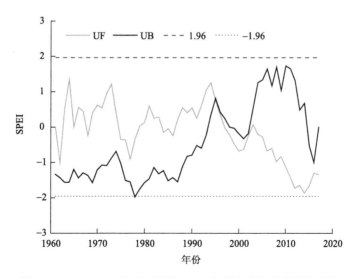

图 6.4　1961～2017 年中亚地区 SPEI 年际变化及突变检验曲线

虚线为 0.05 显著性水平线

表 6.2　1961～2017 年中亚地区 SPEI 年内变化及 M-K 突变检验

季节	突变年份	是否达到 0.05 显著性水平
春季	1961～1994 年	否
夏季	2000 年、2003 年、2015 年	否
秋季	2003 年	是
冬季	1961～1995 年	否

年超过 0.05 显著性水平，表明秋季中亚地区干旱从 2003 年起显著增强，在 2010 年进一步加重；冬季干旱在 1961～1995 年不间断突变，表明冬季中亚地区干旱发生规律不明显。综合来看，1961～2017 年中亚地区在四季均存在缓慢的干旱化特征，秋季较明显，四季出现突变的年份并不一致(张乐园等，2020)。

4. 中亚地区 SPEI-6 空间变化特征

通过对 1961～2017 年中亚地区四季的 SPEI 变化趋势进行空间分析可知(图 6.5)，中亚地区每个季节的干旱变化有着较显著的空间异质性，总体呈干旱化趋势，集中分布于中西部。春季土库曼斯坦西部地区、哈萨克斯坦中部地区和乌兹别克斯坦中部地区干旱趋势出现加重，达到 0.1～0.19/10a；夏季中亚大部干旱普遍加重，其中乌兹别克斯坦、哈萨克斯坦中南部地区和土库曼斯坦加重速率为 0.15～0.24/10a，但在吉尔吉斯斯坦部分区域和哈萨克斯坦东北地区干旱趋势减轻；秋季在乌兹别克斯坦与哈萨克斯坦交界处、土库曼斯坦与乌兹别克斯坦交界

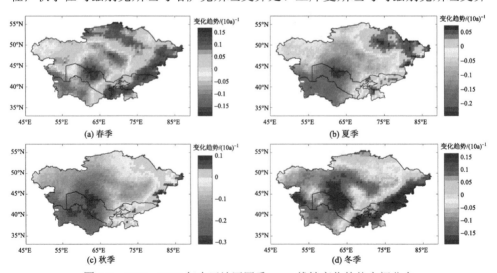

图 6.5　1961～2017 年中亚地区四季 SPEI 线性变化趋势空间分布

处干旱显著，增加速率高达 0.2～0.31/10a，大多数地区干旱加重，小部分东部地区干旱减轻；冬季中亚中西部地区干旱加重，以乌兹别克斯坦、土库曼斯坦和哈萨克斯坦南部为主，增加速率达 0.15～0.19/10a，塔吉克斯坦和吉尔吉斯斯坦东部地区干旱减轻(张乐园等，2020)。

6.1.3　中亚地区气候变量和干旱频次分析

由 1961～2017 年中亚地区的气候变量空间变化速率可知(图 6.6)，不同地区的变化速率和趋势有所不同。降水变化速率在哈萨克斯坦中部、乌兹别克斯坦中部和土库曼斯坦呈现负值，最小值为–10.596 mm/10a，表明此地区降水呈现负增长，即减少趋势[图 6.6(a)]，其他地区显示为缓慢增长趋势，最大值出现在吉尔吉斯斯坦和塔吉克斯坦交界处，为 23.1756 mm/10a。中亚地区的气温变化速率均大于 0，表明温度呈现持续上升趋势[图 6.6(b)]；其中，以咸海流域为中心的中亚中部地区增长速率普遍较高，最高值达 0.3552℃/10a，而哈萨克斯坦东部和塔吉克斯坦大部增长速率较低。中亚地区的潜在蒸散发增长速率以咸海流域为中心呈环形向四周递减[图 6.6(c)]，最大值为 2.0257，最小值为–0.2545，说明咸海流域的潜在蒸散发在增加，并且随着咸海水域面积萎缩、裸地扩大，干旱效应在加剧。SPEI 值以土库曼斯坦、乌兹别克斯坦中部、哈萨克斯坦中南部为中心向四周扩散，且变化速率逐渐变大，最小值为–0.2446，最大值为 0.1336[图 6.6(d)]。由此可见，随着降水、气温和潜在蒸散发的变化，SPEI 值也发生改变，中亚的干旱问题很可能与气候因素直接相关(张乐园等，2020)。

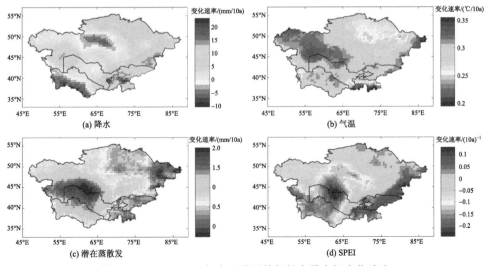

图 6.6　1961～2017 年中亚地区的气候变量空间变化速率

本节根据表 6.1 中干旱的分类标准，基于 SPEI-3 统计了不同等级干旱发生频次的空间分布(图 6.7)。当颜色接近蓝色时，该地区干旱发生的频次降低；当颜色接近红色时，该地区干旱发生的频次增高。首先，从干旱频次发生的基数来说：轻度干旱>中度干旱>重度干旱>极端干旱。其次，研究区的干旱特征存在空间异质性：中亚地区轻度干旱频次较高值集中在哈萨克斯坦的东部，尤其是东部大部和西部小部分区域，而轻度干旱频次较低值主要分布于乌兹别克斯坦和土库曼斯坦[图 6.7(a)]。中度干旱发生的频次均匀分布在中亚的大部分地区，其中哈萨克斯坦北部较高，吉尔吉斯斯坦北部较低[图 6.7(b)]。重度干旱发生频次以低频次为主，其中吉尔吉斯斯坦东部和塔吉克斯坦较高[图 6.7(c)]。极端干旱发生的频次空间分布差异较大，高值主要分布在哈萨克斯坦中南部、乌兹别克斯坦和吉尔吉斯斯坦，低值主要分布在哈萨克斯坦北部和西部[图 6.7(d)]。以上说明中亚地区的干旱特征存在国家间的差异性，有待进行深入研究。

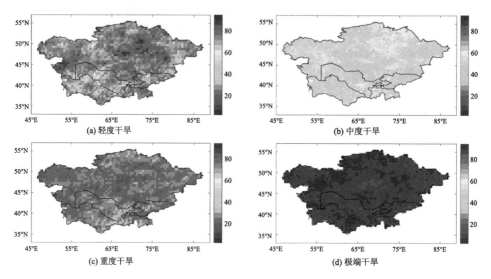

图 6.7　1961～2017 年中亚地区干旱频次空间分布

6.2　中亚地区干旱变量分析

在水资源分配不均的中亚地区，对干旱进行统计特征研究非常重要，这关乎人们是否可以准确地认识中亚地区的干旱特点，提前做出科学判断与防护措施减轻损失。截至目前，有关干旱事件尚未有统一的定义，在描述干旱事件时，研究者们使用的干旱变量也都不同，例如，使用严重程度、持续时间和规模大小描述干旱事件，而 Yevjevich(1972)使用干旱总和、干旱时长和干旱强度来描述。研究发现，在干旱事件的特征分析方法上最常用的是游程理论，因此本节针对中亚地区的特殊气候和环境特点，灵活运用游程理论评估中亚地区的干旱风险。

干旱识别是进行干旱风险评估的前提，本节的目的是基于 SPEI 和游程理论，确定干旱事件的特征，包括干旱历时(D_d)、干旱强度(D_s)和干旱峰值(D_p)，并拟合 D_d、D_s 和 D_p 的边缘分布，进行相关性分析，为下一步构建 Copula 函数做准备。游程理论是一种用于时间序列分析的方法,在干旱事件的识别中得到了广泛应用。本节选取干旱历时(D_d)、干旱强度(D_s)和干旱峰值(D_p)作为干旱特征变量进行干旱风险分析。根据游程理论(图 6.8)，每个干旱变量被确定如下：干旱历时(D_d)表示干旱事件的持续时间，其定义为 SPEI 值保持在阈值 X_0 以下的连续月数；干旱强度(D_s)代表干旱事件的干旱强度，定义为干旱期间所有 SPEI 值之和的绝对值；干旱峰值(D_p)代表干旱事件的峰值，定义为干旱期间的最小 SPEI 值。本节通过计算 3 个月尺度的 SPEI 值进行干旱识别，并依据中亚的特征将阈值设定为 –1，干旱持续时间小于 2 个月的干旱事件被舍弃。

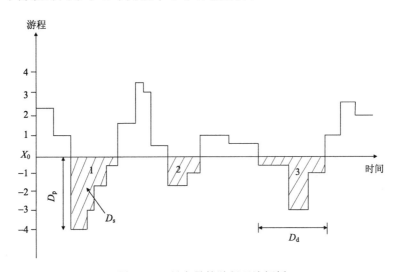

图 6.8　干旱变量的游程理论解析

三个干旱事件标为 1、2 和 3

为检验所得的 SPEI 是否能准确描述中亚地区的干旱特征，作者进行了 SPEI 表征的干旱与实际发生的干旱之间的比对。图 6.9 分别是 1975 年春季、1994 年夏季、2000 年秋季、2007 年冬季四个具有代表性时期内中亚地区 SPEI 的情况。1975 年和 2000 年中亚大部分地区 SPEI 值均小于–0.5，甚至达到–2.735，表明其旱情严重，同时由文献和数据记录可知，1975 年春季中亚地区经历了严重干旱，世界银行年度报告显示，2000 年秋季除哈萨克斯坦北部外，整个中亚南部地区均发生干旱；而 1994 年和 2007 年中亚大部分 SPEI 值均在–0.5 以上，表明并未有明显和严重的干旱发生，同时世界银行年度报告提到在 1994 年夏季和 2007 年冬季中亚大部分地区未发生明显干旱事件。综上所述，本节所得的 SPEI 可准确反映中亚地区的实际干旱发生情况和时空分布特点，因此可成为分析中亚地区干旱特征的重要参数(张乐园等，2020)。

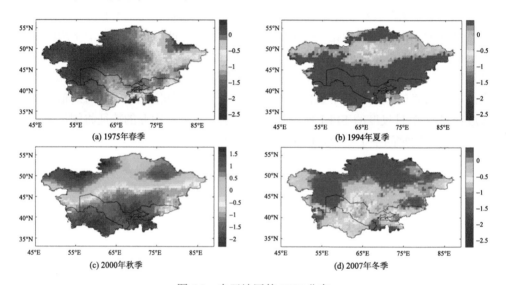

图 6.9   中亚地区的 SPEI 分布

6.2.1   干旱变量的特征分析

依据计算得到的 3 个月尺度的 SPEI，基于游程理论以–1 为阈值，且限定干旱历时大于 2 个月排除了轻度和短期的干旱事件，分别提取了研究区的干旱变量(图 6.10)。从图 6.10 可以看出，当颜色接近蓝色时，对应变量的值低，当颜色接近红色时，对应变量的值高。干旱强度的值在 3.969～6.625，整个研究区以 4～5.5 的值为主，低值分布于东部，高值分布于西部，说明中亚地区的干旱强度表现为西部大于东部[图 6.10(a)]。干旱历时的值在 2.667～4.286，东部低值分布密集，西部以中高值占主导，说明中亚地区每次干旱事件的持续时间西部较长，东部较短[图 6.10(b)]。同时从图 6.10 可以明显地看出，干旱强度与干旱历时具有空间对照性。例如，西部地区干旱强度高，对应干旱事件的历时也较长，说明中亚西部干旱情况较为严峻。整个中亚干旱峰值普遍在–1.589～–1.992，说明除去轻度干旱，中亚地区以重度干旱为主，中度干旱较少[图 6.10 (c)]。

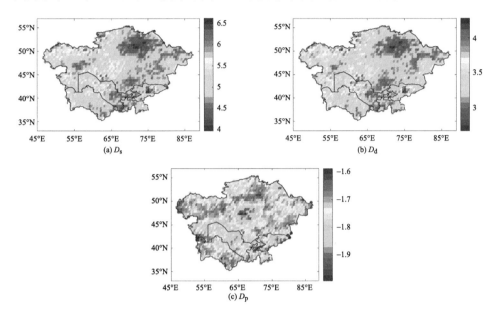

图 6.10　1961～2017 年基于 SPEI-3 的干旱变量空间分布

6.2.2　干旱变量的相关性分析

在对中亚五国的三个干旱变量（D_d、D_s 和 D_p）进行提取后，采用 Pearson product-moment、Spearman's rank-order 和 Kendall rank 相关系数衡量每个国家干旱变量之间的相关性，确定干旱变量是否相关和适合建立联合分布函数。Pearson 相关系数侧重于衡量两个变量之间的线性相关性，即描述两个数据集合是否在一条线上，结果阈值为[−1, 1]；Spearman 相关系数经常用 ρ 表示，也被称为级别相关，重点表明两个变量的相关方向，其使用单调方程衡量双变量的相关性，结果阈值为[−1, 1]；Kendall rank 相关系数常用 τ 表示，是一种无参数假设检验，其不需要提前知道参数，便能准确地知道两个变量的样本概率分布，用来衡量两个变量的统计依赖性，结果阈值为[−1, 1]。结果表明（表 6.3），五个国家三组变量之间的相关系数均接近于 1，说明各组变量呈现出明显的正相关特性。其中，五国的干旱强度（D_s）与干旱历时（D_d）之间相关性最高；干旱强度（D_s）与干旱峰值（D_p）之间相关程度中等；干旱历时（D_d）与干旱峰值（D_p）之间相关性次之。因此，中亚五国的干旱强度（D_s）、干旱历时（D_d）与干旱峰值（D_p）三组变量之间存在显著相关性。本节选择 Copula 函数分别在五国构造上述三组变量的联合分布，进而分析中亚的干旱特征。

表 6.3　干旱事件变量间的相关系数（SPEI<-1, D_d>2）

国家	变量	Kendall	Spearman	Pearson
哈萨克斯坦	D_s-D_d	0.8446	0.9461	0.9635
	D_s-D_p	0.7073	0.8685	0.7714
	D_d-D_p	0.5799	0.7292	0.6244
吉尔吉斯斯坦	D_s-D_d	0.8476	0.952	0.9321
	D_s-D_p	0.6144	0.7971	0.7821
	D_d-D_p	0.4881	0.6343	0.6104
塔吉克斯坦	D_s-D_d	0.7797	0.8949	0.9177
	D_s-D_p	0.6684	0.852	0.7398
	D_d-D_p	0.4774	0.6195	0.5345
土库曼斯坦	D_s-D_d	0.8214	0.9348	0.9463
	D_s-D_p	0.7515	0.9092	0.8637
	D_d-D_p	0.6009	0.7465	0.7396
乌兹别克斯坦	D_s-D_d	0.8307	0.9428	0.9392
	D_s-D_p	0.6589	0.8411	0.8223
	D_d-D_p	0.5081	0.6691	0.663

6.2.3　干旱变量的边缘分布

准确的单变量函数拟合是构建 Copula 函数的基础条件，为了有效地构造 Copula 联合分布函数，需要为每个变量选择合适的边缘分布函数。干旱变量通常采用不同的边际分布函数来构建，本节将指数分布、generalized Pareto 分布、generalized extreme value 分布、Gamma 分布、Weibull 分布和 Gaussian 分布（表 6.4）共六个常用的边缘分布拟合函数用于拟合 D_d、D_s 和 D_p，利用最大似然方法估计参数，选择合适的边缘分布，得到对应的参数值（表 6.5）。其中，generalized Pareto 和 generalized extreme value 两种函数出现频次最高，同时 Weibull 和 Gaussian 函数也有出现（表 6.4）。generalized Pareto 函数的发生频率最高，表明大部分中亚国家干旱变量的边际分布可用 generalized Pareto 函数拟合。图 6.11 以 1961～2017 年塔吉克斯坦干旱变量边缘分布的拟合图和分位数（Q-Q）图为例展示了拟合效果，可看出在误差允许范围内，三个干旱变量的拟合结果较好。

表 6.4　边缘分布的拟合函数

函数	方程
Exponential	$F(x) = 1 - \exp\left(-\dfrac{x-\beta}{\alpha}\right)$
generalized Pareto	$F(x) = 1 - \left[1 - \beta\left(\dfrac{x-\lambda}{\alpha}\right)\right]^{\frac{1}{\beta}}$
generalized extreme value	$F(x) = \exp\left\{-\left[1 + \beta\left(\dfrac{x-\lambda}{\alpha}\right)\right]^{-\frac{1}{\beta}}\right\}$
Gamma	$F(x) = \int_0^x \dfrac{x^{\alpha}-1}{\beta^{\alpha}\,\Gamma(\alpha)}\exp\left(-\dfrac{x}{\beta}\right)\mathrm{d}x$
Weibull	$F(x) = 1 - \exp\left[-\left(\dfrac{x}{\alpha}\right)^{\beta}\right]$
Gaussian	$F(x) = \dfrac{1}{\sqrt{2\pi}}\int_{-\infty}^{x}\exp\left(-\dfrac{(x-\beta)^2}{2\alpha^2}\right)\mathrm{d}x$

注：$F(x)$ 为边际分布；x 为观测数据；Γ 为 Gamma 函数；α、β、λ 分别为规模、形状、位置参数。

表 6.5　各变量对应分布函数的参数

国家	变量	方程	参数	值
哈萨克斯坦	D_s	generalized Pareto	k	−0.0224
			σ	2.4403
			θ	1.0840
	D_d	generalized extreme value	k	3.9801
			σ	0.0447
			μ	2.0112
	D_p	generalized Pareto	k	−0.6429
			σ	0.9199
			θ	0.5469
吉尔吉斯斯坦	D_s	generalized Pareto	k	−0.5616
			σ	5.9238
			θ	1.0529
	D_d	generalized Pareto	k	−0.3638
			σ	3.0777
			θ	2.0000
	D_p	Weibull	A	1.5963
			B	3.7680

续表

国家	变量	方程	参数	值
塔吉克斯坦	D_s	inverse Gaussian	μ	4.0423
			λ	10.1465
	D_d	generalized Pareto	k	−0.0343
			σ	1.8532
			θ	2.0000
	D_p	Weibull	A	1.4730
			B	3.4742
土库曼斯坦	D_s	generalized Pareto	k	−0.3614
			σ	4.6482
			θ	1.1508
	D_d	generalized Pareto	k	−0.3613
			σ	3.0205
			θ	2.0000
	D_p	generalized Pareto	k	−1.0268
			σ	1.5666
			θ	0.5915
乌兹别克斯坦	D_s	generalized Pareto	k	−0.5339
			σ	4.9857
			θ	1.3198
	D_d	generalized Pareto	k	−1.0902
			σ	5.4511
			θ	2.0000
	D_p	generalized Pareto	k	−1.1119
			σ	1.3984
			θ	0.7025

本节基于 1961~2017 年 CRU 逐月格点数据,通过计算不同时间尺度的 SPEI,将 SPEI 作为干旱指标,利用游程理论识别干旱事件,定义干旱历时(D_d)、干旱强度(D_s)和干旱峰值(D_p)三个干旱变量描述干旱特征。拟合了 D_d、D_s 和 D_p 的边缘分布,进行了干旱变量间的相关性分析,评估了 SPEI 在中亚干旱分析中的适用性,为下一步构建 Copula 函数做准备。验证了 SPEI 在中亚地区的适用性,为使

用游程理论提供了前提条件，而通过游程理论识别干旱变量，又为干旱的特征分析提供了基础。进一步地，通过干旱变量间的相关性分析，可以确保各个变量适于进行下一步多维联合概率模型的构建。最后，基于中亚五国各个干旱变量的拟合结果，可认识每个干旱变量的特点。因此，本节作为构建 Copula 函数的基础，对整个研究的开展具有十分重要的意义。

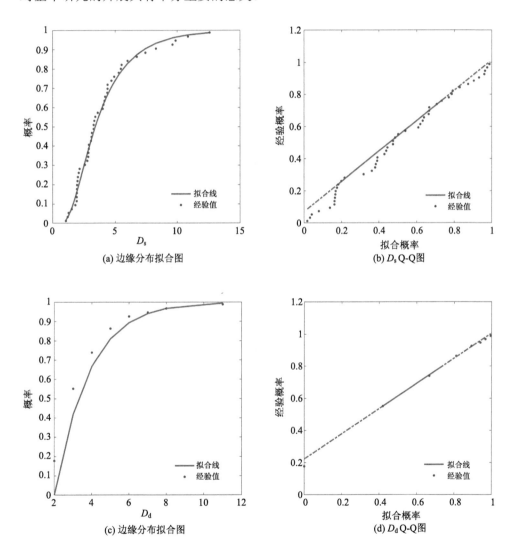

(a) 边缘分布拟合图　(b) D_s Q-Q图

(c) 边缘分布拟合图　(d) D_d Q-Q图

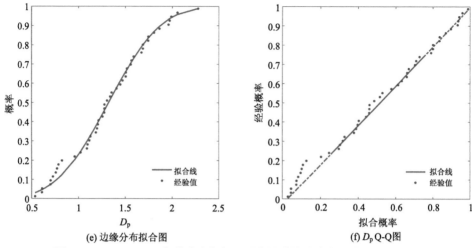

(e) 边缘分布拟合图   (f) D_p Q-Q图

图6.11   1961~2017年塔吉克斯坦干旱变量边缘分布的拟合图和Q-Q图

6.3   干旱风险评估

中亚地区地处欧亚大陆中部，四面距离海洋遥远，暖湿气流难以到达，干旱在中亚地区是一种经常性的现象。全球气候变化、人口增加导致对灌溉农业的高度依赖和人类干扰的增加，中亚地区对干旱的抵抗能力下降，因此有必要对中亚地区的干旱风险进行评估。在以往的多数研究中，干旱的特性通常由单变量进行分析。但是干旱事件是一个有着时间、空间、发生频次等多维度的复杂对象，仅使用单变量来分析和描述干旱，不足以体现各个干旱变量的相互作用关系，可能导致与水资源管理有关的干旱风险评估过高和过低。构建多个变量联合分布是解决此问题、进行干旱风险评估的有效方式，然而不同干旱变量的分布函数并不一致，这就导致使用以往的统计算法构建多变量联合分布模型较难进行。为了全面和合理地评估中亚地区的干旱风险，简化计算过程并推导出灵活的多变量分布，可使用Copula函数，其能灵活地依据不同的单变量分布函数和变量间的相关性建立联合模型，且各个模块之间可单独进行，互不影响，在评估中亚地区的干旱风险问题上占有优势。因此，本节的目的是利用Copula函数从概率的角度构建五个中亚国家干旱风险分析的多维联合分布。具体而言，基于6.2节确定的干旱历时(D_d)、干旱强度(D_s)和干旱峰值(D_p)三个干旱变量，选择合适的Copula函数构造干旱风险概率模型，计算1961~2017年五个中亚国家的多维联合概率密度，对干旱风险进行统计和分析，进一步加深对该地区干旱变化的了解，为中亚水资源的规划和管理提供有价值的参考。

6.3.1　干旱评估指标体系

Copula 函数是分析多变量耦合结构的有力工具，其最初由 Sklar(1959)在 20 世纪 50 年代使用，可对变量依赖结构的非线性、对称性或不对称性进行建模，通过边缘分布和关联结构构造多维联合分布函数(Salvadori and Michele, 2015)，常被用作构建两个或者多个变量的相关结构。20 世纪 50 年代开始，Copula 函数开始被广泛应用于水文和气象分析领域。Copula 函数有多种形式，每种形式的 Copula 函数都有其优势和不足，其中阿基米德 Copula 函数是水文学中最常用的 Copula 函数之一(Renard and Lang, 2007)，包括 Gumbel-Hougaard(简称 Gumbel)Copula、Clayton Copula 和 Frank Copula 三种，这三种 Copula 函数的特征比较具有代表性，可以从不同角度全面地描述问题。本节采用非参数估计法对 Copula 参数进行估计(Genest and Rivest, 1993)，该方法主要基于相对应的 Copula 参数(θ)，如表 6.6 所示。Kendall 相关系数(τ)与相应的 Copula 参数(θ)之间的关系，如式(6.1)所示。根据实测数据计算出 Kendall 相关系数，即可得到联合分布的参数：

$$\tau = 1 - \frac{1}{\theta} \tag{6.1}$$

表 6.6　对称性阿基米德 Copula 函数

Copula 函数	方程
Gumbel	$C(u_1, u_2, u_3) = \exp\left\{-\left[(-\ln u_1)^\theta + (-\ln u_2)^\theta + (\ln u_3)^\theta\right]^{\frac{1}{\theta}}\right\}, \theta \geqslant 1$
Clayton	$C(u_1, u_2, u_3) = (u_1^{-\theta} + u_2^{-\theta} + u_3^{-\theta} - 3)^{-1/\theta}$
Frank	$C(u_1, u_2, u_3) = -\frac{1}{\theta}\ln\left[1 + \frac{(e^{-\theta u_1} - 1)(e^{-\theta u_2} - 1)(e^{-\theta u_3} - 1)}{(e^{-\theta} - 1)^2}\right]$

本节拟通过计算理论值和测量值的均方根误差(root mean square error, RMSE)定量评估拟合误差，并引入赤池信息量准则(Akaike information criterion, AIC)指数来选择合适的 Copula 函数(Zhang and Singh, 2007)：

$$AIC = n\log(MSE) + 2m \tag{6.2}$$

$$MSE = \frac{1}{n-1}\sum_{i=1}^{n}(P_{ei} - P_i)^2 \tag{6.3}$$

式中，m 为模型参数的个数；n 为样本数；P_i 为连续观测样本的 Copula 值；P_{ei} 为相应的多元经验概率；MSE 为均方误差。AIC 为衡量统计模型拟合质量的指标，对于特定 Copula 函数，目标函数的 AIC 值越小，Copula 函数的模拟效果越好。其中，

$$RMSE = \sqrt{\frac{\sum_{i=1}^{n}\left[\widetilde{y}_i - y_i(\theta)\right]^2}{n}} \tag{6.4}$$

$$NSE = 1 - \frac{\sum_{i=1}^{n}\left[\widetilde{y}_i - y_i(\theta)\right]^2}{\sum_{i=1}^{n}\left[\widetilde{y}_i - \overline{\widetilde{y}_i}\right]^2} \tag{6.5}$$

式中，$y_i(\theta)$ 为模拟的双变量的联合概率值；$\widetilde{y}_i$ 为经验观测值；i 为变量的序号；n 为变量的总数；NSE 为纳什效率系数。RMSE 的取值范围是 $[0, \infty)$，NSE 的取值范围是 $(-\infty, 1]$。对于某特定的 Copula 函数，目标函数 AIC 值越小，RMSE 值越接近于 0，NSE 值越接近于 1，Copula 函数模拟效果越好。所有的这些度量都以不同的角度并根据模拟的双变量概率与它们的经验观测概率的接近程度来评价 Copula 函数的性能。

多元 Copula 分析软件箱（MVCAT）是一个包含多种不同复杂程度 Copula 函数的综合程序，它可以在贝叶斯框架内采用马尔可夫链蒙特卡罗（MCMC）仿真来估计 Copula 函数的后验分布参数和潜在的不确定性。它支持参数推理，并能对底层数据（Sadegh et al., 2017）的 Copula 函数进行排序，可用来研究干旱变量的依赖结构和模拟变量的最优函数。目前 MVCAT 中共包含 26 种 Copula 函数，包括一些在水文和气象领域不常使用的函数，因此可用来进行各种 Copula 函数的构建比较，增加结果的可信度。但 MVCAT 只能构建二维的联合分布模型，因此三维及以上的模型需要使用其他软件构建。

（1）二维 Copula 函数。建立了各干旱变量的边缘分布函数后，利用 Archimedean Copula 簇中的 Gumbel Copula 函数、Frank Copula 函数和 Clayton Copula 函数构造了干旱历时（D_d）、干旱强度（D_s）和干旱峰值（D_p）的二维联合分布，并计算了每组联合分布的 RMSE、NSE 和 AIC 值。对于某特定的 Copula 函数，目标函数 AIC 值越小，RMSE 值越接近于 0，NSE 值越接近于 1，Copula 函数模拟效果越好，因此本节选择并以粗体显示五个中亚国家中每组变量适合的最优 Copula 函数（表 6.7）。表 6.7 显示，在大多数情况下，Frank Copula 函数和 Gumbel Copula 函数是干旱变量二维联合分布最适合的 Copula 函数。

表 6.7　二维 Copula 函数的选择

国家	变量	Copula	RMSE	NSE	AIC
	D_s-D_d	Clayton	0.9298	0.7366	−156.2280
		Frank	0.7457	0.8306	−174.3191
		Gumbel	0.7351	0.8354	−175.4919
哈萨克斯坦	D_s-D_p	Clayton	0.2717	0.9741	−257.0927
		Frank	0.2663	0.9751	−258.7414
		Gumbel	0.2743	0.9736	−256.3116
	D_d-D_p	Clayton	0.7951	0.7665	−169.0555
		Frank	0.7236	0.8066	−176.7816
		Gumbel	0.7117	0.8129	−178.1461
	D_s-D_d	Clayton	1.2267	0.5461	−137.8186
		Frank	0.5826	0.8976	−200.3612
		Gumbel	0.8258	0.7943	−171.0600
吉尔吉斯斯坦	D_s-D_p	Clayton	0.7382	0.8227	−180.4771
		Frank	0.2641	0.9773	−266.8354
		Gumbel	0.3603	0.9578	−240.7421
	D_d-D_p	Clayton	0.8359	0.7642	−170.0342
		Frank	0.5547	0.8962	−204.4800
		Gumbel	0.6748	0.8464	−188.0256
	D_s-D_d	Clayton	1.1952	0.6482	−166.6986
		Frank	0.5054	0.9371	−249.3316
		Gumbel	0.7851	0.8482	−207.0471
塔吉克斯坦	D_s-D_p	Clayton	0.2545	0.9811	−315.2014
		Frank	0.2214	0.9857	−328.5633
		Gumbel	0.2754	0.9778	−307.6053
	D_d-D_p	Clayton	0.8561	0.7886	−198.7347
		Frank	0.5341	0.9177	−244.0251
		Gumbel	0.6778	0.8675	−221.1546
	D_s-D_d	Clayton	1.1895	0.5898	−153.6809
		Frank	0.5849	0.9008	−217.5698
		Gumbel	0.7816	0.8229	−191.4803
土库曼斯坦	D_s-D_p	Clayton	0.4255	0.9499	−246.2095
		Frank	0.2889	0.9769	−281.0619
		Gumbel	0.5783	0.9074	−218.5873

续表

国家	变量	Copula	RMSE	NSE	AIC
土库曼斯坦	D_d-D_p	Clayton	0.9722	0.7158	−171.8403
		Frank	0.6091	0.8884	−213.9126
		Gumbel	0.8070	0.8042	−188.6022
乌兹别克斯坦	D_s-D_d	Clayton	1.5078	0.3384	−124.4172
		Frank	0.9986	0.7098	−159.8492
		Gumbel	1.4814	0.3613	−125.9320
	D_s-D_p	Clayton	0.3246	0.9664	−256.5018
		Frank	0.2912	0.9729	−265.8340
		Gumbel	0.4650	0.9310	−225.5920
	D_d-D_p	Clayton	1.1280	0.5810	−149.3705
		Frank	0.9410	0.7084	−164.9586
		Gumbel	1.1206	0.5865	−149.9416

（2）三维 Copula 函数。干旱变量的二维联合分布概率只能代表两个干旱变量的关系和概率。为了更全面地描述和分析干旱风险，建立干旱变量的多维联合分布，本节利用三维对称 Copula 函数构造三个干旱变量的相关结构，通过逆 Kendall 参数法使用 R 软件计算参数，结果列于表 6.8。根据计算结果，以参数最小原则，五个国家的干旱变量均选择 Gumbel 对称性函数构建相关性结构。

表 6.8　三维 Copula 函数的选择

国家	Gumbel	Frank	Clayton
哈萨克斯坦	4.078	14.38	6.155
吉尔吉斯斯坦	3.702	12.78	5.404
塔吉克斯坦	3.156	10.59	4.312
土库曼斯坦	4.043	14.27	6.085
乌兹别克斯坦	3.624	12.49	5.248

6.3.2　干旱风险计算

根据本节对干旱事件的定义，干旱风险概率模型被定义为干旱历时（D_d）、干旱强度（D_s）和干旱峰值（D_p）边缘分布的联合概率。采用 Copula 函数将不同的边缘分布耦合到相应的多变量联合概率分布中（Chen and Sun, 2015），构建干旱风险概率模型。基于 MVCAT 的软件包，计算各干旱变量的最优边际分布函数，得到该函数的具体参数，同时用分位数(Q-Q)图比较函数的拟合效果。基于 MVCAT 计算一元边际函数构造二维 Copula 函数，通过比较不同 Copula 函数的 RMSE、NSE 和 AIC 值，选出适合于每一组变量的 Copula 函数。三维 Copula 函数的构造同样建立在先前得到的单变量边际分布函数的基础上，但与二维情形不同的是，三维 Copula 函数需要先用逆 Kendall 参数法计算参数 p，然后用参数 p 极小化原理选择最合适的 Copula 函数，同时根据数据特点，可发现对称 Copula 函数适合于构造三维联合分布函数，具体的公式如表 6.6 所示。本节将 Copula 函数的联合概率作为干旱风险的评价指标，通过干旱变量的二维和三维联合分布概率进行中亚地区干旱风险的分析。

1. 二维联合分布函数

为了更清楚地描述每个干旱变量组的概率分布，本节以塔吉克斯坦的干旱变量(D_s-D_d、D_s-D_p、D_d-D_p)的详细概率分布结构为例，可看出三组干旱变量的二维联合概率(干旱风险)是不同的(图 6.12)。其中，D_s 与 D_d 的联合概率值集中分布在 0.1 以上，D_s 与 D_p 的联合概率值分布在 0.01~0.2，D_d 与 D_p 的联合概率值均匀分布在 0.01~0.9，这初步表明了每一组干旱变量都具有自身的特点，能够从不同的角度反映干旱问题。

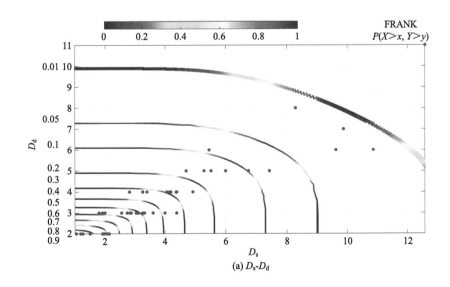

(a) D_s-D_d

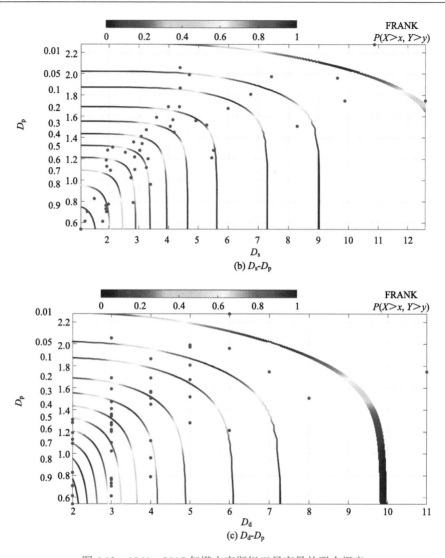

图 6.12　1961～2017 年塔吉克斯坦干旱变量的联合概率

　　图 6.13 显示了中亚五国干旱历时（D_d）、干旱强度（D_s）和干旱峰值（D_p）的二维联合分布概率变化趋势。其中，图 6.13（a）描述的是干旱强度和干旱历时两个干旱变量定义的二维联合干旱概率的变化。在时间尺度上，五个中亚国家显示出相似的变化趋势，三组二维变量在五个国家均呈现先递减再上升的趋势，即普遍在 1980～1989 年干旱风险较低，1990～2017 年干旱风险缓慢上升，且 2000 年以后的概率值整体高于之前的时期，表明近几十年来中亚的干旱风险日趋增加。在空

间尺度上，1961～1969 年吉尔吉斯斯坦联合概率最高，乌兹别克斯坦概率最低；1970～1979 年哈萨克斯坦概率最高，乌兹别克斯坦最低；1980～1989 年塔吉克斯坦概率最高，哈萨克斯坦概率最低。综合来看，这三个时间段各国的二维联合概率值普遍低于 0.5，说明由干旱强度和干旱历时限定的干旱风险较低；1990～1999 年，哈萨克斯坦的概率值高达 0.748，远高于其他国家，最低值 0.393 出现在吉尔吉斯斯坦；2000～2009 年乌兹别克斯坦概率值最高达 0.665，哈萨克斯坦最低值为 0.485；2010～2017 年最高值 0.685 出现在哈萨克斯坦，最低值 0.512 出现在吉尔吉斯斯坦。

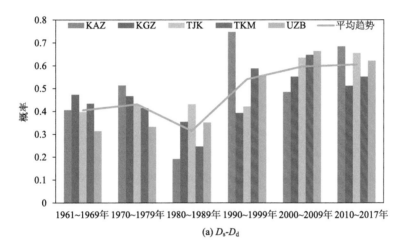

(a) D_s-D_d

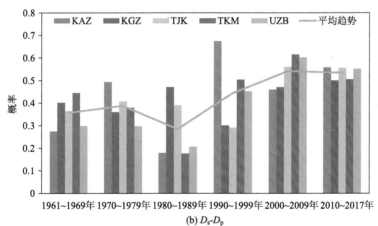

(b) D_s-D_p

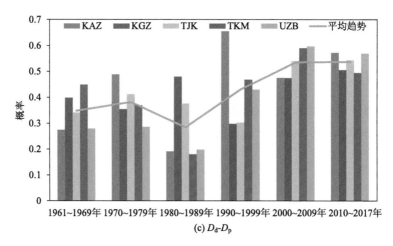

图 6.13　中亚五国二维干旱风险(联合概率)统计图

KAZ 代表哈萨克斯坦；KGZ 代表吉尔吉斯斯坦；TJK 代表塔吉克斯坦；TKM 代表土库曼斯坦；
UZB 代表乌兹别克斯坦；下同

图 6.13(b)描述的是干旱强度和干旱峰值两个干旱变量定义的二维联合干旱概率的变化。在时间尺度上，五个国家的平均值呈现先递减再上升的趋势，但各个国家在长时间段内的变化趋势存在较大差异：哈萨克斯坦的二维联合概率值经历了从上升到下降、再次上升、后趋于平稳的态势；吉尔吉斯斯坦二维联合概率值经历了从下降到上升、再次下降、上升的剧烈波动趋势；塔吉克斯坦二维联合概率值经历了上升、下降、上升、下降的小幅度波动趋势；土库曼斯坦和乌兹别克斯坦的二维联合概率值经历了下降、上升、下降的大幅度波动态势。这表明近几十年来中亚五国的干旱风险波动均较显著。在空间尺度上，1961～1969 年土库曼斯坦联合概率最高，哈萨克斯坦概率最低；1970～1979 年哈萨克斯坦概率最高，乌兹别克斯坦最低；1980～1989 年，吉尔吉斯斯坦概率最高，土库曼斯坦概率最低；1990～1999 年，哈萨克斯坦概率最高，塔吉克斯坦最低；2000～2009 年，土库曼斯坦概率最高，哈萨克斯坦最低；2010～2017 年，哈萨克斯坦概率最高，吉尔吉斯斯坦最低。综合来看，整个长时间序列中，各国的二维联合概率值普遍低于 0.6，说明由干旱强度和干旱峰值定义的干旱风险处于中等级别。

图 6.13(c)描述的是干旱历时和干旱峰值两个干旱变量定义的二维联合干旱概率的变化。在时间尺度上，五个国家的平均值呈现先递减再上升的趋势，但各个国家在长时间段内的变化趋势存在较大差异，具体变化趋势与干旱强度和干旱峰值两个干旱变量限定的二维联合干旱概率的变化趋势相近。在空间尺度上，1961～1969 年土库曼斯坦概率最高，乌兹别克斯坦最低；1970～1979 年哈萨克斯

坦概率最高，乌兹别克斯坦最低；1980～1989 年，吉尔吉斯斯坦概率最高，土库曼斯坦概率最低；1990～1999 年，哈萨克斯坦概率最高，吉尔吉斯斯坦最低；2000～2009 年，乌兹别克斯坦概率最高，吉尔吉斯斯坦最低；2010～2017 年，哈萨克斯坦概率最高，土库曼斯坦最低。综合来看，整个长时间序列中，各国的二维联合概率值的平均值在 0.29～0.54，说明由干旱强度和干旱峰值限定的干旱风险处于中低等级别。

2. 三维联合分布

从二维的分析结果可以看出，虽然每组变量的总体趋势相近，但概率的分布范围不尽相同。为了获得更精确的干旱风险信息，有必要基于三维干旱变量进行综合分析。

本节基于干旱强度、干旱历时和干旱峰值三个干旱变量，计算得出五个国家的干旱变量均应采用 Gumbel 对称性函数构建相关性结构(表 6.8)，并得到了三维联合概率值(图 6.14)，采用 Copula 函数的联合概率作为干旱风险的评估指标进行分析。在时间尺度上，五国的概率值均存在先下降再上升的变化趋势，普遍在 1980～1989 年干旱风险较低，1990～2017 年干旱风险缓慢上升，说明三维 Copula 函数反映的干旱风险在 1961～2017 年也经历了中等强度到低强度再到高强度加剧的过程。综合来看，前三个时间段各国的三维联合概率值普遍低于 0.4，说明 1961～1989 年中亚五国干旱风险较低；后三个时间段各国的三维联合概率值普遍高于 0.4，说明 2000～2017 年中亚五国干旱风险较高。在空间尺度上，哈萨克斯坦的干旱风险波动较大，最高值 0.649 出现在 1990～1999 年，最低值 0.155 出现

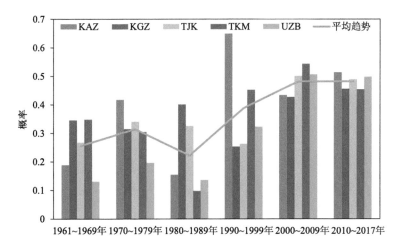

图 6.14 中亚五国三维干旱风险(联合概率)统计图

在 1980～1989 年；吉尔吉斯斯坦和塔吉克斯坦两国的干旱风险变化相对稳定，在 0.254～0.5。具体来看，1961～1969 年土库曼斯坦概率最高，乌兹别克斯坦最低；1970～1979 年哈萨克斯坦概率最高，乌兹别克斯坦最低；1980～1989 年，吉尔吉斯斯坦概率最高，土库曼斯坦最低；1990～1999 年，哈萨克斯坦的概率最高，最低值出现在吉尔吉斯斯坦；2000～2009 年，土库曼斯坦概率最高，吉尔吉斯斯坦最低；2010～2017 年，最高值出现在哈萨克斯坦，最低值出现在土库曼斯坦。

6.3.3　干旱事件的重现期分析

干旱重现期是指某随机变量的取值在长时期内平均多长时间出现一次，是干旱风险概率的倒数，表示两个相邻干旱事件之间的平均时间间隔。对干旱重现期的估计可以为干旱条件下研究区水资源的合理利用提供有用的信息（Francesco et al., 2009）。

1. 单变量重现期

$$T_{D} = \frac{E(L_{d})}{1 - F_{D_{d}}(x)}; T_{S} = \frac{E(L_{d})}{1 - F_{D_{s}}(x)}; T_{P} = \frac{E(L_{d})}{1 - F_{D_{p}}(x)} \tag{6.6}$$

式中，T_D、T_S 和 T_P 分别为干旱历时、干旱强度和干旱峰值的重现期；$F_{D_d}(x)$、$F_{D_s}(x)$ 和 $F_{D_p}(x)$ 分别为干旱历时、干旱强度和干旱峰值的概率分布函数；$E(L_d)$ 为干旱区间的数学期望。

2. 双变量重现期

单变量重现期不足以说明干旱的特点，因此计算了双变量重现期，可通过下式进行计算：

$$T_{2} = \frac{E(L_{d})}{P\{X_{i} \geqslant x_{i} \vee X_{j} \geqslant x_{j}\}} = \frac{E(L_{d})}{1 - F(x_{i}, x_{j})} \tag{6.7}$$

事件 $E_{(x,y)} = \{X>x\} \vee \{Y>y\}$，其重现期为 T_2，表征变量 X 或 Y，或者 X 和 Y 同时超过某一值的情况（$X>x$，或者 $Y>y$，或者 $X>x$ 且 $Y>y$）。

3. 三变量重现期

单变量和双变量重现期通常会高估或低估给定事件的风险率，因此本节计算了三变量重现期：

$$T_{3} = \frac{E(L_{d})}{P\{X_{i} \geqslant x_{i} \vee X_{j} \geqslant x_{j} \vee X_{k} \geqslant x_{k}\}} = \frac{E(L_{d})}{1 - F[F(x_{i}), F(x_{j}), F(x_{k})]} \tag{6.8}$$

式中，$E(L_d)$ 为干旱区间的数学期望；$F(x_i)$、$F(x_j)$ 和 $F(x_k)$ 为三个单变量边缘分布；$F[F(x_i), F(x_j), F(x_k)]$ 为三维变量定义的干旱事件的联合概率。

　　干旱事件重现期是干旱风险分析的重要组成部分，因此本节计算了持续时间大于 2 个月的二维和三维干旱变量所定义的所有干旱事件(轻度干旱、中度干旱、严重干旱和极端干旱)的重现期，结果如图 6.15 和图 6.16 所示。总的来看，二维和三维干旱事件重现期趋势一样，均以 10 年以下为主，但三维干旱变量定义的干旱重现期在 10 年以上也有分布(Zhang et al., 2020)。具体而言，1961～2017 年，塔吉克斯坦二维干旱变量定义的所有类型干旱事件中，由干旱强度和干旱历时定义的干旱事件重现期集中分布于 10 年以下，其中 2 年以下和 5 年以下居多；由干旱强度和干旱峰值定义的干旱事件重现期大部分集中在 2 年以下，少部分分布于 2～10 年，10 年以上几乎没有；由干旱历时和干旱峰值定义的干旱事件重现期集中在 5 年以下，少部分集中于 5～10 年。由三维干旱强度、干旱历时和干旱峰值定义的 1961～2017 年中亚地区所有类型干旱事件中，重现期为 2 年的约占 80%，2～10 年的约占 15%，10 年以上的约占 5%。由此说明，中亚地区的干旱事件以 2 年一遇为主，2～10 年一遇也较常发生，但 10 年以上较少见，反映出中亚地区的干旱事件重现期大多较短，需要引起注意。

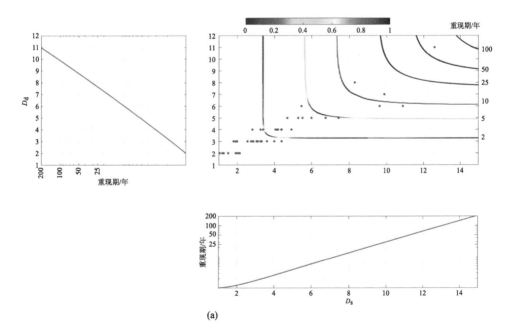

(a)

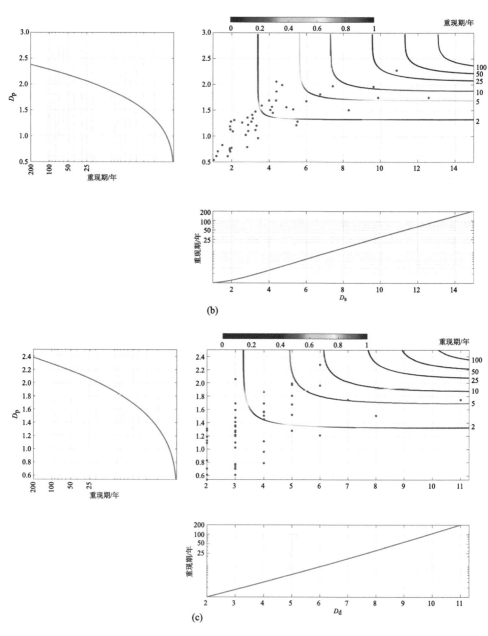

图 6.15　1961~2017 年塔吉克斯坦二维干旱事件重现期

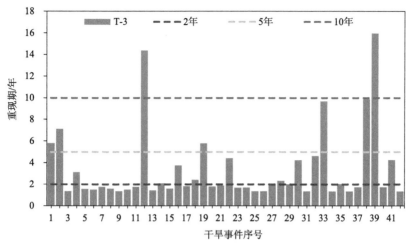

图 6.16　中亚五国三维干旱事件重现期

综合中亚五国干旱的三维联合概率和重现期，可以发现中亚五国的干旱风险具有明显的时空异质性。在时间尺度上，五国的干旱联合概率值普遍在 1980～1999 年较低，在 2000～2017 年显著增加，经历了中等强度到低强度再到高强度的过程，同时可看到 20 世纪 60～90 年代各国的二维联合概率值普遍低于 0.4，而 21 世纪以来各国的二维联合概率值普遍高于 0.4(图 6.13)。在空间尺度上，哈萨克斯坦的干旱联合概率值波动最大；吉尔吉斯斯坦和塔吉克斯坦的干旱联合概率值变化相对稳定在 0.254～0.5。具体来看，哈萨克斯坦的干旱联合概率最高值出现在 1990～1999 年，为 0.65，其次是 2010～2017 年，最低值出现在 1980～1989 年，为 0.15；吉尔吉斯斯坦的干旱联合概率最高值出现在 2010～2017 年，为 0.46，其次是 2000～2009 年，最低值出现在 1990～1999 年，为 0.25；塔吉克斯坦的干旱联合概率最高值出现在 2000～2009 年，为 0.50，其次是 2010～2017 年，最低值出现在 1990～1999 年，为 0.26；土库曼斯坦的干旱联合概率最高值出现在 2000～2009 年，为 0.54，其次是 2010～2017 年，最低值出现在 1970～1979 年，为 0.31；乌兹别克斯坦的干旱联合概率最高值出现在 2000～2009 年，为 0.51，其次是 2010～2017 年，最低值出现在 1961～1969 年，为 0.13。不同国家的三维干旱联合概率值的高值和低值分布在不同的时期，表明了同一时期各个国家的干旱风险不同，也表明了各个国家的高风险和低风险出现的时期并不同步。经过统计，各个国家的高风险出现时期集中在 1990～2017 年，低风险集中在 1961～1989 年。结合中亚的干旱事件重现期大多集中于 2 年尺度的计算结果(图 6.15)，说明 20 世纪 60～90 年代中亚五国的干旱风险不高，但 21 世纪以来中亚五国干旱风险存在显著增加趋势，这可能与气候变化有关。

此外，通过计算 1961～2017 年各个国家三维联合概率值的平均值得到：哈萨克斯坦的值最高,为0.39;乌兹别克斯坦的值最低,为0.30;而土库曼斯坦、吉尔吉斯斯坦、塔吉克斯坦三国的值均在0.36左右。由此可知,从平均值的角度出发,各国的三维联合概率值均在0.4以下,干旱风险属于中等水平,但哈萨克斯坦的干旱风险最大,乌兹别克斯坦的干旱风险最小。

6.4　中亚地区未来干旱变化趋势及归因分析

CMIP6数据在准确预估干旱方面有更大的优势,历史地表极端温度的模拟情况显示,CMIP6与ERA5模型的一致性比CMIP5更好(Thorarinsdottir et al., 2020),与CMIP5相比,CMIP6在模拟极端气候的研究中,精度普遍有所提升(Chen et al., 2020; Agel and Barlow, 2020)。

由于气候变化下干旱形成的复杂性以及渐进性,特别是影响干旱的关键气象要素发生的改变出现多样化,全球和区域的干旱形势也发生着复杂变化,量化不同气象要素变化对干旱的影响是众多学者关注的热点。有学者认为,温度升高导致蒸散发加剧,从而加大地表水分散失,引发干旱,或认为降水减少导致可供蒸散的水分减少,从而引发干旱(Seneviratne et al., 2010; Zhao and Dai, 2016);也有学者认为,在净辐射量恒定的条件下,更多的净辐射量转化为显热通量,加热地表及近地表大气而形成较高温度,从而引发干旱(Yin et al., 2014);还有学者从大尺度角度研究提出,厄尔尼诺-南方涛动(El Niño-Southern Oscillation, ENSO)、气溶胶-云-降水相互作用(Huang et al., 2017a, 2017b)、陆-气相互作用、海-气相互作用是引发干旱变化的重要原因(Seneviratne et al., 2010)。气候变化特征逐渐复杂化,目前对干旱化影响程度的定量辨析还缺乏深入研究。量化不同区域不同要素对干旱形成和演变的作用,阐明气候变化对干旱化的影响机制,将有助于准确预估未来气候变化下干旱的时空变化趋势,以应对气候变化带来的不利影响,为国家"丝绸之路经济带"的建设提供科学基础。

6.4.1　共享社会经济路径下的中亚地区未来干旱变化趋势

基于CMIP6的9个气候模型数据(ACCESS-CM2、ACCESS-ESM1-5、CanESM5、FIO-ESM-2-0、IPSL-CM6A-LR、MRI-ESM2-0、GFDL-ESM4、INM-CM5-0和MIROC6),采用共享社会经济路径(shared socioeconomic pathways, SSPs)和典型浓度路径组合的新情景下低强迫情景SSP1-2.6(可持续发展路径)、中等强迫情景SSP2-4.5(中间路径)和高强迫情景SSP5-8.5(传统化石燃料为主的路径)三个路径。SSP1-2.6属于低辐射强迫共享社会经济路径,具有低脆弱性、低减缓挑战的特征。在该共享社会经济路径下,相对于工业化革命前多模式集合平均的全球平均气温结果将显著低于 2℃。SSP2-4.5 属于中等辐射强迫共享社会经济路径，由于 SSP2 的土地利用和气溶胶路径并不极端，仅代表结合了一个中等社会脆弱性和中等辐射强迫的共享社会经济路径。SSP5-8.5 属于高强迫共享社会经济路径，SSP5 是至 2100 年排放高至 8.5 W/m² 的路径的前提。

为保持数据的一致性，使用双线性插值将所有的 GCM 数据均匀地重采样到 0.5°，对气温、降水、潜在蒸散发和饱和水汽压差等数据进行偏差校正。基于标准化降水蒸散发指数(SPEI)计算公式，预估了未来时期在 SSP1-2.6、SSP2-4.5 和 SSP5-8.5 三种路径下中亚地区干旱的可能变化。

研究结果显示，至 2100 年，在 SSP1-2.6、SSP2-4.5、SSP5-8.5 三种共享社会经济路径下，中亚地区总体表现为干旱化趋势加剧(图 6.17)。可以看到，在 SSP1-2.6 路径下，中亚地区的干旱处于微弱增强的趋势，而在 SSP5-8.5 路径下，干旱严重加剧，SPEI 值达到–2 以下(极端干旱)。从空间来说，在 SSP1-2.6、SSP2-4.5、SSP5-8.5 共享社会经济路径下表现为干旱显著加剧(P<0.05)的土地面积占比分别为 80.3%、98.3%、99.9%，干旱下降趋势明显的地区主要体现在土库曼斯坦和乌兹别克斯坦。

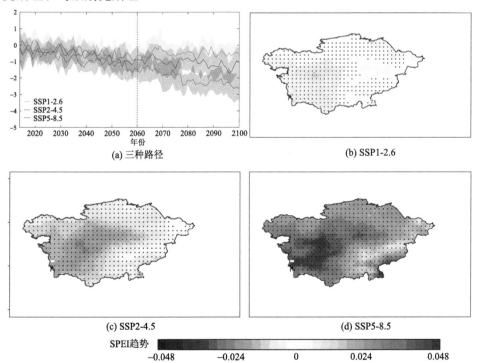

图 6.17　共享社会经济路径下的中亚地区未来干旱时空变化

黑点表示该地区通过了 M-K 的显著性检验(P<0.05)

值得指出的是,三种路径下的干旱变化趋势在 2060 年前后开始呈现差异化增大的趋势(图 6.18)。分别对 2021～2060 年与 2061～2100 年这前后两个 40 年的 SPEI 值进行 Sen 趋势分析与 M-K 显著性检验,结果显示,在 SSP1-2.6 路径下,2021～2060 年中亚地区干旱显著加剧的区域占整个区域的 65.1%(P<0.05),而在 2061～2100 年,该比例下降为 1.5%,显著干旱化的趋势在 21 世纪后期有所减缓。在 SSP2-4.5 路径下,2021～2060 年区域内呈显著变干的区域占 88.3%(P<0.05),同样在 21 世纪后期,干旱加剧的情况也有所减缓,显著干旱化的面积占全区域的

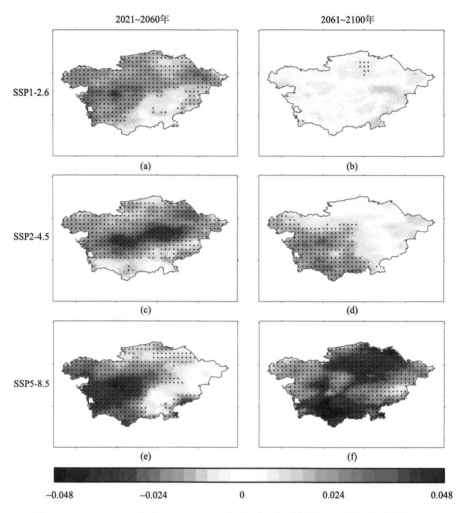

图 6.18　2021～2060 年与 2061～2100 年前后两个时期的干旱空间变化趋势对比

黑点表示该地区通过了 M-K 的显著性检验(P<0.05)

34.4%。而在 SSP5-8.5 路径下，干旱的情况与前两种共享社会经济路径下的变化相反，干旱显著增强的比例由 80.1%增长到 98.0%，在 SSP5-8.5 路径下，中亚地区面临干旱加剧的威胁。

6.4.2　未来干旱特征变化

根据游程理论，对中亚地区未来 40 年(2021～2060 年)干旱特征(干旱历时、干旱强度和干旱频率)相对于1960～2000 年历史时期40 年的干旱特征变化进行对比分析发现：中亚地区干旱历时和干旱强度在增强，干旱频率呈现减少的趋势，这是由于小的干旱事件发生了合并，转变为持续时间更长、干旱强度更大的干旱特征，且随着 SSPs 的 3 种路径变化呈现越加加剧的趋势(图 6.19)。干旱历时和干旱强度变化最明显的地区主要在土库曼斯坦和乌兹别克斯坦。在干旱持续时间变化上，SSP1-2.6 路径和 SSP2-4.5 路径下干旱持续时长分别增长 38.7 个月/10a 和37.0 个月/10a，在SSP5-8.5 路径下增长更为强烈，达到48.9 个月/10a。在SSP5-8.5 路径下，干旱表现为更长期和强烈的干旱特征。

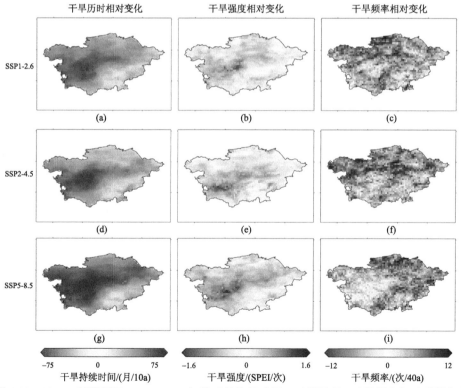

图 6.19　SSPs 3 种路径下 2021～2060 年的干旱持续时间、干旱强度、干旱频率相对于历史参考时期(1961～2000 年)的时空变化

6.4.3　干旱变化的归因分析

量化不同气象要素变化对干旱的影响是众多学者关注的热点。有学者认为，温度升高导致蒸散发加剧，从而加大地表水分散失，引发干旱，或认为降水减少导致可供蒸散的水分减少，从而引发干旱（Seneviratne et al., 2010）；也有学者认为，在净辐射量恒定的条件下，更多的净辐射量转化为显热通量，加热地表及近地表大气而形成较高温度，从而引发干旱（Yin et al., 2014）。

1. 去趋势析因数值试验法

采用去趋势析因数值试验法模拟无气候变化情景下的干旱趋势作为基础原始实验（base case），并逐一释放单一气象要素，比较单一气象要素与无气候变化情景下计算的干旱趋势差异性，即探讨温度对干旱的贡献率。做数值试验时，保持输入的温度数据为不去趋势的原始数据，其余所有要素输入去趋势后的数据，根据概率密度分布图衡量温度对干旱偏移的贡献率。不同气候要素去趋势需保证其合理的物理意义。

例如，首先对温度去趋势（去除年温度趋势），即

$$T_{\text{detrend},i} = T_{\text{observed},i} - \alpha(i-1965) \tag{6.9}$$

式中，$T_{\text{detrend},i}$ 为去趋势后的温度序列；$T_{\text{observed},i}$ 为原始的温度序列；i 为 1965, 1966, $\cdots$, 2017 年；α 为线性趋势项的斜率。

同理，分别对净辐射项、降水项、风速项、饱和水汽压项去趋势。保证各要素去趋势后仍具有合理的物理意义，如降水量不能小于 0，相对湿度不能大于 100% 等。

$$F_{y\text{-detrend},i} = F_{y\text{-observed},i} + \alpha(i-1965) \tag{6.10}$$

式中，$F_{y\text{-detrend},i}$ 为去趋势后的年序列；$F_{y\text{-observed},i}$ 为原始年序列。

$$F_{\text{detrend},i} = F_{\text{observed},i} \left(\frac{F_{y\text{-detrend},i}}{F_{y\text{-observed},i}} \right) \tag{6.11}$$

式中，$F_{\text{detrend},i}$ 为非温度要素去趋势后的日（月）序列；$F_{\text{observed},i}$ 为非温度要素的原始日（月）序列。

2. 中亚地区干旱变化的归因分析

帕尔默干旱指数（PDSI）计算的原理是水量平衡方程，即在"当前情况下达到气候上适宜（climatically appropriate for existing conditions，CAFEC）"的情况下，降水量等于蒸散量与径流量之和再加上（或减去）土壤水分的交换量。PDSI 主要基

于气象资料、水文资料、土壤水分等数据，不仅能考虑当前的水分供需状况，还能考虑前期干湿状况及其持续时间对当前干旱状况的影响，物理意义明确。以 PDSI 变化对气象要素的敏感性为例开展析因数值试验分析。在复杂的气候变化背景下，各要素间存在千丝万缕的联系和相互重叠的影响，为避免简单的相关分析法缺乏物理机制，利用差分法对 PDSI 计算变量的时间序列去趋势，设计析因数值试验(Zhang et al., 2016)，即保留一个变量，对其余变量进行去趋势化处理，形成新的气象因子时间序列。

在定量气温对干旱的贡献率时，保持输入的气温数据为原始数据，其余所有要素输入去趋势后的数据，根据概率密度分布图衡量气温对干旱偏移原始数值试验的贡献率。根据析因数值试验的 PDSI 概率密度函数(probability density function, PDF) (图 6.20)：PDSI 的概率密度分布向左移动了-0.0025(干旱化)，表明 PDSI 干旱对气温(T)升高的响应水平。同理，分别对净辐射(R_n)、降水(P)、风速(WS)、

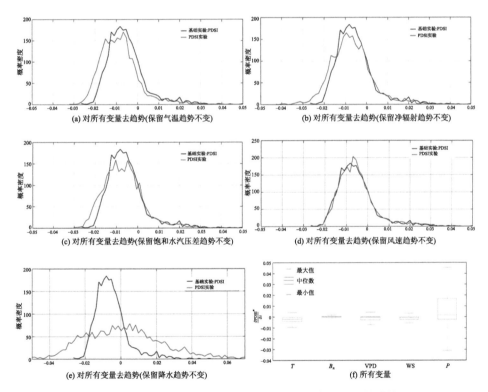

图 6.20　去趋势数值试验量化干旱变化对气象因子的敏感性

*表示不同气象要素影响下，PDSI 随时间 t 的变化率

饱和水汽压差(VPD)去趋势，定量化解析各要素对干旱变化的贡献率。净辐射和饱和水汽压差也导致 PDSI 的概率密度分布略向左偏移，呈干旱化趋势。当对降水去趋势时，PDSI 的概率密度分布范围变宽，并略向右移 0.0018(略微变湿)。根据几个不同气象要素变量对 PDSI 的贡献，PDSI 对气温的响应水平高于对其他气象要素的响应，快速升温导致中亚地区 PDSI 呈现干旱化趋势加剧，净辐射和饱和水汽压差也导致 PDSI 呈现轻微干旱化趋势，而降水的变化加大了 PDSI 的变率。

6.5 本 章 小 结

本章基于标准化降水蒸散发指数，分析了中亚地区干旱的时空变化特征，发现中亚地区干旱化趋势比较明显。此外，通过干旱指数与游程理论的结合，分析了干旱历时、干旱强度和干旱峰值，通过 Copula 函数构造联合分布模型，计算联合概率密度和联合重现期，对中亚地区的干旱风险进行了具体的统计与分析。

随着时间尺度增加，干旱事件发生的频次和强度开始降低，但其干旱历时逐渐延长，夏季、秋季的干旱强度明显加重，且干旱强度西部大于东部，且以重度干旱为主，中度干旱较少，极端干旱发生的频次空间差异性最大。三维 Copula 函数反映的干旱联合概率值在 1961～2017 年经历了中等强度到低强度再到高强度加剧的过程，其中 2000～2017 年中亚五国干旱联合概率值较高。

基于 CMIP6 数据预估了共享社会经济路径下未来干旱的变化趋势及干旱属性特征。未来的气象干旱表现为更长期和更强烈的特征。中亚地区是 "一带一路" 建设发展的重要区域，干旱问题突出，详细分析中亚地区干旱的时空分布及变化情况，探讨干旱变化归因，可为中亚地区的干旱风险评估提供重要的科学依据，为该地区经济社会的发展和区域稳定提供技术支持。

参 考 文 献

李树岩, 刘荣花, 马志红. 2012. 基于降水距平的黄淮平原夏玉米干旱评估指标研究. 干旱地区农业研究, 30(3): 252-256.

李伟光, 侯美亭, 陈汇林, 等. 2012. 基于标准化降水蒸散指数的华南干旱趋势研究. 自然灾害学报, 21(4): 84-90.

王林, 陈文. 2012. 近百年西南地区干旱的多时间尺度演变特征. 气象科技进展, 2(4): 21-26.

张乐园, 王弋, 陈亚宁. 2020. 基于 SPEI 指数的中亚地区干旱时空分布特征. 干旱区研究, 37(2): 331-340.

张调风, 张勃, 刘秀丽, 等. 2012. 基于 CI 指数的甘肃省黄土高原地区气象干旱的变化趋势分析. 冰川冻土, 34(5): 1076-1083.

周丹, 张勃, 任培贵, 等. 2014. 基于标准化降水蒸散指数的陕西省近 50a 干旱特征分析. 自然资源学报, 29(4): 677-688.

Agel L, Barlow M. 2020. How well do CMIP6 historical runs match observed Northeast U.S. precipitation and extreme precipitation-related circulation?. Journal of Climate, 33: 9835-9848.

Ayantobo O O, Li Y, Song S, et al. 2017. Spatial comparability of drought characteristics and related return periods in mainland China over 1961–2013. Journal of Hydrology, 550: 549-567.

Chen H, Sun J. 2015. Changes in drought characteristics over China using the standardized precipitation evapotranspiration index. Journal Climate, 28: 5430-5447.

Chen H P, Sun J Q, Lin W Q, et al. 2020. Comparison of CMIP6 and CMIP5 models in simulating climate extremes. Science Bulletin, 65: 1415-1418.

Djaman K, Balde A B, Sow A, et al. 2015. Evaluation of sixteen reference evapotranspiration methods under sahelian conditions in the Senegal River Valley. Journal of Hydrology: Reginal Studies, 3: 139-159.

Dracup J A, Lee K S, Paulson Jr E G, 1980. On the definition of droughts. Water Resources Research, 16(2): 297-302.

Francesco V D, Zullo A, Perna F, et al. 2009. Helicobacter pylori clarithromycin resistance assessment by culture and taqman real-time PCR: A comparative study. Digestive Liver Disease, 41: S85.

Gao X R, Zhao Q, Zhao X N, et al. 2017. Temporal and spatial evolution of the standardized precipitation evapotranspiration index (SPEI) in the Loess Plateau under climate change from 2001 to 2050. Science of the Total Environment, 595: 191-200.

Genest C, Rivest L P. 1993. Statistical inference procedures for bivariate Archimedean Copulas. Public America Statistic Association, 88: 1034-1043.

Guo H, Bao A M, Liu T, et al. 2016. Evaluation of PERSIANN-CDR for meteorological drought monitoring over China. Remote Sensing, 8(5): 379.

Harris I, Jones P D, Osborn T J, et al. 2014. Updated high-resolution grids of monthly climatic observations—The CRU TS3.10 Dataset. International Journal of Climatology, 34: 623-642.

Huang J P, Li Y, Fu C B, et al. 2017a. Dryland climate change: Recent progress and challenges. Reviews of Geophysics, 55(3): 719-778.

Huang J P, Yu H P, Dai A G, et al. 2017b. Drylands face potential threat under 2 ℃ global warming target. Nature Climate Change, 7(6): 417-422.

Li Z, Chen Y, Fang G, et al. 2017. Multivariate assessment and attribution of droughts in Central Asia. Scientific Reports, 7: 1316.

Loon V, Anne F. 2015. Hydrological drought explained. Wiley Interdisciplinary Reviews: Water, 2(4): 359-392.

Mckee T B, Doesken N J, Kleist J. 1993. The relationship of drought frequency and duration to time scales. Anaheim, USA: 8th Conference on Applied Climatology, American Meteorological

Society.

Palmer W C. 1968. Keeping track of crop moisture conditions, Nationwide: The new crop moisture index. Weatherwise, 21(4): 156-161.

Renard B, Lang M. 2007. Use of a Gaussian Copula for multivariate extreme value analysis: Some case studies in hydrology. Advance in Water Resources, 30: 897-912.

Sadegh M, Ragno E, AghaKouchak A. 2017. Multivariate Copula Analysis Toolbox (MvCAT): Describing dependence and underlying uncertainty using a Bayesian framework. Water Resources Research, 53: 5166-5183.

Salvadori G, Michele C D. 2015. Multivariate real-time assessment of droughts via Copula-based multi-site Hazard Trajectories and Fans. Journal of Hydrology, 526: 101-115.

Seneviratne S I, Corti T, Davin E L, et al. 2010. Investigating soil moisture-climate interactions in a changing climate: A review. Earth-Science Reviews, 99(3-4): 125-161.

Serinaldi F, Bonaccorso B, Cancelliere A, et al. 2009. Probabilistic characterization of drought properties through copulas. Physics and Chemistry of the Earth Parts A/B/C, 34(10-12): 596-605.

Sklar M. 1959. Fonctions de Repartition an Dimensions et Leurs Marges. Paris: Public Institution Statistic University.

Thorarinsdottir T L, Sillmann J, Haugen M, et al. 2020. Evaluation of CMIP5 and CMIP6 simulations of historical surface air temperature extremes using proper evaluation methods. Environmental Research Letters, 15: 124041.

Trenberth K E, Dai A G, van Der S G, et al. 2014. Global warming and changes in drought. Nature Climate Change, 4(1): 17-22.

Tue V M, Raghavan S V, Minh P D, et al. 2015. Investigating drought over the Central Highland, Vietnam, using regional climate models. Journal of Hydrology, 526: 265-273.

Vicente-Serrano S M, Beguería S, López-Moreno J I. 2010. A multiscalar drought index sensitive to global warming: The standardized precipitation evapotranspiration index. Journal of Climate, 23(7): 1696-1718.

Wang Z, Li J, Lai C, et al. 2017. Does drought in China show a significant decreasing trend from 1961 to 2009?. Science of the Total Environment, 579: 314-324.

Welle T, Birkmann J. 2015. The world risk index—An approach to assess risk and vulnerability on a global scale. Journal of Extreme Events, 32(1): 1550002.

Yevjevich V M. 1972. Structural Analysis of Hydrologic Time Series. Colorado State University: Doctoral dissertation.

Yin D Q, Roderick M L, Leech G, et al. 2014. The contribution of reduction in evaporative cooling to higher surface air temperatures during drought. Geophysical Research Letters, 41(22): 7891-7897.

Yoon J H, Mo K, Wood E F. 2012. Dynamic-Model-Based seasonal prediction of meteorological drought over. Journal of Hydrometeorology, 13 (2): 463-482.

Zhang J, Sun F B, Xu J J, et al. 2016. Dependence of trends in and sensitivity of drought over China (1961–2013) on potential evaporation model. Geophysical Research Letters, 43 (1): 206-213.

Zhang L, Singh V. 2007. Bivariate flood frequency analysis using the copula method. Journal of Hydrology Engineering, 11: 150-164.

Zhang L Y, Wang Y, Chen Y N, et al. 2020. Drought risk assessment in central asia using a probabilistic Copula function approach. Water, 12 (2): 421.

Zhao T, Dai A. 2016. Uncertainties in historical changes and future projections of drought. Part II: Model-simulated historical and future drought changes. Climatic Change, 144 (3): 535-548.

Zhu Y L, Chang J X, Huang S Z, et al. 2016. Characteristics of integrated droughts based on a nonparametric standardized drought index in the Yellow River Basin, China. Hydrology Research, 47 (2): 454-467.

中亚地区生态足迹及生态安全评价

本章导读

· 生态安全是国家国防、经济和政治安全的基础和主要载体，是一个国家可持续发展的基础安全问题。对其开展研究与评价为实现国家、区域生态环境和社会经济的共同、和谐、可持续发展，以及国家生态文明建设目标等具有重要意义。

· 本章首先从自然特性、社会发展、经济发展及环境变化四个方面对中亚地区生态承载力进行了评估，其次应用能值生态足迹模型对中亚地区生态足迹及承载力变化进行了分析，最后基于生态压力指标对中亚地区生态安全进行综合评价与趋势预测，以期为中亚地区生态文明建设提供借鉴。

· 生态安全评价工作是地理学、经济学和生态学的共同研究领域和焦点，是连接自然环境变化过程与社会经济发展过程的重要纽带和桥梁。

7.1 中亚地区生态承载力评估

作为衡量区域经济、社会和生态可持续发展的重要标志，生态承载力已成为国内外学者的研究热点(杜文鹏等，2020; Sun and Ye，2021；Wang et al.，2022)。生态承载力概念的演变经历了种群承载力、资源承载力、环境承载力、生态系统承载力 4 个阶段(封志明等，2017)。生态承载力反映了人与生态系统的和谐、互动及共生关系，可以作为衡量某一区域可持续发展能力的重要判据。国外学者对生态承载力与区域经济、社会、资源和环境协调发展的相互关系有过精辟论述，认为生态承载力研究建立在包括资源、环境与人类社会和经济系统在内的复杂生态系统基础之上，彼此相辅相成(Costanza et al.，1997；Linyu et al.，2010；Chen et al.，2021)。国内学者对此也有系统分析。例如，陆大道(2009)认为，生态持续承载是区域经济、社会、资源和环境可持续发展的基础，后者则是区域协调发展的最终目标；杨志峰等(2007)和张可云等(2011)认为，开展生态承载力研究有利于实施区域经济、社会、资源和环境可持续发展。一个区域的发展必定是以消耗一定物质资源和排放一定污染物为基础的。从生态承载力的角度来看，杜文鹏等(2020)和熊建新等(2014)认为，这种物质的消耗和污染物的排放必须限定在资源储量及环境容纳的阈值以内，区域协调发展不能脱离自然资源与环境的束缚，不能离开自然生态系统的持续支撑和人类社会、经济系统的优化。因此，生态承载力理论已经成为区域经济、社会、资源和环境协调发展的重要支撑理论。

生态承载力受自然环境、生态、社会和经济发展的影响较大，为研究中亚地区生态承载力复合系统的稳定性及可持续发展状况，本节将从系统论角度对中亚各国生态承载力进行综合评价。生态环境与社会经济发展之间相互作用、相互影响，形成一个复杂的系统(王开运，2007)。生态环境为社会经济发展奠定了基础，提供了生产和生活所需的各类物质资源材料。生态资源越丰富，承载力越高。然而，随着人口的增长和社会生产力水平的提高，人类对资源的过度消耗削弱了生态资源的承载力。生态环境与社会经济发展之间相互促进、相互制约，最终对生态承载力产生影响。各影响因素之间的相互关系如图7.1所示。

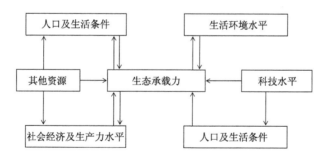

图7.1　生态资源与社会经济相互影响关系示意图

7.1.1　生态承载力评价指标体系

1. 指标体系分层

对中亚地区生态承载力综合评价的前提是建立指标评价体系。一般来说，综合评价体系包含三大层次：目标层、准则层和指标层(表7.1)。目标层为生态承载力的最高层，反映生态承载的总体能力。中亚地区生态承载力的目标层即提高生态承载力，实现区域生态环境与社会经济的可持续发展。准则层将生态承载力复合系统划分为四个子系统，分别代表四个不同方面的影响。中亚地区生态承载力的四个子系统分别为：①区域自然特性对生态承载力的影响子系统；②社会发展对生态承载力的影响子系统；③经济发展对生态承载力的影响子系统；④资源环境变化对生态承载力的影响子系统。

表 7.1　中亚地区生态承载力评价指标体系

目标层(A)	准则层(B)	指标层(C)	单位	数据来源或指标计算	类型
提高生态承载力，实现区域生态环境与社会经济的可持续发展(A)	区域自然特性对生态承载力的影响(B1)	降水量(C1)	mm	统计数据①	正
		气温(C2)	℃	统计数据①	正
		潜在蒸发量(C3)	mm	统计数据①	负
		太阳辐射(C4)	10^8J/m^3	统计数据②	正
		区域面积(C5)	10^3hm²	统计数据③	正
		地均水资源量(C6)	m³/hm²	水资源总量③/国土面积	正
	社会发展对生态承载力的影响(B2)	人口(C7)	万人	统计数据④	负
		人口密度(C8)	人/km²	人口/国土面积	负
		垦殖率(C9)	%	耕地面积③/国土面积	负
		粮食单产(C10)	kg/hm²	粮食产量③/种植面积③	正
		农业用水占比(C11)	%	农业用水③/水资源利用量③	负
		人均粮食产量(C12)	kg/人	粮食产量/人口	正
		城镇化率(C13)	%	统计数据④	正
	经济发展对生态承载力的影响(B3)	GDP(C14)	亿美元	统计数据④	正
		人均GDP(C15)	美元/人	GDP/人口	正
		万元GDP耗水量(C16)	m³/万美元	水资源利用量/GDP	负
		工业增加值占比(C17)	%	统计数据④	正
		农业增加值占比(C18)	%	统计数据④	正
		固定资本占比(C19)	%	统计数据④	正
	资源环境变化对生态承载力的影响(B4)	生态环境用水率(C20)	%	统计数据③	正
		森林覆盖率(C21)	%	统计数据③	正
		化肥施用量(C22)	kg/hm²	统计数据③	负
		人均能源使用量(C23)	t/人	统计数据④	负
		人均耗电量(C24)	kW·h/人	统计数据④	负
		可再生资源利用率(C25)	%	统计数据④	正

① 数据来源于东英吉利大学气候研究中心(https://crudata.uea.ac.uk/cru/data/hrg/)；② 数据来源于美国国家海洋和大气管理局地球系统研究实验室(https://www.esrl.noaa.gov/)；③ 数据来源于联合国粮农组织 (http://www.fao.org/)；④ 数据来源于世界银行(https://data.worldbank.org.cn/)。

准则层的四个子系统包含不同的影响生态承载力的指标，即为指标层。中亚地区第一类子系统，反映区域自然特性的指标主要包括降水量、气温、潜在蒸发量、太阳辐射、区域面积、地均水资源量。这一类系统指标影响区域地表植被覆盖变化、径流量变化、物质资源产量的变化、生态资源再生能力等，进而影响生态资源可供给量的变化。

第二类子系统，反映区域社会发展的指标包括人口、人口密度、垦殖率、粮食单产、农业用水占比、人均粮食产量、城镇化率。这一类系统指标从社会发展需求角度，反映人类社会进步对生态资源的利用与消耗，进而影响生态资源的承载力变化。

第三类子系统，反映区域经济发展的指标包括 GDP、人均 GDP、万元 GDP 耗水量、工业增加值占比、农业增加值占比、固定资本占比。这一类系统指标从经济发展角度，反映经济增长对生态资源承载力的影响。

第四类子系统，反映资源环境变化的指标包括生态环境用水率、森林覆盖率、化肥施用量、人均能源使用量、人均耗电量、可再生资源利用率。这一类包含两类指标：一类为促进自然资源生态环境可持续发展的指标，这类指标增加生态承载力；另一类为人类活动对资源的消耗并排放各种废弃物而对自然环境产生影响的指标，这类指标降低生态承载力，抑制生态可持续发展，而降解这些废弃物需要更长时间的自然循环。

根据各指标对生态承载力的影响又分为两类：一类为促进生态承载力提高的指标，即为"正"向影响，正向影响的指标值越大，越有利于生态资源与社会经济的可持续发展；另一类为抑制生态承载力提高的指标，即为"负"向影响，负向影响的指标值越小，越有利于生态资源与社会经济的可持续发展。

2. 综合评价指标体系的建立

本节以 2014 年的数据为例，选取与生态承载力密切相关的自然、社会、经济和资源环境方面的指标，建立指标体系。中亚地区生态承载力评价指标体系及各指标的数据来源如表 7.1 所示。经过计算与统计，2014 年中亚五国生态承载力综合评价的各指标值如表 7.2 所示。

表 7.2　中亚五国各指标数据

指标层(C)	哈萨克斯坦	吉尔吉斯斯坦	塔吉克斯坦	土库曼斯坦	乌兹别克斯坦
降水量(C1)	252.38	359.35	510.22	135.52	209.65
气温(C2)	6.18	1.38	3.63	15.77	12.65
潜在蒸发量(C3)	1067.40	938.18	996.61	1495.26	1421.35

续表

指标层(C)	哈萨克斯坦	吉尔吉斯斯坦	塔吉克斯坦	土库曼斯坦	乌兹别克斯坦
太阳辐射(C4)	66.56	80.10	87.37	79.39	76.87
区域面积(C5)	272490.20	19995	14255	48810	44740
地均水资源量(C6)	397.81	1181.30	1537.00	507.48	1092.31
人口(C7)	1728.92	583.55	836.27	546.62	3075.77
人口密度(C8)	6.40	30.42	60.26	11.63	72.30
垦殖率(C9)	10.84	6.77	6.14	4.10	10.66
粮食单产(C10)	1359.55	4452.85	5057.82	2883.91	5765.37
农业用水占比(C11)	67.71	93.01	90.86	94.31	90.00
人均粮食产量(C12)	1254.89	567.05	291.65	358.38	318.78
城镇化率(C13)	53.29	35.59	26.69	49.69	36.28
GDP(C14)	1840.52	58.56	74.65	349.80	536.57
人均GDP(C15)	12807.26	1279.77	1104.46	7962.37	2050.45
万元GDP耗水量(C16)	1115.40	12576.61	12746.79	5869.53	9229.86
工业增加值占比(C17)	33.21	23.89	22.30	60.67	30.61
农业增加值占比(C18)	4.33	14.72	23.45	8.30	17.10
固定资本占比(C19)	21.56	32.84	25.83	44.39[①]	24.16
生态环境用水率(C20)	34.50	25.80	28.40	30.90	27.50
森林覆盖率(C21)	1.23	3.36	2.97	8.78	7.60
化肥施用量(C22)	3.96	32.00	83.99	100.00	224.87
人均能源使用量(C23)	4434.64	650.40	335.39	4893.49	1419.48[②]
人均耗电量(C24)	5600.21	1941.22	1479.78	2678.81	1637.19[②]
可再生资源利用率(C25)	0.03	0.08	0	0.03	0.01[②]

①2012年的数据；②2013年的数据。

7.1.2 中亚地区指标权重分析

1. 指标归一化处理

评价指标的分级标准样本集为 $\{x'(i,j)|i=1,2,\cdots,n; j=1,2,\cdots,p\}$，其中，$x'(i,j)$ 为第 i 个样本的第 j 个评价指标值。对所选取的指标进行标准化处理，以消除不同单位之间无法对比的影响。为避免端点值对之后计算的影响。将 y_{max}=0.996，y_{min}=0.002 代入式(7.1)和式(7.2)中。

对于越大越优的指标：

$$x(i,j) = (y_{max} - y_{min}) \times \frac{x'(i,j) - x_{min}(j)}{x_{max}(j) - x_{min}(j)} + y_{min} \tag{7.1}$$

对于越小越优的指标：

$$x(i,j) = (y_{max} - y_{min}) \times \frac{x_{max}(j) - x'(i,j)}{x_{max}(j) - x_{min}(j)} + y_{min} \tag{7.2}$$

式中，$x_{max}(j)$ 和 $x_{min}(j)$ 分别为第 j 个指标值的最大值和最小值；$x(i,j)$ 为评价指标分级标准样本集归一化后的序列。

2. 熵权评价法

根据归一化后的指标集，采用熵权法计算各指标的权重及中亚各国生态承载力指标的综合得分。

（1）计算第 j 项指标下第 i 个国家占该指标的比重：

$$p_{ij} = \frac{x_{ij}}{\sum\limits_{i=1}^{n} x_{ij}} \tag{7.3}$$

（2）计算第 j 项指标的熵值：

$$e_j = -k \sum_{i=1}^{n} p_{ij} \ln p_{ij} \tag{7.4}$$

$$k = \frac{1}{\ln n} > 0 \tag{7.5}$$

本章中，样本数 $n = 5$；$\ln n = \ln 5$；$k > 0$，则 $0 < e_j < 1$。

（3）计算信息熵冗余度：

$$d_j = 1 - e_j \tag{7.6}$$

（4）计算各项指标的权值：

$$w_j = \frac{d_j}{\sum\limits_{j=1}^{m} d_j} \tag{7.7}$$

（5）计算各国家的综合得分：

$$s_i = \sum_{j=1}^{m} w_j \times p_{ij} \tag{7.8}$$

3. 指标权重分析

指标权重的大小反映各指标对生态承载力系统的影响程度，权重越大，表明该指标对系统的影响越大；权重越小，表明该指标对系统的影响越小。通过熵权法，计算出中亚各指标相对于 5 个国家的权重，各指标相对于所有指标所占权重，以及各个国家综合指标的得分所占的权重(表 7.3)。

表 7.3　中亚五国生态承载力的各指标权重值

指标层 (C)	哈萨克斯坦	吉尔吉斯斯坦	塔吉克斯坦	土库曼斯坦	乌兹别克斯坦	指标权重 W
降水量 (C1)	0.1483	0.2831	0.4733	0.0010	0.0944	0.0333
气温 (C2)	0.1470	0.0009	0.0694	0.4389	0.3439	0.0352
潜在蒸发量 (C3)	0.2744	0.3571	0.3197	0.0007	0.0480	0.0321
太阳辐射 (C4)	0.0007	0.2354	0.3614	0.2231	0.1794	0.0219
区域面积 (C5)	0.7803	0.0189	0.0016	0.1058	0.0935	0.0753
地均水资源量 (C6)	0.0008	0.2870	0.4169	0.0409	0.2545	0.0347
人口 (C7)	0.1566	0.2893	0.2600	0.2935	0.0006	0.0212
人口密度 (C8)	0.0006	0.2807	0.2782	0.2349	0.2056	0.0302
垦殖率 (C9)	0.0009	0.2591	0.2991	0.4286	0.0123	0.0412
粮食单产 (C10)	0.0007	0.2430	0.2904	0.1201	0.3458	0.0242
农业用水占比 (C11)	0.0005	0.2597	0.2377	0.2731	0.2289	0.0666
人均粮食产量 (C12)	0.0011	0.2748	0.1047	0.5551	0.0642	0.0693
城镇化率 (C13)	0.0009	0.1614	0.3607	0.0358	0.4412	0.0283
GDP (C14)	0.5922	0.0100	0.0012	0.3476	0.0490	0.0645
人均 GDP (C15)	0.0006	0.3183	0.3230	0.1324	0.2256	0.0630
万元 GDP 耗水量 (C16)	0.0006	0.1975	0.2763	0.2572	0.2685	0.0490
工业增加值占比 (C17)	0.3899	0.1310	0.0008	0.3372	0.1411	0.0545
农业增加值占比 (C18)	0.1845	0.0280	0.0013	0.6455	0.1408	0.0290
固定资本占比 (C19)	0.0008	0.2245	0.4125	0.0863	0.2758	0.0438
生态环境用水率 (C20)	0.4793	0.0010	0.1439	0.2814	0.0944	0.0338
森林覆盖率 (C21)	0.0009	0.1201	0.0982	0.4234	0.3574	0.0336
化肥施用量 (C22)	0.3247	0.2836	0.2073	0.1838	0.0007	0.0211
人均能源使用量 (C23)	0.0366	0.3327	0.3574	0.0007	0.2726	0.0341
人均耗电量 (C24)	0.0006	0.2494	0.2808	0.1992	0.2701	0.0196
可再生资源利用率 (C25)	0.2000	0.5316	0.0011	0.2000	0.0674	0.0405
各国综合得分 S	0.3522	0.1577	0.1320	0.2254	0.1328	—

对总指标权重来说，指标权重大于 0.05 的依次为区域面积(0.0753)、人均粮食产量(0.0693)、农业用水占比(0.0666)、GDP(0.0645)、人均 GDP(0.0630)、工业增加值占比(0.0545)。介于 0.04~0.05 的指标权重从大到小依次为万元 GDP 耗

水量(0.0490)、固定资本占比(0.0438)、垦殖率(0.0412)、可再生能源利用率(0.0405)。介于 0.03~0.04 的指标权重从大到小依次为气温(0.0352)、地均水资源量(0.0347)、人均能源使用量(0.0341)、生态环境用水率(0.0338)、森林覆盖率(0.0336)、降水量(0.0333)、潜在蒸发量(0.0321)、人口密度(0.0302)。小于 0.03 的指标权重从大到小依次为农业增加值占比(0.0290)、城镇化率(0.0283)、粮食单产(0.0242)、太阳辐射(0.0219)、人口(0.0212)、化肥施用量(0.0211)、人均耗电量(0.0196)。

可见，区域面积对生态资源承载力影响最大，区域面积越大，接收到的年太阳总辐射量越多，自然生态资源越丰富，可承载的生态和社会经济发展能力越大。中亚五国中，各国的区域面积存在很大的差异，因而，资源承载力差异较大。其次，农业生产及农业用水对生态承载力的影响也较大，中亚地区以农业发展为主，且水资源紧缺，农业增产增收与水资源利用之间的矛盾也较为突出。再次为 GDP 增长促进了社会经济的发展，同时也将消耗更多的自然资源。因此，在促进经济增长的同时，也要保护生态环境，减少资源浪费，促进生态与社会经济的协调发展。

中亚五国生态承载力综合指标得分大小依次为哈萨克斯坦(0.3522)、土库曼斯坦(0.2254)、吉尔吉斯斯坦(0.1577)、乌兹别克斯坦(0.1328)和塔吉克斯坦(0.1320)。综合得分越高表明系统的协调度和稳定度越高。可见，哈萨克斯坦的生态承载力最大，生态与社会可持续发展的潜力最大，主要是因为哈萨克斯坦人均国土面积最大，自然资源丰富，可开发和利用潜力较大。吉尔吉斯斯坦和塔吉克斯坦多高山，且国土面积较小，除了水资源丰富以外，其他资源可利用量较小，因而其生态承载力较小。乌兹别克斯坦人口众多，对资源的消费量大，且国土面积有限，因而其生态承载力的综合得分也较小。

7.1.3 基于 PSO-PPE 模型的生态承载力综合评价

对生态承载力综合评价的方法很多，学者们采用多种方法从不同的角度对水资源、水土资源、生态资源进行了评价。本节将采用基于粒子群优化算法投影寻踪(PSO-PPE)模型对中亚地区生态承载力进行综合评价。

1. 粒子群优化算法投影寻踪模型

1)构造投影寻踪模型

投影寻踪评价模型是把 p 维数据 $\{x(i,j)|i=1,2,\cdots,n; j=1,2,\cdots,p\}$，综合成以 $\{a=a(1),a(2),\cdots,a(p)\}$ 为投影方向的一维投影值 $z(i)$：

$$z(i)=\sum_{j=1}^{p}a(j)x(i,j) \tag{7.9}$$

式中，a 为单位长度向量。然后根据 $\{z(i)|i=1,2,\cdots,n\}$ 的一维散布图进行分类，投影指标函数 $Q(a)$ 可表达为

$$Q(a) = S_z D_z \tag{7.10}$$

式中，S_z 可由投影值 $z(i)$ 的标准差表示，S_z 和 D_z 的计算公式如下：

$$S_z = \sqrt{\frac{\sum_{i=1}^{n}[z(i)-E(z)]^2}{n-1}} \tag{7.11}$$

$$D_z = \sum_{i=1}^{n}\sum_{j=1}^{n}[R-r(i,j)]\cdot u[R-r(i,j)] \tag{7.12}$$

式中，$E(z)$ 为序列 $\{z(i)|i=1,2,\cdots,n\}$ 的平均值；R 为局部密度的窗口半径，一般取值为 $0.1S_z$；$r(i,j)$ 为样本之间的距离；$u(t)$ 为单位阶跃函数，当 $t>0$ 时，其值为 1；当 $t<0$ 时，其值为 0。

2) 优化投影指标函数

不同的投影方向反映不同的数据结构特征，通过求解投影指标函数最大化问题来估计最佳投影方向，即

$$\text{最大化目标函数：} \max:Q(a)=S_z D_z \tag{7.13}$$

$$\text{约束条件：} \mathrm{s.t}:\sum_{j=1}^{p}a^2(j)=1 \tag{7.14}$$

3) PSO 优化投影方向

设粒子的种群规模为 N，第 $i(i=1,2,\cdots,n)$ 个粒子的位置可表示为 X_i，速度表示为 v_i，适应值表示为 f_i。在随机产生初始位置和速度之后的每一次迭代中，粒子通过跟踪个体极值 $pb_i(t)$ 和全局极值 $gb(t)$ 来更新自己的位置和速度。

$$v_i(t+1) = wv_i(t) + c_1 b_1(t)[pb_i(t)-s_i(t)] + c_2 b_2(t)[gb(t)-s_i(t)] \tag{7.15}$$

$$s_i(t+1) = s_i(t) + v_i(t+1) \tag{7.16}$$

式中，w 为惯性权重；c_1 和 c_2 为学习因子；$b_1(t)$ 和 $b_2(t)$ 为在 $(0,1)$ 均匀分布的随机函数。每个粒子的个体极值和全体粒子的全局极值的更新公式如下：

$$pb_i(t+1) = \begin{cases} x_i(t+1) & f_i(t+1) \geqslant f[pb_i(t)] \\ pb_i(t) & f_i(t+1) < f[pb_i(t)] \end{cases} \tag{7.17}$$

$$gb(t+1) = s_{\max}(t+1) \tag{7.18}$$

式中，$f_i(t+1)$ 为 $t+1$ 时刻粒子 i 的适应值；$f[pb_i(t)]$ 为粒子 i 的个体历史最好适应值；$s_{\max}(t+1)$ 为 $t+1$ 时刻所有粒子中最大的 $f[pb_i(t)]$ 所对应的粒子位置。

当 $t+1$ 时刻与 t 时刻最优粒子适应值之差小于设定阈值或达到预定迭代次数

时，运行结束。此时，粒子群寻找到的全局极值即为最佳投影方向 a^*，全局极值所对应的适应值即为投影指标函数最大值 $Q^*(a)$。在 Matlab 中运行基于粒子群优化算法投影寻踪(PSO-PPE)模型程序，流程如图 7.2 所示。

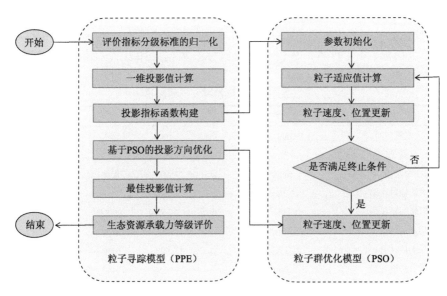

图 7.2 基于粒子群优化算法投影寻踪过程示意图

2. 生态承载力等级划分

参考国内外学者对水土资源承载力的划分标准，本节从社会经济发展对生态资源环境承载的压力角度出发，将中亚地区生态承载力划分为 5 个评价等级(表7.4)，分别为极高、较高、中等、较低和极低(姜秋香，2011；王薇，2012)。

表 7.4 中亚地区生态承载力等级划分标准

等级	极高(Ⅰ)	较高(Ⅱ)	中等(Ⅲ)	较低(Ⅳ)	极低(Ⅴ)
系统状态	生态系统处于强无压力状态,生态系统极稳定	生态系统处于弱压力状态,生态功能较完善，系统稳定	生态与社会经济平衡发展，系统较稳定	生态与社会经济平衡状态被破坏,系统不太稳定	生态承载压力大,供需矛盾突出,生态环境恶化

3. 分级标准的最佳投影

1)评价指标分级标准数据集

首先，建立一个标准数据集，采用粒子群优化算法投影寻踪模型求出标准数据集的最优评价结果，以便将中亚地区生态承载力的评价结果与标准数据集的评价结果进行对比。然后，根据等级划分标准，将标准数据集分为 4 个样本，样本 1 为极高（Ⅰ）和较高（Ⅱ）等级之间的分界点；样本 2 为较高（Ⅱ）和中等（Ⅲ）等级之间的分界点；样本 3 为中等（Ⅲ）和较低（Ⅳ）等级之间的分界点；样本 4 为较低（Ⅳ）和极低（Ⅴ）等级之间的分界点。研究中分级标准的指标与中亚地区指标相同，共有 25 个指标、4 个样本，评价指标分级标准数据集如表 7.5 所示。

表 7.5　评价指标分级标准数据集

指标层(C)	单位	类型	样本 1	样本 2	样本 3	样本 4
降水量(C1)	mm	正	1000	750	400	200
气温(C2)	℃	正	15	10	6	3
潜在蒸发量(C3)	mm	负	500	800	1500	2000
太阳辐射(C4)	$10^8J/m^3$	正	100	80	60	40
区域面积(C5)	10^3hm^2	正	200000	100000	50000	30000
地均水资源量(C6)	m^3/hm^2	正	2000	1500	1000	500
人口(C7)	万人	负	500	1000	2000	3000
人口密度(C8)	人/km^2	负	15	45	75	100
垦殖率(C9)	%	负	5	8	12	15
粮食单产(C10)	kg/hm^2	正	8000	5000	2000	1000
农业用水占比(C11)	%	负	60	70	85	92
人均粮食产量(C12)	kg/人	正	2000	1500	800	500
城镇化率(C13)	%	正	70	55	35	20
GDP(C14)	亿美元	正	2000	1000	500	100
人均GDP(C15)	美元/人	正	15000	10000	6000	2000
万元GDP耗水量(C16)	m^3/万美元	负	1000	5000	10000	15000
工业增加值占比(C17)	%	正	75	50	35	20
农业增加值占比(C18)	%	正	30	20	10	5
固定资本占比(C19)	%	正	35	30	25	20
生态环境用水率(C20)	%	正	50	40	30	20
森林覆盖率(C21)	%	正	10	7	4	2
化肥施用量(C22)	kg/hm^2	负	10	50	100	200
人均能源使用量(C23)	t/人	负	500	1000	2000	3000
人均耗电量(C24)	kW·h/人	负	1500	2000	3000	5000
可再生资源利用率(C25)	%	正	2	1	0.05	0.01

2）分级标准最佳投影方向的确定

在进行建模之前，需要对正向指标和负向指标进行归一化处理，以消除量纲影响和统一样本的变化范围（姜秋香，2011；王薇，2012）。粒子群优化算法中通常加速常数设置为 $c_1 = c_2 = 1.4962$，惯性权重为 0.98，最大迭代次数设置为 300，初始化群体个数设置为 100（姜秋香，2011），最终得到投影指标函数最大值 $Q^*(a)$ =1.872。

依据指标层顺序得到的粒子群优化算法的最佳投影方向 $a^* =$（0.200，0.200，0.204，0.195，0.198，0.200，0.201，0.199，0.202，0.207，0.205，0.208，0.199，0.193，0.198，0.200，0.195，0.203，0.196，0.198，0.203，0.192，0.200，0.193，0.210）。粒子群优化算法投影寻踪过程如图 7.3 所示。将最佳投影方向 a^* 代入公式中，即可得最佳投影值 $Z_s^* =$（4.9788，3.2758，1.4440，0.0100）。因此，Ⅰ～Ⅱ级、Ⅱ～Ⅲ级、Ⅲ～Ⅳ级、Ⅳ～Ⅴ级的分界点的最佳投影值分别为 $Z_s^*(1)=4.9788$，$Z_s^*(2)=3.2758$，$Z_s^*(3)=1.4440$，$Z_s^*(4)=0.0100$。

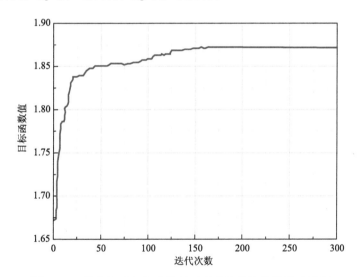

图 7.3　评价指标分级标准的粒子群优化算法投影寻踪过程

4. 中亚地区生态承载力的最佳投影

基于粒子群优化算法投影寻踪模型，对中亚地区生态承载力各指标进行综合评价，寻找出最佳投影方向和最佳投影值，然后与分级标准的最佳投影值作对比，来评价中亚五国生态承载力等级。对中亚五国的指标数据作归一化处理，归一化后的结果如表 7.6 所示。

表7.6   中亚五国各指标归一化指标数据集

指标层(C)	哈萨克斯坦	吉尔吉斯斯坦	塔吉克斯坦	土库曼斯坦	乌兹别克斯坦
降水量(C1)	0.3120	0.5958	0.9960	0.0020	0.1987
气温(C2)	0.3339	0.0020	0.1575	0.9960	0.7811
潜在蒸发量(C3)	0.7654	0.9960	0.8917	0.0020	0.1339
太阳辐射(C4)	0.0020	0.6486	0.9960	0.6147	0.4943
区域面积(C5)	0.9960	0.0241	0.0020	0.1350	0.1193
地均水资源量(C6)	0.0020	0.6856	0.9960	0.0977	0.6080
人口(C7)	0.5313	0.9815	0.8822	0.9960	0.0020
人口密度(C8)	0.0020	0.3643	0.8143	0.0809	0.9960
垦殖率(C9)	0.0020	0.6015	0.6950	0.9960	0.0277
粮食单产(C10)	0.0020	0.6999	0.8364	0.3459	0.9960
农业用水占比(C11)	0.9960	0.0508	0.1309	0.0020	0.1631
人均粮食产量(C12)	0.9960	0.2862	0.0020	0.0709	0.0300
城镇化率(C13)	0.0020	0.6637	0.9960	0.1366	0.6378
GDP(C14)	0.9960	0.0020	0.0110	0.1645	0.2686
人均GDP(C15)	0.0020	0.9811	0.9960	0.4135	0.9157
万元GDP耗水量(C16)	0.0020	0.9815	0.9960	0.4083	0.6954
工业增加值占比(C17)	0.2846	0.0431	0.0020	0.9960	0.2173
农业增加值占比(C18)	0.0020	0.5422	0.9960	0.2082	0.6660
固定资本占比(C19)	0.0020	0.4933	0.1882	0.9960	0.1152
生态环境用水率(C20)	0.9960	0.0020	0.2991	0.5847	0.1962
森林覆盖率(C21)	0.0020	0.2831	0.2309	0.9960	0.8399
化肥施用量(C22)	0.9960	0.8698	0.6359	0.5639	0.0020
人均能源使用量(C23)	0.1021	0.9273	0.9960	0.0020	0.7596
人均耗电量(C24)	0.0020	0.8847	0.9960	0.7068	0.9580
可再生资源利用率(C25)	0.3503	0.9960	0.0020	0.3362	0.1122

根据归一化后的指标值，对中亚五国的指标进行投影寻踪。结果得出，投影指标函数最大值 $Q^*(a)$ =0.651，最佳投影方向 a^* = (0.076，0.245，0.049，0.033，0.382，0.164，0.063，0.473，0.169，0，0.263，0.136，0.180，0.247，0.322，0.219，0.257，0，0.124，0.171，0.096，0.160，0，0，0.153)。粒子群优化算法的寻优过程如图7.4所示。

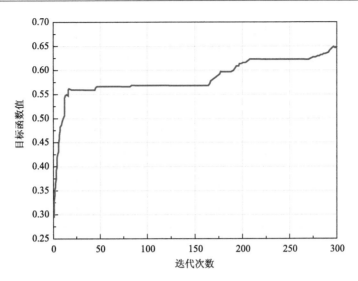

图 7.4　中亚地区生态承载力指标的粒子群优化算法的寻优过程

5. 中亚地区生态承载力与分级标准的最优值比较

将最佳投影方向 a^* 代入式 (7.9) 中，即可得中亚五国生态承载力指标的最佳投影值 $z^*=(2.8474，1.2149，0.8537，2.2386，0.8540)$，分别对应哈萨克斯坦、吉尔吉斯斯坦、塔吉克斯坦、土库曼斯坦和乌兹别克斯坦。

将中亚五国承载力的最佳投影值 z^* 与分级标准的最佳投影值 z_s^* 进行比较，即可得到中亚五国生态承载力评价结果 (表 7.7)。可以看出，评价等级较高的为哈萨克斯坦和土库曼斯坦，评价等级均为III级，且哈萨克斯坦的生态承载力高于土库曼斯坦。这表明哈萨克斯坦和土库曼斯坦的生态系统为中等水平，生态与社会经济平衡发展，系统较为稳定。其次为吉尔吉斯斯坦、乌兹别克斯坦和塔吉克斯坦，评价等级均为IV级。其中，吉尔吉斯斯坦稍高一些，乌兹别克斯坦和塔吉克斯坦相差不大，表明这三个国家生态与社会经济发展平衡被破坏，系统不太稳定。但引起各国生态和经济发展不平衡的因素不同，吉尔吉斯斯坦和塔吉克斯坦主要是其经济结构单一、资源开发利用少、社会经济发展落后造成的生态经济系统不平衡；而乌兹别克斯坦主要是其人口众多，而国土资源有限、生产技术水平有限等，导致生态经济系统不平衡。

总体来看，中亚国家生态承载力不高，除自然条件因素限制外，社会经济发展缓慢也导致其社会资源承载力较小。

表 7.7　基于 PSO-PPE 模型的中亚五国生态承载力评价结果

项目	哈萨克斯坦	吉尔吉斯斯坦	塔吉克斯坦	土库曼斯坦	乌兹别克斯坦
投影值	2.8474	1.2149	0.8537	2.2386	0.8540
排序	1	3	5	2	4
评价等级	III	IV	IV	III	IV

7.2　中亚地区能值生态足迹及承载力变化分析

生态足迹法是 20 世纪 90 年代初，由加拿大学者 William Rees 提出的，他将其形象地描述为人类在自然环境中创造的城市、工厂、对资源的消耗及向大自然中排放的各种废弃物所留下的脚印(Rees，1992)。生态足迹即将人类对自然资源的消耗量折算成可供计算的统一单位衡量的生物生产性土地面积，人类对自然资源的消耗即为需求量，自然环境所能承载的最大人口需求即为供给量，两者之差的大小反映生态环境供需之间是否平衡。其基本理论即将人类对自然资源的各种消费量转化为各自对应的生物生产性土地面积，进而定量评价不同国家、地区之间生态安全和可持续发展状况(Yang et al.，2018)。

学者们应用生态足迹模型对全球不同尺度的生态安全进行了研究(Yin et al.，2017; Solarin and Bello，2018；Ulucak and Bilgili，2018)。在大尺度研究方面，Rees 和其学生 Wackernagel 共同计算了全球 52 个国家或地区的生态足迹，对生态足迹随时间变化出现的各种问题进行了说明和解释(Rees and Wackernagel，1996a)。研究结果表明，1997 年全球人均生态足迹为 2.8 hm^2/cap，人均生态承载力为 2 hm^2/cap，人均赤字为 0.8 hm^2/cap，出现生态赤字的国家或地区占比为 35/52。可见，在 1997 年时，全球生态足迹已超载 35%(Rees and Wackernagel，1996a)。Niccolucci 等(2012)研究了 1961～2007 年 150 个国家的生态足迹，将生态足迹和生态承载力的变化倾向分为 4 类，分别为平行型、剪刀差型、楔型和衰弱型。Lenzen 和 Murray(2004)采用生态足迹模型评价了澳大利亚的生态足迹变化。Li 等(2016)应用生态足迹模型分析了中亚北方旱地的可持续性。然而，大尺度的研究忽略了不同区域间资源、技术等方面的差异。因此，一些学者从小的尺度，如城市、农村、企业等，来研究生态足迹(Zhao et al.，2011；Wang and Pang，2014)。例如，Yang 等(2013)评价了 2001～2015 年中国陕西北部的生态安全，并用最小二乘法揭示了区域生态足迹的影响因素；Han 等(2016)应用生态足迹模型研究了中国北部农村牲畜多样性的影响因素；Marrero 等(2017)应用生态足迹模型研究了城市化进程中的生态足迹及承载力；Chen(2017)采用生态足迹法评价了中国台湾地区的生态安全,并探讨了生态环境的可持续性。

尽管生态足迹模型已经得到了广泛应用,但仍存在一些缺陷:①原始的生态足迹模型忽略了区域间的差异性以及均衡因子和产量因子年际间的变化性,将高估或低估生态足迹;②由于一些潜在的资源未包含在生态承载力的计算中,原始的生态足迹模型可能低估生态承载力(Zhao et al.,2005;Liu et al.,2008)。因此,一些学者通过改进生态足迹模型以期达到使模拟结果更接近真实情况的目的(Gu et al.,2015;Fan et al.,2017;Wang et al.,2018;Yang et al.,2018)。Wen 等(2013)通过将生态系统服务功能价值当量因子引入传统的生态足迹中,优化产量因子和均衡因子,应用改进后的模型对江苏省的生态安全进行了分析与评价。Wen 等(2018)改进传统的生态足迹模型,并提出了"地方生态足迹"的概念,对我国中西部地区城市化进程中所面临的生态环境压力进行了评价,结果表明城市化进程中生态压力逐渐增大。Liu Q 等(2018)基于净初级生产力改进传统的生态足迹模型,并进行了验证,研究了我国 319 个国家级自然保护区的生态足迹及生态承载力状况,并分析了 2000~2010 年的生态盈余/赤字的变化。黄羿等(2012)将传统生态足迹模型中的全球公顷优化为国家公顷,修正传统生态足迹模型中的产量因子和均衡因子,更准确地评估了广东省的生态足迹及承载力的变化趋势。张恒义等(2009)将传统生态足迹模型中的全球公顷改进为适用于特定省级行政区的省公顷,建立了省公顷生态足迹模型,核算了浙江省的生态足迹。陈春锋等(2008)改进传统的生态足迹模型为能值生态足迹模型,对 2005 年黑龙江省的生态可持续发展状况进行了分析与评价,结果表明该区域呈不可持续发展状态。

与其他改进后的模型相比,能值生态足迹模型通过将能值理论融合到传统的生态足迹模型中(Odum,2000),能更好地定量研究资源环境与人类活动之间的关系(Zhao et al.,2005)。其主要原则是,从能量流的角度出发,探讨了人类物质需求与生态资源供给之间的关系。通过将能值转换率、能值密度等更稳定的参数代入模型中,克服了传统生态足迹中计算结果不稳定的缺陷,能更好地反映区域生态的真实情况(Zhao et al.,2006;Yang and Zhu,2016)。Chen B 和 Chen G Q(2006)应用能值生态足迹模型研究了 1981~2001 年中国社会的资源消费情况。He 等(2016)应用能值生态足迹模型和一个集成的数据包络方法评价了江苏省的生态可持续性。Agostinho 和 Pereira(2013)通过比较能源、生态足迹和能值计算方法研究了一个地区的环境负载情况。Liu Z 等(2017)应用能值生态足迹模型评价了秸秆循环利用的可持续性。

学者们也采用不同的模型对生态足迹及承载力未来发展趋势进行了预测。张波等(2010)采用回归分析法和多情景模拟分析法对我国不同情景下的生态足迹变化进行了趋势预测与模拟。Wen 等(2013)基于灰色理论,采用 GM(1,1)模型对江苏省的生态安全状况进行了预测,发现江苏省 2013~2018 年生态压力指数以年平均 6.89%的速率增加,生态安全进一步恶化。Jia 等(2010)采用自回归移动平均(ARIMA)模型预测了河南省 1949~2006 年的生态足迹及承载力变化,表明ARIMA 模型可以有效地用于生态足迹的模拟和预测中。与其他预测模型相比,ARIMA 趋势预测模型在非平稳时间序列的趋势预测中应用更为广泛,模拟效果更好,能更好地预估未来生态足迹及承载力的发展方向。

综上所述,关于生态足迹的研究已经对它最初的理论基础不断进行改进优化,并结合多种数据源对特定区域尺度的生态安全进行分析和评价,弥补了传统生态足迹模型中某些参数不稳定的缺陷。其中,结合能值理论改进的生态足迹模型先将各类资源消费量转化为太阳能值,再转化为统一标准的生物生产性土地面积,其模型计算中包含了更多资源量的信息,提高了模拟精度,使得结果能够更好地反映区域生态的真实情况,得到更多学者的借鉴和肯定。关于对未来发展趋势的预测,ARIMA 趋势预测模型在非平稳序列中有更好的模拟结果,可应用在生态足迹及承载力未来变化的研究中。

7.2.1 能值生态足迹原理及计算方法

1. 能值理论

能值(emergy)分析理论最初是由美国生态学家 Odum(1996)于 20 世纪 80 年代提出的,是一种新兴的定量研究能量的方法。其以热力学和系统生态学为基础,被认为是"能量记忆"。该理论的核心是将各种生态流通过能值运算,转化为具有统一标准的能值,弥补了传统计算方法中不同类型、不同性质的能量无法运算的缺陷,解决了"能量壁垒"这个主要问题(刘晶,2007)。

能值作为一种新兴的理论,本身具有独立的度量体系,其与能量的定义不同。能值的定义为"某种类别的能量的数量可以通过另一种流动或储存的能量来表达,称为该种能量的能值"(Peng et al.,2018)。不同类型的能量均可以通过转换转变为其对应的能值。由于太阳能是世间万物所有能量的起源,各种能量均可转化为太阳能这个统一标准。因此,Odum(1996)提出了"太阳能值"(solar emergy)这一概念,其定义为"任何流动或储存的能量所包含的太阳能的量"。之后,又进一步完善,将各种产品和劳务关系中直接或间接使用的太阳能的量包含进去。其以太阳能为中介,将自然界中不同类型、不同量纲、不同属性的能量统一转化为太阳能来衡量,分析和比较不同物质流、能量流之间的关系和价值(Chen and Chen,2006)。其宗旨是通过直接或间接的转换,将各种形式的资源或产品转化为太阳能值,单位为太阳能值焦耳(solar emergy joules, sej)。

能值转换率(emergy transformity)是能值计算中重要的转换因子。通过能值转换率，可以将不同类型、不同量级的能量转化为其对应的太阳能值，便于不同类型的能量之间的比较分析。形成每单位的某种能量或物质所需的太阳能的量，即为该种能量或物质的能值转换率(Odum，1996)，其单位为 sej/J 或 sej/g。能量在食物链中由量多且能量等级较低的太阳能向更高等级和密度的能量流动和转化，在生态系统的能量流中，能值转换率随着能量等级的提高而逐步增大。可见，应用太阳能值转换率，可从生态经济的角度，将自然界和人类社会活动中的各种能量转化为太阳能值，用于不同尺度(全球、国家、区域、城市等)的能值分析(Wu et al.，2015；Yin et al.，2017；Peng et al.，2018)。

能值理论的研究起源于 20 世纪 90 年代，先后在美国、澳大利亚、瑞典、意大利等国家得到应用并逐步走向成熟(Hau and Bakshi，2004)。我国关于能值理论的研究最早是由蓝盛芳等(2002)在生态经济系统研究中引入的，随后我国学者应用该理论在农业、自然保护区、自然生态、城市系统等方面做了大量的研究。

2. 能值生态足迹模型的原理

传统的生态足迹理论是在地理学、经济学和生态学相结合的基础上提出来的一种评价生态安全的方法，与一般的评价方法不同，其主要是通过两个系数，即均衡因子和产量因子来将人类活动对自然资源的各种消费转化为"全球公顷"这个统一的度量单位，并依据自然资源的供给量与人类活动的消耗量的差值，来评价区域生态安全及可持续发展状态。

由于传统的生态足迹存在一些缺陷，一些学者将能值这种新的理论结合在传统生态足迹模型的计算中，修正和完善生态足迹和生态承载力的计算，因而能值生态足迹模型应运而生。该模型的主要思想是，将计算生态足迹和生态承载力中的各类产量或能源消费量转化为其对应的统一标准的太阳能值，再将其转化为对应的生物生产性土地面积(Wu et al.，2015)。要将能值转化为面积单位，就需要引进"能值密度"这一概念，其定义为"某区域的总太阳能值与该区域的物理面积的比值"。通过能值密度，实现能值与面积之间的转换。

能值生态足迹模型的优点是：①将研究区视为动态的、开放的系统，探讨人类物质需求与生态资源供给之间的关系。②从能量流的角度出发，通过能值转换率、能值密度等更稳定的参数计算生态足迹和生态承载力，克服了传统生态足迹中产量因子和均衡因子等参数受人类活动影响较大且不稳定的缺陷，能更好地反映区域生态的真实情况(Zhao et al.，2006；Yang and Zhu，2016)。

3. 能值生态足迹模型计算方法

1) 能值生态承载力的计算

生态承载力是可利用的自然资源的最大供给量，包含可更新自然资源和不可更新自然资源。不可更新自然资源无法重复使用，不可再生，甚至出现有些资源面临枯竭的风险。要评价区域的生态安全及可持续性，就需要从自然资源可更新、可循环的角度考虑。因此，计算生态承载力，主要考虑可再生资源。自然界的可再生资源主要包含太阳辐射能、雨水化学能、雨水势能、风能和地球旋转能(周慧, 2015)。其计算公式如下(钟世名, 2008)：

$$太阳辐射能(J/a) = 区域面积(m^2) \times 太阳年辐射量[J/(m^2 \cdot a)] \tag{7.19}$$

$$雨水化学能(J/a) = 区域面积(m^2) \times 年降水量(mm/a) \times 10^{-3}(m/mm)$$
$$\times 雨水密度(kg/m^3) \times 吉布斯自由能(J/kg) \tag{7.20}$$

式中，雨水密度为 1000 kg/m³；吉布斯自由能为 4.94×10^3 J/kg。

$$雨水势能(J/a) = 区域面积(m^2) \times 年降水量(mm/a) \times 雨水密度(kg/m^3)$$
$$\times 重力加速度(m/s^2) \times 降水云层平均海拔(m) \tag{7.21}$$

式中，雨水密度为 1000 kg/m³；重力加速度为 9.8 m/s²；降水云层平均海拔按 800m 计算。

$$风能(J/a) = 区域面积(m^2) \times 空气层高度(m) \times 空气密度(kg/m^3)$$
$$\times 涡流扩散系数(m^2/s) \times \{风速梯度[m/(s \cdot m)]\}^2 \times 3.154 \times 10^7(s/a) \tag{7.22}$$

式中，涡流扩散系数为 12.95 m²/s；空气层高度为 1000 m；空气密度为 1.23 kg/m³；风速梯度为 3.93×10^{-3} m/(s·m)。

$$地球旋转能(J/a) = 区域面积(m^2) \times 热通量[J/(a \cdot m^2)] \tag{7.23}$$

式中，热通量为 1.45×10^6 J/(a·m²)。

计算出五种可更新资源的能量后，乘以其对应的太阳能值转换率，将能量转化为各自对应的能值(Wu et al., 2015)。可更新能源的能值转换率如表 7.8 所示，计算公式如下：

$$能值(sej) = 某能量(J) \times 能值转换率(sej/J) \tag{7.24}$$

值得注意的是，由于风能、雨水化学能和雨水势能均是由太阳光转化而来的，其与太阳辐射能属于同类性质的能量来源。为避免同一性质的能量重复计算，依据能值理论，选取这四种可更新资源(太阳辐射能、风能、雨水势能和雨水化学能)中最大的那类能值与地球旋转能对应的能值之和来计算区域总能值(Liu et al., 2008；钟世名, 2008)。区域总能值与区域总人口之比，即为区域人均太阳能值。

表 7.8 可更新能源的能值转换率(Wu et al., 2015) （单位：sej/J）

可更新能源	能值转换率
太阳辐射能	1
风能	663
雨水势能	8888
雨水化学能	15423
地球旋转能	29000

依据能值理论改进传统的生态足迹模型，能值生态承载力对应的公式如下：

$$EEC = (1 - 12\%) \times \frac{\varepsilon}{P_1} \tag{7.25}$$

式中，EEC 为能值生态承载力；ε 为总的太阳能值；P_1 为全球平均能值密度，全球平均能值密度即为全球平均总能值$(1.583 \times 10^{25} \text{sej})$与全球总面积$(5.1 \times 10^{10} \text{ hm}^2)$的比值，$P_1 = 3.1 \times 10^{14} \text{ sej/hm}^2$ (Rees and Wackernagel，1996b)。能值生态承载力需要扣除 12%用以保护生物多样性(Folke et al.，1998；Chen et al.，2018)。

$$eec = \frac{EEC}{N} \tag{7.26}$$

式中，eec 为人均能值生态承载力；N 为区域总人口。

2) 能值生态足迹的计算

能值生态足迹也分为六类消费账户，分别为耕地、林地、草地、建筑用地、水域和能源消费用地。其中，耕地、林地、草地和水域属于生物性资源消费账户，建筑用地和能源消费用地属于能源性资源消费账户。

不同区域间存在着贸易往来，虽然一些生物质资源并不一定全部由本地消费，可能被出口到其他地区，但是出口的这部分生物质资源的消费仍然消耗的是本地的资源，造成本地环境的压力，因而仍将其作为能值生态足迹计算中的一部分。故生物质资源的计算以区域各类消费项目的产量为基础数据。

本节计算中，耕地账户包括两部分：一部分是在耕地上生产的各类农作物的产量，如各类果树、大麦、玉米、黑麦、小麦、谷物、豆类、花生、油料作物、蔬菜、棉花、甜菜等；另一部分包括以谷物为饲料的动物(如鸡和猪)的产量，因为其间接消费耕地上的资源。草地账户包括各类牲畜的产量，如牛、马、羊等。林地账户主要由木质材料的产量构成，因坚果类产品主要生长在山区，占用林地资源，因而也将坚果类的产量归入林地账户中。水域账户主要以淡水鱼类的产量来计算。

能源消费用地账户主要以煤、石油和天然气的消费量为基础数据，建筑用地账户主要以电力消费量为基础数据。

能值生态足迹的计算公式如下。

(1)计算各种资源的太阳能值：

$$E_m = R_m \times T_m \tag{7.27}$$

式中，m 为消费项目数；E_m 为第 m 个项目的太阳能值，sej；R_m 为第 m 个项目能源转化后的能量，J；T_m 为第 m 个项目的太阳能值转换率，sej/J。

(2)计算区域能值密度：

$$P_2 = \frac{\lambda}{A} \tag{7.28}$$

式中，P_2 为区域能值密度，sej/hm^2；λ 为可更新能源的总太阳能值，sej；A 为区域面积，hm^2。

(3)能值生态足迹：

$$EEF = \sum_{i=1}^{n} \sum_{j=1}^{m} (E_m / P_2) \tag{7.29}$$

式中，EEF 为能值生态足迹；i 为第 i 类消费账户；j 为第 j 个消费项目。

(4)人均能值生态足迹：

$$eef = \frac{EEF}{N} \tag{7.30}$$

式中，eef 为人均能值生态足迹；N 为区域总人口。

7.2.2 中亚地区能值生态足迹的计算及变化

1. 消费账户的划分及参数

能值生态足迹包含六类消费账户：林地账户、草地账户、建筑用地账户、水域账户、耕地账户和能源消费用地账户。其中，林地账户主要由各类木质材料组成，考虑坚果类树木主要生长在山区，因而将其归为林地类。耕地账户包括两大类：一类是生长的土地为耕地的各种果树、大麦、玉米、黑麦、小麦、各类谷物、豆类、花生、菜籽、油料作物、各种蔬菜、籽棉、甜菜和烟草；另一类是主要以各种谷物为食料的动物，因为其也是间接地消费耕地上的资源，包括鸡蛋、蜂蜜、鸡肉和猪肉。草地账户主要包括各类牲畜的肉质、奶制品和毛，包括牛肉、羊肉、马肉及其他肉类、牛奶、羊奶和羊毛。水域账户主要考虑水产品，这里主要以鱼的产量进行计算。能源消费用地账户主要包括煤、石油和天然气，这些燃料燃烧的过程中会向大气中排放各种废弃物，能源消费用地即为吸收这些废弃物所需要的生物生产性土地面积。建筑用地账户主要包括电力消费，因为一般建筑物中均需要消费电力资源来满足人类的生产生活所需。

中亚五国林地、耕地、草地和水域对应的各类消费项目的产量数据主要来源于 FAO；能源消费用地中所需要的煤、石油和天然气数据来源于美国二氧化碳信息分析中心（Carbon Dioxide Information Analysis Centre, CDIAC）；建筑用地中所需要的电力消费数据和各国的人口数据来源于世界银行。

2. 太阳能值的计算

因为各类消费项目的单位不一致，无法直接相加，需要通过能量折算系数将其转化为能量，再通过太阳能值转化率，将其转化为对应的太阳能值。各类消费项目对应的能量折算系数和太阳能值转化率如表 7.9 所示。各类消费账户的太阳能值与各国人口的比值，即为人均太阳能值。

表 7.9　各类消费项目的能量折算系数和太阳能值转化率

消费账户	消费项目	能量折算系数/(J/t)	太阳能值转化率/(sej/J)
林地	木材燃料①	$2.18×10^{10}$	$6.18×10^{4}$
林地	圆木	$1.20×10^{10}$	$3.49×10^{4}$
林地	坚果	$2.59×10^{10}$	$6.90×10^{5}$
耕地	水果	$3.30×10^{9}$	$5.30×10^{5}$
耕地	大麦	$1.60×10^{10}$	$8.00×10^{4}$
耕地	玉米	$1.65×10^{10}$	$2.07×10^{4}$
耕地	大米	$1.55×10^{10}$	$3.95×10^{4}$
耕地	黑麦	$1.60×10^{10}$	$8.00×10^{4}$
耕地	小麦	$1.57×10^{10}$	$6.80×10^{4}$
耕地	谷物	$1.60×10^{10}$	$8.00×10^{4}$
耕地	豆类	$2.13×10^{10}$	$8.30×10^{4}$
耕地	花生	$2.59×10^{10}$	$6.90×10^{5}$
耕地	菜籽	$2.64×10^{10}$	$6.90×10^{5}$
耕地	油料	$2.55×10^{10}$	$6.90×10^{5}$
耕地	蔬菜	$2.51×10^{9}$	$2.70×10^{4}$
耕地	籽棉	$4.34×10^{9}$	$8.60×10^{4}$
耕地	甜菜	$2.50×10^{9}$	$8.50×10^{4}$
耕地	烟草	$1.75×10^{10}$	$2.70×10^{4}$
耕地	鸡蛋	$8.30×10^{9}$	$2.00×10^{6}$
耕地	蜂蜜	$1.34×10^{7}$	$2.00×10^{6}$

续表

消费账户	消费项目	能量折算系数/(J/t)	太阳能值转化率/(sej/J)
耕地	鸡肉	$5.40×10^9$	$2.00×10^6$
耕地	猪肉	$2.00×10^{10}$	$1.70×10^6$
草地	牛肉	$8.76×10^9$	$3.17×10^6$
草地	马肉	$1.10×10^{10}$	$2.00×10^6$
草地	羊肉	$1.41×10^{10}$	$2.00×10^6$
草地	其他肉类	$1.10×10^{10}$	$2.00×10^6$
草地	牛奶	$2.90×10^9$	$1.71×10^6$
草地	羊奶	$3.20×10^9$	$1.71×10^6$
草地	羊毛	$1.63×10^{10}$	$8.40×10^4$
水域	鱼	$5.40×10^9$	$2.00×10^6$
能源消费用地	煤	$2.09×10^{10}$	$3.98×10^4$
能源消费用地	石油	$4.19×10^{10}$	$5.30×10^4$
能源消费用地	天然气[2]	$3.90×10^{10}$	$4.80×10^4$
建筑用地	电力[2]	$3.60×10^6$	$1.59×10^5$

①木材的原始数据单位为 m^3，每立方米木材=0.75t 的产量。②天然气和电力的能值转化率单位分别为 sej/m³ 和 sej/(kW·h)。能量折算系数参考《农业技术经济手册(修订本)》；能值转化率参考 Chen(2017)、Chen 等(2018)、Odum(1996)、Wu 等(2015)、Yang 和 Zhu(2016)、蓝盛芳等(2002)。

3. 中亚地区能值生态足迹的计算

在能值生态足迹的计算中，需求得中亚五国的区域能值密度。为使计算结果尽可能准确，本节应用不同年份的总能值与区域面积的比值，求出中亚五国各年份对应的区域能值密度。其结果如表 7.10 所示。

表 7.10　中亚五国区域能值密度　　　　　(单位：sej/hm²)

年份	哈萨克斯坦	吉尔吉斯斯坦	塔吉克斯坦	土库曼斯坦	乌兹别克斯坦
1992	$6.24×10^{14}$	$7.20×10^{14}$	$7.98×10^{14}$	$5.73×10^{14}$	$5.98×10^{14}$
1993	$6.56×10^{14}$	$8.29×10^{14}$	$8.98×10^{14}$	$5.51×10^{14}$	$6.19×10^{14}$
1994	$6.21×10^{14}$	$7.14×10^{14}$	$7.90×10^{14}$	$5.34×10^{14}$	$5.86×10^{14}$
1995	$5.79×10^{14}$	$6.31×10^{14}$	$7.23×10^{14}$	$5.00×10^{14}$	$5.20×10^{14}$
1996	$5.84×10^{14}$	$7.13×10^{14}$	$7.92×10^{14}$	$4.95×10^{14}$	$5.24×10^{14}$
1997	$5.96×10^{14}$	$6.56×10^{14}$	$7.55×10^{14}$	$5.17×10^{14}$	$5.80×10^{14}$
1998	$5.99×10^{14}$	$8.25×10^{14}$	$9.47×10^{14}$	$5.23×10^{14}$	$6.12×10^{14}$

年份	哈萨克斯坦	吉尔吉斯斯坦	塔吉克斯坦	土库曼斯坦	乌兹别克斯坦
1999	6.16×10^{14}	7.64×10^{14}	8.57×10^{14}	5.08×10^{14}	5.70×10^{14}
2000	6.28×10^{14}	7.13×10^{14}	7.49×10^{14}	5.08×10^{14}	5.42×10^{14}
2001	6.28×10^{14}	6.81×10^{14}	7.24×10^{14}	5.10×10^{14}	5.43×10^{14}
2002	6.48×10^{14}	8.21×10^{14}	8.74×10^{14}	5.57×10^{14}	6.15×10^{14}
2003	6.43×10^{14}	8.63×10^{14}	9.41×10^{14}	5.71×10^{14}	6.38×10^{14}
2004	6.29×10^{14}	7.77×10^{14}	8.76×10^{14}	5.55×10^{14}	5.95×10^{14}
2005	5.95×10^{14}	7.46×10^{14}	8.21×10^{14}	5.46×10^{14}	5.74×10^{14}
2006	6.22×10^{14}	7.11×10^{14}	8.15×10^{14}	5.34×10^{14}	5.69×10^{14}
2007	6.11×10^{14}	7.06×10^{14}	7.59×10^{14}	5.38×10^{14}	5.67×10^{14}
2008	5.90×10^{14}	6.89×10^{14}	7.52×10^{14}	4.89×10^{14}	5.42×10^{14}
2009	6.30×10^{14}	7.49×10^{14}	8.78×10^{14}	5.58×10^{14}	6.01×10^{14}
2010	6.02×10^{14}	7.84×10^{14}	8.29×10^{14}	5.17×10^{14}	5.51×10^{14}
2011	6.24×10^{14}	7.61×10^{14}	8.08×10^{14}	5.40×10^{14}	5.67×10^{14}
2012	5.98×10^{14}	6.81×10^{14}	8.26×10^{14}	5.40×10^{14}	5.66×10^{14}
2013	6.55×10^{14}	7.22×10^{14}	7.81×10^{14}	5.29×10^{14}	5.84×10^{14}
2014	6.13×10^{14}	6.94×10^{14}	8.09×10^{14}	5.24×10^{14}	5.80×10^{14}

依据能值生态足迹的计算方法，先求出各类消费账户的能值生态足迹，各类消费账户的能值生态足迹之和即中亚五国的能值生态足迹，其与人口的比值即为人均能值生态足迹。

4. 中亚地区能值生态足迹变化特征

对中亚地区整体而言，总能值生态足迹变化分为两个阶段：第一阶段为1992～1998 年的下降阶段，能值生态足迹由 1992 年的 7.45×10^8 hm^2 下降到 1998 年的 5.37×10^8 hm^2，减少了 28%；第二阶段为 1999～2014 年的上升阶段，能值生态足迹由 1999 年的 5.75×10^8 hm^2 增加到 2014 年的 9.51×10^8 hm^2，增加了 65%。中亚五国中，能值生态足迹较大的国家为哈萨克斯坦和乌兹别克斯坦，其多年平均能值生态足迹分别为 3.04×10^8 hm^2 和 2.69×10^8 hm^2（图 7.5）。

中亚地区能值生态足迹的变化与社会经济发展有较大的关系。从对中亚五国的能值生态足迹与 GDP 和人口的相关性分析（表 7.11）可以看出，能值生态足迹与GDP 和人口有较大的相关性，且均通过了 0.01 显著性水平检验。其中，GDP 的变化对能值生态足迹的影响更大。中亚五国能值生态足迹在 1992～1998 年的下降趋势主要是苏联解体的影响，中亚五国的经济发展出现倒退现象，对资源消费量减少，能值生态足迹也随之减少；1999 年改革之后，社会经济逐渐恢复并增长，能值生态足迹也随之增加。

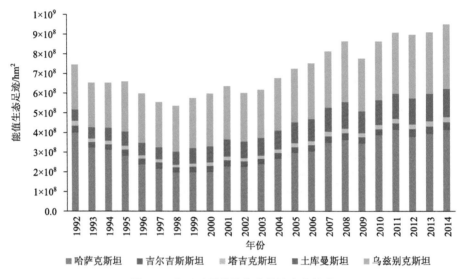

图 7.5　中亚五国能值生态足迹变化趋势

表 7.11　中亚五国能值生态足迹与 GDP 和人口的相关系数

国家	能值生态足迹与 GDP 的相关系数	能值生态足迹与人口的相关系数
哈萨克斯坦	0.8079	0.8699
吉尔吉斯斯坦	0.7561	0.6626
塔吉克斯坦	0.8811	0.6723
土库曼斯坦	0.8904	0.9563
乌兹别克斯坦	0.9072	0.9236
中亚地区	0.9459	0.8730

　　从中亚地区能值生态足迹的构成中(图 7.6)可以看出，能源消费用地足迹对总能值生态足迹的贡献最大，约占 42%；其次为草地，约占 28%。中亚地区是重要的能源基地，能源消费量较大，又因其主要以粗放的生产方式消耗能源，造成能源碳排放量较大，不仅导致中亚地区气候的显著变化(Chen et al.，2017)，还增加了中亚地区的能值生态足迹。由于中亚干旱区林地和水域面积较小，水域和林地的能值生态足迹在中亚地区占比最少，且无显著的变化趋势。

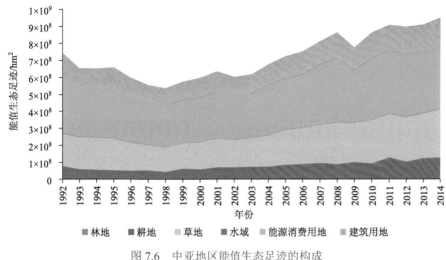

图 7.6 中亚地区能值生态足迹的构成

5. 中亚五国能值生态足迹变化

从中亚地区整体来看,人均能值生态足迹从 1992 年的 14.37 hm²/cap 减少到 1998 年的 9.88 hm²/cap,减少了 4.49 hm²/cap,年变化率为–6.05%。之后,人均能值生态足迹由 1999 年的 10.52 hm²/cap 增长到 2014 年的 14.05 hm²/cap,增加了 3.53 hm²/cap,年变化率为 1.95%(图 7.7)。

从中亚五国人均能值生态足迹的变化来看(图 7.7),哈萨克斯坦的人均能值生态足迹与中亚地区有类似的变化趋势,其多年人均能值生态足迹为 19.19 hm²/cap。其中,1992～1998 年,人均能值生态足迹减少了 11.21 hm²/cap,年变化率为–9.76%;1999～2014 年,人均能值生态足迹增加了 10.59 hm²/cap,年变化率为 3.97%。吉尔吉斯斯坦和塔吉克斯坦的多年人均能值生态足迹分别为 6.09 hm²/cap 和 2.96 hm²/cap,其在时间尺度上的变化趋势类似,可分为两个阶段:1992～1998 年呈显著下降趋势,人均能值生态足迹分别减少了 2.32 hm²/cap 和 2.37 hm²/cap,年变化率分别为–5.84%和–11.57%;1999～2014 年呈缓慢上升趋势,人均能值生态足迹分别增加了 0.89 hm²/cap 和 0.63 hm²/cap,年变化率分别为 0.96%和 1.52%。土库曼斯坦的多年人均能值生态足迹为 20.27 hm²/cap,在整个研究时段内呈显著的上升趋势,由 1992 年的 14.59 hm²/cap 增加到 2014 年的 26.41 hm²/cap,增加了 81.01%,年变化率为 2.73%。乌兹别克斯坦的多年人均能值生态足迹为 10.43 hm²/cap,均呈波动变化,无显著的升降变化趋势。

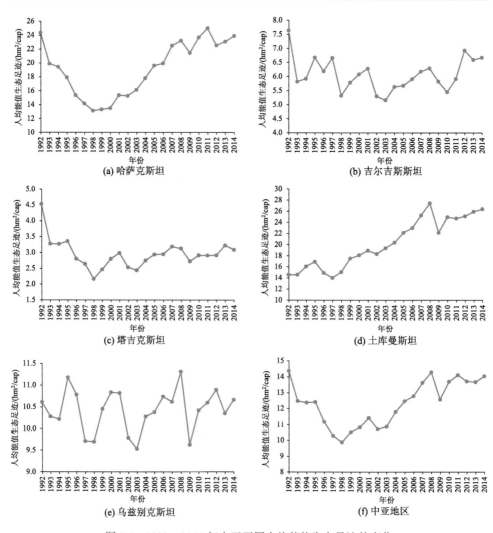

图 7.7　1992～2014 年中亚五国人均能值生态足迹的变化

　　总体来看，土库曼斯坦的人均能值生态足迹最大，主要是因为其人口在中亚地区最少，仅有 467.6 万人，而其总能值生态足迹仅次于哈萨克斯坦和乌兹别克斯坦，因此其人均能值生态足迹在中亚地区最大。

7.2.3　能值生态足迹各组分的贡献率

　　人均能值生态足迹由六类消费账户的能值生态足迹构成，各组分对中亚五国人均能值生态足迹的贡献比例及各组分的变化趋势如图 7.8 和图 7.9 所示。可以看出，对中亚地区整体而言，能源消费用地的贡献最大，约占 42.09%，人均能

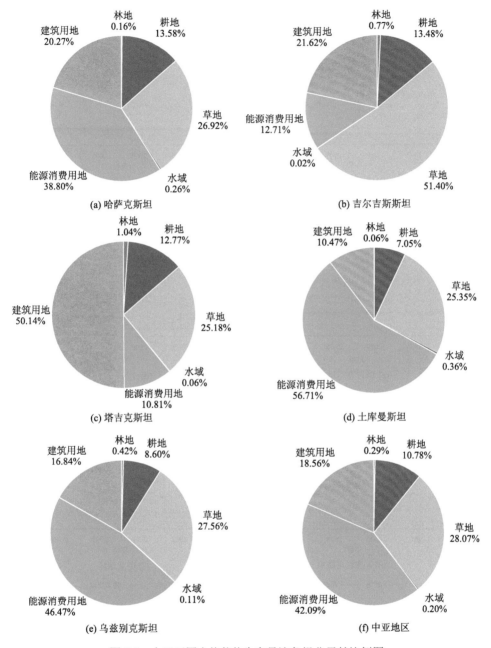

图 7.8　中亚五国人均能值生态足迹各组分贡献比例图

由于数值修约所致加和不为 100%

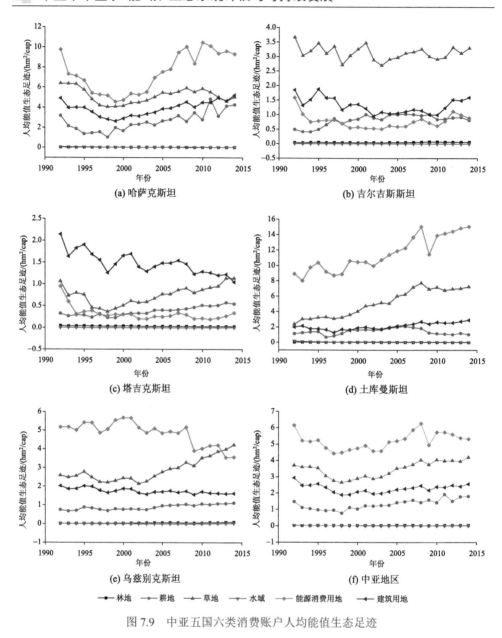

图 7.9　中亚五国六类消费账户人均能值生态足迹

源消费足迹为 5.2 hm²/cap。其次为草地，约占 28.07%，人均草地消费足迹为 3.47 hm²/cap。由于中亚地区多为荒漠和草地，林地和水域面积较小，因而林地和水域的能值生态足迹对中亚五国人均能值生态足迹的贡献较小，且无明显变化趋势。其他四类消费账户的人均能值生态足迹均呈 1992~1998 年的下降趋势和

1999～2014 年的逐渐增加趋势。

对中亚五国而言,哈萨克斯坦、土库曼斯坦和乌兹别克斯坦的能源消费用地足迹对各国人均能值生态足迹的贡献最大,分别占 38.80%、56.71% 和 46.47%。主要是因为这三个国家能源资源(煤、石油、天然气)丰富,能源产量和消费量较大,能源产业是其国民经济发展的主要支柱产业。然而,由于开发技术和生产设备有限,其主要以粗放的生产和经营方式消费能源,向大气中排放大量的 CO_2,增加了大量的能源消费足迹。其中,土库曼斯坦的人均能源消费足迹增长趋势极显著,由 1992 年的 8.90 hm^2/cap 增加到 2014 年的 15.08 hm^2/cap,增加了 69.44%,年变化率为 2.43%。哈萨克斯坦的人均能源消费足迹 1992～1998 年呈下降趋势,年变化率为-10.32%;1999～2008 年显著上升,年变化率为 9.17%;2009～2014 年呈波动下降趋势。乌兹别克斯坦的人均能源消费足迹呈下降趋势,其中在 1992～2008 年呈微弱的下降趋势,2009～2014 年呈显著的下降趋势,表明乌兹别克斯坦的能源利用效率有所提高。

吉尔吉斯斯坦的草地足迹对该国人均能值生态足迹的贡献最大,约占 51.40%,主要是因为该国平均海拔在 500m 以上,且山脉众多,草地占据了国土面积的 43%,因此,该国的畜牧业较为发达,草地账户的足迹最大。吉尔吉斯斯坦草地足迹呈波动变化,变化幅度较小。

塔吉克斯坦建筑用地的足迹对该国人均能值生态足迹贡献最大,其次为草地,贡献率分别为 50.14% 和 25.18%。塔吉克斯坦的山地面积约占国土面积的 93%,山区融水使得该国水资源量丰富,为中亚咸海流域主要河流(锡尔河和阿姆河)的源流区。因而,其水力发电较为丰富,丰富的电力资源使得该国建筑用地足迹对其人均能值生态足迹的贡献最大。广阔的山地草原也使得该国畜牧业较发达,草地对其人均能值生态足迹的贡献仅次于建筑用地。然而,建筑用地的人均生态足迹变化呈下降趋势,表明该国人均电力消费降低,电力资源的利用率提高。草地的人均生态足迹在 1992～1998 年呈下降趋势,1999 年之后增加显著,表明该国畜牧业发展对该国草地资源的消耗加重。

7.2.4　能值生态承载力变化分析

1. 中亚地区能值生态承载力的计算

依据前文关于能值生态承载力的理论及方法介绍,能值生态承载力包含 5 种可更新的自然资源,分别为太阳辐射能、风能、雨水化学能、雨水势能和地球旋转能。通过能值转换,将其分别转化为各自对应的太阳能值。由于风能、雨水化学能和雨水势能均由太阳光转化而来,为了避免同一种能源的重复计算,选取太阳辐射能、风能、雨水化学能和雨水势能中能值最大的那类可更新资源的能值与地球旋转能对应的能值之和，作为中亚地区总能值。依据能值的计算方法，计算出中亚五国 5 种可更新资源对应的能值，然后计算出中亚五国总能值（表 7.12）。

表 7.12 1992~2014 年中亚五国总能值 （单位：sej）

年份	哈萨克斯坦	吉尔吉斯斯坦	塔吉克斯坦	土库曼斯坦	乌兹别克斯坦
1992	1.70×10^{23}	1.44×10^{22}	1.14×10^{22}	2.80×10^{22}	2.68×10^{22}
1993	1.79×10^{23}	1.66×10^{22}	1.28×10^{22}	2.69×10^{22}	2.77×10^{22}
1994	1.69×10^{23}	1.43×10^{22}	1.13×10^{22}	2.61×10^{22}	2.62×10^{22}
1995	1.58×10^{23}	1.26×10^{22}	1.03×10^{22}	2.44×10^{22}	2.33×10^{22}
1996	1.59×10^{23}	1.43×10^{22}	1.13×10^{22}	2.42×10^{22}	2.34×10^{22}
1997	1.62×10^{23}	1.31×10^{22}	1.08×10^{22}	2.52×10^{22}	2.60×10^{22}
1998	1.63×10^{23}	1.65×10^{22}	1.35×10^{22}	2.55×10^{22}	2.74×10^{22}
1999	1.68×10^{23}	1.53×10^{22}	1.22×10^{22}	2.48×10^{22}	2.55×10^{22}
2000	1.71×10^{23}	1.43×10^{22}	1.07×10^{22}	2.48×10^{22}	2.43×10^{22}
2001	1.71×10^{23}	1.36×10^{22}	1.03×10^{22}	2.49×10^{22}	2.43×10^{22}
2002	1.77×10^{23}	1.64×10^{22}	1.25×10^{22}	2.72×10^{22}	2.75×10^{22}
2003	1.75×10^{23}	1.73×10^{22}	1.34×10^{22}	2.79×10^{22}	2.86×10^{22}
2004	1.71×10^{23}	1.55×10^{22}	1.25×10^{22}	2.71×10^{22}	2.66×10^{22}
2005	1.62×10^{23}	1.49×10^{22}	1.17×10^{22}	2.67×10^{22}	2.57×10^{22}
2006	1.69×10^{23}	1.42×10^{22}	1.16×10^{22}	2.61×10^{22}	2.55×10^{22}
2007	1.67×10^{23}	1.41×10^{22}	1.08×10^{22}	2.63×10^{22}	2.54×10^{22}
2008	1.61×10^{23}	1.38×10^{22}	1.07×10^{22}	2.39×10^{22}	2.43×10^{22}
2009	1.72×10^{23}	1.50×10^{22}	1.25×10^{22}	2.72×10^{22}	2.69×10^{22}
2010	1.64×10^{23}	1.57×10^{22}	1.18×10^{22}	2.52×10^{22}	2.47×10^{22}
2011	1.70×10^{23}	1.52×10^{22}	1.15×10^{22}	2.64×10^{22}	2.54×10^{22}
2012	1.63×10^{23}	1.36×10^{22}	1.18×10^{22}	2.63×10^{22}	2.53×10^{22}
2013	1.78×10^{23}	1.44×10^{22}	1.11×10^{22}	2.58×10^{22}	2.61×10^{22}
2014	1.67×10^{23}	1.39×10^{22}	1.15×10^{22}	2.56×10^{22}	2.60×10^{22}
年均值	1.68×10^{23}	1.47×10^{22}	1.17×10^{22}	2.59×10^{22}	2.58×10^{22}

从表 7.12 可以看出，中亚地区总能值最大的是哈萨克斯坦，多年平均总能值为 1.68×10^{23} sej。其次为土库曼斯坦和乌兹别克斯坦，多年平均总能值分别为 2.59×10^{22} sej 和 2.58×10^{22} sej。吉尔吉斯斯坦和塔吉克斯坦的总能值最小，多年平均总能值分别为 1.47×10^{22} sej 和 1.17×10^{22} sej。

中亚五国总能值与人口的比值，即为人均太阳能值。依据能值生态承载力的计算方法，求出中亚五国的能值生态承载力(图 7.10)，值得注意的是，总能值生态承载力必须扣除 12%用以保护生物多样性。总能值生态承载力与人口的比值即中亚五国的人均能值生态承载力(图 7.10)。

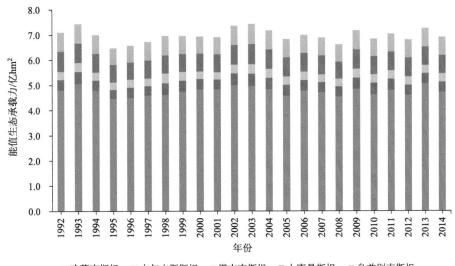

图 7.10　中亚地区各国的能值生态承载力变化趋势

2. 中亚地区能值生态承载力的变化

中亚地区能值生态承载力的多年平均值为 6.98 亿 hm²，其中以哈萨克斯坦的能值生态承载力最大，约占 68.29%；其次为土库曼斯坦和乌兹别克斯坦，分别占 10.53%和 10.46%；占比最小的为吉尔吉斯斯坦和塔吉克斯坦，分别占 5.99%和 4.73%。能值生态承载力呈降—升—降—升的波动变化趋势，变化幅度较小(图 7.10)。

中亚地区人均能值生态承载力的变化整体上表现为下降趋势(图 7.11)，自 1992 年的 13.71 hm²/cap 下降到 2014 年的 10.21 hm²/cap，下降了 3.5 hm²/cap，下降率为 25.53%。尤其是 2002~2014 年，下降速率最快，年变化率为-2.07%。

哈萨克斯坦多年平均人均能值生态承载力为 30.36 hm²/cap，其变化趋势可分为两个阶段：1992~2002 年的上升阶段，年变化率 1.39%；2002~2014 年的下降阶段，年变化率为-1.71%。吉尔吉斯斯坦、塔吉克斯坦、土库曼斯坦和乌兹别克斯坦的多年平均人均能值生态承载力分别为 8.30 hm²/cap、5.00 hm²/cap、15.85 hm²/cap 和 2.86 hm²/cap，其均呈波动下降趋势，年变化率分别为-1.32%、-1.82%、-1.93%

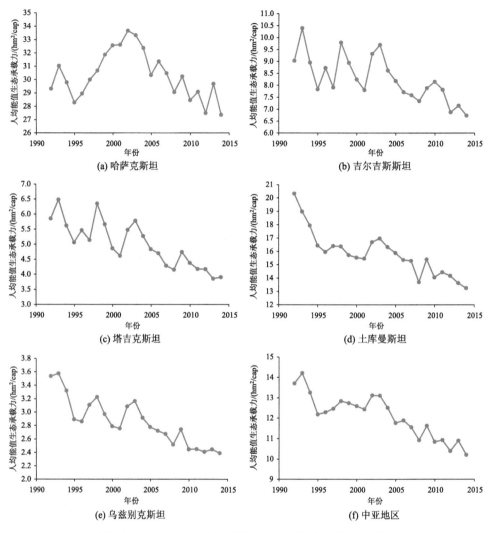

图 7.11 1992～2014 年中亚五国人均能值生态承载力变化

和-1.76%。可见，土库曼斯坦的人均能值生态承载力仅次于哈萨克斯坦，然而，乌兹别克斯坦的人均能值生态承载力最小，主要是因为该国人口最多，占中亚地区总人口的 44.49%，尽管其总能值生态承载力仅次于哈萨克斯坦和土库曼斯坦，但其人均能值生态承载力最小。

7.3 中亚地区生态安全评价及趋势预测

早在 20 世纪 40 年代，美国生态学家在关于土地功能的评估中，就提出了土地健康的概念(Vitousek, 1997)，其包含了最早的生态安全理论，自此全球关于生态环境安全的理念逐渐发展(Strobel et al., 1999；Jigletsova et al., 2000；Ponomarev et al., 2002；孔红梅等, 2002)。1948 年，联合国教育、科学及文化组织呼吁研究世界和平与安全的课题，8 位社会科学家联名发布《社会科学家争取和平的呼吁书》，此次发声使得全球生态安全研究初步形成。此后，关于环境与安全的讨论在国际上逐渐增多，并引起许多地理学家和生态经济学家的广泛关注。1987 年，世界环境与发展委员会发布了《我们共同的未来》研究报告，该报告的问世推进了生态安全的进一步研究，明确指出国家安全已经不仅指国家的军事安全、粮食安全、水资源安全等，还应该将生态环境安全纳入其中(世界环境与发展委员会, 1997)。1989 年，生态安全的概念由国际应用系统分析研究所(IIASA)正式提出，将其定义为能够保障人类在自然环境中的适应能力、资源供给、社会秩序、生活安乐、身体健康、生产需求等方面不受威胁的状态，包括社会生态安全、经济生态安全和自然生态环境安全(陈星和周成虎, 2005)。生态安全理论是在社会经济发展过程中衍生出的人类对生态环境的不利影响，造成生态环境问题日益加重的情况下提出的，旨在揭示人类活动与生态环境之间的相互影响和相互作用的关系(Wang and Pang, 2014)。20 世纪 60 年代以来，全球性环境问题日益严重，全球性环境退化及气候变暖已威胁到人类的生存和发展(Nicogossian et al., 2017)。与此同时，人类在追求快速的社会发展和经济利益中，若不兼顾生态环境保护，将可能造成生态环境恶化及生态危机，威胁国家生态安全。生态环境一旦遭到破坏，将需要花费更大的代价来恢复。

我国关于生态安全的研究起步较晚，生态环境破坏造成的水土流失、荒漠化、废水废气污染、动植物灭绝等问题在 20 世纪 60 年代就引起学者们的关注(Wheatley, 1970)。80 年代后，学者们关于生态安全的研究始于对生态风险的评价，生态风险评价为生态管理提供了一种全新的环境管理策略，进而迅速发展。生态风险研究最初主要集中在对化学污染的风险研究上，之后关于生物物种入侵的风险评估，过度砍伐、放牧、捕捞的风险评估也逐渐增多(金南和曹洪发, 1989；高拯民和李玉太, 1990)。90 年代，我国学者才开始以生态安全为对象，进行各方面的研究，关于生态安全的文献也逐渐增多。一些学者从生态系统的完整性和稳定性角度，分析生态系统对人类发展的服务功能的可持续性(肖笃宁等, 2002)。

也有学者从景观生态学角度分析景观结构、功能演变对生态安全造成的影响(关文彬等,2003)。2000年,国务院颁发《全国生态环境保护纲要》,该纲要首次将生态安全研究作为保障国家安全的重要战略之一,受到全国的重视。自此之后,国内科研工作者从理论、方法、技术手段等角度展开对有关生态安全各领域不同尺度的大量研究,并提出许多新的观点和方法,形成了扎实的理论研究基础,丰富了生态安全的理论体系。2003年,国家环境保护总局(现生态环境部)印发《生态县、生态市、生态省建设指标(试行)》,分区域引导生态安全的研究深入化、合理化。2014年,国家安全委员会首次将生态安全建设纳入国家安全战略中,生态安全被视为国家安全的基础、生态文明建设的前提,与军事安全、政治安全、粮食安全等同等重要。

生态安全评价为更好地实现区域可持续发展目标提供理论依据(Chu et al.,2017)。生态安全评价指在一定的生态环境质量基础上,按照自然生物生产与人类对资源消费的关系,从生态环境供给及人类社会经济活动对自然的需求角度,评价生态环境可持续发展潜力的一种生态安全理念(Cen et al.,2015)。其研究的核心内容是评价人类活动是否对自然生态环境造成一定的压力与影响。常见的评价方法如下。

(1)压力-状态-响应模型。压力-状态-响应模型是经济合作与发展组织为建立评价指标体系而提出的(He et al.,2018)。在生态安全评价中,从压力、状态、响应三个框架出发,选取了自然、社会、经济等方面相应的指标,建立综合指标体系。其中,压力指标表明了自然资源开发对区域环境造成的压力,使得区域可持续发展的能力减弱;状态指标是指自然资源开发对生态系统的影响,它反映了生态系统所处的状态;响应指标是人类在生态环境遭到破坏后,为实现区域健康可持续发展而采取的一系列措施和行动(Li,2019)。这三个指标相互联系、相互作用,使指标体系更加科学合理。随后,联合国可持续发展委员会在该模型的基础上,建立了"驱动力-状态-响应"模型(DPCSD,1996)。世界粮农组织从自然生态系统的供给与人类需求的角度出发,提出了"驱动力-压力-状态-影响-响应"模型(Marion,2009)。

学者们应用该系列生态环境模型做了大量研究。Bernhard和Harald(2008)应用"压力-状态-响应"模型评估了森林的生态安全,并提出了可持续发展的管理策略。刘蕾等(2011)基于"压力-状态-响应"模型,并采用物元和可拓理论,对河南省土地资源的生态安全进行了评价。Chen等(2004)基于"驱动力-压力-状态-影响-响应"模型建立了广义水资源承载力指标体系,选取了9个与水资源密切相关的社会经济指标,对深圳市的水资源承载力进行了综合评估。王宗军和潘文砚(2012)基于"驱动力-压力-状态-影响-响应"模型,采用层次分析法对我国30

个省区市的低碳经济发展状况进行了评价，结果显示我国低碳经济发展水平呈西北部低、东南部高的态势。

(2)生态学法。从生态学方法论出发，通过野外观察与调研、实验模拟与分析等，从层次观、系统观、综合观等角度对生态安全进行评价。例如，一些学者从土壤含量、生物量、空气质量等角度评价生态系统的安全性。张广胜等(2015)对一个未开采的矿山土壤中的重金属含量进行了测量，并对土壤质量进行了安全评价。何凤等(2008)对河南省小麦种植的耕地中的土壤污染物含量进行了测量与评价。陈星(2008)通过采用少量有代表性的指标对区域生态安全进行了评价，并分析了其影响因素。Zhou等(2010)采用生态学法对新疆平原区的地下水生态安全进行了评价。

(3)模糊综合评价法。该方法以模拟数学为基础，将一些不易确定的因素定量化，然后进行综合评价。该方法的缺陷在于评价信息重复烦琐及权重确定的主观性。Xiao(2011)采用模糊综合评价法对2000~2009年合肥市的生态安全进行了评价，指出合肥在2000~2001年呈不安全状态，2002~2006年呈相对安全状态，2007~2009年呈极度安全状态。高长波等(2006)采用模糊评价法对我国5个城市的生态安全进行了评价，指出苏州和北京呈"较安全"状态，上海、广州和深圳呈"临界安全"状态。刘丽娜等(2019)采用模糊综合评价法等对东北湖流域的陆地生态系统安全状况进行了评价，指出流域生态处于较安全状态，农业化肥污染等是影响湖泊水质及安全的重要因素。

(4)BP神经网络法。该方法考虑了生态数据的弹性，对生态因子的评价具有时效性，但是目前神经数量的确定仍主要依靠经验，没有统一的计算方法。李明月和赖笑娟(2011)基于BP神经网络法选取18个指标对2006~2007年广州的城市土地安全进行了评价。宫继萍等(2012)基于BP神经网络，并建立了"状态-胁迫-免疫"动态预警模型，对甘肃2010~2015年的生态安全进行了定量评价，指出甘肃省的生态环境在1997~2009年由"较安全"转为"较不安全"状态，2010~2015年生态环境越加恶化，生态安全受到威胁。赵文江等(2019)应用BP神经网络并以"压力-状态-响应"模型为框架，对唐山煤矿2010~2014年的矿山生态安全进行了评价，结果表明唐山煤矿存在严重的生态不安全问题。

(5)景观分析法。该方法从生态系统本身出发，基于景观生态学理论，通过建立景观-功能模型，从空间上定量分析景观格局变化的环境效应及其对生态安全的影响程度。Li等(2010)应用景观生态分析法对中国沿海城市厦门在快速城市化进程中的生态安全进行了评价。文博等(2017)应用景观分析法对江苏省宜兴市的生态用地安全进行了分析与评价，并对不同等级和不同类型的土地提出了合理的规划方案。王旭熙等(2016)基于景观分析法对四川泸县低丘缓坡在土地开发利用中的生态安全进行了评价，将低丘缓坡土地资源分为 4 种开发利用程度的类型，并提出相应的土地规划方案。

(6)3S 技术法。通过综合运用遥感(remote sensing, RS)、地理信息系统(geographic information system, GIS)和全球导航卫星系统(global navigation satellite system, GNSS)，对人类活动影响下的生态环境变化进行监测，并进行空间演变分析，为区域生态安全评价提供科学管理。Xie 等(2014)应用 GIS 技术对城市化进程中的生态安全进行了评价。Lu 等(2014)应用 RS/GIS 技术对湖北省汉江流域的生态安全进行了评价，得出汉江流域的生态环境非常严峻的结论。Li 等(2010)基于 RS/GIS 技术，并建立风险免疫模型，对平顶山市土地利用变化的生态安全进行了评价，指出过去 30 年该区域的生态环境有所好转。

(7)主成分分析法。该方法是通过正交变换，将原来的多指标转化为互不相关的几个综合变量，虽然减少了计算量，但是难免导致一些关键信息缺失。侯造水等(2015)结合突变法和主成分分析法，对长沙市 2008~2012 年的生态安全进行了评价，得出长沙市的生态安全状况呈上升趋势，但仍存在安全隐患。杨秀丽等(2018)采用主成分分析法等对黑龙江省发展落后区的耕地生态安全及影响因素进行了探讨，指出该区域的耕地生态安全水平较低，社会经济压力、科技水平和自然环境是影响该区域耕地生态安全的主要因素。

(8)层次分析法。该方法是一种定性与定量相结合的多目标决策分析法，将一个复杂的多目标决策问题分解为多个目标层次，通过模糊量法对各层次进行排序，作为多目标多方案的优化决策系统的方法。Li 等(2017)应用层次分析法对湖北省农业的生态安全进行了分析与评价，指出湖北省农业生态安全有所改善，但未能达到全国平均水平，还有提升的空间。陈宗铸和黄国宁(2010)基于层次分析法等对海南省森林生态安全进行了分析与评价，得出 2003~2008 年海南省森林生态安全总体呈上升趋势的结论。钟振宇等(2010)采用层次分析法等对洞庭湖的生态安全进行了评价，得出 2000~2007 年洞庭湖的生态安全逐渐下降的结论。

(9)灰色关联法。选取与环境变量相关的决定性因子，通过比较解释变量与被解释变量之间的关联度，根据关联度排序确定各解释变量的权重。该方法对生态系统的参数要求不高，并能进行等级评定，但在赋权中存在主观性，且无法比较各因子的贡献率。高春泥等(2016)采用灰色关联法对北京山区水土保持的生态安全进行了评价，指出 2007~2009 年北京山区水土保持整体状况好转，然而，2009~2012 年受自然灾害的影响呈下降趋势。徐美和刘春腊(2018)采用灰色关联法及障碍模型对 2001~2014 年张家界旅游生态安全进行了评价，得出总体上张家界的旅游生态安全呈波动上升态势，但幅度有限，生态安全处于"一般"水平。

(10)物元模型法。该模型将指标划分为等级区间，通过对各指标关联函数进行计算，集成综合指标对生态安全进行评价。该方法能从多角度多因素对生态安全进行模拟和评定，但关联函数的形式没有统一的规范标准，难以推广。荣慧芳等(2015)基于物元模型对皖江城市带土地生态安全进行了评价，指出超过88%的区域处于临界安全及以下水平，且空间差异明显。马红莉和盖艾鸿(2013)采用熵权物元模型对青海省的土地生态安全进行了评价，指出2000~2010年青海省土地生态安全综合值逐渐上升，但仍不稳定，各地州的生态安全不尽相同。

(11)生态足迹法。该方法是从人类社会发展对自然生态资源的需求与自然供给角度定量评价生态安全及可持续发展状态的一种理论方法。生态足迹法因其将数据高度整合，虽然计算过程烦琐，但原理简单，易于理解，定量化程度高，在生态安全评价及可持续发展研究中应用广泛(Gu et al.，2015；Ulucak and Bilgili，2018；Yang and Hu，2018)。张旺锋等(2011)基于生态足迹法对甘肃省嘉峪关市的生态系统安全进行了评价，指出嘉峪关的生态安全程度较低，并提出了相应的对策建议。Liu H 等(2017)基于生态足迹法等从定性和定量的角度对天津市的低碳校园环境生态安全进行了评价，并提出了低碳可持续发展的建议。Charfeddine 和 Mrabet(2017)基于生态足迹法对比分析了中东和北非 15 个国家的生态足迹，并对影响生态安全变化的社会和经济因素进行了探讨。

综上所述，国内外学者结合各科理论知识，从系统学(Hjorth and Bagheri，2006)、社会学(Dieleman，2017)、经济学(Fan et al.，2017)、生态学(Moffatt，2000)等不同的角度对生态安全及可持续发展问题做了大量研究，关于生态安全的研究主要是对不同尺度不同区域的生态环境进行评价，评价方法归纳起来主要包含以上 11 种，其中，生态足迹法以其理论角度新颖、可操作及可重复性强、与可持续发展理论联系最为紧密，在生态安全中的研究应用最为广泛(Liu Z et al.，2017；Zhang and Xu，2017；Peng et al.，2018；Yang and Hu，2018)。

7.3.1　生态安全评价指数及预测模型

1. 生态赤字/盈余指数

生态赤字/盈余是反映区域环境可持续性的核心指标(Chen，2017)。通过比较生态承载力与生态足迹的计算结果，评价人类活动对资源的利用强度。如果 EEC > EEF(或 eec > eef)，表明人类活动对资源的消费仍在生态供应的范围内，即生态盈余。反之，如果 EEC < EEF(或 eec < eef)，表明人类对资源的消费利用已经超过了自然生态的承载能力，即生态赤字。其公式如下：

$$EED / EES = EEC - EEF \tag{7.31}$$

$$或 \quad eed / ees = eec - eef \tag{7.32}$$

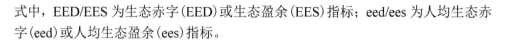

式中，EED/EES 为生态赤字(EED)或生态盈余(EES)指标；eed/ees 为人均生态赤字(eed)或人均生态盈余(ees)指标。

2. 生态压力指数

把生态足迹与生态承载力的比值定义为生态压力指数。生态压力指数反映区域生态环境的压力状况。其公式如下：

$$\text{ETI} = \frac{\text{EEF}}{\text{EEC}} = \frac{\text{eef}}{\text{eec}} \tag{7.33}$$

式中，ETI 为生态压力指数；EEF 和 EEC 分别为生态足迹和生态承载力；eef 和 eec 分别为人均生态足迹和人均生态承载力。

3. ARIMA 趋势预测模型

自回归积分滑动平均(autoregressive integrated moving average, ARIMA)模型是由 Box 等(1974)提出的著名的时间序列趋势预测方法，又称为 Box-Jenkins 模型。其基本思想是用一个数学模型去近似地描述随机时间序列变化的进程，并依据已有数据建立的模型来预测未来可能的变化(Makridakis and Hibon，1997)。根据回归的差异性，ARIMA 模型分为四个不同的进程：移动平均 MA(q)模型、自回归 AR(p)模型、自回归移动平均 ARMA(p, q)模型和自回归综合移动平均 ARIMA(p, d, q)模型。ARIMA 模型在预测过程中，既考虑了时间序列上的相互依存性，又考虑了随机波动的干扰性，因而，其在非平稳长时间序列的趋势预测中应用较好。

本节中计算的能值生态足迹及承载力属于非平稳长时间序列，因而应用 ARIMA(p, d, q)模型对未来发展趋势进行预测，该模型的表达式为

$$\Delta^d y_t = \theta_0 + \sum_{i=1}^{p} \varphi_i \Delta^d y_{t-i} + \varepsilon_t + \sum_{j=1}^{q} \theta_j \varepsilon_{t-j} \tag{7.34}$$

式中，$\Delta^d y_t$ 为原始数据的 d 阶差分序列；ε_t 为随机误差序列；φ_i 和 θ_j 分别为模型参数；p 为 AR 模型的自相关系数；q 为 MA 模型的偏回归系数。

7.3.2 生态安全状况分析

为评价中亚地区生态安全及可持续发展状态，依据生态赤字/盈余的变化及生态压力指数，对中亚五国的生态安全状况进行分析。

1. 生态赤字/盈余变化分析

比较中亚五国生态足迹和生态承载力的值，若生态足迹>生态承载力，表明生态需求超过了生态供给，研究区呈生态赤字状态；若生态足迹<生态承载力，表明区域生态供给足以满足人类消费的各项需求，研究区呈生态盈余状态。

从中亚五国人均生态足迹与承载力的比较结果可以看出(图 7.12)，哈萨克斯坦、吉尔吉斯斯坦和塔吉克斯坦主要呈生态盈余状态。具体来说，哈萨克斯坦的生态盈余在 2000 年达到最大值，为 19.05 hm²/cap。2000 年之前受苏联解体的影

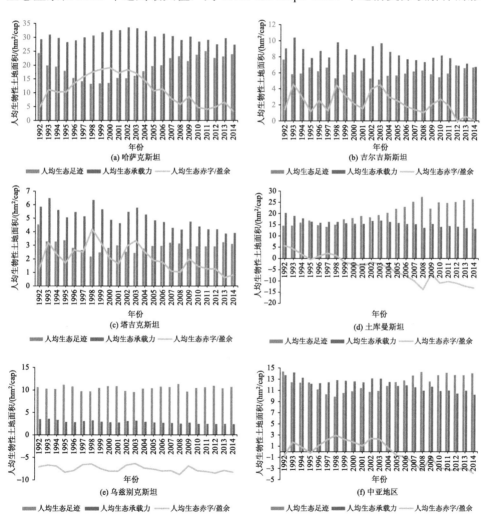

图 7.12　1992～2014 年中亚五国人均生态赤字/盈余变化

响，生态足迹减少，生态盈余增加；2000 年之后，由于其生态足迹显著增加，生态盈余以–11.5%的年变化率降低。吉尔吉斯斯坦和塔吉克斯坦的生态盈余呈波动下降趋势，变化幅度在 0～5 hm²/cap。土库曼斯坦在 1998 年之前呈生态盈余状态，之后呈生态赤字状态，其在整个研究时段内以–10.41%的年变化率下降，变化速率较大，2014 年生态赤字达–13.15 hm²/cap，表明土库曼斯坦的生态需求显著增加，生态承载压力较大。乌兹别克斯坦在整个研究时段内均呈生态赤字状态，平均赤字为–7.57 hm²/cap，但其变化幅度较小，以–2.38%的年变化率下降。

就中亚地区整体而言，2004 年之前呈生态盈余状态，但生态盈余也从 1998 年开始下降，2004 年之后转为生态赤字，且生态赤字进一步加大。中亚五国的生态赤字/盈余指标均呈下降趋势，表明中亚地区生态不安全持续增加，尤其是土库曼斯坦和乌兹别克斯坦的生态超载严重。

2. 生态压力变化分析

生态压力指数是另一个最重要的评价生态可持续性的指标，其生态评价标准是依据全球生态环境和社会经济发展状态制定的(吉力力·阿不都外力和木巴热克·阿尤普，2008)。根据表 7.13 的评价标准(赵先贵等，2006)，对中亚五国的生态安全进行评价。

表 7.13　生态压力指数评价标准

等级	1	2	3	4	5	6
ETI	>2.00	2.00～1.51	1.50～1.01	1.00～0.81	0.80～0.51	<0.50
状态	极不安全	不安全	相对不安全	弱不安全	相对安全	非常安全

从图 7.13 可以看出，哈萨克斯坦的生态压力在 1992～1998 年呈下降趋势，生态压力指数由 1992 年的 0.83 下降到 1998 年的 0.43，压力等级也由第 4 等级上升为第 6 等级，生态由"弱不安全"变为"非常安全"；1999 年之后显著增加，2014 年生态压力指数为 0.87，压力等级由第 6 等级下降到第 4 等级，生态又变为"弱不安全"。吉尔吉斯斯坦和塔吉克斯坦的生态压力指数在 1998 年之前呈波动下降趋势，1999 年之后呈波动上升趋势。生态压力主要处于第 4 等级和第 5 等级，表明其呈"相对安全"和"弱不安全"状态。土库曼斯坦的生态压力指数呈显著的上升趋势，由 1992 年的 0.72 上升到 2014 年的 1.99，年变化率为 4.73%，生态压力等级也由第 5 等级下降到第 2 等级，表明土库曼斯坦生态压力增长速率最快，生态由"相对安全"转变为"不安全"状态。乌兹别克斯坦的生态压力指数呈波动上升趋势，由 1992 年的 3.00 增加到 2014 年的 4.46，生态压力位于第 1 等

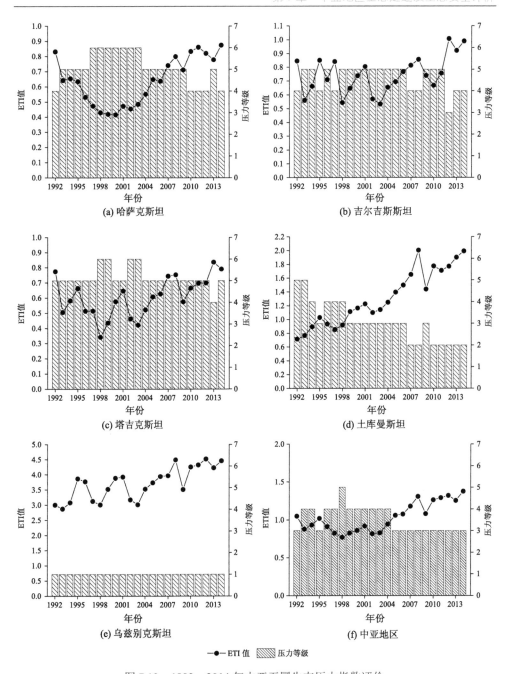

(a) 哈萨克斯坦 (b) 吉尔吉斯斯坦

(c) 塔吉克斯坦 (d) 土库曼斯坦

(e) 乌兹别克斯坦 (f) 中亚地区

——● ETI 值　▨▨ 压力等级

图 7.13　1992～2014 年中亚五国生态压力指数评价

级，生态一直处于"极不安全"状态。对中亚地区整体而言，1992～2004 年，中亚地区的生态压力指数变化缓慢，无明显的增长趋势，平均压力指数为 0.89，生态基本处于第 4 等级，呈"弱不安全"状态；2005 年之后，生态压力指数呈显著的波动上升趋势，生态压力处于第 3 等级，呈"相对不安全"状态。

可见，近年来，中亚地区的生态压力持续增加，威胁到中亚国家的生态安全，尤其是土库曼斯坦和乌兹别克斯坦，生态压力较大，应引起相关政府部门的关注，并制定相应的保护生态环境、维护国家生态安全的对策方针。

7.3.3 生态安全趋势预测

为进一步研究中亚地区生态足迹和生态承载力未来的变化趋势及可持续发展的状态，采用 ARIMA 模型预测 eef 和 eec 未来 11 年的变化特征，并评价其生态安全状态。根据模型计算公式与步骤，建立了中亚五国最优的 ARIMA 模型（表 7.14），可以看出，模拟效果较好，平均相对误差均通过了 0.05 显著性水平检验。

表 7.14　中亚五国最优 ARIMA 模型

国家	模拟指标	最优模型	模拟值与原始值的相关系数	模拟值与原始值的平均相对误差
哈萨克斯坦	eef	ARIMA(3,1,3)	0.9903	0.0373
	eec	ARIMA(1,1,1)	0.9874	0.0082
吉尔吉斯斯坦	eef	ARIMA(3,1,2)	0.9795	0.0133
	eec	ARIMA(3,1,2)	0.9789	0.0169
塔吉克斯坦	eef	ARIMA(1,1,1)	0.9986	0.0051
	eec	ARIMA(1,1,1)	0.9966	0.0260
土库曼斯坦	eef	ARIMA(1,1,0)	0.9927	0.0332
	eec	ARIMA(2,1,2)	0.9903	0.0141
乌兹别克斯坦	eef	ARIMA(3,1,3)	0.9035	0.0164
	eec	ARIMA(1,1,1)	0.9958	0.0197

根据选取的最优模型，对中亚五国人均生态足迹及承载力进行趋势预测，预测结果如图 7.14 所示。可以看出，2014～2025 年，哈萨克斯坦和土库曼斯坦的人均生态足迹分别以 2.57% 和 1.61% 的年变化率显著增加，2025 年其人均生态足迹分别为 30.57 hm²/cap 和 32.11 hm²/cap，较 2014 年分别增加了 7.46 hm²/cap 和 5.18 hm²/cap。而吉尔吉斯斯坦、塔吉克斯坦和乌兹别克斯坦的人均生态足迹变化幅度较小，且呈弱减小趋势，2025 年的人均生态足迹较 2014 年分别减少了 0.10 hm²/cap、0.02 hm²/cap 和 0.19 hm²/cap。因此，哈萨克斯坦和土库曼斯坦需要

更多地关注本国的消费结构，并采取一些措施减缓生态足迹增加的趋势，实现区域生态环境的可持续发展。

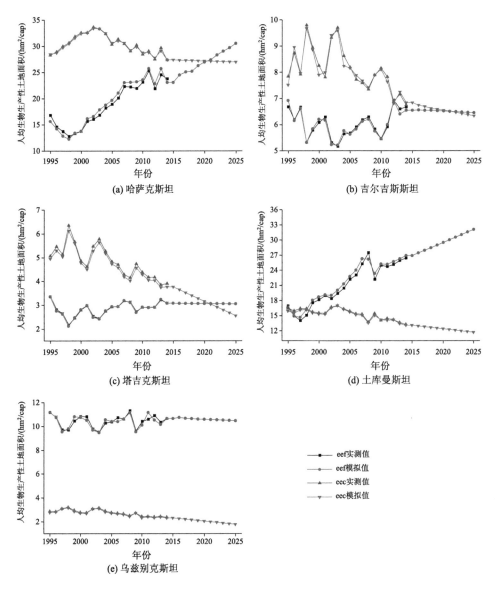

图 7.14　人均生态足迹及承载力未来变化趋势模拟

哈萨克斯坦、吉尔吉斯斯坦、塔吉克斯坦、土库曼斯坦和乌兹别克斯坦未来人均生态承载力分别以–0.14%、–0.69%、–3.44%、–1.02% 和 –2.35% 的年变化率下降。显然，塔吉克斯坦的下降速率最大，主要是因为塔吉克斯坦的人口增长率为 1.92%，为中亚地区人口增长率最快的国家。

依据 eef 和 eec 的预测结果，计算了 2015～2025 年的生态赤字/盈余，并预测未来的生态安全状态（表 7.15）。可以看出，哈萨克斯坦和塔吉克斯坦在 2020 年之前呈生态盈余状态，2021 年之后变为生态赤字；吉尔吉斯斯坦在 2021 年之前呈生态盈余状态，2022 年之后变为生态赤字。表明哈萨克斯坦和塔吉克斯坦在 2021 年之后，吉尔吉斯斯坦在 2022 年之后，各国的自然资源难以满足人类生产生活需求，生态安全保障受到挑战。对于土库曼斯坦和乌兹别克斯坦来说，生态赤字将进一步增加，到 2025 年，其生态赤字分别为–20.40 hm^2/cap 和–8.69 hm^2/cap，较 2014 年赤字分别增加了 6.57 hm^2/cap 和 0.35 hm^2/cap，2014～2025 年的年变化率分别为–3.97% 和–0.41%。可见，土库曼斯坦生态赤字增长最快。

表 7.15　2015～2025 年中亚五国生态安全评价结果

年份	哈萨克斯坦			吉尔吉斯斯坦			塔吉克斯坦			土库曼斯坦			乌兹别克斯坦		
	eed/ees	ETI	等级	eed/ees	ETI	等级	eed/ees	ETI	等级	eed/ees	ETI	等级	eed/ees	ETI	等级
2015	4.30	0.84	4	0.29	0.96	4	0.69	0.82	4	–13.83	2.06	1	–8.34	4.56	1
2016	2.81	0.90	4	0.18	0.97	4	0.57	0.84	4	–14.48	2.12	1	–8.48	4.71	1
2017	2.21	0.92	4	0.15	0.98	4	0.45	0.87	4	–15.15	2.18	1	–8.47	4.79	1
2018	2.05	0.92	4	0.07	0.99	4	0.33	0.90	4	–15.80	2.25	1	–8.49	4.90	1
2019	0.94	0.97	4	0.06	0.99	4	0.21	0.93	4	–16.46	2.31	1	–8.51	5.00	1
2020	0.22	0.99	4	0.03	1.00	4	0.10	0.97	4	–17.12	2.38	1	–8.54	5.12	1
2021	–0.29	1.01	3	0.01	1.00	4	–0.02	1.01	3	–17.77	2.45	1	–8.57	5.25	1
2022	–1.24	1.05	3	–0.02	1.00	4	–0.14	1.05	3	–18.43	2.52	1	–8.60	5.38	1
2023	–2.02	1.07	3	–0.05	1.01	3	–0.26	1.09	3	–19.09	2.59	1	–8.63	5.52	1
2024	–2.69	1.10	3	–0.09	1.01	3	–0.38	1.14	3	–19.74	2.67	1	–8.66	5.67	1
2025	–3.57	1.13	3	–0.11	1.02	3	–0.50	1.19	3	–20.40	2.74	1	–8.69	5.82	1

对 2015～2025 年中亚五国的生态压力做进一步分析，可以看出，中亚五国的生态压力将进一步增加。哈萨克斯坦、吉尔吉斯斯坦和塔吉克斯坦的生态压力将从第 4 等级（弱不安全）下降到第 3 等级（相对不安全）状态。土库曼斯坦和乌兹别克斯坦将仍处于第 1 等级（极不安全）状态。

总体来说，随着人口的增加，中亚五国对自然资源的消耗将进一步增加，导致人均生态承载力持续减少，并对自然环境造成更多不利的影响，生态不安全和不可持续性将进一步加大，土库曼斯坦和乌兹别克斯坦更为严重。因此，中亚五国应该更多地关注本国的生态安全,并采取有效的措施维护本国的生态环境安全,实现生态环境与经济协调可持续发展。

7.4　本章小结

本章首先对中亚地区的生态承载力进行了评估,其次分析了中亚地区生态足迹及承载力的变化,并对中亚地区的生态安全进行了评价与趋势预测,结论如下。

采用熵权法和粒子群优化算法投影寻踪模型从生态、社会、经济和环境角度选取了 25 个相关的指标,对中亚地区生态承载力进行评估,得出中亚地区生态承载力整体偏低的结论。哈萨克斯坦的生态承载力相对较高,与其广袤的国土面积、丰富的自然资源及可开发利用潜力有密切的关系,自然资源为社会经济发展提供了良好的物质保障。其次为土库曼斯坦,其生态资源可为社会经济发展提供的物质保障较为丰富。再次为吉尔吉斯斯坦、乌兹别克斯坦和塔吉克斯坦,这三个国家的生态承载力较低,但导致其生态承载力偏低的原因不同。吉尔吉斯斯坦和塔吉克斯坦主要因为国土面积较小,资源量有限;而乌兹别克斯坦主要是因为其人口较多,人均可利用资源量少。

从区域整体来看,中亚地区总生态足迹变化包含两个阶段:1992～1998 年的下降阶段和 1999～2014 年的上升阶段。中亚地区总生态足迹较大的国家为哈萨克斯坦和乌兹别克斯坦,其多年平均生态足迹分别为 3.04×10^8 hm^2 和 2.69×10^8 hm^2。中亚地区生态足迹变化与人口和 GDP 的变化有较显著的相关性,与 GDP 的相关性更为紧密,可见,社会经济发展状况对生态足迹变化影响较大。在生态足迹的构成中,能源消费足迹对总生态足迹的贡献最大,约占 42.09%,其次为草地足迹,约占 28.07%。中亚五国的人均生态足迹变化表现为:哈萨克斯坦、吉尔吉斯斯坦和塔吉克斯坦的人均生态足迹均在 1992～1998 年呈不同程度的下降趋势,而 1999～2014 年呈增长趋势。土库曼斯坦的人均生态足迹在整个研究时段内显著上升,2014 年的人均生态足迹较 1992 年增加了 81.01%。乌兹别克斯坦的人均生态足迹呈波动变化,无显著的升降变化趋势。与总生态足迹变化不同的是,中亚地区多年平均人均生态足迹最大的为土库曼斯坦,主要是因为其人口在中亚地区最少,仅有 467.6 万人,而其总生态足迹仅次于哈萨克斯坦和乌兹别克斯坦,因而其人均生态足迹在中亚地区最大。

从生态足迹的构成来看,哈萨克斯坦、土库曼斯坦和乌兹别克斯坦的能源消费用地足迹对其人均生态足迹的贡献最大,分别占 38.80%、56.71% 和 46.47%。吉尔吉斯斯坦的草地足迹对该国人均生态足迹的贡献最大,约占 51.4%,主要是因为该国的畜牧业较为发达，草地资源消费的足迹最大。塔吉克斯坦的建筑用地足迹对该国人均生态足迹贡献最大，其次为草地足迹，贡献率分别为 50.14% 和 25.18%。然而，建筑用地的人均生态足迹变化呈下降趋势，表明该国人均电力消费降低，电力资源的利用率提高。

中亚地区总生态承载力呈波动变化，变化幅度较小，而随着人口的增加，中亚地区人均生态承载力呈显著的下降趋势，尤其是 2002~2014 年，下降速率最快。哈萨克斯坦的人均生态承载力变化趋势可分为两个阶段：1992~2002 年的上升阶段，年变化率为 1.39%；2002~2014 年的下降阶段，年变化率为-1.71%。吉尔吉斯斯坦、塔吉克斯坦、土库曼斯坦和乌兹别克斯坦的人均生态承载力均呈波动下降趋势，年变化率分别为-1.32%、-1.82%、-1.93%和-1.76%。乌兹别克斯坦的人均生态承载力最小，主要是因为该国人口最多，占中亚地区总人口的 44.49%，其总生态承载力仅次于哈萨克斯坦和土库曼斯坦，因而其人均生态承载力最小。

中亚地区整体自 2004 年之后转为生态赤字，且生态赤字进一步加大。中亚五国中，哈萨克斯坦、吉尔吉斯斯坦和塔吉克斯坦呈生态盈余状态，但自 2000 年之后，生态盈余均呈下降趋势；土库曼斯坦由生态盈余转变为生态赤字，年变化率为-10.41%；乌兹别克斯坦呈显著的生态赤字状态。这表明中亚地区生态不安全性持续增加，尤其是土库曼斯坦和乌兹别克斯坦的生态超载严重。中亚地区生态压力指数持续增加，土库曼斯坦的生态压力增长速率最快，生态由"相对安全"转变为"不安全"状态；乌兹别克斯坦的生态一直处于"极不安全"状态。

2014~2025 年，中亚地区的生态足迹呈持续增长趋势，以哈萨克斯坦和土库曼斯坦的人均生态足迹增长趋势显著，年变化率分别为 2.57%和 1.61%。中亚五国的人均生态承载力均呈下降趋势，以塔吉克斯坦的下降趋势最为显著，年变化率为-3.44%。哈萨克斯坦、吉尔吉斯斯坦和塔吉克斯坦的人均生态足迹在 2020 年由生态盈余转为生态赤字状态，可见，2020 年之后，其自然资源供给难以满足人类需求和自然环境的需求。土库曼斯坦和乌兹别克斯坦的生态赤字将进一步增加，到 2025 年，其生态赤字分别为-20.40 hm²/cap 和-8.69 hm²/cap，较 2014 年赤字分别增加了 6.57 hm²/cap 和 0.35 hm²/cap。中亚五国未来 10 年的生态压力也将进一步增加。哈萨克斯坦、吉尔吉斯斯坦和塔吉克斯坦的生态环境将呈"相对不安全"状态，而土库曼斯坦和乌兹别克斯坦的生态环境将呈"极不安全"状态。

参 考 文 献

陈春锋, 王宏燕, 肖笃宁. 2008. 基于传统生态足迹方法和能值生态足迹方法的黑龙江省可持续发展状态比较. 应用生态学报, 19(11): 2544-2549.

陈星. 2008. 区域生态安全空间格局评价模型的研究. 北京林业大学学报, 30(1): 21-28.

陈星, 周成虎. 2005. 生态安全: 国内外研究综述. 地理科学进展, 24(6): 8-20.

陈宗铸, 黄国宁. 2010. 基于 PSR 模型与层次分析法的区域森林生态安全动态评价. 热带林业, 38(3): 42-45.

杜文鹏, 闫慧敏, 封志明, 等. 2020. 基于生态供给-消耗平衡关系的中尼廊道地区生态承载力研究. 生态学报, 40(18): 14-22.

封志明, 杨艳昭, 闫慧敏, 等. 2017. 百年来的资源环境承载力研究: 从理论到实践. 资源科学, 39(3): 379-395.

高春泥, 程金花, 陈晓冰. 2016. 基于灰色关联法的北京山区水土保持生态安全评价. 自然灾害学报, 25(2): 69-77.

高长波, 陈新庚, 韦朝海, 等. 2006. 熵权模糊综合评价法在城市生态安全评价中的应用. 应用生态学报, 17(10): 1923-1927.

高拯民, 李玉太. 1990. 城市污水土地处理系统中优先有机污染物的生态行为及其调控对策. 应用生态学报, 1(1): 10-19.

宫继萍, 石培基, 魏伟. 2012. 基于BP人工神经网络的区域生态安全预警——以甘肃省为例. 干旱地区农业研究, 30(1): 211-216.

关文彬, 谢春华, 克明, 等. 2003. 景观生态恢复与重建是区域生态安全格局构建的关键途径. 生态学报, 23(1): 64-73.

何凤, 李瑞敏, 王轶, 等. 2008. 河南省基于土壤-小麦系统的土壤 Cr 生态安全评价. 地质通报, 27(7): 144-148.

侯造水, 贾明涛, 陈娇. 2015. 基于突变级数法和主成分分析法的长沙市生态安全评价. 安全与环境学报, 15(2): 364-369.

黄羿, 杨林安, 张正栋. 2012. 基于"国家公顷"生态足迹模型的广东省生态安全研究. 生态经济, 7: 47-51.

吉力力•阿不都外力, 木巴热克•阿尤普. 2008. 基于生态足迹的中亚区域生态安全评价. 地理研究, 27(6): 1308-1320.

姜秋香. 2011. 三江平原水土资源承载力评价及其可持续利用动态仿真研究. 哈尔滨: 东北农业大学.

金南, 曹洪发. 1989. 定量计算有毒化学品对水生生物群落和生态系统的风险. 国外环境科学技术, 3: 6-9.

孔红梅, 赵景柱, 吴钢, 等. 2002. 生态系统健康与环境管理. 环境科学, 23(1): 1-5.

蓝盛芳, 铁佩, 陆宏芳. 2002. 生态经济系统能值分析. 北京: 化学工业出版社.

李明月, 赖笑娟. 2011. 基于 BP 神经网络方法的城市土地生态安全评价——以广州市为例. 经济地理, 31(2): 289-293.

刘晶. 2007. 基于"能值-生态足迹"模型的吉林省生态安全研究. 长春: 吉林大学.

刘蕾, 姜灵彦, 高军侠. 2011. 基于 P-S-R 模型的土地生态安全物元评价——以河南省为例. 地域研究与开发, 30(4): 117-121.

刘丽娜, 马春子, 张靖天, 等. 2019. 东北湖区典型流域生态安全评估. 环境科学研究, (7): 1108-1116.

陆大道. 2009. 关于我国区域发展战略与方针的若干问题. 经济地理, 29(1): 2-7.

马红莉, 盖艾鸿. 2013. 基于熵权物元模型的青海省土地生态安全评价. 兰州: 甘肃农业大学.

荣慧芳, 张乐勤, 严超. 2015. 基于熵权物元模型的皖江城市带土地生态安全评价. 水土保持研究, 22(3): 230-235.

世界环境与发展委员会. 1997. 我们共同的未来. 长春: 吉林人民出版社.

王开运. 2007. 生态承载力复合模型系统与应用. 北京: 科学出版社.

王薇. 2012. 黄河三角洲水土资源承载力综合评价研究. 泰安: 山东农业大学.

王旭熙, 彭立, 苏春江, 等. 2016. 基于景观生态安全格局的低丘缓坡土地资源开发利用——以四川省泸县为例. 生态学报, 36(12): 3646-3654.

王宗军, 潘文砚. 2012. 我国低碳经济综合评价——基于驱动力-压力-状态-影响-响应模型. 技术经济, 31(12): 68-76.

文博, 朱高立, 夏敏, 等. 2017. 基于景观安全格局理论的宜兴市生态用地分类保护. 生态学报, 37(11): 3881-3891.

肖笃宁, 陈文波, 郭福良. 2002. 论生态安全的基本概念和研究内容. 应用生态学报, 13(3): 354-358.

熊建新, 陈端吕, 彭保发, 等. 2014. 洞庭湖区生态承载力系统耦合协调度时空分异. 地理科学, 34(9): 1108-1116.

徐美, 刘春腊. 2018. 张家界市旅游生态安全评价及障碍因子分析. 长江流域资源与环境, 27(3): 605-614.

杨秀丽, 朱荣嘉, 姜涛. 2018. 黑龙江省贫困片区耕地生态安全及影响因子研究. 生态经济, (8): 150-155.

杨志峰, 胡廷兰, 苏美蓉. 2007. 基于生态承载力的城市生态调控. 生态学报, 27(8): 3224-3231.

张波, 王青, 刘建兴. 2010. 中国生态足迹的趋势预测及情景模拟分析. 东北大学学报(自然科学版), 4: 576-580.

张广胜, 徐文彬, 李俊翔, 等. 2015. 一个未开采的铅锌矿周边土壤重金属含量及生态安全评价. 生态环境学报, 3: 522-528.

张恒义, 刘卫东, 林育欣. 2009. 基于改进生态足迹模型的浙江省域生态足迹分析. 生态学报, 5: 2738-2748.

张可云, 傅帅雄, 张文彬. 2011. 基于改进生态足迹模型的中国 31 个省级区域生态承载力实证研究. 地理科学, (9): 1084-1089.

张旺锋, 苏珍贞, 解雯娟, 等. 2011. 干旱区城市生态系统生态安全评价——以甘肃省嘉峪关市为例. 干旱区资源与环境, 25(8): 36-40.

赵文江, 徐明德, 张君杰, 等. 2019. BP 神经网络在矿山生态安全评价中的应用. 煤炭技术, 38(1): 180-183.

赵先贵, 肖玲, 马彩虹, 等. 2006. 基于生态足迹的可持续评价指标体系的构建. 中国农业科学,

39(6)：1202-1207.

钟世名. 2008. 基于能值生态足迹理论的生态经济系统评价——以吉林省为例. 长春：吉林大学.

钟振宇, 柴立元, 刘益贵. 2010. 基于层次分析法的洞庭湖生态安全评估. 中国环境科学, 30(1)：41-45.

周慧. 2015. 基于能值生态足迹模型的济南市生态安全研究. 济南：山东师范大学.

Agostinho F, Pereira L. 2013. Support area as an indicator of environmental load: Comparison between Embodied Energy, Ecological Footprint, and Emergy Accounting methods. Ecological Indicators, 24: 494-503.

Bernhard W, Harald V. 2008. Evaluating sustainable forest management strategies with the Analytic Network Process in a Pressure-State-Response framework. Journal of Environmental Management, 88(1): 1-10.

Box G E, Jenkins G M, MacGregor J F. 1974. Some recent advances in forecasting and control. Journal of the Royal Statistical Society, 23(2): 158-179.

Cen X, Wu C, Xing X, et al. 2015. Coupling intensive land use and landscape ecological security for urban sustainability: An integrated socioeconomic data and spatial metrics analysis in Hangzhou city. Sustainability, 7(2): 1459-1482.

Charfeddine L, Mrabet Z. 2017. The impact of economic development and social-political factors on ecological footprint: A panel data analysis for 15 MENA countries. Renewable and Sustainable Energy Reviews, 76: 138-154.

Chen B, Chen G Q. 2006. Ecological footprint accounting based on emergy—A case study of the Chinese society. Ecological Modelling, 198(1): 101-114.

Chen H S. 2017. Evaluation and analysis of eco-security in environmentally sensitive areas using an Emergy Ecological Footprint. International Journal of Environmental Research and Public Health, 14(2): 136-146.

Chen W, Geng Y, Dong H, et al. 2018. An emergy accounting based regional sustainability evaluation: A case of Qinghai in China. Ecological Indicators, 88: 152-160.

Chen Y B, Chen J H, Li C X, et al. 2004. Indicators for water resources carrying capacity assessment based on driving forces-pressure-state-impact-response model. Journal of Hydraulic Engineering, 35(7): 98-103.

Chen Y, Zhi L I, Fang G, et al. 2017. Impact of climate change on water resources in the Tianshan Mountains, Central Asia. Acta Geographica Sinica, 72: 18-26.

Chen Y, Tian W, Zhou Q, et al. 2021. Spatiotemporal and driving forces of ecological carrying capacity for high-quality development of 286 cities in China. Journal of Cleaner Production, 293(2): 126186.

Chu X, Deng X, Jin G, et al. 2017. Ecological security assessment based on ecological footprint approach in Beijing-Tianjin-Hebei region, China. Physics Chemistry of the Earth, 101: 43-51.

Costanza R, Arge A R, Groot R D, et al. 1997. The value of the world's ecosystem services and natural capital. Ecological Economics, 25: 3-15.

Dieleman H. 2017. Urban agriculture in Mexico City: Balancing between ecological, economic, social and symbolic value. Journal of Cleaner Production, 163: 156-163.

DPCSD (United Nations Department for Policy Coordination and Sustainable Development). 1996. Indicators of Sustainable Development: Framework and methodologies. New York: United Nations.

Fan Y, Qiao Q, Xian C, et al. 2017. A modified ecological footprint method to evaluate environmental impacts of industrial parks. Resources, Conservation and Recycling, 125: 293-299.

Folke C, Kautsky N, Berg H, et al. 1998. The ecological footprint concept for sustainable seafood production: A review. Ecological Applications, 8(1): 63-71.

Gu Q, Wang H, Zheng Y, et al. 2015. Ecological footprint analysis for urban agglomeration sustainability in the middle stream of the Yangtze River. Ecological Modelling, 318: 86-99.

Han Q, Luo G, Li C, et al. 2016. Simulated grazing effects on carbon emission in Central Asia. Agricultural and Forest Meteorology, 216: 203-214.

Hau J L, Bakshi B R. 2004. Promise and problems of emergy analysis. Ecological Modelling, 178(2): 215-225.

He G, Yu B, Li S, et al. 2018. Comprehensive evaluation of ecological security in mining area based on PSR-ANP-GRAY. Environmental Technology, 39(23): 3013-3019.

He J, Wan Y, Feng L, et al. 2016. An integrated data envelopment analysis and emergy-based ecological footprint methodology in evaluating sustainable development, a case study of Jiangsu Province, China. Ecological Indicators, 70: 23-34.

Hjorth P, Bagheri A J F. 2006. Navigating towards sustainable development: A system dynamics approach. Futures, 38(1): 74-92.

Jia J S, Zhao J Z, Deng H B, et al. 2010. Ecological footprint simulation and prediction by ARIMA model—A case study in Henan Province of China. Ecological Indicators, 10(2): 538-544.

Jigletsova S K, Rodin V B, Kobelev V S, et al. 2000. Use of biocides as agents against microorganism-induced corrosion increases ecological safety. Applied Biochemistry Microbiology, 36(6): 602-608.

Lenzen M, Murray S A. 2004. A modified ecological footprint method and its application to Australia. Ecological Economics, 37(2): 229-255.

Li J, Liu Z, He C, et al. 2016. Are the drylands in northern China sustainable? A perspective from ecological footprint dynamics from 1990 to 2010. Science of the Total Environment, 553: 223-231.

Li P, Yan L, Pan S, et al. 2017. Evaluation of agricultural ecological security in Hubei province. Journal of Resources and Ecology, 8(6): 620-627.

Li S. 2019. Evaluation on urban land ecological security based on the PSR model and matter-element analysis: A case study of Zhuhai, Guangdong, China. Journal of Landscape Research, 11(3): 82-92.

Li Y, Sun X, Zhu X, et al. 2010. An early warning method of landscape ecological security in rapid urbanizing coastal areas and its application in Xiamen, China. Ecological Modelling, 221(19): 2251-2260.

Linyu X U, Kang P, Wei J. 2010. Evaluation of urban ecological carrying capacity: A case study of Beijing, China. Procedia Environmental Sciences, 2(1): 1873-1880.

Liu H, Yang J, Xia Z, et al. 2017. Ecological footprint evaluation of low carbon campuses based on life cycle assessment: A case study of Tianjin, China. Journal of Cleaner Production, 144: 266-278.

Liu Q, Lin Z, Feng N, et al. 2008. A modified model of ecological footprint accounting and its application to cropland in Jiangsu, China. Pedosphere, 18(2): 154-162.

Liu X, Fu J, Jiang D, et al. 2018. Improvement of ecological footprint model in national nature reserve based on Net Primary Production (NPP). Sustainability, 11(2): 1-16.

Liu Z, Wang D, Ning T, et al. 2017. Sustainability assessment of straw utilization circulation modes based on the emergetic ecological footprint. Ecological Indicators, 75: 1-7.

Lu D, Yu H L, Yu G M. 2014. Assessing the land use change and ecological security based on RS and GIS: A case study of Pingdingshan city, China. Advanced Materials Research, 905: 5-15.

Makridakis S, Hibon M. 1997. ARMA models and the Box-Jenkins methodology. Journal of Forecasting, 16(3): 147-163.

Marion P. 2009. Land use and the state of the natural environment. Land Use Policy, 26(1): 170-177.

Marrero M, Puerto M, Cristina R C, et al. 2017. Assessing the economic impact and ecological footprint of construction and demolition waste during the urbanization of rural land. Resources Conservation and Recycling, 117: 160-174.

Moffatt I. 2000. Ecological footprints and sustainable development. Ecological Economics, 32(3): 359-362.

Niccolucci V, Tiezzi E, Pulselli F M, et al. 2012. Biocapacity vs Ecological Footprint of world regions: A geopolitical interpretation. Ecological Indicators, 16(5): 23-30.

Nicogossian A, Stabile B, Kloiber O, et al. 2017. Climate change and global health in the 21st century: Evidence and resilience. World Medical and Health Policy, 9(3): 280-282.

Odum H T. 1996. Environmental accounting: Emergy and environmental decision making. Child Development, 42(4): 1187-1201.

Odum H T. 2000. Energy evaluation of an OTEC electrical power system. Energy, 25(4): 389-393.

Peng W, Wang X, Li X, et al. 2018. Sustainability evaluation based on the emergy ecological footprint method: A case study of Qingdao, China, from 2004 to 2014. Ecological Indicators, 85: 1249-1261.

Ponomarev N N, Kuznetsov V V, Gagarinskii A Y, et al. 2002. The future of nuclear power: Energy, ecology, and safety. Atomic Energy, 93(5): 855-865.

Rees W E. 1992. Ecological footprints and appropriated carrying capacity: What urban economics leaves out. Focus, 6(2): 121-130.

Rees W E, Wackernagel M. 1996a. Our Ecological Footprint: Reducing Human Impact on the Earth. Gabriela Island: New Society Publishers.

Rees W E, Wackernagel M. 1996b. Urban ecological footprints: Why cities cannot be sustainable and why they are a key to sustainability. Environmental Impact Assessment Review, 16(4): 223-248.

Solarin S A, Bello M O. 2018. Persistence of policy shocks to an environmental degradation index: The case of ecological footprint in 128 developed and developing countries. Ecological Indicators, 89: 35-44.

Strobel C J, Buffum H W, Benyi S J, et al. 1999. Environmental monitoring and assessment program: Current status of Virginian Province (U.S.) Estuaries. Environmental Monitoring Assessment, 56(1): 1-25.

Sun F, Ye C. 2021. Modeling of the Ecological Carrying Index of reclaimed land in coastal city: A sustainable marine ecology perspective. Environmental Research, 201: 111612.

Ulucak R, Bilgili F. 2018. A reinvestigation of EKC model by ecological footprint measurement for high, middle and low income countries. Journal of Cleaner Production, 188: 144-157.

Vitousek P M. 1997. Human domination of earth's ecosystems. Science, 277: 494-499.

Wang A, Liao X, Tong Z, et al. 2022. Spatiotemporal variation of ecological carrying capacity in Dongliao River Basin, China. Ecological Indicators, 135: 108548.

Wang L, Pang Y S. 2014. A review of regional ecological security evaluation. Applied Mechanics and Materials, 178: 337-344.

Wang Z, Yang L, Yin J, et al. 2018. Assessment and prediction of environmental sustainability in China based on a modified ecological footprint model. Resources, Conservation and Recycling, 132: 301-313.

Wen G, Tao S, Gao M M. 2013. Ecological security and its prediction based on improved ecological footprint model. Environmental Science and Technology, 36(6): 172-176.

Wen L, Bai H, Jing Q, et al. 2018. Urbanization-induced ecological degradation in Midwestern China: An analysis based on an improved ecological footprint model. Resources Conservation and Recycling, 137: 113-125.

Wheatley P. 1970. The ecological transformation of China: Review. The Geographical Journal, 136(3): 424-428.

Wu X F, Yang Q, Xia X H, et al. 2015. Sustainability of a typical biogas system in China: Emergy-based ecological footprint assessment. Ecological Informatics, 26: 78-84.

Xiao J. 2011. Urban ecological security evaluation and analysis based on fuzzy mathematics.

Procedia Engineering, 15: 4451-4455.

Xie H, Yao G, Wang P. 2014. Identifying regional key eco-space to maintain ecological security using GIS. International Journal of Environmental Research and Public Health, 11(3): 2550-2568.

Yang C, Zhu Y L. 2016. Ecological deficit based on new energy-based ecological footprint model in Hunan Province. China Population Resources and Environment, 26(7): 37-45.

Yang H, Pfister S, Bhaduri A. 2013. Accounting for a scarce resource: Virtual water and water footprint in the global water system. Current Opinion in Environmental Sustainability, 5(6): 599-606.

Yang Q, Liu G, Hao Y, et al. 2018. Quantitative analysis of the dynamic changes of ecological security in the provinces of China through emergy-ecological footprint hybrid indicators. Journal of Cleaner Production, 184: 678-695.

Yang Y, Hu D. 2018. Natural capital utilization based on a three-dimensional ecological footprint model: A case study in northern Shaanxi, China. Ecological Indicators, 87: 178-188.

Yin Y, Han X, Wu S. 2017. Spatial and temporal variations in the ecological footprints in northwest China from 2005 to 2014. Sustainability, 9(4): 597.

Zhang H, Xu E. 2017. An evaluation of the ecological and environmental security on China's terrestrial ecosystems. Scientific Reports, 7(1): 1-12.

Zhao S, Lin J, Cui S. 2011. Water resource assessment based on the water footprint for Lijiang city. International Journal of Sustainable Development and World Ecology, 18(6): 492-497.

Zhao S, Li Z, Li W. 2005. A modified method of ecological footprint calculation and its application. Ecological Modelling, 185(1): 65-75.

Zhao X G, Xiao L, Ma C H, et al. 2006. Design of sustainability indicators system based on ecological footprint. Scientia Agricultura Sinica, 39(6): 1202-1207.

Zhou J, Dong X, Li G, et al. 2010. Evaluation of groundwater quality in the Xinjiang plain area. Frontiers of Environmental Science Engineering in China, 4(2): 183-186.

第 8 章

中亚地区能源消费 CO_2 排放与经济发展关系

本章导读

· CO_2 是重要的温室气体，人类在利用化石能源过程中排放了大量的 CO_2 等温室气体，产生日益严重的温室效应，对地球生态环境造成了严重影响。在经济新常态与环境问题突出的双重压力下，研究能源消费、碳排放与经济增长之间的关系对于转变经济增长方式和推进低碳绿色发展具有重要意义。

· 本章首先分析中亚地区能源消费 CO_2 排放的现状，其次对其与经济发展之间的脱钩与响应关系进行研究，再次应用 LMDI 指数分解法分析其内在的影响机制，最后选择中亚能源消费量较大的几个典型国家，应用 STIRPAT 模型对其影响机制进行定量的实证分析。

· 人类活动带来大量温室气体排放被认为是造成全球变暖的重要原因。对碳排放的影响因素进行分析是有效降低温室气体排放的关键，关系减排政策的制定和实施。

2004 年，由联合国环境规划署及世界自然基金会（WWF）共同发布的《2004年地球生态报告》中，依据生态足迹法比较了全球各国的生态足迹及承载力，随后世界自然基金会每年都会发布一次年度生态报告，对生态足迹较大的国家提出警示。生态足迹网（Global Footprint Network）2015 年公布的数据表明，全球生态足迹呈增长趋势，其中，能源消费碳排放足迹占比最大且增长速率较快。中亚地区作为能源基地，其与能源相关的碳排放使得中亚地区的气温显著高于全球平均水平（Chen et al.，2009；Hu et al.，2014）。同时，也使得中亚地区的生态足迹和生态赤字进一步加大。因此，在中亚地区减少能源消费足迹是缓解生态压力、实现生态经济可持续发展的有效手段。

早期学者多采用环境库兹涅茨曲线(EKC)假说、灰色关联度法、协整关系和协调度模型等研究能源消费与经济增长之间的关系(OECD,2005;Feng et al.,2011;Wang et al.,2012)。自 21 世纪以来,这一领域的研究主要体现在两类:一是基于环境库兹涅茨曲线理论,依据历史经验数据研究碳排放和经济增长之间的曲线特征(Oh and Yun,2014;Emmanuel,2016)。然而,由于该方法对样本选择、数据精度和测量方法较为敏感,目前对碳排放的环境库兹涅茨曲线还没有达成共识。二是基于脱钩理论来衡量经济增长速率和资源消耗速率之间的同步性。早期的脱钩指数依据环境压力与 GDP 经济增长的末尾值与初始值的比来进行判定,可以有效地识别生态环境与经济增长之间是否存在脱钩,但不能区分出不同的脱钩状态(Hunt,1994;OECD,2005)。Tapio(2005)首次建立了一个新的脱钩指数,研究欧洲 1970~2001 年碳排放与经济增长之间的关系。由于该脱钩指数克服了早期模型对样本选择及研究时段选择的敏感性,并对不同形态的脱钩有较强的识别能力,目前已在实证研究中得到广泛应用(Gao et al.,2012;Liu et al.,2014)。

Kaya(1983)首次提出碳排放因素分解的方法,该因素分解法包含两类,分别为迪氏指数(Divisia index)分解法和拉氏指数(Laspeyres index)分解法。学者们对这两种不同的因素分解方法也做了改进和修正。Sun(1998)优化了拉氏指数分解法数据残差的问题。Ang 和 Zhang(2000)提出了对数迪氏指数(logarithmic mean weight Divisia index, LMDI)分解法,该方法不仅能够将碳排放分解为多个影响因素,还能降低残差值,因而,被广泛应用在与能源相关的碳排放因素分解的研究中(Wang W W et al.,2011; Hu and Fang,2014)。例如,Lai 和 Zheng(2017)基于 LMDI 模型从能源结构、能源强度、产业结构和输出规模角度分析了中国大连工业发展对能源资源消耗所产生的碳排放的内在影响机制。Yao 等(2018)应用 LMDI 模型将中国不同省区市水资源消费量分解为强度效应、结构效应、收入效应和人口效应,研究空间尺度上省际间水资源消耗量的内在驱动机制。

LMDI 模型可以从静态角度分析能源消费的驱动因素,IPAT 模型可从动态角度分析能源消费与经济增长之间变化率的关系。IPAT 模型通过三个影响因素(人口规模、人均富裕程度和技术水平)定量评估环境压力(Wang D et al.,2011),一些学者也对该模型进行了改进。例如,York 等(2003)将该模型修正为 STIRPAT 模型,该模型考虑了人口、富裕度和技术因素对环境的影响,并消除了相同比例变化的问题。该模型在定量研究与能源相关的碳排放中应用广泛。Wang C 等(2017)应用扩展的 STIRPAT 模型,从区域角度研究中国新疆能源相关碳排放的驱动因素。Lin 等(2009)基于 STIRPAT 模型进行了实证研究,通过五个影响因素分析了中国的环境影响,结果表明,人口是环境变化最大的潜在驱动因素。由于与能源相关的碳排放是区域环境压力的关键指标,使用 STIRPAT 模型分析能源相关碳排放的影响因素能较好地反映区域环境变化，也为区域可持续发展提供决策依据。

综上所述，能源生态足迹与经济增长之间存在着紧密的联系，尤其是能源消费碳排放与经济增长之间的关系研究较多。其研究主要包含基于环境库兹涅茨曲线理论和基于脱钩理论的研究。对于能源消费碳排放与经济增长的内在驱动机制，主要是基于 Kaya 恒等式建立的拉氏指数分解模型和迪氏指数分解模型，在迪氏指数分解模型中，又以对数迪氏指数分解模型应用最为广泛。同时，也有学者从动态角度基于 IPAT 模型定量分析能源消费各影响因素的变化率，IPAT 模型最初包含三个影响因素，分别为人口规模、人均富裕程度和技术水平，学者们也根据自己的实际需要将其修正为 STIAPAT 模型，该修正的模型弥补了原始模型中同比例变化的缺陷，使得研究结果更可靠。因而，本章将应用以上方法探讨中亚地区能源消费 CO_2 排放与经济增长之间的关系和驱动机制。

8.1 中亚地区能源消费 CO_2 排放变化

8.1.1 中亚地区区域 CO_2 排放量的变化

1992～2014 年，中亚地区 CO_2 排放总量和人均 CO_2 排放量的变化率如图 8.1 所示，可将其分为两个不同的变化阶段：1992～1998 年和 1999～2014 年。

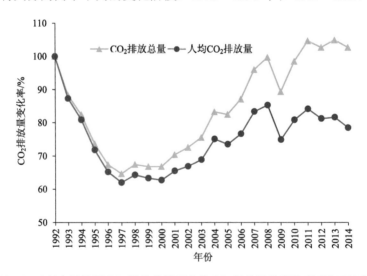

图 8.1　1992～2014 年中亚地区 CO_2 排放总量和人均 CO_2 排放量的变化率（以 1992 年为基准年）

第一阶段（1992～1998 年）：CO_2 排放总量和人均 CO_2 排放量均呈下降趋势，年均变化率分别为–6.35%和–7.09%，主要原因是 1991 年苏联解体和 1998 年亚洲金融危机的影响(Richard，2001；Mao，2014)。苏联解体后，中亚五国的工业部门缺乏先进的工业设备和生产能力，经济衰退、社会动荡不安、人口流出等问题频发，使得中亚地区能源消费量下降，因而 CO_2 排放量呈减少趋势。

第二阶段(1999~2014 年)：CO_2 排放总量和人均 CO_2 排放量均呈增长趋势，年变化率分别为 2.90% 和 1.44%。具体来看，随着市场经济的恢复，1999~2008 年 CO_2 排放总量和人均 CO_2 排放量增长迅速(Plyshevskii，2014)；受 2008 年全球金融危机的影响(Ruziev and Majidov，2013)，2008~2009 年的 CO_2 排放总量和人均 CO_2 排放量急剧下降；随着国际宏观经济和金融环境的改善，2009~2011 年 CO_2 排放总量和人均 CO_2 排放量有所增长；2012~2014 年，随着环境保护法律法规的实施，能源消费碳排放量有所控制，CO_2 排放总量和人均 CO_2 排放量呈弱下降趋势 (Nepal et al.，2017)。

总体来看，1998 年以后，随着人口的快速增长，人口增长的速率大于 CO_2 排放量的增长速率，使得人均 CO_2 排放量相对较低。中亚地区 CO_2 排放总量和人均 CO_2 排放量的变化与社会经济发展有着密切的联系。

8.1.2　中亚五国 CO_2 排放量的变化

中亚五国 CO_2 排放量变化如图 8.2 所示。可以看出，哈萨克斯坦、乌兹别克斯坦和土库曼斯坦的 CO_2 排放量较大，多年平均 CO_2 排放量分别为 189.69×10^6 t、115.38×10^6 t 和 45.54×10^6 t，位于世界前 100 个 CO_2 排放量较高的国家之内(Dorian，2006；González，2015)。哈萨克斯坦、乌兹别克斯坦和土库曼斯坦拥

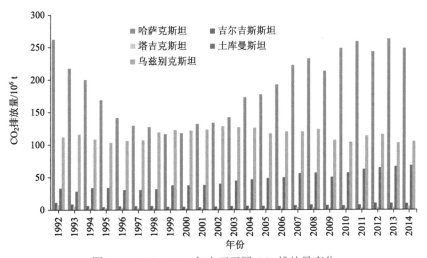

图 8.2　1992~2014 年中亚五国 CO_2 排放量变化

有丰富的煤、石油和天然气等能源资源，因而其工业发展较快(Dorian，2006)。而吉尔吉斯斯坦和塔吉克斯坦的工业基础相对薄弱，与能源相关的 CO_2 排放量较小，其以农牧业发展为主(Tang and Chen，2015)。

中亚五国人均 CO_2 排放量变化如图 8.3 所示，与中亚五国人均能源消费碳排放变化趋势一致。哈萨克斯坦、土库曼斯坦和乌兹别克斯坦的多年人均 CO_2 排放量分别为 11.95 t/cap、9.59 t/cap 和 4.52 t/cap，其中，哈萨克斯坦和土库曼斯坦的人均能源消费 CO_2 排放量约为世界平均水平的 2.54 倍和 2.04 倍(Karatayev et al.，2016)(图 8.4)。哈萨克斯坦的人均 CO_2 排放量分为两个阶段：1992～1999 年呈下降变化趋势，年变化率为–9.7%；2000～2014 年呈增长趋势，年变化率为 4.33%。土库曼斯坦的人均 CO_2 排放量呈显著的增长趋势，1992～2014 年的年变化率为 1.79%。乌兹别克斯坦的人均 CO_2 排放量呈弱下降趋势，1992～2014 年的年变化率为–1.90%。吉尔吉斯斯坦和塔吉克斯坦的人均 CO_2 排放量较小，分别为 1.31 t/cap 和 0.35 t/cap，且变化幅度较小。

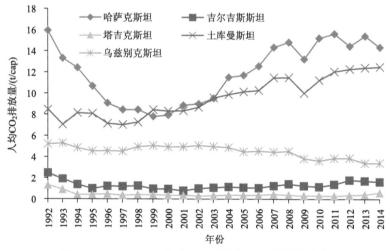

图 8.3　1992～2014 年中亚五国人均 CO_2 排放量变化

哈萨克斯坦和土库曼斯坦的人均 CO_2 排放量大，且增长趋势显著。能源消费的 CO_2 排放主要从煤炭、石油和天然气消耗中产生，因此，进一步分析煤炭、石油和天然气消费对应的 CO_2 排放量的变化(图 8.5)。

哈萨克斯坦煤炭消费量最大，对 CO_2 排放量的贡献率为 60.06%。煤炭消费的 CO_2 排放分为两个明显的阶段，1992～2000 年呈下降变化趋势，煤炭消费的人均 CO_2 排放量由 1992 年的 9.49 t/cap 减少到 2000 年的 5.03 t/cap，下降了–47.00%，年变化率为–7.63%；2001～2014 年呈增长趋势，煤炭消费的 CO_2 排放量由 2001 年的

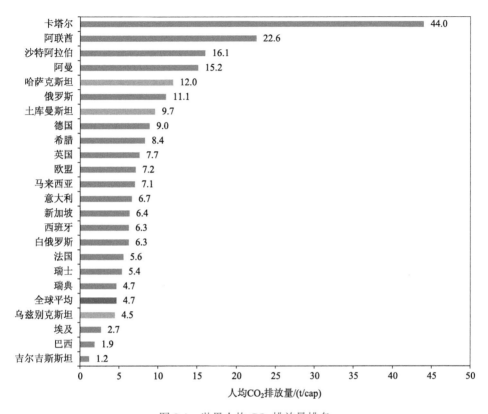

图 8.4　世界人均 CO_2 排放量排名

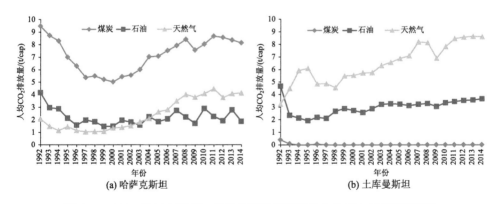

图 8.5　1992～2014 年煤炭、石油和天然气消费的人均 CO_2 排放量的变化

5.44 t/cap 增加到 2014 年的 8.14 t/cap，增加了 49.63%，年变化率为 3.15%。天然气消费对 CO_2 排放量的贡献率为 20.50%，其变化也可分为两个阶段，在 1992～1999 年无明显的变化趋势，人均 CO_2 排放量为 1.32 t/cap；2000～2014 年呈增长趋势，由 2000 年的 1.36 t/cap 增长到 2014 年的 4.12 t/cap，年变化率为 8.24%。石油消费对 CO_2 排放量的贡献率为 18.38%，其在 1992～1999 年呈下降趋势，由 1992 年的 4.18 t/cap 减少到 1999 年的 1.48 t/cap，2000 年以后变化较小，人均 CO_2 排放量为 2.10 t/cap。

土库曼斯坦天然气消费对 CO_2 排放量的贡献率最大，为 67.59%，其年际变化呈显著的增长趋势，由 1992 年的 3.24 t/cap 增长到 2014 年的 8.59 t/cap，年变化率为 4.53%。石油消费对 CO_2 排放量的贡献率为 31.10%，1992～1993 年下降最大，减少了 2.32 t/cap，1993 年之后，呈弱增长趋势，年变化率为 2.11%。煤炭消费对 CO_2 排放量贡献最小，仅为 0.21%。

总体而言，受制于能源开发利用技术水平，中亚国家的能源消费以粗放型为主。哈萨克斯坦和土库曼斯坦分别依赖煤炭和天然气消费发展其工业，且 2000 年之后，能源消费呈显著的增长趋势。能源的过度消费将加大 CO_2 排放量，进一步加大能源消费碳排放，给生态环境造成压力，抑制可持续发展。

8.2 中亚地区能源消费 CO_2 排放与经济增长的关系

8.2.1 能源消费 CO_2 排放与经济增长的关系分析法

弹性脱钩理论最早是由 Tapio（2005）提出的，常用来分析与能源相关的碳排放与经济之间的相互关系。能源消费碳排放即将与能源相关的 CO_2 排放转化为具有可加性的统一衡量单位的能源碳排放。因此，本节将采用弹性脱钩理论分析能源消费碳排放与经济增长之间关系（图 8.6）。

弹性脱钩理论依据弹性脱钩指数的不同，将研究结果分为三种状态，即脱钩、负脱钩和连接，对应三个不同的阈值，分别为 0.0、0.8 和 1.2。进一步可细分为八类不同的状态，分别为：扩张性负脱钩、强负脱钩、弱负脱钩、弱脱钩、强脱钩、衰弱性脱钩、扩张性连接、衰弱性连接（Wang Q et al.，2017）（图 8.6）。脱钩指数计算公式如下：

$$\beta = \left(\frac{\Delta C}{C_0}\right) \bigg/ \left(\frac{\Delta G}{G_0}\right) = \frac{C_t / C_0 - 1}{G_t / G_0 - 1} \tag{8.1}$$

式中，β 为反映能源消费碳排放与经济增长之间相互关系的弹性脱钩指数；ΔC 和 ΔG 分别为能源消费碳排放和 GDP 经济增长相邻年份间的变化量；C_0 和 G_0 分别为基准年(1992 年)的能源消费碳排放和 GDP;C_t 和 G_t 分别为第 t 年的能源消费碳排放和 GDP。

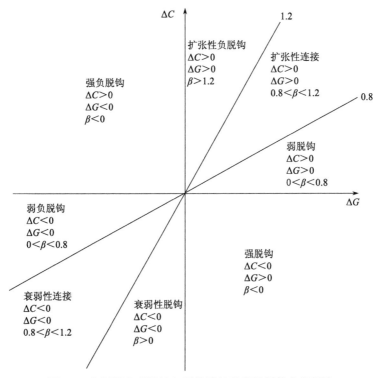

图 8.6 能源消费碳排放与经济增长的弹性脱钩分类标准

8.2.2 能源消费碳排放与经济增长之间的弹性脱钩分析

中亚地区能源消费碳排放与经济增长之间的脱钩关系如表 8.1 所示。可以看出,强脱钩主要发生在 1996 年、1997 年、2002 年、2009 年、2012 年和 2013 年。在这些年内,能源消费碳排放呈减少趋势,GDP 呈增长趋势,两者变化趋势相反,有利于低碳经济的发展。弱脱钩发生在 1999 年、2000 年、2001 年、2003 年、2005年、2006 年、2011 年和 2014 年,在这些年内,能源消费碳排放与 GDP 变化趋势相同,经济增长促使能源消费碳排放增加,同时,经济增长率高于能源消费碳排放的增长率。扩张性连接发生在 2004 年、2007 年和 2008 年,在这些年内,能源消费碳排放与 GDP 同步增长变化,能源消费碳排放的增长与 GDP 增长有密切的关系。扩张性负脱钩发生在 1998 年和 2010 年,这两年能源消费碳排放与 GDP 同步增长变化,且能源消费碳排放的变化远大于 GDP 的变化幅度。衰弱性脱钩发生在 1993 年,能源消费碳排放和 GDP 均呈下降趋势。弱负脱钩发生在 1994 年，GDP 显著下降，而能源消费碳排放几乎无变化。强负脱钩发生在 1995 年，能源消费碳排放增加而GDP 减少，是最不利于生态经济发展的状态。

表 8.1　1993～2014 年中亚地区能源消费碳排放与经济增长之间的脱钩关系

时间	ΔC	ΔG	β	状态
1993 年	−0.14	−0.08	1.87	衰弱性脱钩
1994 年	0.00	−0.11	0.02	弱负脱钩
1995 年	0.02	−0.06	−0.35	强负脱钩
1996 年	−0.07	0.01	−9.50	强脱钩
1997 年	−0.05	0.01	−5.26	强脱钩
1998 年	0.01	0.00	4.35	扩张性负脱钩
1999 年	0.03	0.03	0.99	弱脱钩
2000 年	0.02	0.06	0.36	弱脱钩
2001 年	0.04	0.09	0.39	弱脱钩
2002 年	−0.05	0.07	−0.67	强脱钩
2003 年	0.01	0.08	0.10	弱脱钩
2004 年	0.11	0.10	1.09	扩张性连接
2005 年	0.02	0.11	0.22	弱脱钩
2006 年	0.04	0.13	0.28	弱脱钩
2007 年	0.11	0.13	0.85	扩张性连接
2008 年	0.09	0.09	1.04	扩张性连接
2009 年	−0.23	0.05	−4.65	强脱钩
2010 年	0.17	0.13	1.34	扩张性负脱钩
2011 年	0.02	0.15	0.16	弱脱钩
2012 年	−0.01	0.12	−0.06	强脱钩
2013 年	−0.03	0.15	−0.17	强脱钩
2014 年	0.01	0.13	0.06	弱脱钩

整体来看，除了强脱钩的 6 年外，其余年份能源消费碳排放与 GDP 增长之间存在着紧密的联系。中亚地区能源消费仍以粗放利用为主，经济增长需要消耗更多的能源资源，进而导致能源消费碳排放的显著增加。

8.3　中亚地区能源消费碳排放的驱动因素分析

中亚地区经济增长在一定程度上促进了能源消费碳排放的增加。为进一步探讨影响能源消费碳排放增加的内在驱动因素，采用 LMDI 分解法对影响中亚地区能源消费碳排放的内在因素进行分解，并分析各影响因素的贡献率。

8.3.1　LMDI 分解法

LMDI 分解法是建立在 Kaya 恒等式的基础上进行分解的，Kaya 恒等式是由日本学者 Kaya(1990)在 IPCC 第一次研讨会上提出的，其表达式为

$$C = \sum_j C_j = \sum_j N \times \frac{G}{N} \times \frac{E}{G} \times \frac{C}{E} = \sum_j P \times A \times I \times S \tag{8.2}$$

式中，C、N、G、E 分别为能源消费碳排放、区域人口、GDP(以 2010 年不变价计)、能源消费量。Kaya 恒等式揭示了能源消费碳排放的影响因素：P 为人口增长变化对能源消费碳排放的影响，即人口效应；A 为人均 GDP 增长对能源消费碳排放的影响，即经济活动效应；I 为单位 GDP 能耗对能源消费碳排放的影响，即能源强度效应；S 为单位能源消费碳排放的社会经济影响因素进行分解，即能源结构效应。其表达式为

$$\Delta C_{\text{tot}} = C^t - C^0 = \Delta C_{\text{pop}}^t + \Delta C_{\text{act}}^t + \Delta C_{\text{int}}^t + \Delta C_{\text{str}}^t \tag{8.3}$$

$$\Delta C_{\text{pop}}^t = \sum_i w \ln \frac{P^t}{P^0} \tag{8.4}$$

$$\Delta C_{\text{act}}^t = \sum_i w \ln \frac{A^t}{A^0} \tag{8.5}$$

$$\Delta C_{\text{int}}^t = \sum_i w \ln \frac{I^t}{I^0} \tag{8.6}$$

$$\Delta C_{\text{str}}^t = \sum_i w \ln \frac{S^t}{S^0} \tag{8.7}$$

$$w = \frac{C_i^t - C_i^0}{\ln C^t - \ln C^0} \tag{8.8}$$

式中，ΔC_{tot} 为能源消费碳排放自基准年(1992 年)到第 t 年的变动量；C^t 和 C^0 为第 t 年和基准年的能源消费碳排放；ΔC_{pop}^t、ΔC_{act}^t、ΔC_{int}^t、ΔC_{str}^t 分别为由人口效应、经济活动效应、能源强度效应和能源结构效应引起的能源消费碳排放的变动量；w 为权重系数；i 为不同的年份；P^0、A^0、I^0、S^0 分别为基准年的人口效应、经济活动效应、能源强度效应、能源结构效应；P^t、A^t、I^t、S^t 分别为第 t 年的人口效应、经济活动效应、能源强度效应和能源结构效应。

8.3.2 中亚地区区域能源消费碳排放的 LMDI 分解分析

采用加法 LMDI 分解法将中亚地区能源消费碳排放分解为四个驱动因素：人口效应、经济活动效应、能源强度效应和能源结构效应，各因素对能源消费碳排放的贡献率如图 8.7 和图 8.8 所示。

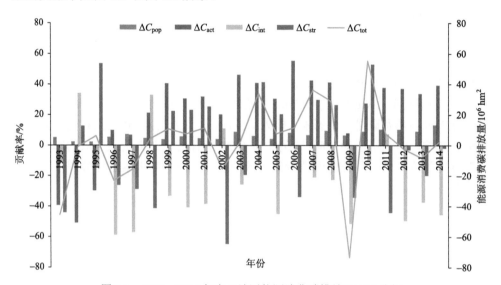

图 8.7　1992～2014 年中亚地区能源消费碳排放 LMDI 分解

线性图表示能源消费碳排放每年的变动量，柱状图表示各影响因素对能源消费碳排放的贡献率，正值表示该因素对能源消费碳排放的增加起驱动作用，负值表示该因素对能源消费碳排放的增加起抑制作用。ΔC_{pop} 为人口效应；ΔC_{act} 为经济活动效应；ΔC_{int} 为能源强度效应；ΔC_{str} 为能源结构效应；ΔC_{tot} 为能源消费碳排放的变动量

在这四个因素中，经济活动效应和人口效应是促进能源消费碳排放增加的主要因素。其中，经济活动效应对能源消费碳排放的贡献最大，约为 229.42×10^6 t，贡献率为 40.33%。同时，人口效应对能源消费碳排放的贡献约为 76.36×10^6 t，贡献率为 13.42%。能源强度效应和能源结构效应对能源消费碳排放的增加起主要的抑制作用。其中，能源强度效应对降低能源消费碳排放有更为显著的效果，约减少 -250.60×10^6 t 的能源消费碳排放，贡献率为 -44.05%。能源结构效应对能源消费碳排放的影响呈正负交错变化，整体上起抑制作用，约降低 -12.51×10^6 t 的能源消费碳排放，贡献率为 -2.20%。

从整个研究时段的变化来看，受苏联解体及亚洲金融危机的影响，中亚地区的社会经济发展缓慢，1992～2014 年中亚地区能源消费碳排放总体上增加了 42.67×10^6 t。

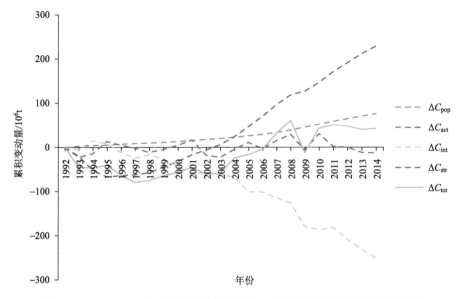

图 8.8　1992～2014 年中亚地区各驱动因素对能源消费碳排放的累积变动量

8.3.3　中亚五国能源消费碳排放的 LMDI 分解分析

基于加法 LMDI 分解法，进一步对中亚五国能源消费碳排放的影响因素进行分解，结果如表 8.2 所示。吉尔吉斯斯坦和塔吉克斯坦的能源消费碳排放较小，因此，主要分析哈萨克斯坦、土库曼斯坦和乌兹别克斯坦能源消费碳排放的影响因素变化。可以看出，人口效应和经济活动效应是中亚五国能源消费碳排放的两个驱动因素。其中，哈萨克斯坦、土库曼斯坦和乌兹别克斯坦的经济活动效应对能源消费碳排放的增加尤为突出，使各国能源消费碳排放分别增加了 76.78×10^6 t、60.15×10^6 t 和 92.79×10^6 t。虽然土库曼斯坦的能源消费总量较哈萨克斯坦和乌兹别克斯坦低，但其经济活动效应对该国能源消费碳排放的增加起到极大的推动作用，贡献率达 55.24%。其次为哈萨克斯坦，其经济活动效应对能源消费碳排放的贡献率为 43.27%。

表 8.2　中亚五国能源消费碳排放 LMDI 分解

驱动因素	各因素的贡献	哈萨克斯坦	吉尔吉斯斯坦	塔吉克斯坦	土库曼斯坦	乌兹别克斯坦
人口效应	贡献量/10⁶ t	12.20	0.99	0.82	18.15	44.20
	贡献率/%	6.88	21.89	20.44	16.67	16.06
经济活动效应	贡献量/10⁶ t	76.78	0.29	−0.58	60.15	92.79
	贡献率/%	43.27	6.33	−14.58	55.24	33.72

续表

驱动因素	各因素的贡献	哈萨克斯坦	吉尔吉斯斯坦	塔吉克斯坦	土库曼斯坦	乌兹别克斯坦
能源强度效应	贡献量/10^6 t	-85.64	-2.70	-1.73	-29.41	-131.11
	贡献率/%	-48.26	-59.67	-43.19	-27.01	-47.64
能源结构效应	贡献量/10^6 t	-2.83	-0.55	-0.87	-1.17	-7.09
	贡献率/%	-1.59	-12.11	-21.80	-1.07	-2.58
总效应	能源消费碳排放变化量/10^6 t	0.51	-1.97	-2.36	47.71	-1.21

能源强度效应是抑制能源消费碳排放增长的主要因素。其中，该因素影响下哈萨克斯坦和乌兹别克斯坦的能源消费碳排放分别减少了-85.64×10^6 t和-131.11×10^6 t，贡献率分别为-48.26%和-47.64%。能源结构效应对中亚五国能源消费碳排放变化的影响较小，整体上仍起到一定的抑制作用。

从四个影响因素的总效应来看，吉尔吉斯斯坦、塔吉克斯坦和乌兹别克斯坦的能源消费碳排放分别减少了-1.97×10^6 t、-2.36×10^6 t 和 -1.21×10^6 t，而哈萨克斯坦和土库曼斯坦的能源消费碳排放分别增加了 0.51×10^6 t 和 47.71×10^6 t。土库曼斯坦能源消费碳排放的增加量很大，主要是因为其过度地追求快速的经济发展，能源利用以粗放为主，导致其能源消费碳排放显著增加（Dong et al.，2016b）。

8.4 中亚典型地区能源消费碳排放案例实证分析

LMDI 方法可以从宏观角度分析中亚地区能源消费碳排放的驱动因素及各影响因素的贡献率。然而，当一个影响因素发生变化时，该方法不能完全描述能源消费碳排放变化量的大小（Dong et al.，2016a），也就是说，其无法描述能源消费碳排放与各驱动因素之间的变化响应。

中亚地区 LMDI 分解结果表明，土库曼斯坦的能源消费碳排放累积增量最大，是导致中亚地区生态碳排放增加的主要原因，其次为哈萨克斯坦，再次为乌兹别克斯坦。因此，本节将分别以哈萨克斯坦、土库曼斯坦和乌兹别克斯坦为例，构建修正的 STIRPAT 模型对这三个国家的能源消费碳排放与各驱动因素之间的变化响应做进一步分析，以期更好地定量分析能源消费碳排放的内在驱动机制。

8.4.1 修正的 STIRPAT 模型的构建

IPAT 模型最初是由 Holdren 和 Ehrlich（1974）提出的环境压力模型，用来衡量社会经济发展对环境的压力影响。在 IPAT 模型中，I 表示环境影响，P 表示人口规模，A 表示人均富裕程度，T 表示技术水平。可见，在 IPAT 模型中，环境压力影响主要有三个因素：人口规模、人均富裕程度和技术水平。该模型为研究环境影响因素提供了简单有效的分析方法。然而，其最大的缺陷为它的假设条件是人口规模、人均富裕程度和技术水平与环境压力的弹性变化率是一致的，即当某一影响因素增加或减少 1%时，环境压力也会产生 1%的变化。

为了弥补这一缺陷，York 等(2003)基于 IPAT 模型构建了一个随机的 STIRPAT 模型，模型方程可表示为

$$I = aP^b A^c T^d e \tag{8.9}$$

式中，I、P、A 和 T 所表示的含义与 IPAT 模型一致，分别代表环境影响、人口规模、人均富裕程度和技术水平；a 为模型的拟合系数；b、c、d 为各解释变量的系数；e 为模型构建中产生的误差项。引入各解释变量的系数 b、c、d 可以较好地弥补被解释变量 I 与各驱动因子呈比例变化的缺陷(Liu et al.，2015；Zhang and Liu，2015)。当 a=b=c=d=1 时，STIRPAT 模型计算结果与 IPAT 模型一致。

STIRPAT 模型是一种多自变量的非线性研究方法。为了消除时间序列较大的波动趋势，克服序列的方差异质性，首先需要对原始数据进行对数处理(Dong et al.，2016a)。因此，对式(8.9)进行对数变换，得到如下模型：

$$\ln I = \ln a + b \ln P + c \ln A + d \ln T + \ln e \tag{8.10}$$

同样，可以用这个方程来描述能源消费碳排放的影响机制。根据 Kaya 恒等式的因素分解，将能源消费碳排放分解为人口效应、经济活动效应、能源强度效应和能源结构效应四个影响因素。STIRPAT 模型计算中，因变量使用能源消费碳排放来代替环境影响；自变量中，用经济活动效应代替人均富裕程度，用能源强度效应代替技术水平。此外，模型中需要加入能源结构效应这个影响因素，因此，将式(8.10)改写为

$$\ln C = a + b \ln P + c \ln A + d \ln I + e \ln S + f \tag{8.11}$$

式中，C 为能源消费碳排放；P 为人口效应；A 为经济活动效应；I 为能源强度效应；S 为能源结构效应；a 为常数项；b、c、d、e 为解释变量对被解释变量的弹性系数；f 为模型误差项。当 P、A、I、S 各增加 1%时，能源消费碳排放分别相应增加 b%、c%、d%、e%。

8.4.2　哈萨克斯坦能源消费碳排放的驱动因素

哈萨克斯坦为中亚大陆性气候，北接俄罗斯，东接中国，西接里海，南接乌兹别克斯坦、土库曼斯坦、吉尔吉斯斯坦，是世界上最大的内陆国家。这个国家东西长约 3000 km，南北宽 1700 km，国土面积为 271.73 万 km²。境内大部分为

平原和低地，东部和东南部为阿尔泰山和天山。哈萨克斯坦矿产资源丰富，素有"能源和原材料基地"的美誉。哈萨克斯坦为世界第十一大油气资源国，为里海地区第三大油气资源国，油气工业为哈萨克斯坦的支柱产业。油气资源主要分布在西部的曼格什拉克半岛和里海洼地。煤炭工业是哈萨克斯坦的传统产业，在国家经济发展中占有关键位置，也是经济体系中的支柱产业之一。目前全国78%的电力和100%的焦炭化工生产依靠煤炭，市政供暖和居民生活也离不开煤炭。哈萨克斯坦烟煤的主要产区是卡拉干达煤田、埃基巴斯图兹煤田等；褐煤的主要产区是图尔盖煤田和迈库边煤田。焦煤产地在卡拉干达，产量比重占该地区煤产量的55%。哈萨克斯坦的煤层赋存条件很好，2/3 的煤炭储量埋藏深度在 600 m 以内，可露天开采。哈萨克斯坦大型的采煤企业主要集中在巴甫洛达尔州和卡拉干达州，年生产能力可达 1.46 亿 t。

LMDI 方法可以从宏观角度分析各影响因素对哈萨克斯坦能源消费 CO_2 排放的主要影响和贡献。然而，当一个影响因素发生变化时，该方法不能完全描述碳排放的变化。换句话说，它无法描述能源消耗、碳排放与驱动因素之间的变化响应。基于这一缺陷，构建了一个修正的 STIRPAT 模型来描述哈萨克斯坦 CO_2 排放与其影响因素之间变化的响应关系。

1. 平稳性检验

在建立 STIRPAT 模型之前，每个变量的平稳性必须经过单位根检验。本节采用 ADF（augmented dickey-fuller）统计量对五个变量进行单位根检验，其中，$\ln C$ 为被解释变量，$\ln P$、$\ln A$、$\ln I$、$\ln S$ 为解释变量。ADF 检验的原始假设是变量有单位根。如果 ADF 检验值小于显著性水平，则拒绝原假设，假设数据是平稳的；否则，可以接受原假设。如果原始序列显示为非平稳状态，则需要进行一阶差分处理。此外，如果一阶差分结果仍然是非平稳的，则需要进行二阶差分处理，结果如表 8.3 所示。可以看出，五个变量的二阶差值的 ADF 检验均通过 1%显著性水平检验，这说明变量没有单位根，已经达到了平稳状态。变量为同阶单整数序列，这是建立模型的前提。

表 8.3　ADF 单位根检验（哈萨克斯坦）

变量	检验类型	ADF 检验值	显著性水平			P 值	状态
			1%	5%	10%		
$\ln C$	$(c,t,0)$	−2.58	−4.47	−3.65	−3.26	0.29	非平稳
$D\ln C$	$(c,t,1)$	−4.17	−4.53	**−3.67**	**−3.28**	0.02	非平稳

变量	检验类型	ADF 检验值	显著性水平			P 值	状态
			1%	5%	10%		
$DD\ln C$	$(0,0,1)$	−8.10	**−2.70**	**−1.96**	**−1.61**	0.00	平稳
$\ln P$	$(c,0,3)$	−2.16	−3.86	−3.04	−2.66	0.23	非平稳
$D\ln P$	$(c,t,0)$	−3.09	−4.50	−3.66	−3.27	0.14	非平稳
$DD\ln P$	$(c,0,0)$	−5.42	**−3.83**	**−3.03**	**−2.66**	0.00	平稳
$\ln A$	$(c,t,4)$	−3.41	−4.62	−3.71	**−3.30**	0.08	非平稳
$D\ln A$	$(c,0,2)$	−2.83	−3.86	−3.04	**−2.66**	0.07	非平稳
$DD\ln A$	$(0.0.1)$	−4.69	**−2.70**	**−1.96**	**−1.61**	0.00	平稳
$\ln I$	$(0,0,0)$	−2.31	−2.68	**−1.96**	**−1.61**	0.02	非平稳
$D\ln I$	$(0,0,0)$	−4.09	**−2.69**	**−1.96**	**−1.61**	0.00	平稳
$DD\ln I$	$(t,0,2)$	−5.55	**−3.89**	**−3.05**	**−2.67**	0.00	平稳
$\ln S$	$(t,0,0)$	−3.48	−3.79	**−3.01**	**−2.65**	0.02	非平稳
$D\ln S$	$(0,0,1)$	−5.01	**−2.69**	**−1.96**	**−1.61**	0.00	平稳
$DD\ln S$	$(0,0,4)$	−3.92	**−2.73**	**−1.97**	**−1.61**	0.00	平稳

注：检验类型 (c, t, k) 中，c 为常数项；t 为趋势项；k 为由 AIC 准则判断的滞后阶级。加粗的数据表示 ADF 检验值小于对应的临界值，通过了显著性水平检验。

2. 多重共线性诊断

为了正确估计模型的参数，需要验证不同变量之间是否存在多个共线问题。因此，必须对每个变量进行多重共线性诊断。诊断结果见表 8.4。

表 8.4　各影响因素的多重共线性诊断(哈萨克斯坦)

变量	容忍度	方差膨胀因子(VIF)	特征值	索引指数(CI)
常量	—	—	4.984	1.000
$\ln P$	0.287	3.488	0.011	20.940
$\ln A$	0.132	7.588	0.004	35.381
$\ln I$	0.163	6.134	0.000	124.826
$\ln S$	0.928	1.077	5.998×10^{-6}	911.590

方差膨胀因子(variance inflation factor, VIF)是容差的倒数。一般来说，当解释变量的容忍度小于 0.1 或 VIF 大于 10 时，变量之间可能存在多重共线性现象。从容忍度和 VIF 的角度来看(表 8.4)，变量之间可能不存在多重共线性。而在统计中，如果特征值接近 0 或 CI 值大于 30，则说明变量之间可能存在多重共线性。

所有解释变量的特征值都接近 0，$\ln A$、$\ln I$ 和 $\ln S$ 的 CI 值都大于 30。在这种情况下，从特征值和 CI 的角度来看，解释变量与被解释变量可能存在多重共线性。因此，使用普通最小二乘法(OLS)进行无偏估计是不合适的。

3. 岭回归分析

为了克服变量间多重共线性的影响，可以采用逐步回归、主成分分析或岭回归等方法进行模型拟合来解决这一问题。本节选择岭回归来有效地解决多重共线性问题。岭回归估计是由 Hoerl 和 Kennard(1970)提出的。它是一种有偏估计方法，由最小二乘估计改进而来。各影响因素的标准化系数随 K 值的变化趋势和岭回归结果如图 8.9 和表 8.5 所示。

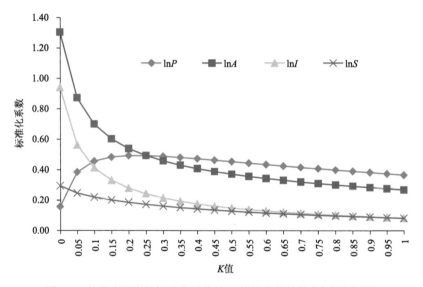

图 8.9　各影响因素的标准化系数随 K 值的变化趋势(哈萨克斯坦)

表 8.5　岭回归结果

变量	参数	标准差	标准化系数	T 检验值	P 值
$\ln P$	3.1289	0.3801	0.4934	8.2320	0.0000
$\ln A$	0.4138	0.0457	0.5403	9.0562	0.0000
$\ln I$	0.2965	0.0633	0.2793	4.6852	0.0002
$\ln S$	0.6323	0.2086	0.1862	3.0307	0.0075
常量	−22.6320	2.7889	0.0000	−8.1150	0.0000
	$R^2=0.9094$	$F=42.6392$	Sig.$F=0.0001$		

岭回归是在解释变量标准化矩阵的对角线上加上一组正态数(即岭参数 K),使逆运算相对稳定(Marquardt and Snee, 1975)。如果岭参数 K 的选择合理,岭回归的结果将大大减少在最小无偏性下的参数估计。K 值的变化范围是 0～1。由图 8.9 可以看出,当 $K=0.2$ 时,决定系数 R^2 为 0.9094,各变量回归系数的变化趋势逐渐趋于稳定。因此,当 $K=0.2$ 时,得到一个归一化岭回归方程。但是,如果要分析 CO_2 排放与各影响因子之间的弹性系数,需要进一步将归一化岭回归恢复到其对应的非标准化岭回归方程。转换结果如表 8.5 所示,可以看出所有的变量均通过了显著性水平检验。因此,基于岭回归估计的拟合参数,修正的 STIRPAT 模型可写成式(8.12):

$$\ln C = -22.63 + 3.13\ln P + 0.41\ln A + 0.30\ln I + 0.63\ln S \tag{8.12}$$

利用式(8.12)可以分析能源相关 CO_2 排放量与各影响因素的响应关系。从模型的弹性系数可以看出,人口规模对 CO_2 排放量增加的影响最大,人口增加 1%,CO_2 排放量增加 3.13%。然而,由于苏联解体,加上社会动荡和恶劣的生活条件,1992～1999 年哈萨克斯坦大量人口移民到其他国家,使得人口数量显著减少。社会经济恢复之后,人口开始以 3.62%的速度缓慢增长[图 8.10(b)],较 1992 年增加了 596180 人。因此,哈萨克斯坦人口阶段性减少抑制了 CO_2 排放的增加。

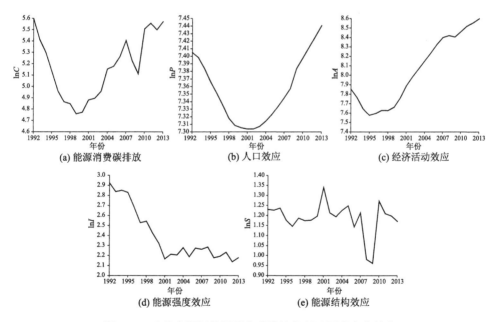

图 8.10　哈萨克斯坦能源消费碳排放各驱动因素变化趋势

经济活动弹性系数为 0.41，表明经济增长 1%，CO_2 排放增加 0.41%。总体而言，哈萨克斯坦的经济在改革之后迅速增长。1992～2013 年能源消费和能源出口的增长带动经济增长了近 110.62% [图 8.10(c)]。因此，经济增长是 CO_2 排放快速增加的主要驱动因素。

能源强度的弹性系数为 0.30，说明能源强度每增加 1%，CO_2 排放量将增加 0.30%。换句话说，能源强度的变化与 CO_2 排放量呈正相关。因此，如果能源强度减少 1%，CO_2 排放量将减少 0.30%。图 8.10(d) 表明 1992～2013 年哈萨克斯坦的能源强度呈下降趋势，2013 年的能源强度为 -9.80 tce/10^4 美元，与 1992 年相比下降了 52.6%。能源强度的变化并不稳定，1992～1999 年呈显著下降趋势(由于经济衰退)，2000～2013 年微弱下降。总体而言，能源强度是 CO_2 排放的抑制因素，但能源利用效率相对较低。

能源结构效应的弹性系数为 0.63，表明能源结构增加 1%，CO_2 排放量增加 0.63%。与能源强度变化相似，该因素在 1992～2013 年也呈波动下降趋势[图 8.10(e)]，即能源结构下降 1%，CO_2 排放量下降 0.63%。相对于能源强度而言，能源结构的调整使得 CO_2 降低比例更大，因此调整能源结构和开发新能源是哈萨克斯坦减少 CO_2 排放更有效的途径。

8.4.3 土库曼斯坦能源消费 CO_2 排放的驱动因素

土库曼斯坦拥有丰富的油气资源，其天然气储量占世界第 12 位，独立国家联合体(简称独联体)的第 2 位。上库曼斯坦的主要能源品种为天然气和石油。石油主要蕴藏在土库曼斯坦西部沿里海地区，主要油田有科图尔捷佩和巴尔萨克尔梅兹。煤炭与乌兹别克斯坦处于同一矿带，但其境内的蕴藏量不大，产量和消费量更是可以忽略不计。褐煤主要产地是图拉尔克，已探明储量约 4076 万 t，远景储量约 8 亿 t，主要煤产地是雅格曼和古吉里斯克。

用类似的方法，构建了一个修正的 STIRPAT 模型来描述土库曼斯坦 CO_2 排放与其影响因素之间变化的响应关系。

1. 平稳性检验

在建立 STIRPAT 模型之前，必须对每个变量的平稳性进行单位根检验。采用 ADF 统计量对五个变量进行单位根检验，其中，$\ln C$ 为被解释变量，$\ln P$、$\ln A$、$\ln I$、$\ln S$ 为解释变量。ADF 检验的原始假设是变量有一个单位根。如果 ADF 检验值小于显著性水平，则拒绝原假设，表明变量的序列是平稳的；否则，接受原假设，表明变量的序列是非平稳的。如果数据序列为非平稳状态，则需要对原始数据序列进行一阶差分处理，然后对一阶差分后的序列进行单位根检验。如果一阶差分后的序列仍非平稳，则需要对二阶差分序列进行单位根检验。土库曼斯坦的能源消费碳排放及各驱动因素的单位根检验结果如表 8.6 所示。可以看出，各变量的对数序列或一阶差分序列的 ADF 检验均通过了 0.05 显著性水平检验，表明均达到了稳定的状态。变量序列稳定，且为单整数序列，是构建 STIRPAT 模型的前提。

表 8.6　ADF 单位根检验（土库曼斯坦）

变量	检验类型	ADF 检验值	临界值1%	临界值5%	临界值10%	P 值	状态
$\ln C$	$(c,t,0)$	−4.40	−4.44	**−3.63**	**−3.25**	0.01	平稳
$\ln P$	$(c,t,3)$	−4.53	−4.53	**−3.67**	**−3.28**	0.01	平稳
$\ln A$	$(c,t,0)$	−2.71	−4.44	−3.63	−3.25	0.24	非平稳
$D\ln A$	$(0,0,0)$	−2.45	−2.68	**−1.96**	**−1.61**	0.02	平稳
$\ln I$	$(c,t,0)$	−2.35	−4.44	−3.63	−3.25	0.39	非平稳
$D\ln I$	$(0,0,0)$	−4.11	**−2.68**	**−1.96**	**−1.61**	0.00	平稳
$\ln S$	$(c,0,0)$	−3.75	−3.77	**−3.00**	**−2.64**	0.01	平稳

注：检验类型 $(c,\ t,\ k)$ 中，c 为常数项；t 为趋势项；k 为由 AIC 准则判断的滞后阶级。加粗的数据表示 ADF 检验值小于对应的临界值，通过了显著性检验。

2. 多重共线性诊断

为了正确估计模型的参数，需要检验不同变量之间是否存在多重共线性问题。依据 VIF 和 CI 来进行判断，诊断结果如表 8.7 所示。

表 8.7　各影响因素的多重共线性诊断（土库曼斯坦）

变量	容忍度	方差膨胀因子（VIF）	特征值	索引指数（CI）
常量	—	—	4.989	1.000
$\ln P$	0.125	8.020	0.009	23.541
$\ln A$	0.044	22.954	0.002	55.455
$\ln I$	0.103	9.751	0.000	213.822
$\ln S$	0.743	1.346	0.000	1365.609

VIF 是容忍度的倒数。一般情况下，当解释变量的容差小于 0.1 或 VIF 大于 10 时，变量之间可能存在多重共线性现象。从表 8.7 可以看出，仅有 $\ln A$ 的容差小于 0.1 或 VIF 大于 10。然而，在统计学中，如果特征值接近 0 或 CI 值大于 30，则表明变量之间可能存在多重共线性。可以看出，所有解释变量的特征值均接近 0，$\ln A$、$\ln I$ 和 $\ln S$ 的 CI 值均大于 30。因而，解释变量与被解释变量之间可能存在多重共线性，用普通最小二乘法进行无偏估计是不合适的。

3. 基于岭回归的 STIRPAT 模型驱动因素定量分析

土库曼斯坦的能源消费碳排放影响因素的岭回归结果如图 8.11 所示。当岭参数 K 选取合理时，岭回归结果将在较小的无偏性下大大减小参数估计的误差，岭参数 K 值的变化范围为 $0\sim1$。由图 8.11 可知，$K = 0.2$ 时，决定系数 R^2 为 0.9364，各变量回归系数的变化逐渐趋于稳定。因此，当 $K = 0.2$ 时，可得到对应的标准化岭回归方程。如果要分析能源消费碳排放与各影响因素之间的弹性系数，还需要将标准化岭回归系数进一步恢复到其对应的非标准化岭回归系数，转换结果如表 8.8 所示。

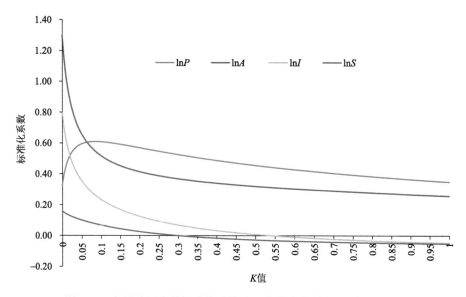

图 8.11　各影响因素的标准化系数随 K 值的变化趋势（土库曼斯坦）

表 8.8　$K = 0.2$ 时对应的岭回归标准化系数和非标准化系数（土库曼斯坦）

系数	$\ln P$	$\ln A$	$\ln I$	$\ln S$	常量
标准化系数	0.5702	0.4156	0.1255	0.0271	0
非标准化系数	1.7438	0.3189	0.1577	0.1712	−25.9549

	残差=0.1123	R^2=0.9364	P 值=0.0001	

岭回归的非标准化系数即为修正后的 STIRPAT 模型的拟合弹性系数，因此，模型可表达为

$$\ln C = -25.95 + 1.74\ln P + 0.32\ln A + 0.16\ln I + 0.17\ln S \tag{8.13}$$

从模型的弹性系数可以看出，土库曼斯坦的人口效应对能源消费碳排放的增加影响最大，若人口规模增加 1%，能源消费碳排放将增加 1.74%。图 8.12（b）中 $\ln P$ 以 0.0136 的倾向率增加，1992～2014 年人口效应增加了 2.25%，则增加了 3.92% 的能源消费碳排放。经济活动效应的弹性系数为 0.32，表明经济增长 1%，能源消费碳排放将增加 0.32%。图 8.12（c）中，$\ln A$ 呈先降后升的变化趋势，整体上以 0.0471 的倾向率增加，1992～2014 年经济活动效应增加了 10.19%，则增加了 3.26% 的能源消费碳排放。能源强度效应的弹性系数为 0.16，表明能源强度增加 1%，将增加 0.16% 的能源消费碳排放。

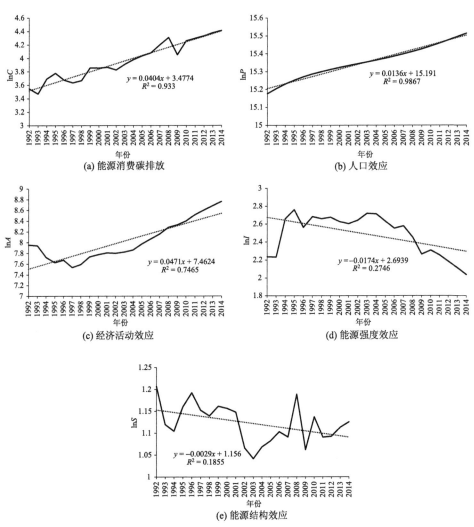

图 8.12　1992～2014 年土库曼斯坦能源消费碳排放各驱动因素变化趋势

图 8.12（d）中，$\ln I$ 呈先升后降的变化趋势，整体上以–0.0174 的倾向率下降，因而能源强度减少 1%，也将减少 0.16%的能源消费碳排放。1992～2014 年能源强度下降了 9.02%，则减少了 1.44%的能源消费碳排放。能源结构效应的弹性系数为 0.17，表明能源结构增加 1%，将增加 0.17%的能源消费碳排放。图 8.12（e）中，$\ln S$ 呈波动下降趋势，整体上以–0.0029 的倾向率下降，因而能源结构下降 1%，也将减少 0.17%的能源消费碳排放。1992～2014 年能源消费结构下降了 6.77%，则减少了 1.15%的能源消费碳排放。

8.4.4　乌兹别克斯坦能源消费 CO_2 排放的驱动因素

乌兹别克斯坦是中亚人口最多的国家，西面和北面同哈萨克斯坦接壤，南与土库曼斯坦及阿富汗毗邻，东与塔吉克斯坦及吉尔吉斯斯坦相连，乌兹别克斯坦的主要能源产品是石油、天然气，石油、天然气加工业及石油化工业的基础较好，初级能源的消耗量占世界第 34 位，天然气消耗量占第 10 位。乌兹别克斯坦作为亚洲较大的能源产品生产和消费国，在独联体国家中，其天然气开采量及储量都占第 3 位，天然气工业主要集中在加兹利和卡尔希地区，石油主要产自费尔干纳盆地和布哈拉州。此外，乌兹别克斯坦还产出少量煤炭，褐煤主要产自安格连、拜松、沙尔贡等煤田。

用类似的方法，构建了一个修正的 STIRPAT 模型来描述乌兹别克斯坦 CO_2 排放与其影响因素之间变化的响应关系。

1. 平稳性检验

在建立 STIRPAT 模型之前，必须对每个变量的平稳性进行单位根检验。采用 ADF 统计量对五个变量进行单位根检验，其中，$\ln C$ 为被解释变量，$\ln P$、$\ln A$、$\ln I$、$\ln S$ 为解释变量。ADF 检验的原始假设是变量有一个单位根。如果 ADF 检验值小于显著性水平，则拒绝原假设，表明变量的序列是平稳的。否则，接受原假设，表明变量的序列是非平稳的。如果数据序列为非平稳状态，则需要对原始数据序列进行一阶差分处理，然后对一阶差分后的序列进行单位根检验。如果一阶差分后的序列仍非平稳，则需要对二阶差分序列进行单位根检验。乌兹别克斯坦的能源消费碳排放及各驱动因素的单位根检验结果如表 8.9 所示。可以看出，各变量的对数序列或一阶差分序列的 ADF 检验均通过了 0.05 显著性水平检验，表明均达到了稳定的状态。变量序列稳定，且为单整数序列，是构建 STIRPAT 模型的前提。

表 8.9　ADF 单位根检验（乌兹别克斯坦）

变量	检验类型	ADF 检验值	临界值 1%	临界值 5%	临界值 10%	P 值	状态
$\ln C$	$(c,0,0)$	−5.55	**−3.79**	**−3.01**	**−2.65**	0.0002	平稳
$\ln P$	$(c,0,0)$	−1.95	−3.79	−3.01	−2.65	0.3067	非平稳
$D\ln P$	$(c,0,1)$	−4.48	**−3.83**	**−3.03**	**−2.66**	0.0026	平稳
$\ln A$	$(c,0,0)$	−1.31	−3.79	−3.01	−2.65	0.6068	非平稳
$D\ln A$	$(c,0,0)$	−5.35	**−3.81**	**−3.02**	**−2.65**	0.0004	平稳
$\ln I$	$(c,0,0)$	−4.33	**−3.79**	**−3.01**	**−2.65**	0.0031	平稳
$\ln S$	$(c,0,2)$	−5.33	**−3.83**	**−3.03**	**−2.66**	0.0004	平稳

注：检验类型 (c, t, k) 中，c 为常数项；t 为趋势项；k 为由 AIC 准则判断的滞后阶级。加粗的数据表示 ADF 检验值小于对应的临界值，通过了显著性检验。

2. 多重共线性诊断

为了正确估计模型的参数，需要检验不同变量之间是否存在多重共线性问题。依据 VIF 和 CI 来进行判断，诊断结果如表 8.10 所示。

表 8.10　各影响因素的多重共线性诊断（乌兹别克斯坦）

变量	容忍度	方差膨胀因子（VIF）	特征值	索引指数（CI）
常量	—	—	4.98	1.00
$\ln P$	0.12	8.49	0.02	16.77
$\ln A$	0.02	65.10	0.00	38.55
$\ln I$	0.02	57.85	0.00	616.08
$\ln S$	0.78	1.28	0.00	1484.92

VIF 是容忍度的倒数。一般情况下，当解释变量的容差小于 0.1 或 VIF 大于 10 时，变量之间可能存在多重共线性现象。从表 8.10 可以看出，所有解释变量的特征值均接近 0，$\ln A$、$\ln I$ 和 $\ln S$ 的 CI 值均大于 30。因此，解释变量与被解释变量之间可能存在多重共线性，用普通最小二乘法进行无偏估计是不合适的。

3. 基于岭回归的 STIRPAT 模型驱动因素定量分析

乌兹别克斯坦的能源消费碳排放影响因素的岭回归结果如图 8.13 所示。当岭参数 K 选取合理时，岭回归结果将在较小的无偏性下大大减小参数估计的误差，岭参数 K 值的变化范围为 0～1。由图 8.13 可知，$K = 0.2$ 时，决定系数 R^2 为 0.6084，各变量回归系数的变化逐渐趋于稳定。因此，当 $K = 0.2$ 时，可得到对应的标准化岭回归方程。

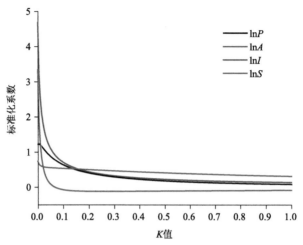

图 8.13 各影响因素的标准化系数随 K 值的变化趋势 (乌兹别克斯坦)

如果要分析能源消费碳排放与各影响因素之间的弹性系数，还需要将标准化岭回归系数进一步恢复到其对应的非标准化岭回归系数，转换结果如表8.11所示。

表 8.11　$K = 0.2$ 时对应的岭回归标准化系数和非标准化系数 (乌兹别克斯坦)

变量	$\ln P$	$\ln A$	$\ln I$	$\ln S$	常量
标准化系数	0.4051	0.1072	0.4424	0.5071	0
非标准化系数	0.3311	0.032	0.0943	0.685	−1.5407
	残差=0.063	R^2=0.6084	P 值=0.0014		

岭回归的非标准化系数即为修正后的 STIRPAT 模型的拟合弹性系数，因此，模型可表达为

$$\ln C = -1.54 + 0.33\ln P + 0.03\ln A + 0.09\ln I + 0.69\ln S \tag{8.14}$$

从模型的弹性系数可以看出，乌兹别克斯坦的能源结构调整对能源消费碳排放的增加影响最大，能源结构效应的弹性系数为 0.69，表明能源结构增加 1%，CO_2 排放量增加 0.69%。该因素在 1992~2014 年呈波动下降趋势 [图 8.14 (e)]，即能源结构效应下降 1%，CO_2 排放量下降 0.69%。1992~2014 年能源结构效应变化了 −7.22%，因而能源结构的调整使得 CO_2 降低 4.98%。调整能源结构和开发新能源是乌兹别克斯坦减少 CO_2 排放更有效的途径。

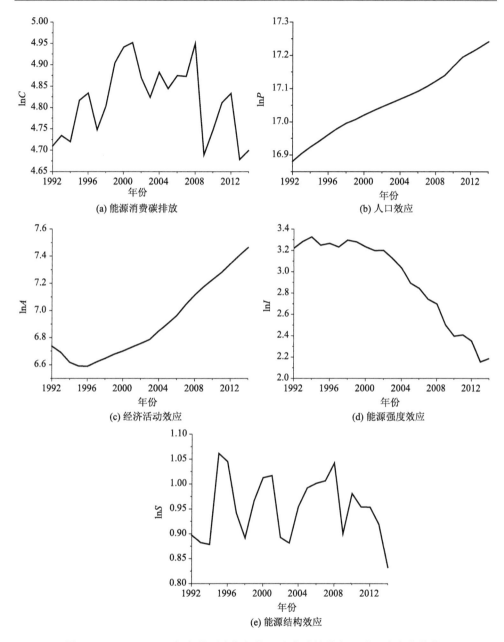

图 8.14　1992～2014 年乌兹别克斯坦能源消费碳排放各驱动因素变化趋势

　　人口规模变化对 CO_2 排放量增加的影响较大，人口增加 1%，CO_2 排放量增加 0.33%。1992～2014 年乌兹别克斯坦的人口增加了 931 万人，人口增加了

2.14%[图 8.14 (b)]，因而人口增加导致的能源 CO_2 排放增加了 0.71%。

经济活动效应的弹性系数为 0.03，表明经济增长变化 1%，CO_2 排放变化 0.03%。总体而言，乌兹别克斯坦的人均经济在 1996 年之后迅速增长，增加了 901.67 美元/人，增长率为 10.8% [图 8.14 (c)]。因此，经济增长促使 CO_2 排放增加了 0.32%。

能源强度的弹性系数为 0.09，说明能源强度每增加 1%，CO_2 排放量将增加 0.09%。换句话说，能源强度的变化与 CO_2 排放量呈正相关。因此，如果能源强度减少 1%，CO_2 排放量将减少 0.09%。图 8.14 (d) 表明 1992～2014 年乌兹别克斯坦的能源强度呈下降趋势，2014 年的能源强度较 1992 年下降了 32.11%，因而使得能源 CO_2 下降了 2.89%。能源强度是 CO_2 排放的抑制因素，但能源利用效率相对较低。

8.5　本章小结

本章分析了中亚地区能源消费 CO_2 的变化，研究了其变化现状与经济发展之间的关系，并从定性与定量两方面分析其内在的影响机制，得出以下结论。

中亚地区能源消费 CO_2 整体呈先降后升的变化趋势：1992～1998 年，CO_2 排放总量和人均 CO_2 排放量分别以–6.35%和–7.09%的年变化率下降；1999～2014 年，CO_2 排放总量和人均 CO_2 排放量分别以 2.90%和 1.44%的年变化率上升。中亚五国 CO_2 排放量中，哈萨克斯坦、乌兹别克斯坦和土库曼斯坦的 CO_2 排放量较大，多年平均 CO_2 排放量分别为 $189.69×10^6$ t、$115.38×10^6$ t 和 $45.54×10^6$ t，人均 CO_2 排放量分别为 11.95 t/cap、4.52 t/cap 和 9.59 t/cap。其中，哈萨克斯坦和土库曼斯坦的人均能源消费 CO_2 排放量约为世界平均水平的 2.54 倍和 2.04 倍。不同的是，哈萨克斯坦煤炭消费量最大，对 CO_2 排放量的贡献率为 60.06%；土库曼斯坦天然气消费最大，对 CO_2 排放量的贡献率为 67.59%。

中亚地区能源消费碳排放与经济增长之间存在紧密的联系，采用弹性脱钩法，分析各年份能源消费碳排放与 GDP 增长之间的脱钩关系。除了强脱钩的 6 年外 (1996 年、1997 年、2002 年、2009 年、2012 年和 2013 年)，其余年份能源消费碳排放与 GDP 增长之前存在着紧密的联系。中亚地区经济增长促进更多的能源消费，且能源消费以粗放利用为主，导致能源消费碳排放增加。

采用 LMDI 分解法对中亚地区能源消费碳排放的驱动因素进行分析，将能源消费碳排放分解为四个影响因素，分别为人口效应、经济活动效应、能源强度效应和能源结构效应。得出经济活动效应和人口效应是促进能源消费碳排放增加的主要因素，贡献率分别为 40.33% 和 13.42%；能源强度效应和能源结构效应是抑制能源消费碳排放增加的主要因素，贡献率分别为 -44.05% 和 -2.20%。中亚五国的影响因素贡献中，虽然土库曼斯坦的能源消费总量较哈萨克斯坦和乌兹别克斯坦低，但其经济活动效应对该国能源消费碳排放的贡献最大，贡献率达 55.24%，使得该国能源消费碳排放增加最多，增加了 $47.71×10^6$ t，远高于中亚其他国家。

　　以哈萨克斯坦、土库曼斯坦和乌兹别克斯坦为例，采用 STIRPAT 模型对能源消费碳排放的驱动因素做进一步定量分析。得出，哈萨克斯坦的人口规模、经济活动、能源强度和能源结构每变化 1%，能源相关的 CO_2 排放量随之分别变化 3.13%、0.41%、0.30% 和 0.63%；土库曼斯坦的人口规模、经济活动、能源强度和能源结构每变化 1%，能源相关的 CO_2 排放量随之分别变化 1.74%、0.32%、0.16% 和 0.17%；乌兹别克斯坦的人口规模、经济活动、能源强度和能源结构每变化 1%，能源相关的 CO_2 排放量随之分别变化 0.33%、0.03%、0.09% 和 0.69%。

参 考 文 献

Ang B W. 2005. The LMDI approach to decomposition analysis: A practical guide. Energy Policy, 33(7): 867-871.

Ang B W, Zhang F Q. 2000. A survey of index decomposition analysis in energy and environmental studies. Energy, 25(12): 1149-1176.

Chen F, Wang J, Jin L, et al. 2009. Rapid warming in mid-latitude central Asia for the past 100 years. Frontiers of Earth Science, 3(1): 42-50.

Dong J, Deng C, Li R, et al. 2016a. Moving low-carbon transportation in Xinjiang: Evidence from STIRPAT and rigid regression models. Sustainability, 9(24): 1-15.

Dong J, Deng C, Wang X, et al. 2016b. Multilevel index decomposition of energy-related carbon emissions and their decoupling from economic growth in Northwest China. Energies, 9(9): 680-689.

Dorian J P. 2006. Central Asia: A major emerging energy player in the 21st century. Energy Policy, 34(5): 544-555.

Emmanuel A O. 2016. Competition policies and environmental quality: Empirical analysis of the electricity sector in OECD countries. Energy Policy, 95: 212-223.

Feng J, Xu Q, Feng X J, et al. 2011. Influencing factors of energy consumption for rail transport based on Grey Relational Degree. Journal of Transportation Systems Engineering and Information Technology, 11(1): 142-146.

Gao J, Wang J, Zhao J. 2012. Decoupling of transportation energy consumption from transportation industry growth in China. Procedia-Social and Behavioral Sciences, 43(4): 33-42.

González P F. 2015. Exploring energy efficiency in several European countries. An attribution analysis of the Divisia structural change index. Applied Energy, 137: 364-374.

Hoerl A E, Kennard R W. 1970. Ridge regression: Application to nonorthogonal problems. Technometrics, 12(1): 69-82.

Holdren J P, Ehrlich P R. 1974. Human population and the global environment. The Population Debate Dimensions and Perspectives, 62(3): 282-293.

Hu B T, Fang C. 2014. An empirical research on economic growth and energy consumption of WanJiang City Belt: Based on Tapio model and LMDI method. Journal of Tongling University, 3: 25-37.

Hu Z, Zhang C, Hu Q, et al. 2014. Temperature changes in Central Asia from 1979 to 2011 based on multiple datasets. Journal of Climate, 27(3): 1143-1167.

Hunt A. 1994. An explanation for the observed correlation between the decoupling index and the K-W-W stretching parameter. Journal of Non-Crystalline Solids, 168(3): 250-264.

Karatayev M, Hall S, Kalyuzhnova Y, et al. 2016. Renewable energy technology uptake in Kazakhstan: Policy drivers and barriers in a transitional economy. Renewable and Sustainable Energy Reviews, 66: 120-136.

Kaya Y. 1983. Transportation and energy in Japan. Energy, 8(1): 15-27.

Kaya Y. 1990. Impact of Carbon Dioxide Emission Control on GNP Growth: Interpretation of Proposed Scenarios. Paris: IPCC Energy and Industry Subgroup, Response Strategies Working Group.

Lai B, Zheng H. 2017. Study on influencing factors of carbon emissions for industrial energy consumption in Dalian based on LMDI model. IOP Conference Series Earth and Environmental Science, 64(1): 012043.

Lin S, Zhao D, Marinova D. 2009. Analysis of the environmental impact of China based on STIRPAT model. Environmental Impact Assessment Review, 29(6): 341-347.

Liu A, Zeng H, Zhou Q, et al. 2014. Empirical study of decoupling relationship between carbon emissions and export trade of China based on Tapio and LMDI. Forum on Science and Technology in China, 10: 85-91.

Liu Y, Yang Z, Wu W. 2015. Assessing the impact of population, income and technology on energy consumption and industrial pollutant emissions in China. Applied Energy, 155(155): 904-917.

Mao Z. 2014. Cosmopolitanism and global risk: News framing of the Asian financial crisis and the European debt crisis. International Journal of Communication, 8(1): 1029-1048.

Marquardt D W, Snee R D. 1975. Ridge Regression in practice. American Statistician, 29(1): 3-20.

Moutinho V, Moreira A C, Silva P M. 2015. The driving forces of change in energy-related CO_2 emissions in Eastern, Western, Northern and Southern Europe: The LMDI approach to decomposition analysis. Renewable and Sustainable Energy Reviews, 50: 1485-1499.

Nepal R, Tisdell C, Jamasb T. 2017. Economic reforms and carbon dioxide emissions in European and Central Asian transition economies. Economics Ecology and Environment Working Papers,

203: 121-130.

OECD. 2005. Decoupling: A conceptual overview. OECD Papers, 5(11): 37.

Oh J, Yun C. 2014. Environmental Kuznets curve revisited with special reference to Eastern Europe and Central Asia. International Area Studies Review, 17(4): 359-374.

Plyshevskii B. 2014. Reforming the economies of the CIS: Kyrgyzstan and Tajikistan. Problems of Economic Transition, 37(10): 24-42.

Richard H. 2001. Regional population change in Kazakhstan during the 1990s and the impact of nationality population patterns: Results from the recent census of Kazakhstan. Post-Soviet Geography and Economics, 42(8): 571-614.

Ruziev K, Majidov T. 2013. Differing effects of the global financial crisis on the Central Asian countries: Kazakhstan, the Kyrgyz Republic and Uzbekistan. Europe-asia Studies, 65(4): 682-716.

Sun J W. 1998. Changes in energy consumption and energy intensity: A complete decomposition model. Energy Economics, 20(1): 85-100.

Tang H, Chen D. 2015. Development features and temporal-spatial evolution of economy in Central Asia in the past 20 years. Journal of University of Chinese Academy of Sciences, 32(2): 214-220.

Tapio P. 2005. Towards a theory of decoupling: Degrees of decoupling in the EU and the case of road traffic in Finland between 1970 and 2001. Transport Policy, 12(2): 137-151.

Wang C, Wang F, Zhang X, et al. 2017. Examining the driving factors of energy related carbon emissions using the extended STIRPAT model based on IPAT identity in Xinjiang. Renewable and Sustainable Energy Reviews, 67: 51-61.

Wang D, Nie R, Shi H Y. 2011. Scenario analysis of China's primary energy demand and CO_2 emissions based on IPAT model. Energy Procedia, 5: 365-369.

Wang Q, Peng Z, Zhou D. 2012. Efficiency measurement with carbon dioxide emissions: The case of China. Applied Energy, 90(1): 161-166.

Wang Q, Jiang X T, Li R. 2017. Comparative decoupling analysis of energy-related carbon emission from electric output of electricity sector in Shandong province, China. Energy, 127: 78-88.

Wang W W, Zhang M, Zhou M. 2011. Using LMDI method to analyze transport sector CO_2 emissions in China. Energy, 36(10): 5909-5915.

Yao L, Zhang H, Zhang C, et al. 2018. Driving effects of spatial differences of water consumption based on LMDI model construction and data description. Cluster Computing, 22: 6315-6344.

York R, Rosa E A, Dietz T. 2003. STIRPAT, IPAT and ImPACT: Analytic tools for unpacking the driving forces of environmental impacts. Ecological Economics, 46(3): 351-365.

Zhang C, Liu C. 2015. The impact of ICT industry on CO_2 emissions: A regional analysis in China. Renewable and Sustainable Energy Reviews, 44(44): 12-19.

Zhang W, Li K, Zhou D, et al. 2016. Decomposition of intensity of energy-related CO_2 emission in Chinese provinces using the LMDI method. Energy Policy, 92: 369-381.

中亚地区的水-能源-粮食-生态系统评估与可持续发展

本章导读

• 水、能源和粮食是实现区域社会经济可持续发展的重要资源，而生态安全又是三者的前提保障。人口快速增长、饮食结构改变、生态环境恶化以及气候变化等原因导致了日益增长的需求与有限资源供给之间的矛盾。应对这一系列挑战，迫切需要将四者作为一个整体来综合分析水-能源-粮食-生态系统的纽带关系。

• 本章在分析中亚地区水、能源、粮食和生态系统压力状况的基础上，重点揭示了中亚五国子系统间的纽带关系以及各子系统压力的传递机制。同时，为实现中亚地区可持续发展提供了协调机制框架。

• 本章是对中亚五国目前整个系统状况如何以及纽带之间存在怎样的关系这一科学问题的回答。此外，提出的可持续发展理论框架为促进"一带一路"建设以及推动我国西北地区经济社会的发展提供了新的契机。

9.1 中亚地区水-能源-粮食-生态系统综合评估

水、能源和粮食是实现社会经济可持续发展的基本要素(Dubois et al., 2014; Karabulut et al., 2016)，但人口增长、饮食结构改变和气候变化等原因引发了需求不断增加与资源供给有限的矛盾(de Fraiture and Wichelns, 2010; Clay, 2011; Schewe et al., 2014)。不仅如此，随着需求的增加，水、能源和粮食三个部门之间对资源的竞争日益激烈。此外，淡水资源匮乏、化石能源枯竭、生态环境恶化等一系列挑战正威胁着粮食、能源和水的安全(Li, 2010; Höök and Tang, 2013; Lemm et al., 2021)。

粮食、能源和水部门之间存在着内在的联系(Zhang et al., 2019)。在一个部门(粮食、能源或水)实施的解决方案可能会对其他部门产生意想不到的后果(Eftelioglu et al., 2017)。因此，出现了粮食-能源-水(FEW)纽带的概念，用来描述和解决这三个部门的复杂性和相互关联性。然而，水、粮食、能源和生态系统之间的相互作用在以往研究中很少受到关注。换句话说，生态系统仍然没有融入FEW 的纽带关系中。生态安全作为可持续发展目标之一(SDG15)，在实现粮食、能源和水安全方面发挥着重要作用。因此，有必要将四个子系统作为一个整体来分析水-能源-粮食-生态(WEFE)系统状况。

9.1.1　中亚地区水、能源、粮食和生态系统压力状况

为了对中亚五国水、能源、粮食和生态系统压力状况有更好的理解，构建了四个压力指标：粮食压力(FSI)、能源压力(EESI)、水压力(WSI)和生态压力(ESI)。这四个指标的时间范围为 1992～2014 年，其压力等级划分标准参照了以往的研究和一些国际组织的分类结果(赵先贵等，2006; Karan and Asadi, 2018; FAO, 2020)。将这四个压力指标(FSI、EESI、WSI 和 ESI)分为五个等级(表 9.1)。

表 9.1　中亚五国 WEFE 系统压力指标的构建及压力等级分类

压力指标	描述	类型	压力等级				
			无压力	低压力	中等压力	高压力	极端压力
ESI	生态足迹与生态承载力比值/%	—	[0, 0.8]	(0.8, 1.0]	(1.0, 1.5]	(1.5, 2.0]	>2
EESI	能源消耗与能源生产比值/%	—	[0, 45]	(45, 78]	(78, 108]	(108, 150]	>150
FSI	饥饿指数/%[①]	—	[0, 5]	(5, 10]	(10, 20]	(20, 30]	>30
WSI	TFWW/(TRWR−EFR)/%[②]	—	[0, 25]	(25, 50]	(50, 75]	(75, 100]	>100

①饥饿指数由四个部分组成：营养不足、儿童消瘦、儿童发育迟缓和儿童死亡率。
②水压力指数由三部分组成：可再生淡水资源总量(TFWW)、淡水取水总量(TRWR)和环境流量需求(EFR)。

资源脆弱性指数被定义为总资源消耗量与可用资源的比值(Raskin et al., 1997；Pedro-Monzonís et al., 2015)，其可以间接地反映该部门的压力状况。借鉴该计算方法，本节计算了 1992～2014 年中亚五国四个部门的压力指数(图 9.1)，并按压力大小程度进行分类(表 9.1)。1992～2014 年，中亚五国的粮食、能源和水压力的变化趋势并不明显，而生态压力有显著的变化趋势(图 9.1)。1992～2014年，除土库曼斯坦外，其余四国的 WSI 均呈小幅下降趋势[图 9.1(a)]。在这五个国家中，只有塔吉克斯坦的 FSI 和 EESI 呈上升趋势[图 9.1(b)和(c)]。中亚五国的 FSI 在 2006 年出现了一个显著的转折点，呈现先上升后下降的趋势[图 9.1(b)]。而塔吉克斯坦、哈萨克斯坦和吉尔吉斯斯坦的 ESI 在 2000 年左右呈现明显的相反

趋势，即先下降后上升[图 9.1(d)]。乌兹别克斯坦和土库曼斯坦的 ESI 分别呈下降和上升的趋势，且 2000 年后变化速度加快。

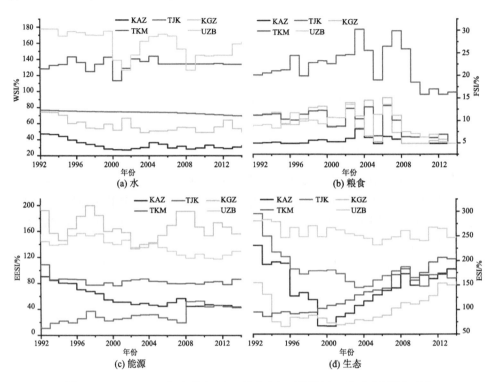

图 9.1 1992~2014 年中亚水(a)、粮食(b)、能源(c)、生态(d)压力变化

如图 9.2 所示，中亚五国的水、能源、粮食和生态压力的强度和等级存在很大的差异。1992~2014 年，乌兹别克斯坦(WSI：平均值 159.2%)和土库曼斯坦(WSI：平均值 134.1%)的水压力高于其他三个国家[图 9.2(a)]；且处于极端压力状态下[图 9.2(b)]。塔吉克斯坦的粮食压力突出，FSI 为 22.4%[图 9.2(a)]，压力等级处于高压力状态[图 9.2(b)]。在能源压力方面，吉尔吉斯斯坦压力值最大，为 167.2%，其次是乌兹别克斯坦，压力值为 136.2%[图 9.2(a)]，分别对应极端压力和高压力等级[图 9.2(b)]。此外，乌兹别克斯坦的生态压力值为 254.4%，是中亚五国中生态压力最大的国家，处于极端压力状态，其次是塔吉克斯坦，处于高压力状态[图 9.2(a)和(b)]。整体来说，中亚水和生态系统的压力比能源和粮食系统的压力更为突出[图 9.2(c)]。

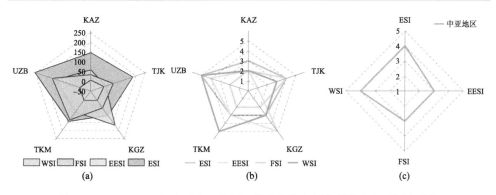

图 9.2　1992～2014 年中亚水、能源、粮食和生态压力强度和相对压力等级

(a) 中亚五国四个系统压力指数（%）；(b) 中亚五国四个系统压力等级（1～ 5 级）；(c) 中亚地区各系统压力等级。1～5 分别表示无压力、低压力、中等压力、高压力和极端压力

9.1.2　中亚地区水−能源−粮食−生态系统综合压力指标的构建

以往研究表明，水、能源、粮食和生态四个子系统的压力状况对 WEFE 整个系统压力的贡献是相同的（Karatayev et al., 2017; Karan and Asadi, 2018）。然而，许多研究间接表明，WSI 在中亚 WEFE 系统压力评估中可能占有更大的权重（Karatayev et al., 2017; Duan et al., 2019）。因此，利用粒子群优化算法，建立了投影寻踪模型来构建 WEFE 系统综合压力评估指标。

粒子群优化算法投影寻踪（PSO-PPE）模型是一种新兴的数学方法，其原理是通过寻找评估指标体系的最佳投影方向，将高维非线性问题转化为一维问题（Friedman, 1987; Shi and Eberhart, 1998）。该模型已应用于水安全、生态安全和粮食安全的评估中（Gao et al., 2012; Wang et al., 2020; Wang et al., 2012）。模型的构建分为以下三个步骤。

1. 压力指标归一化

为消除各评估指标值的量纲和将评估指标值的变化范围进行统一，需要对各正向与负向指标进行归一化处理。

正向指标：

$$x = \frac{x_i - x_{\min}}{x_{\max} - x_{\min}} \tag{9.1}$$

负向指标：

$$x = \frac{x_{\max} - x_i}{x_{\max} - x_{\min}} \tag{9.2}$$

式中，x 为压力指标的归一化序列；x_i 为第 i 个压力指标值；x_{min} 和 x_{max} 分别为第 i 个压力指标的最小值和最大值（Fu et al., 2002）。

2. 构造投影指标函数 $Q(a)$

投影寻踪模型将 m 维数据 $\{x(i, j)\mid j=1,2,\cdots, m\}$ 集成到一维投影值中。设 a 为 m 维的单位投影方向向量，其分量设为 a_1，a_2，$\cdots$，a_m。因此，一维投影特征值 z_i 为

$$z_i = \sum_{j=1}^{m} a_j x_{ij} \, (i=1,2,\cdots,n) \tag{9.3}$$

在综合投影指标值时，要求 z_i 在一维空间散布的类间距离 $S(z)$ 和类内密度 $D(z)$ 同时取得最大值，构造目标函数 $Q(a)$ 的表达式为

$$Q(a) = S(z)D(z)$$
$$S(z) = \sqrt{\sum_{i-1}^{n}(z_i - z_0)\big/(n-1)} \tag{9.4}$$
$$D(z) = \sum_{i=1}^{n}\sum_{k=1}^{n}[R - r(i,j)]\cdot u[R - r(i,j)]$$

式中，z_0 为投影特征值 z_i 的均值；$S(z)$ 越大，样本散布越开；R 为局部密度的窗口半径，一般可取值为 $0.1S(z)$；$r(i,j)$ 为样本间的距离；$u(t)$ 为单位阶跃函数；$t=R-r(i,j)$，若 $t \geqslant 0$，则 $u(t)=1$；$t<0$，$u(t)=0$。

3. 粒子群优化投影指标函数

投影指标函数仅在指标值固定后随着投影方向的变化而变化。最佳投影方向可以反映高维数据结构的所有特征。这可以通过解决投影指标函数的最大化问题来获得。

最大目标函数：

$$Q(a) = S(z)D(z) \tag{9.5}$$

约束条件：

$$\sum_{j=1}^{p} a_j{}^2 = 1, -1 \leqslant a_j \leqslant 1 \tag{9.6}$$

作为模拟鸟类觅食行为而开发的一种基于群体合作的随机搜索算法，粒子群优化算法可以有效解决优化问题（Liu et al., 2018）。图 9.3 显示了投影指标函数的优化过程。模型收敛得越快，结果就越准确。

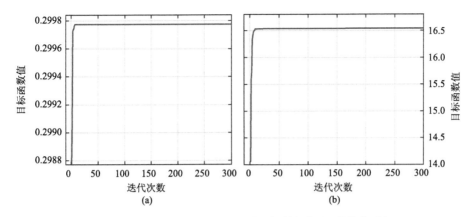

图 9.3　分类标准数据集(a)和评估指标数据集(b)的优化过程

如图 9.3(a)所示，分类标准数据的最优目标函数值为 0.2997，且经过大约 9 次迭代，优化过程趋于稳定。目标函数的最佳投影方向为 $a^* = $ (0.4826, 0.4943, 0.5131, 0.5095)。将 a^* 代入式(9.3)得到最佳投影值 $z^* = $ (1.999, 1.446, 1.076, 0.558, 0)。因此，根据边界点的最佳投影值，WEFE 压力等级可分为：Ⅰ (1.999~1.446)、Ⅱ (1.446~1.076)、Ⅲ (1.076~0.558)、Ⅳ (0.558~0) 和 Ⅴ (<0) 五个等级。投影值越高，WEFE 系统压力越低。

评估指标数据集的目标函数值大约迭代 21 次后趋于稳定[图 9.3(b)]，模型表现出快速收敛的效果。最佳目标函数值为 16.54，目标函数的最佳投影方向为 $a^* = $ (0.0166, 0.2246, 0.0083, 0.9743)。因此，得到了每个国家 1992~2014 年水-能源-粮食-生态系统综合压力指标值——WEFE 压力指标。最佳投影方向显示，水压力在 WEFE 系统压力中的权重最大。

9.1.3　中亚地区水-能源-粮食-生态系统压力综合评估

鉴于上述的分析，对中亚五国 WEFE 子系统的压力状况有了很好的了解，分析结果突显了各国子系统的薄弱环节和需要努力的地方。然而，综合压力指数更有助于衡量各国 WEFE 系统的可持续发展能力。根据该指数，分析了各国 1992~2014 年综合压力变化情况及综合压力等级排序，如图 9.4 所示。

图 9.4 显示了各国 WEFE 系统压力水平的巨大差异。1992~2014 年，哈萨克斯坦、吉尔吉斯斯坦和乌兹别克斯坦的 WEFE 系统压力水平呈明显的上升趋势，其中，乌兹别克斯坦增长最快，斜率为 0.0101。而塔吉克斯坦的 WEFE 系统压力水平保持相对稳定的变化趋势，土库曼斯坦则呈下降趋势，但趋势不明显。尽管在 1992~2014 年中亚五国 WEFE 系统压力有所下降，但大部分国家(除哈萨克斯

坦以外)的压力仍处于较低水平(压力水平值低于 1.076)。五个国家中,只有哈萨克斯坦的 WEFE 压力等级水平处于较高水平(II 级),压力最小。此外,塔吉克斯坦和吉尔吉斯斯坦的 WEFE 压力等级水平均处于中等水平(III 级),两国 WEFE 系统压力等级无显著差异。虽然土库曼斯坦的 WEFE 压力水平值是乌兹别克斯坦的 2 倍,但 WEFE 压力等级水平都处于最低水平(IV 级)。由 WEFE 系统压力等级的排序结果可以发现,水压力在整个系统压力中起到了非常关键的作用。

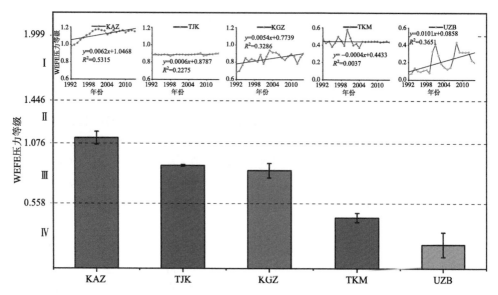

图 9.4 1992~2014 年中亚五国水-能源-粮食-生态系统压力等级(WEFE)变化

顶部的点线图代表 1992~2014 年 WEFE 系统压力水平的时间变化趋势;底部的柱状图表示压力水平的平均值。压力水平值越高,WEFE 系统压力越低

9.2 中亚地区水-能源-粮食-生态系统纽带关系

9.2.1 中亚地区水、能源、粮食和生态系统之间的联系

中亚地表水资源分布极不均衡。在咸海流域,上游的塔吉克斯坦和吉尔吉斯斯坦地表水资源分别占整个流域的 43.4%和 25.1%,但实际用水量不到水资源总量的 10%;下游的哈萨克斯坦、土库曼斯坦和乌兹别克斯坦地表水资源约占整个地区的 30%,但用水需求达到水资源总量的 85%(Libert et al., 2008)。哈萨克斯坦、土库曼斯坦和乌兹别克斯坦盛产石油、天然气和煤炭,而吉尔吉斯斯坦和塔吉克斯坦主要依靠水力发电。苏联解体前,虽然各国经济结构单一,但在苏联政

府统一配置下,可以实现资源优势互补。例如,在苏联时期,下游国家(哈萨克斯坦、土库曼斯坦和乌兹别克斯坦)为上游国家提供能源(石油和天然气)以供冬季发电,而上游国家(吉尔吉斯斯坦和塔吉克斯坦)在夏季为下游国家提供灌溉用水(Rakhmatullaev et al., 2017)。乌兹别克斯坦和塔吉克斯坦为其他国家提供蔬菜和棉花,吉尔吉斯斯坦提供畜产品,哈萨克斯坦提供粮食(赵常庆,2014)。苏联解体后,由于没有统一的政府管理,不同国家之间的资源流通变得非常困难。粮食-能源-水系统已经从高度耦合转变为中亚国家部门之间的竞争和冲突(Meyer et al., 2019)。例如,为了满足冬季用电需求,上游国家需要向下游国家支付石油和天然气的费用,而下游国家拒绝为水资源支付费用。因此,上游国家开始重建大坝,如罗贡大坝(在塔吉克斯坦)和 Kerbarata 1 号大坝(在吉尔吉斯斯坦),以增加其发电量。然而,这些措施直接导致乌兹别克斯坦作物严重减产以及冬季的洪水泛滥,该损失折合人民币约 7 亿美元(Pimente et al., 2016),导致上下游国家在水资源问题上的分歧更加突出。

尽管已经有研究表明水、能源和粮食系统之间存在相互依赖和相互作用的关系(Cai et al., 2018; D'Odorico et al., 2018),但目前对中亚各个部门压力之间存在怎样的联系还知之甚少。本研究增加了对部门之间纽带关系的理解(图 9.5)。研究结果表明,部门压力之间存在很强的相关性($|R|>0.6$,$P<0.05$)。国家部门压力之间的联系主要与 ESI、EESI 和 WSI 有关。在塔吉克斯坦,WEFE_SI 和 ESI 之间存在非常强的正相关关系($R>0.8$,$P<0.05$)。在哈萨克斯坦,WSI、WEFE_SI 和 EESI 之间存在非常强的正相关关系($R>0.8$,$P<0.05$),这表明 WEFE_SI 和 WSI 随着 EESI 的增加而增加。在哈萨克斯坦、土库曼斯坦和乌兹别克斯坦,WEFE_SI 和 WSI 之间存在非常强的正相关性($R>0.98$,$P<0.05$),这表明 WSI 在 WEFE 系统中发挥着关键作用。ESI 与 FSI(或 EESI)之间的强负相关关系($R<-0.6$,$P<0.05$)表明粮食和能源生产的增加在一定程度上是以牺牲生态环境为代价的,这可能是耕地的扩大和能源生产的增加导致的。同样,WSI 和 EESI 之间的强负相关性($R<-0.8$,$P<0.05$)表明能源生产消耗了大量的水资源,导致水压力升高。

9.2.2　虚拟水和粮食贸易在中亚水-能源-粮食-生态系统中的纽带作用

图 9.5 表明,中亚国家之间的粮食、能源、水和生态系统存在密切联系。负相关性主要与生态压力和能源压力有关。乌兹别克斯坦的 EESI 和土库曼斯坦的 ESI($R=-0.87$,$P<0.05$)以及塔吉克斯坦的 WSI 和土库曼斯坦的 ESI($R=-0.96$,$P<0.05$)存在非常强的负相关性。正相关性主要与生态压力和粮食压力有关。土库曼斯坦和吉尔吉斯斯坦以及乌兹别克斯坦和塔吉克斯坦之间的 FSI 存在很强的正相关关系($R>0.9$,$P<0.05$),这表明国家之间存在粮食贸易。中亚五国 WEFE

系统之间密切而复杂的关系表明，各国应在利益之间进行权衡和协同，以实现 WEFE 系统的可持续发展。

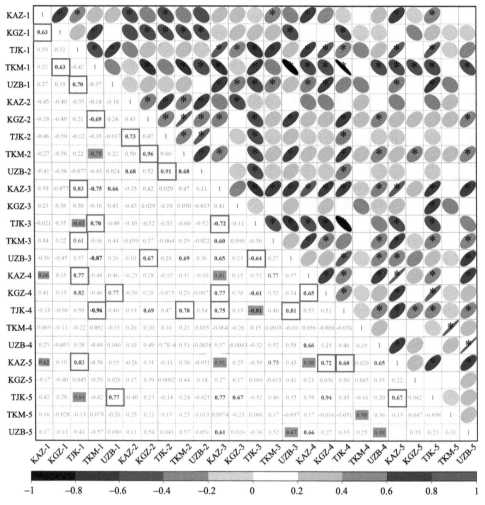

图 9.5　中亚五国水、能源、粮食、生态系统和 WEFE 系统压力的关系

数字 1～5 代表 ESI、FSI、EESI、WSI 和 WEFE 压力。背景为灰色数字代表国家内部五种压力之间的关系；*$P \leqslant 0.05$

　　如图 9.5 所示，中亚粮食、能源、水和生态系统之间存在着复杂的联系。一个部门的变化可能会对其他部门产生影响，这表明压力在部门或国家之间传递。在国家内部，压力的传递主要体现为系统结构的不合理性。例如，在乌兹别克斯坦，农业灌溉消耗了约 90% 的水资源和大量电力，占农业能源使用总量的 59.4%（表 9.2 和表

9.3），这无疑增加了水和能源系统的压力。然而，国家之间压力的传递主要体现在不同部门之间对资源的竞争以及资源的进出口贸易(尤其是粮食的进出口贸易)两个方面。在咸海流域，上游国(塔吉克斯坦)水力发电和下游国(乌兹别克斯坦)农业灌溉用水之间的竞争早已加剧。虚拟水贸易也增加了出口国的水压力。

表9.2 中亚五国农业灌溉效率

国家	可用的淡水资源 /(km³/a)	IWR[①]/(km³/a)	WR[②]比例/%	IWW[③]/(km³/a)	灌溉所产生的水资源 压力/%
哈萨克斯坦	109.6	6.448	46	14.002	12.78
吉尔吉斯斯坦	48.95	2.918	39	7.447	15.21
塔吉克斯坦	15.98	4.281	41	10.441	65.34
土库曼斯坦	24.7	13.558	51	26.364	106.65
乌兹别克斯坦	50.41	22.515	45	50.4	99.98

①为灌溉需水量（IWR）；②为用水需求（WR）；③为灌溉用水量（IWW）。

表9.3 中亚灌溉农业中能源使用结构 （单位：TJ）

国家	煤炭	电	燃油	汽化柴油	液化石油	车用汽油	天然气
哈萨克斯坦	8686	20298	166	22708	267	—	877
吉尔吉斯斯坦	130	5731	61	2953	29	44	54
塔吉克斯坦	16	14659	—	—	—	—	—
土库曼斯坦	—	9017	—	—	—	—	—
乌兹别克斯坦	—	43635	40	28410	—	1325	66

图9.6展示了1996～2005年中亚五国农产品、动物产品和工业产品的虚拟水贸易。最大的虚拟水出口国是哈萨克斯坦(26856.4×10^6 m³/a)，其次是乌兹别克斯坦(15383.5×10^6 m³/a)、塔吉克斯坦(4165.6×10^6 m³/a)、土库曼斯坦(3959.1×10^6 m³/a)和吉尔吉斯斯坦(944.5×10^6 m³/a)。然而，最大的虚拟水进口国是吉尔吉斯斯坦，进口量为5922.9×10^6 m³/a。中亚五国虚拟水净进口量分别为-22519.1×10^6 m³/a(哈萨克斯坦)、-10231.8×10^6 m³/a(乌兹别克斯坦)、-3045.6×10^6 m³/a(土库曼斯坦)、-920.5×10^6 m³/a(塔吉克斯坦)和4978.4×10^6 m³/a(吉尔吉斯斯坦)。农产品(作物产品)和工业产品的虚拟水出口量是进口量的3倍，两者的虚拟水量占总虚拟水量的90%。除吉尔吉斯斯坦外，中亚地区虚拟水主要用于农产品，农产品的虚拟水量占总虚拟水量的80.18%。在哈萨克斯坦，农产品和动物产品的虚拟水贸易主要来自绿水，占总虚拟水量的32.5%。而其他国家农产品的虚拟水主要来自蓝水，农产品的蓝水出口量远大于进口量。同时，与工业产品相关的虚拟

水主要来自灰水，特别是在哈萨克斯坦，灰水的出口量是进口量的 3 倍。

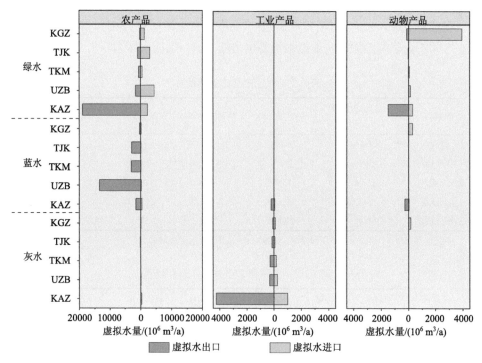

图 9.6 1996～2005 年中亚国家农产品、动物产品和工业产品的虚拟水贸易

虚拟水是指嵌入在产品生产和运输中的水量，包括三个组成部分：绿水、蓝水和灰水(Allan, 1998; Clothier et al., 2011)。绿水代表来自储存在土壤中的雨水的水；蓝水代表地表水和地下水库中的水；灰水代表在生产过程中被污染的水(Clothier, 2011)

图 9.7 展示了 2000～2016 年中亚五国主要粮食作物的进出口贸易额。谷物和小麦主要从哈萨克斯坦进口，且乌兹别克斯坦是最大的进口国，分别占中亚谷物和小麦进口总量的 48%和 50%[图 9.7(a)和(e)]。棉花主要从塔吉克斯坦和乌兹别克斯坦进口，其中哈萨克斯坦是最大的进口国，进口量高达 $14 \times 10^7 kg$[图 9.7(b)]。哈萨克斯坦也是中亚最大的水果和蔬菜进口国，主要从乌兹别克斯坦、中国、吉尔吉斯斯坦和塔吉克斯坦进口[图 9.7(c)和(d)]。肉类主要从美国、中国、巴西和乌克兰进口，哈萨克斯坦是最大的进口国[图 9.7(f)]。值得注意的是，粮食在进口过程中间接转移了系统压力。具体来说，哈萨克斯坦大量进口棉花、水果、蔬菜等耗水作物，大大缓解了该国的用水压力。相比之下，乌兹别克斯坦进口大量小麦和谷物，出口大量棉花、蔬菜和水果，尽管缓解了粮食压力，但加剧了水压力。

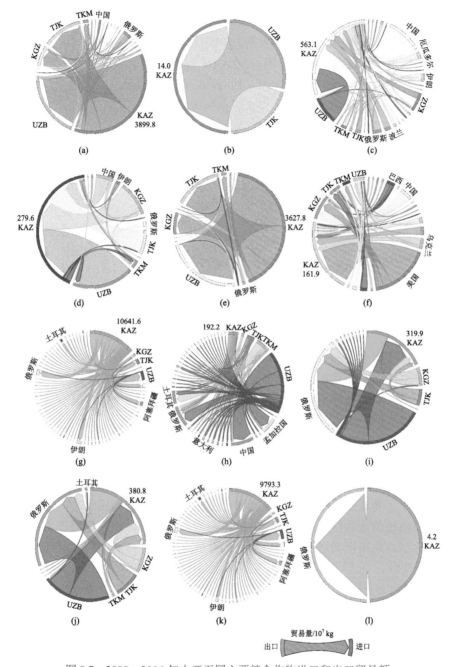

图 9.7　2000～2016 年中亚五国主要粮食作物进口和出口贸易额

主要粮食作物分别为谷物[(a)、(g)]、棉花[(b)、(h)]、水果[(c)、(i)]、蔬菜[(d)、(j)]、小麦[(e)、(k)]、肉类[(f)、(l)]。为了便于比较，标出了哈萨克斯坦作物的贸易量，数字代表该国从世界各国进口量和出口到他国量的总和。图中仅显示贸易量大于 10^7 kg 的国家;(a)～(f)代表进口，(g)～(l)代表出口哈萨克斯坦是谷物（10641.6×10^7 kg）、小麦（9793.3×10^7 kg）和肉类（4.2×10^7 kg）的最大出口国，主要出口到俄罗斯、伊朗和阿塞拜疆等地区[图 9.7(g) ～(l)]。乌兹别克斯坦是棉花的主要出口国（12.2×10^9 kg），主要出口到俄罗斯、中国、意大利、土耳其和孟加拉国[图 9.7(h)]。然而，水果和蔬菜主要出口到俄罗斯（水果：5.1×10^9 kg；蔬菜：4.3×10^9 kg）和哈萨克斯坦（水果：2.1×10^9 kg；蔬菜：2.2×10^9 kg）[图 9.7(i) 和(j)]。哈萨克斯坦是中亚地区最大的肉类出口国[图 9.7(l)]，主要出口到俄罗斯，出口量为 4.2×10^7 kg。

9.2.3 中亚地区水-能源-粮食-生态系统压力的传递机制

部门之间的联系是部门压力传递的前提，而压力的传递需要一定的载体。在中亚地区，虚拟水贸易看似只将实物产品进行了转移。然而，这种物理转移间接地导致了水、粮食、能源和生态压力的转移。

在中亚地区，乌兹别克斯坦农作物产品的虚拟水净出口量达到 9.3×10^9 m³，仅次于哈萨克斯坦（图 9.6）；出口量最大的作物是棉花[图 9.7(h)]，占中亚地区棉花出口总量的 59%[图 9.7(b)]。值得注意的是，哈萨克斯坦是棉花的主要进口国，主要从乌兹别克斯坦进口[图 9.7(b)]。同时，在乌兹别克斯坦，水足迹最大的作物是棉花，其蓝水足迹为 1.7×10^8 m³，占棉花蓝水总足迹的 63.5%（图 9.10）。乌兹别克斯坦还向哈萨克斯坦出口了大量的水果和蔬菜[图 9.7(i) 和(j)]。虽然哈萨克斯坦向乌兹别克斯坦出口的小麦总量为 1.8×10^{10} kg（图 9.7），但小麦的虚拟水主要来自绿水（图 9.6），不会造成当地地表水资源的大量流失。由此可以看出，哈萨克斯坦将水压力传递给了乌兹别克斯坦，而乌兹别克斯坦将粮食压力传递给了哈萨克斯坦。不仅如此，在乌兹别克斯坦，农业用电量为 43635TJ，占中亚地区农业用电量的 48%。通过虚拟水贸易，压力已经从水系统扩展到能源和生态系统。图 9.2 显示了乌兹别克斯坦的水、能源和生态压力均处于高压状态，这进一步验证了本节结论的正确性。此外，压力传递的另一个方面体现在能源压力和水压力之间。吉尔吉斯斯坦和塔吉克斯坦主要依靠水力发电，分别占总发电量的 84%和98%（图 9.8），这导致了下游国家农业灌溉用水的不足（Jalilov et al., 2013; Bekchanov et al., 2015）。换言之，上游国家为缓解能源压力，将水压力传递给了下游。双重水压力造成下游国家水压力最为严重。因此，压力传递从上游的塔吉克斯坦和吉尔吉斯斯坦开始，而下游国家（土库曼斯坦和乌兹别克斯坦）是压力的主要承担者和传播者。压力传递最主要的媒介是农产品的虚拟水贸易，尤其是棉花和小麦。

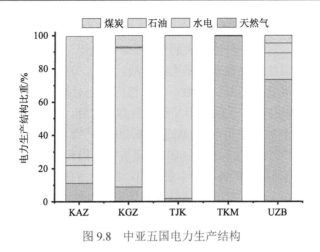

图 9.8　中亚五国电力生产结构

9.3　中亚地区水-能源-粮食-生态系统可持续发展建议

基于对中亚水-能源-粮食-生态系统压力状况的评估以及对中亚五国各子系统压力传递机制的揭示，人们对中亚水-能源-粮食-生态系统纽带关系有了很好的理解。然而，中亚地区在实现水、能源、粮食和生态系统可持续发展的过程中仍然面临巨大的挑战，如农业种植、电力生产结构的不合理以及上下游国家之间农业灌溉用水和水力发电之间的冲突，这一系列问题严重阻碍了中亚地区可持续发展目标的实现。因此，本节将重点阐述阻碍中亚地区实现水-能源-粮食-生态系统可持续发展的多重因素，同时提出实现中亚地区可持续发展的有效协调机制和解决"水-能"冲突的具体实施方案。

9.3.1　建立跨流域、跨部门合作的自上而下协调机制

水是水-能源-粮食-生态系统纽带的核心，尽管面临着气温上升带来的蒸发量增加、水资源利用效率低、跨界冲突、水资源配置不合理和部门结构不合理等诸多挑战，但水问题的解决对这四个相互关联的子系统在实现可持续发展方面起着至关重要的作用。在过去的半个多世纪里，中亚以 0.36~0.42℃/10a 的速度变暖，高于全球和北半球的升温速度，而降水量没有显著增加 (Hijioka et al., 2014; Hu et al., 2017)。此外，被称为"中亚水塔"的天山，冰川面积和总量分别减少了 (18±6)% 和 (27±15)% (Farinotti et al., 2015)，积雪覆盖的持续时间和厚度也显著减少 (Chen et al., 2018)。这不可避免地导致蒸发量增加，水资源减少，用水压力增加。根据 Li 等 (2020) 的研究，在 1.5℃ 和 2.0℃ 的温升情景下，预计气温将分别升

高 1.7℃和2.6℃，作物需水量预计将分别每年增加13mm和19mm。水资源供需缺口将进一步扩大，对农业产生较大的负面影响。然而，Duan等(2019)的研究表明，积极的行动可以缓解气候变化带来的挑战。因此，应对气候变化对WEFE系统带来的挑战，需要协调各部门关系，制定相应的应对措施。

在咸海流域，WEFE各子系统相互作用且高度依赖，同时部门之间存在冲突，这主要是由对水资源的竞争引起的(Wegerich, 2004)。该流域每年消耗116 km³的水，其中水资源的70%来自上游山区国家(塔吉克斯坦和吉尔吉斯斯坦)。然而，下游国家(乌兹别克斯坦：49%；土库曼斯坦：25%)占总用水量的74%，主要用于灌溉(Saidmamatov et al., 2020)。这些下游国家可以使用煤炭和天然气来满足其能源需求，而上游国家仅依靠水电来满足其能源需求(Meyer et al., 2019)。为确保能源和粮食安全，必须解决上下游国家之间的水资源冲突。这些冲突导致下游严重的生态和环境问题，如"咸海危机"。此外，约有8700万t盐从工厂排放到阿姆河，并重新回流到农田(Froebrich and Kayumov, 2004)。跨区域合作虽然有利于资源共享和利益最大化，但一直没有有效的框架来促进区域水资源的统一配置。已有研究表明，在印度河流域，巴基斯坦和阿富汗在跨界合作情景下，各国每年将分别获得77.5亿美元和4.3亿美元的整体经济效益。跨界合作也将改善整个地区的环境(Vinca et al., 2020)，帮助各国实现可持续发展目标。

为了帮助中亚五国实现可持续发展目标，本节提供了一个有效的协调机制。如图9.9所示，该机制主要包含三个方面：首先，为了确保部门之间的有效协调，提出了区域和部门一体化的概念，这可以有效协调跨部门和跨流域在利益方面的冲突。这一理念也可以避免部门单独治理造成的决策失误，加强部门之间的联系。其次，国内各部门利益的权衡和一些措施对保障各部门的安全至关重要，如可以提高灌溉效率，以改善粮食和水系统之间的矛盾，这不仅有利于节约水资源，还可以最大限度地扩大灌溉面积。节约粮食、提高粮食作物种植比例和培育高产作物，可以缓解粮食压力，保障粮食安全。为了保障水资源安全，可以通过改善水质、循环利用废水以及充分利用地下水等措施来确保各部门有充足的水资源。中亚在可再生能源方面具有很大的潜力，尤其是太阳能和风能资源丰富(Ovezmyradov and Kepbanov, 2021)。使用可再生能源不仅可以缓解区域能源压力，还可以降低发电成本和CO_2排放量(Inayat and Raza, 2019; Suo et al., 2021)。最后，为了有针对性地协调上下游部门之间的冲突，本节基于上下游部门压力之间的联系，提供了更具针对性的协调对策(图9.9和表9.4)。尽管本节提供的协调机制更具针对性，但仍需要各国利益相关者和决策者参与其中。

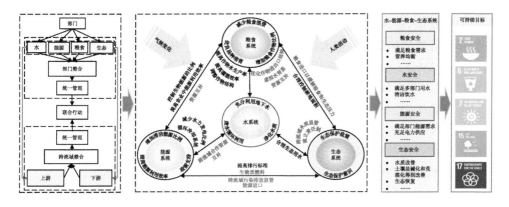

图 9.9　中亚水-能源-食物-生态系统可持续发展的权衡和协同机制

图中黑色字体表示国内不同或相同部门间的协调，红色字体表示国家之间不同部门的协调

表 9.4　上下游国家部门间的协调

国家	塔吉克斯坦	吉尔吉斯斯坦
哈萨克斯坦	粮食-粮食，**能源-生态**，能源-能源，水-生态，水-能源	生态-生态，能源-水，水-水
乌兹别克斯坦	生态-生态，**粮食-粮食**，**能源-水**，能源-能源	能源-粮食，生态-水
土库曼斯坦	生态-能源，能源-生态，**生态-水**，粮食-水	生态-生态，**生态-粮食**，**粮食-粮食**

注：粗体表示部门之间存在强相关性（$R > 0.8$）。

9.3.2　部门结构的调整

本节对中亚五国 WEFE 系统及子系统的压力状况有了很好的了解。国家之间 WEFE 系统及子系统的压力水平存在显著差异，而这些差异主要是由资源供需不平衡所造成的（O'Hara, 2000; Pandya-Lorch and Rosegrant, 2000; Ibragimov et al., 2007; Akhmetov, 2015）。我们还发现了部门之间的密切关系，并通过虚拟水贸易的概念揭示了部门压力的传递性。部门压力之间的紧密联系和传递，反映了部门之间强烈的依赖性，但这种依赖是由系统内部结构的不合理造成的，且依赖性越强，系统越不安全。例如，农业部门消耗了中亚 90% 的用水量（Unger-Shayesteh et al., 2013），这表明粮食系统在很大程度上依赖于水系统。根据作物总的水足迹（图 9.10），棉花消耗了大量水资源，而棉花的水生产效率最低（表 9.5）。在作物种植结构方面，乌兹别克斯坦的棉花和水稻种植比例最高，分别为 59% 和 35%，其次是土库曼斯坦(棉花：23%；水稻：24%)(图 9.11)。然而，哈萨克斯坦的小麦和谷类作物种植比例最大，但人口少于乌兹别克斯坦。乌兹别克斯坦的作物产量最高(平均：26%)，而土库曼斯坦(平均：15%)和哈萨克斯坦(平均：16%)的作物产量相对较低(图 9.11)。乌兹别克斯坦和土库曼斯坦种植了许多耗水作物，这增加了其水资源压力。然而，由于作物种植技术进步(Ibragimov et al., 2007)，乌兹别克斯坦的作物产量相对较高，这在一定程度上缓解了人口增加带来的粮食压力。因此，调整作物结构(降低棉花种植比例)和提高作物单产，如集约化的种植方式(Gathala et al., 2020)可以在一定程度上缓解水资源和粮食短缺的压力。

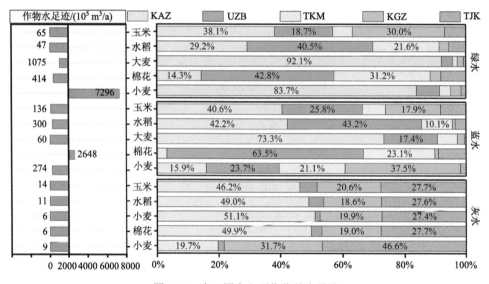

图 9.10　中亚国家主要作物的水足迹

水足迹被定义为用于生产产品的淡水总量，包括三个部分：绿色、蓝色和灰色水足迹(Hoekstra and Chapagain, 2007; Hoekstra et al., 2009; Mekonnen and Hoekstra, 2011)，左图表示作物总的水足迹

表 9.5　中亚五国主要作物的水生产效率　　　　　　(单位：kg/m³)

国家	棉花	小麦	水稻
哈萨克斯坦	0.38	0.91	1.17
吉尔吉斯斯坦	0.71	1.08	1.56
塔吉克斯坦	0.59	1.06	1.31
土库曼斯坦	0.36	0.95	0.92
乌兹别克斯坦	0.52	1.12	1.06

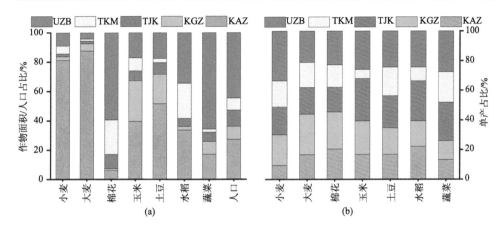

图 9.11　中亚五国不同作物面积/人口占比和单产占比

灌溉农业的发展也加剧了中亚地区的能源压力。如表 9.3 所示，农业生产的用电量占比最大，尤其是在乌兹别克斯坦，这无疑增加了其能源压力。塔吉克斯坦和吉尔吉斯斯坦主要依靠水力发电(图 9.8)，这将会增加下游国家的水压力，而其余三个国家主要依靠化石燃料发电。然而，尽管中亚地区比世界其他地区具有更大的风能和太阳能发电潜力，但中亚国家对风能和太阳能发电仍然没有表现出太大的兴趣(Ovezmyradov and Kepbanov, 2021)。因此，有必要调整能源结构，提高风能和太阳能比例来缓解中亚五国水和能源的压力(Zhang et al., 2020)。

灌溉农业主要分布在咸海流域，特别是在土库曼斯坦和乌兹别克斯坦。调整农业种植结构，提高灌溉效率，对缓解水压力具有重要的意义。如表 9.2 所示，中亚国家灌溉用水量远大于需水量，导致农业灌溉效率低下(平均灌溉效率<50%)。由于灌溉效率较低，土库曼斯坦比乌兹别克斯坦具有更高的水压力(表9.2)。因此，中亚国家亟待提高农业灌溉用水效率。

农作物的进出口贸易不仅对粮食安全有很大的影响，在水压力转移方面也发挥着重要作用。如图 9.12 所示，哈萨克斯坦在农作物进口(棉花、蔬菜和水果)和出口(谷物、小麦和大麦)中占主导地位。这说明哈萨克斯坦的粮食作物可以满足自身需求，但大量粮食出口必然导致耕地不断扩大(Hu and Hu, 2019)，进而导致生态环境恶化。乌兹别克斯坦和土库曼斯坦的棉花出口比例远大于进口比例。乌兹别克斯坦的水果和蔬菜在出口贸易中的份额最大，出口量远大于进口量。与其他国家相比，塔吉克斯坦和吉尔吉斯斯坦在农作物进出口贸易中的份额较小。在塔吉克斯坦和吉尔吉斯斯坦，谷物和小麦是主要的进口作物，但净进口量很小。因此，为了进一步缓解粮食压力，有必要调整中亚粮食进出口贸易结构。

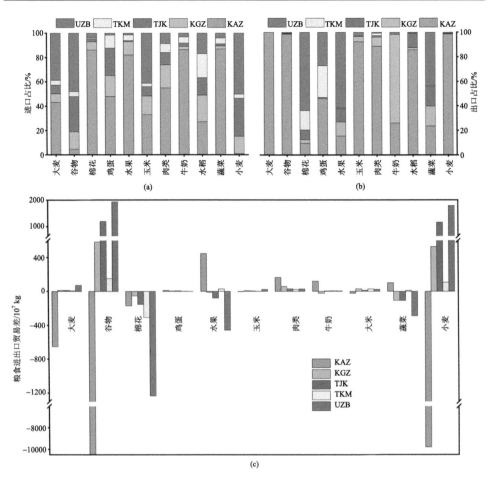

图9.12　中亚五国不同作物进出口占比和进出口贸易差对比

9.3.3　流域上下游"水-能源"冲突化解对策

通过对中亚五国部门压力传导机制和 WEFE 系统面临的主要挑战进行分析，可以看出，充分理解中亚五国水-能源-粮食-生态系统纽带关系是实现 WEFE 系统可持续发展的前提条件。其中，上下游国家"水-能"冲突的解决是最为关键的环节。乌兹别克斯坦和哈萨克斯坦的水资源主要由上游的吉尔吉斯斯坦供给，而塔吉克斯坦主要向下游的乌兹别克斯坦和土库曼斯坦供水。吉尔吉斯斯坦的托克托古尔水电站和塔吉克斯坦的卡拉库姆、努列克水电站是为其本国提供电力且控制下游灌溉用水量的三大水电站。为了满足冬季用电需求，这三个水电站通常在夏季开始蓄水，这导致下游国夏季农业灌溉用水严重不足。因此，建议吉尔吉斯斯坦与乌兹别克斯坦和哈萨克斯坦建立跨流域合作协议,达成水-能"同效贸易协议",而非等价贸易协定。同样,塔吉克斯坦应与乌兹别克斯坦和土库曼斯坦建立类似的协议。例如,根据三个水库现有的蓄水量,塔吉克斯坦和吉尔吉斯斯坦应在作物生长季节(5~7 月)减少 5%~10%的蓄水量,这将增加下游国家农业灌溉用水量。在冬季,哈萨克斯坦、土库曼斯坦和乌兹别克斯坦必须补偿上游国家因蓄水量减少而损失的等量电力。这样既可以缓解上游国家冬季用电需求,又可以减轻下游国家农业灌溉用水的压力。更重要的是,作者认为"同效贸易"的概念可以在一定程度上避免之前关于就水价分歧的矛盾,也可以减少跨流域合作的阻力(Petrov and Normatov, 2010)。上下游国家"水 - 能"冲突的另一个原因是上游国家能源结构单一,下游国家灌溉效率低下(图 9.8 和表 9.2)。因此,建议上游国家引进太阳能和风能技术,下游国家引进滴灌技术,这将会极大提高中亚国家WEFE 系统的可持续性。例如,可以从中国引进风能–太阳能混合技术(Liu and Wang, 2009)或建立自东(中国西北部)向西(中亚国家)的电力输送管线。据统计,中国分别在 2011 年和 2015 年已成为世界上风能和太阳能光伏装机容量最高的国家(Auffhammer et al., 2021)。因此,中亚五国在引进太阳能和风能技术方面也具有很大的地缘优势。虽然目前发电成本比较高,但太阳能和风能发电可以极大地缓解中亚地区的能源压力,尤其像吉尔吉斯斯坦这样能源极度紧缺的国家,这也是中亚五国实现能源可持续性的必经之路(Ouyang and Lin, 2014)。此外,为缓解水资源短缺、改善生态环境和提高农作物产量,中亚五国(尤其是土库曼斯坦和乌兹别克斯坦)可以从中国引进地膜滴灌技术。据报道,2020 年中国向乌兹别克斯坦提供的棉花种植滴灌技术与传统的灌溉方式相比,该技术可节省 50%的用水量和 30%的肥料,且增加 50%的作物产量。除了改进灌溉技术外,还应适当调整农作物种植面积比例。例如,中亚第三大棉花生产国塔吉克斯坦(图 9.11),正面临最为严峻的粮食压力(图 9.2)。为了缓解这种状况,塔吉克斯坦必须在增加经济收入和满足粮食需求之间做出权衡。例如,可以通过适当减少棉花种植面积(减少5%~10%)而改种粮食作物(如小麦、水稻、土豆等)来实现。为了避免产生较大的权衡,建议初期阶段举措实施的力度应控制在 5%~10%的范围内。

9.4　本章小结

本章基于对 WEFE 系统压力的综合评估,对中亚 WEFE 系统的压力状况进行了充分的分析。此外,基于虚拟水贸易和粮食贸易,揭示了不同部门之间压力的传递机制。此外,还建立了自上而下的协调机制,以实现中亚 WEFE 系统的可持续发展。本章主要结论如下。

哈萨克斯坦的 WEFE 系统压力最低，而乌兹别克斯坦和土库曼斯坦的压力最高，其他两个国家的压力处于中间。其背后的主要原因是水在 WEFE 系统中起着决定性作用。

系统压力的传递开始于上游的塔吉克斯坦和吉尔吉斯斯坦，而下游的乌兹别克斯坦和土库曼斯坦是压力的主要承担者，也是压力的传播者。压力在传递过程中，最重要的传递途径是作物产品的虚拟水贸易，特别是棉花和小麦的虚拟水贸易。

本章提出的 WEFE 系统可持续协调机制能够顺利运行的关键，在于上下游国家对水资源的统一管理。此外，跨流域合作以及对作物进出口贸易、作物种植和发电结构的调整是实现中亚 WEFE 系统可持续发展的重要举措。

参 考 文 献

赵先贵, 肖玲, 马彩虹, 等. 2006. 基于生态足迹的可持续评价指标体系的构建. 中国农业科学, 39(6): 1202-1207.

赵常庆. 2014. 中亚国家经济发展进程中的问题探讨. 俄罗斯学刊, 4(20): 67-71.

Akhmetov A. 2015. Measuring the security of external energy supply and energy exports demand in central Asia. International Journal of Energy Economics and Policy, 5(4): 901-909.

Allan J. 1998. Virtual water: A strategic resource global solutions to regional deficits. Groundwater, 36(4): 545-546.

Auffhammer M, Wang M, Xie L, et al. 2021. Renewable electricity development in China: Policies, performance, and challenges. Review of Environmental Economics and Policy, 15(2): 323-339.

Bekchanov M, Ringler C, Bhaduri A, et al. 2015. How would the Rogun Dam affect water and energy scarcity in Central Asia?. Water International, 40(5-6):856-876.

Cai X, Wallington K, Shafiee-Jood M, et al. 2018. Understanding and managing the food-energy-water nexus-opportunities for water resources research. Advances in Water Resources, 111:259-273.

Chen Y, Li Z, Fang G, et al. 2018. Large hydrological processes changes in the transboundary rivers of central Asia. Journal of Geophysical Research: Atmospheres, 123(10):5059-5069.

Clay J. 2011. Freeze the footprint of food. Nature, 475(7356):287-289.

Clothier B, Green S, Deurer M. 2011. Green, Blue and Grey Waters: Minimising the Footprint Using Soil Physics. Brisbane: 19th World Congress of Soil Science, Soil Solutions for a Changing World.

de Fraiture C, Wichelns D. 2010. Satisfying future water demands for agriculture. Agricultural Water Management, 97(4):502-511.

D'Odorico P, Davis K F, Rosa L, et al. 2018. The global food-energy-water nexus. Reviews of Geophysics, 56（3）:456-531.

Duan W, Chen Y, Zou S, et al. 2019. Managing the water-climate-food nexus for sustainable development in Turkmenistan. Journal of Cleaner Production, 220:212-224.

Dubois O, Faurès J M, Felix E. 2014. The Water-Energy-Food Nexus: A New Approach in Support of Food Security and Sustainable Agriculture. Rome: Food and Agriculture Organization（FAO）, Food and Agriculture Organization.

Eftelioglu E, Jiang Z, Tang X, et al. 2017. The nexus of food, energy, and water resources: Visions and challenges in spatial computing// Advances in Geocomputation. Berlin: Springer: 5-20.

FAO. 2020. Indicator 6.4.2: Level of Water Stress: Freshwater Withdrawal as a Proportion of Available Freshwater Resources. http://www.fao.org/sustainable-development-goals/indicators/642/en/. [2021-01-10].

Farinotti D, Longuevergne L, Moholdt G, et al. 2015. Substantial glacier mass loss in the Tien Shan over the past 50 years. Nature Geoscience, 8（9）:716-722.

Friedman J H. 1987. Exploratory projection pursuit. Journal of the American Statistical Association, 82（397）: 249-266.

Froebrich J, Kayumov O. 2004. Water management aspects of Amu Darya//Dying and Dead Seas Climatic Versus Anthropic Causes. Berlin: Springer: 49-76.

Fu Q, Jin J, Liang C. 2002. Application of projection pursuit model to optimize paddy irrigation schedule. Journal of Hydraulic Engineering, 10:39-45.

Gao Y, Wu Z, Lou Q, et al. 2012. Landscape ecological security assessment based on projection pursuit in Pearl River Delta. Environmental Monitoring and Assessment, 184（4）:2307-2319.

Gathala M K, Laing A M, Tiwari T P, et al. 2020. Enabling smallholder farmers to sustainably improve their food, energy and water nexus while achieving environmental and economic benefits. Renewable and Sustainable Energy Reviews, 120:109645.

Hijioka Y, Lasco R, Surjan A, et al. 2014. Climate Change 2014 Impacts, Adaptation, and Vulnerability. Part B Regional Aspects. Contribution of Working Group Ⅱ to the Fifth Assessment Report of the IPCC. Geneva: IPCC.

Hoekstra A Y, Chapagain A K. 2007. Water footprints of nations: Water use by people as a function of their consumption pattern .Water Resources Management, 21: 35-48.

Hoekstra A, Chapagain A, Aldaya M, et al. 2009. Water Footprint Manual, State of the Art 2009. Enschede, The Netherlands: Water Footprint Network.

Höök M, Tang X. 2013. Depletion of fossil fuels and anthropogenic climate change—A review. Energy Policy, 52:797-809.

Hu Y F, Hu Y. 2019. Land cover changes and their driving mechanisms in Central Asia from 2001 to 2017 supported by Google Earth Engine. Remote Sensing, 11（5）:554.

Hu Z, Zhou Q, Chen X, et al. 2017. Variations and changes of annual precipitation in Central Asia over the last century. International Journal of Climatology, 37:157-170.

Ibragimov N, Evett S R, Esanbekov Y, et al. 2007. Water use efficiency of irrigated cotton in Uzbekistan under drip and furrow irrigation. Agricultural Water Management, 90(1-2):112-120.

Inayat A, Raza M. 2019. District cooling system via renewable energy sources: A review. Renewable and Sustainable Energy Reviews, 107:360-373.

Jalilov S, Amer S A, Ward F A. 2013. Water, food, and energy security: An elusive search for balance in central Asia. Water Resources Management, 27(11):3959-3979.

Karabulut A, Egoh B N, Lanzanova D, et al. 2016. Mapping water provisioning services to support the ecosystem-water-food-energy nexus in the Danube river basin. Ecosystem Services, 17:278-292.

Karan E, Asadi S. 2018. Quantitative modeling of interconnections associated with sustainable food, energy and water (FEW) systems. Journal of Cleaner Production, 200:86-99.

Karatayev M, Rivotti P, Sobral Mourão Z, et al. 2017. The water-energy-food nexus in Kazakhstan: Challenges and opportunities. Energy Procedia, 125:63-70.

Lemm J U, Venohr M, Globevnik L, et al. 2021. Multiple stressors determine river ecological status at the European scale: Towards an integrated understanding of river status deterioration. Global Change Biology, 27(9):1962-1975.

Li J. 2010. Water shortages loom as Northern China's aquifers are sucked dry. Science, 328(5985): 1462-1463.

Li Z, Fang G, Chen Y, et al. 2020. Agricultural water demands in Central Asia under 1.5 ℃ and 2.0 ℃ global warming. Agricultural Water Management, 231:106020.

Libert B, Orolbaev E, Steklov Y. 2008. Water and energy crisis in Central Asia. China Eurasia Forum, Q6(3): 9-20.

Liu D, Liu C, Fu Q, et al. 2018. Projection pursuit evaluation model of regional surface water environment based on improved chicken swarm optimization algorithm. Water Resources Management, 32(4):1325-1342.

Liu L, Wang Z. 2009. The development and application practice of wind-solar energy hybrid generation systems in China. Renewable and Sustainable Energy Reviews, 13(6-7):1504-1512.

Mekonnen M M, Hoekstra A Y. 2011. The green, blue and grey water footprint of crops and derived crop products. Hydrology and Earth System Sciences, 15(5):1577-1600.

Meyer K, Issakhojayev R, Kiktenko L, et al. 2019. Regional institutional arrangements advancing water, energy and food security in Central Asia. Belgrade, Serbia: IUCN.

O'Hara S. 2000. Lessons from the past: water management in Central Asia. Water Policy, 2(4-5):365-384.

Ouyang X, Lin B. 2014. Levelized cost of electricity (LCOE) of renewable energies and required subsidies in China. Energy Policy, 70:64-73.

Ovezmyradov B, Kepbanov Y. 2021. Non-hydro renewable energy in Central Asia. Lund, Sweden:

Lund University, Sweden.

Pandya-Lorch R, Rosegrant M W. 2000. Prospects for food demand and supply in Central Asia. Food Policy, 25(6):637-646.

Pedro-Monzonís M, Solera A, Ferrer J, et al. 2015. A review of water scarcity and drought indexes in water resources planning and management. Journal of Hydrology, 527:482-493.

Petrov G, Normatov I S. 2010. Conflict of interests between water users in the central asian region and possible ways to its elimination. Water Resources, 37(1):113-120.

Pimente L D, Berger B, Filiberto D, et al. 2016. Water Resources, Agriculture, and the Environment. Ithaca, USA: Cornell University.

Rakhmatullaev S, Abdullaev I, Kazbekov J. 2017. Water-energy-food-environmental nexus in Central Asia: From transition to transformation// Zhiltsov S S, Zonn I S, Kostianoy A G, et al. Water Resources in Central Asia: International Context. Berlin: Springer: 103-120.

Raskin P, Gleick P, Kirshen P, et al. 1997. Water futures: Assessment of long-range patterns and problems//Kirshen P, Strzepek K. Comprehensive Assessment of the Freshwater Resources of the World: SEI.

Saidmamatov O, Rudenko I, Pfister S, et al. 2020. Water-energy-food nexus framework for promoting regional integration in Central Asia. Water, 12(7):1896.

Schewe J, Heinke J, Gerten D, et al. 2014. Multimodel assessment of water scarcity under climate change. Proceedings of the National Academy of Sciences, 111(9):3245-3250.

Shi Y, Eberhart R. 1998. A Modified Particle Swarm Optimizer. Anchorage, USA: Proceedings of IEEE International Conference.

Suo C, Li Y, Mei H, et al. 2021. Towards sustainability for China's energy system through developing an energy-climate-water nexus model. Renewable and Sustainable Energy Reviews, 135:110394.

Unger-Shayesteh K, Vorogushyn S, Merz B, et al. 2013. Water in Central Asia-perspectives under global change. Global and Planetary Change, 110(Part A):1-152.

Vinca A, Parkinson S, Riahi K, et al. 2020. Transboundary Cooperation a Potential Route to Sustainable Development in the Indus Basin. New York: Springer.

Wang X, Chen Y, Li Z, et al. 2020. Development and utilization of water resources and assessment of water security in Central Asia. Agricultural Water Management, 240:106297.

Wang Y, Wu P, Zhao X, et al. 2012. Projection pursuit evaluation model: Optimizing scheme of crop planning for agricultural sustainable development and soil resources utilization. CLEAN-Soil, Air, Water, 40(6):592-598.

Wegerich K. 2004. Coping with disintegration of a river-basin management system: Multi-dimensional issues in Central Asia. Water Policy, 6(4):335-344.

Zhang P, Zhang L, Chang Y, et al. 2019. Food-energy-water（FEW）nexus for urban sustainability: A comprehensive review. Resources, Conservation and Recycling, 142:215-224.

Zhang T, Tan Q, Yu X, et al. 2020. Synergy assessment and optimization for water-energy-food nexus: Modeling and application. Renewable and Sustainable Energy Reviews, 134:110059.

附 表

附表1 哈萨克斯坦各类消费账户对应的太阳能值 （单位：sej）

年份	林地	耕地	草地	水域	能源消费用地	建筑用地
1992	3.04×10^{20}	3.29×10^{22}	6.55×10^{22}	8.59×10^{20}	1.00×10^{23}	5.04×10^{22}
1993	2.46×10^{20}	2.32×10^{22}	6.83×10^{22}	7.48×10^{20}	7.83×10^{22}	4.25×10^{22}
1994	2.54×10^{20}	1.90×10^{22}	6.33×10^{22}	5.97×10^{20}	7.13×10^{22}	4.00×10^{22}
1995	2.59×10^{20}	1.28×10^{22}	5.28×10^{22}	6.31×10^{20}	6.13×10^{22}	3.66×10^{22}
1996	2.92×10^{20}	1.34×10^{22}	4.39×10^{22}	5.76×10^{20}	4.94×10^{22}	3.24×10^{22}
1997	2.91×10^{20}	1.45×10^{22}	3.85×10^{22}	4.23×10^{20}	4.81×10^{22}	2.79×10^{22}
1998	2.92×10^{20}	9.47×10^{21}	3.66×10^{22}	3.27×10^{20}	4.67×10^{22}	2.54×10^{22}
1999	2.79×10^{20}	1.83×10^{22}	3.76×10^{22}	4.69×10^{20}	4.19×10^{22}	2.43×10^{22}
2000	2.45×10^{20}	1.58×10^{22}	3.88×10^{22}	4.69×10^{20}	4.41×10^{22}	2.70×10^{22}
2001	3.15×10^{20}	2.14×10^{22}	4.16×10^{22}	2.92×10^{20}	5.00×10^{22}	2.99×10^{22}
2002	3.63×10^{20}	2.25×10^{22}	4.33×10^{22}	3.19×10^{20}	5.05×10^{22}	3.03×10^{22}
2003	2.47×10^{20}	2.44×10^{22}	4.50×10^{22}	3.26×10^{20}	5.30×10^{22}	3.22×10^{22}
2004	3.12×10^{20}	2.13×10^{22}	4.76×10^{22}	4.20×10^{20}	6.57×10^{22}	3.32×10^{22}
2005	4.49×10^{20}	2.41×10^{22}	4.93×10^{22}	4.73×10^{20}	6.79×10^{22}	3.48×10^{22}
2006	3.97×10^{20}	2.68×10^{22}	5.10×10^{22}	3.80×10^{20}	7.41×10^{22}	3.73×10^{22}
2007	3.83×10^{20}	3.02×10^{22}	5.27×10^{22}	4.31×10^{20}	8.97×10^{22}	3.98×10^{22}
2008	1.60×10^{20}	2.43×10^{22}	5.48×10^{22}	6.45×10^{20}	9.28×10^{22}	4.21×10^{22}
2009	1.61×10^{20}	3.54×10^{22}	5.61×10^{22}	4.82×10^{20}	8.48×10^{22}	4.10×10^{22}
2010	2.55×10^{20}	2.75×10^{22}	5.76×10^{22}	5.90×10^{20}	1.03×10^{23}	4.42×10^{22}
2011	2.66×10^{20}	5.01×10^{22}	5.71×10^{22}	4.48×10^{20}	1.04×10^{23}	4.64×10^{22}
2012	3.34×10^{20}	3.16×10^{22}	5.04×10^{22}	4.72×10^{20}	9.41×10^{22}	4.98×10^{22}
2013	3.07×10^{20}	4.63×10^{22}	5.15×10^{22}	4.45×10^{20}	1.07×10^{23}	5.21×10^{22}
2014	2.84×10^{20}	4.54×10^{22}	5.34×10^{22}	4.71×10^{20}	9.87×10^{22}	5.54×10^{22}

附表 2　吉尔吉斯斯坦各类消费账户对应的太阳能值　　（单位：sej）

年份	林地	耕地	草地	水域	能源消费用地	建筑用地
1992	$1.17×10^{20}$	$1.61×10^{21}$	$1.19×10^{22}$	$1.06×10^{19}$	$5.17×10^{21}$	$6.02×10^{21}$
1993	$1.21×10^{20}$	$1.55×10^{21}$	$1.14×10^{22}$	$4.39×10^{18}$	$3.83×10^{21}$	$4.95×10^{21}$
1994	$1.39×10^{20}$	$1.32×10^{21}$	$1.03×10^{22}$	$3.69×10^{18}$	$2.44×10^{21}$	$4.90×10^{21}$
1995	$1.41×10^{20}$	$1.42×10^{21}$	$9.97×10^{21}$	$4.92×10^{18}$	$2.27×10^{21}$	$5.41×10^{21}$
1996	$1.18×10^{20}$	$2.17×10^{21}$	$1.03×10^{22}$	$4.14×10^{18}$	$2.68×10^{21}$	$5.21×10^{21}$
1997	$1.33×10^{20}$	$2.66×10^{21}$	$1.03×10^{22}$	$3.17×10^{18}$	$2.55×10^{21}$	$4.85×10^{21}$
1998	$1.42×10^{20}$	$2.77×10^{21}$	$1.07×10^{22}$	$3.10×10^{18}$	$2.76×10^{21}$	$4.60×10^{21}$
1999	$1.43×10^{20}$	$3.01×10^{21}$	$1.12×10^{22}$	$1.49×10^{18}$	$2.05×10^{21}$	$4.97×10^{21}$
2000	$1.10×10^{20}$	$2.98×10^{21}$	$1.14×10^{22}$	$1.38×10^{18}$	$2.02×10^{21}$	$4.76×10^{21}$
2001	$1.52×10^{20}$	$3.40×10^{21}$	$1.17×10^{22}$	$4.06×10^{18}$	$1.82×10^{21}$	$4.09×10^{21}$
2002	$1.66×10^{20}$	$3.65×10^{21}$	$1.18×10^{22}$	$3.07×10^{18}$	$2.18×10^{21}$	$3.90×10^{21}$
2003	$1.46×10^{20}$	$3.63×10^{21}$	$1.17×10^{22}$	$9.41×10^{17}$	$2.22×10^{21}$	$4.75×10^{21}$
2004	$1.80×10^{20}$	$4.01×10^{21}$	$1.15×10^{22}$	$3.39×10^{17}$	$2.48×10^{21}$	$4.14×10^{21}$
2005	$1.61×10^{20}$	$3.89×10^{21}$	$1.15×10^{22}$	$5.77×10^{17}$	$2.29×10^{21}$	$4.06×10^{21}$
2006	$1.76×10^{20}$	$3.81×10^{21}$	$1.16×10^{22}$	$7.15×10^{17}$	$2.25×10^{21}$	$4.11×10^{21}$
2007	$2.03×10^{20}$	$3.76×10^{21}$	$1.18×10^{22}$	$1.52×10^{18}$	$2.85×10^{21}$	$4.39×10^{21}$
2008	$2.12×10^{20}$	$3.59×10^{21}$	$1.19×10^{22}$	$1.25×10^{18}$	$3.13×10^{21}$	$4.20×10^{21}$
2009	$2.77×10^{20}$	$4.11×10^{21}$	$1.21×10^{22}$	$1.79×10^{18}$	$2.93×10^{21}$	$4.08×10^{21}$
2010	$2.98×10^{20}$	$3.62×10^{21}$	$1.24×10^{22}$	$4.75×10^{18}$	$2.65×10^{21}$	$4.28×10^{21}$
2011	$2.44×10^{20}$	$3.62×10^{21}$	$1.25×10^{22}$	$5.70×10^{18}$	$3.27×10^{21}$	$5.21×10^{21}$
2012	$2.31×10^{20}$	$3.46×10^{21}$	$1.27×10^{22}$	$4.85×10^{18}$	$4.28×10^{21}$	$5.81×10^{21}$
2013	$2.31×10^{20}$	$3.81×10^{21}$	$1.29×10^{22}$	$5.27×10^{18}$	$4.13×10^{21}$	$6.18×10^{21}$
2014	$2.31×10^{20}$	$3.33×10^{21}$	$1.34×10^{22}$	$1.01×10^{19}$	$3.62×10^{21}$	$6.48×10^{21}$

附表 3　塔吉克斯坦各类消费账户对应的太阳能值　　（单位：sej）

年份	林地	耕地	草地	水域	能源消费用地	建筑用地
1992	$1.88×10^{20}$	$1.44×10^{21}$	$4.68×10^{21}$	$2.54×10^{19}$	$4.15×10^{21}$	$9.42×10^{21}$
1993	$1.73×10^{20}$	$1.35×10^{21}$	$3.70×10^{21}$	$3.40×10^{19}$	$3.01×10^{21}$	$8.23×10^{21}$
1994	$1.72×10^{20}$	$1.31×10^{21}$	$3.58×10^{21}$	$1.39×10^{19}$	$1.41×10^{21}$	$8.20×10^{21}$
1995	$1.70×10^{20}$	$1.21×10^{21}$	$3.16×10^{21}$	$4.82×10^{18}$	$1.53×10^{21}$	$7.94×10^{21}$
1996	$1.62×10^{20}$	$1.12×10^{21}$	$2.13×10^{21}$	$2.55×10^{18}$	$1.80×10^{21}$	$7.79×10^{21}$
1997	$1.51×10^{20}$	$1.44×10^{21}$	$1.97×10^{21}$	$2.40×10^{18}$	$1.35×10^{21}$	$6.96×10^{21}$
1998	$1.73×10^{20}$	$1.32×10^{21}$	$2.09×10^{21}$	$2.71×10^{18}$	$1.58×10^{21}$	$7.20×10^{21}$
1999	$1.70×10^{20}$	$1.20×10^{21}$	$2.31×10^{21}$	$2.81×10^{18}$	$1.59×10^{21}$	$7.66×10^{21}$

续表

年份	林地	耕地	草地	水域	能源消费用地	建筑用地
2000	$1.66×10^{20}$	$1.43×10^{21}$	$2.37×10^{21}$	$3.17×10^{18}$	$1.40×10^{21}$	$7.69×10^{21}$
2001	$1.78×10^{20}$	$1.52×10^{21}$	$2.82×10^{21}$	$2.96×10^{18}$	$1.42×10^{21}$	$7.75×10^{21}$
2002	$1.64×10^{20}$	$1.87×10^{21}$	$3.24×10^{21}$	$4.06×10^{18}$	$1.14×10^{21}$	$7.87×10^{21}$
2003	$1.55×10^{20}$	$2.04×10^{21}$	$3.66×10^{21}$	$4.08×10^{18}$	$1.23×10^{21}$	$8.01×10^{21}$
2004	$1.57×10^{20}$	$2.36×10^{21}$	$3.94×10^{21}$	$2.63×10^{18}$	$1.51×10^{21}$	$8.24×10^{21}$
2005	$1.62×10^{20}$	$2.29×10^{21}$	$4.33×10^{21}$	$2.42×10^{18}$	$1.41×10^{21}$	$8.35×10^{21}$
2006	$1.63×10^{20}$	$2.27×10^{21}$	$4.40×10^{21}$	$3.02×10^{18}$	$1.53×10^{21}$	$8.47×10^{21}$
2007	$1.59×10^{20}$	$2.26×10^{21}$	$4.70×10^{21}$	$3.15×10^{18}$	$1.83×10^{21}$	$8.38×10^{21}$
2008	$1.59×10^{20}$	$2.39×10^{21}$	$4.97×10^{21}$	$5.09×10^{18}$	$1.64×10^{21}$	$8.04×10^{21}$
2009	$1.59×10^{20}$	$3.08×10^{21}$	$5.25×10^{21}$	$9.91×10^{18}$	$1.35×10^{21}$	$8.06×10^{21}$
2010	$1.59×10^{20}$	$3.26×10^{21}$	$5.52×10^{21}$	$1.51×10^{19}$	$1.36×10^{21}$	$8.16×10^{21}$
2011	$1.63×10^{20}$	$3.18×10^{21}$	$5.83×10^{21}$	$1.73×10^{19}$	$1.23×10^{21}$	$7.98×10^{21}$
2012	$1.70×10^{20}$	$3.41×10^{21}$	$6.27×10^{21}$	$1.24×10^{19}$	$1.47×10^{21}$	$7.94×10^{21}$
2013	$1.68×10^{20}$	$3.69×10^{21}$	$7.24×10^{21}$	$1.98×10^{19}$	$1.71×10^{21}$	$7.81×10^{21}$
2014	$1.68×10^{20}$	$3.70×10^{21}$	$7.67×10^{21}$	$2.03×10^{19}$	$2.29×10^{21}$	$7.08×10^{21}$

附表4　土库曼斯坦各类消费账户对应的太阳能值　　（单位：sej）

年份	林地	耕地	草地	水域	能源消费用地	建筑用地
1992	$2.49×10^{19}$	$2.56×10^{21}$	$5.26×10^{21}$	$4.14×10^{20}$	$1.99×10^{22}$	$4.46×10^{21}$
1993	$2.94×10^{19}$	$2.81×10^{21}$	$6.71×10^{21}$	$2.26×10^{20}$	$1.77×10^{22}$	$4.74×10^{21}$
1994	$3.22×10^{19}$	$3.01×10^{21}$	$6.68×10^{21}$	$2.17×10^{20}$	$2.14×10^{22}$	$3.93×10^{21}$
1995	$3.65×10^{19}$	$3.01×10^{21}$	$6.83×10^{21}$	$1.43×10^{20}$	$2.19×10^{22}$	$3.76×10^{21}$
1996	$3.09×10^{19}$	$1.46×10^{21}$	$7.01×10^{21}$	$1.17×10^{20}$	$1.95×10^{22}$	$3.53×10^{21}$
1997	$2.63×10^{19}$	$1.94×10^{21}$	$6.97×10^{21}$	$1.10×10^{20}$	$1.96×10^{22}$	$2.92×10^{21}$
1998	$3.29×10^{19}$	$2.71×10^{21}$	$7.51×10^{21}$	$9.50×10^{19}$	$2.05×10^{22}$	$3.93×10^{21}$
1999	$3.16×10^{19}$	$3.76×10^{21}$	$8.18×10^{21}$	$1.15×10^{20}$	$2.41×10^{22}$	$3.61×10^{21}$
2000	$2.63×10^{19}$	$3.69×10^{21}$	$9.28×10^{21}$	$1.54×10^{20}$	$2.40×10^{22}$	$4.37×10^{21}$
2001	$2.90×10^{19}$	$3.90×10^{21}$	$1.10×10^{22}$	$1.60×10^{20}$	$2.44×10^{22}$	$4.66×10^{21}$
2002	$2.73×10^{19}$	$4.14×10^{21}$	$1.25×10^{22}$	$1.61×10^{20}$	$2.56×10^{22}$	$4.69×10^{21}$
2003	$2.37×10^{19}$	$4.45×10^{21}$	$1.37×10^{22}$	$1.83×10^{20}$	$2.85×10^{22}$	$4.65×10^{21}$
2004	$2.77×10^{19}$	$4.90×10^{21}$	$1.32×10^{22}$	$1.88×10^{20}$	$2.98×10^{22}$	$5.15×10^{21}$
2005	$2.78×10^{19}$	$5.22×10^{21}$	$1.57×10^{22}$	$1.88×10^{20}$	$3.09×10^{22}$	$5.58×10^{21}$
2006	$3.23×10^{19}$	$5.40×10^{21}$	$1.61×10^{22}$	$1.88×10^{20}$	$3.16×10^{22}$	$5.82×10^{21}$
2007	$3.17×10^{19}$	$5.12×10^{21}$	$1.88×10^{22}$	$1.88×10^{20}$	$3.59×10^{22}$	$6.28×10^{21}$

续表

年份	林地	耕地	草地	水域	能源消费用地	建筑用地
2008	$3.27×10^{19}$	$4.50×10^{21}$	$1.87×10^{22}$	$1.88×10^{20}$	$3.63×10^{22}$	$6.54×10^{21}$
2009	$3.18×10^{19}$	$3.56×10^{21}$	$1.94×10^{22}$	$1.88×10^{20}$	$3.21×10^{22}$	$6.75×10^{21}$
2010	$3.12×10^{19}$	$3.07×10^{21}$	$1.89×10^{22}$	$1.88×10^{20}$	$3.66×10^{22}$	$6.94×10^{21}$
2011	$3.26×10^{19}$	$3.12×10^{21}$	$1.89×10^{22}$	$1.88×10^{20}$	$3.97×10^{22}$	$7.14×10^{21}$
2012	$4.17×10^{19}$	$3.00×10^{21}$	$1.98×10^{22}$	$1.88×10^{20}$	$4.11×10^{22}$	$7.32×10^{21}$
2013	$3.55×10^{19}$	$3.47×10^{21}$	$1.99×10^{22}$	$1.88×10^{20}$	$4.22×10^{22}$	$7.80×10^{21}$
2014	$3.55×10^{19}$	$3.03×10^{21}$	$2.08×10^{22}$	$1.88×10^{20}$	$4.32×10^{22}$	$8.38×10^{21}$

附表 5　乌兹别克斯坦各类消费账户对应的太阳能值　　（单位：sej）

年份	林地	耕地	草地	水域	能源消费用地	建筑用地
1992	$2.51×10^{20}$	$9.68×10^{21}$	$3.33×10^{22}$	$3.32×10^{20}$	$6.64×10^{22}$	$2.61×10^{22}$
1993	$2.51×10^{20}$	$9.32×10^{21}$	$3.40×10^{22}$	$2.93×10^{20}$	$7.04×10^{22}$	$2.53×10^{22}$
1994	$2.47×10^{20}$	$9.46×10^{21}$	$3.38×10^{22}$	$2.21×10^{20}$	$6.57×10^{22}$	$2.46×10^{22}$
1995	$2.69×10^{20}$	$1.06×10^{22}$	$3.31×10^{22}$	$1.73×10^{20}$	$6.42×10^{22}$	$2.41×10^{22}$
1996	$2.71×10^{20}$	$1.04×10^{22}$	$3.04×10^{22}$	$9.04×10^{19}$	$6.59×10^{22}$	$2.43×10^{22}$
1997	$2.72×10^{20}$	$1.06×10^{22}$	$3.09×10^{22}$	$1.32×10^{20}$	$6.69×10^{22}$	$2.46×10^{22}$
1998	$3.13×10^{20}$	$1.04×10^{22}$	$3.28×10^{22}$	$1.22×10^{20}$	$7.46×10^{22}$	$2.45×10^{22}$
1999	$3.68×10^{20}$	$1.11×10^{22}$	$3.21×10^{22}$	$1.12×10^{20}$	$7.68×10^{22}$	$2.43×10^{22}$
2000	$4.18×10^{20}$	$1.04×10^{22}$	$3.29×10^{22}$	$1.12×10^{20}$	$7.59×10^{22}$	$2.51×10^{22}$
2001	$5.45×10^{20}$	$1.09×10^{22}$	$3.31×10^{22}$	$9.26×10^{19}$	$7.68×10^{22}$	$2.53×10^{22}$
2002	$5.92×10^{20}$	$1.22×10^{22}$	$3.35×10^{22}$	$8.06×10^{19}$	$8.00×10^{22}$	$2.57×10^{22}$
2003	$7.30×10^{20}$	$1.24×10^{22}$	$3.71×10^{22}$	$6.54×10^{19}$	$7.94×10^{22}$	$2.58×10^{22}$
2004	$7.99×10^{20}$	$1.34×10^{22}$	$3.93×10^{22}$	$6.26×10^{19}$	$7.85×10^{22}$	$2.61×10^{22}$
2005	$8.33×10^{20}$	$1.46×10^{22}$	$4.17×10^{22}$	$8.40×10^{19}$	$7.28×10^{22}$	$2.57×10^{22}$
2006	$1.02×10^{21}$	$1.51×10^{22}$	$4.46×10^{22}$	$9.03×10^{19}$	$7.45×10^{22}$	$2.66×10^{22}$
2007	$8.44×10^{20}$	$1.54×10^{22}$	$4.58×10^{22}$	$8.90×10^{19}$	$7.41×10^{22}$	$2.56×10^{22}$
2008	$7.34×10^{20}$	$1.56×10^{22}$	$4.88×10^{22}$	$9.91×10^{19}$	$7.66×10^{22}$	$2.58×10^{22}$
2009	$7.45×10^{20}$	$1.64×10^{22}$	$5.20×10^{22}$	$1.16×10^{20}$	$6.53×10^{22}$	$2.61×10^{22}$
2010	$7.72×10^{20}$	$1.70×10^{22}$	$5.57×10^{22}$	$1.35×10^{20}$	$6.35×10^{22}$	$2.70×10^{22}$
2011	$1.20×10^{21}$	$1.73×10^{22}$	$6.07×10^{22}$	$2.16×10^{20}$	$6.97×10^{22}$	$2.74×10^{22}$
2012	$1.09×10^{21}$	$1.83×10^{22}$	$6.55×10^{22}$	$3.25×10^{20}$	$7.11×10^{22}$	$2.75×10^{22}$
2013	$1.41×10^{21}$	$1.93×10^{22}$	$7.05×10^{22}$	$4.70×10^{20}$	$6.28×10^{22}$	$2.83×10^{22}$
2014	$1.58×10^{21}$	$2.00×10^{22}$	$7.56×10^{22}$	$5.82×10^{20}$	$6.37×10^{22}$	$2.90×10^{22}$

附表 6　中亚五国 1992～2014 年人口数量　　（单位：人）

年份	哈萨克斯坦	吉尔吉斯斯坦	塔吉克斯坦	土库曼斯坦	乌兹别克斯坦
1992	16439095	4515400	5502976	3899843	21449000
1993	16330419	4516700	5594114	4010789	21942000
1994	16095199	4515100	5679832	4115099	22377000
1995	15815626	4560400	5764712	4207840	22785000
1996	15577894	4628400	5849540	4287344	23225000
1997	15333703	4696400	5934282	4355114	23667000
1998	15071300	4769000	6021691	4413477	24051000
1999	14928426	4840400	6114886	4466132	24311650
2000	14883626	4898400	6216205	4516131	24650400
2001	14858335	4945100	6327125	4564080	24964450
2002	14858948	4990700	6447688	4610002	25271850
2003	14909018	5043300	6576877	4655741	25567650
2004	15012985	5104700	6712841	4703398	25864350
2005	15147029	5162600	6854176	4754641	26167000
2006	15308084	5218400	7000557	4810105	26488250
2007	15484192	5268400	7152385	4870137	26868000
2008	15674000	5318700	7309728	4935762	27302800
2009	16092701	5383300	7472819	5007950	27767400
2010	16321581	5447900	7641630	5087210	28562400
2011	16556600	5514600	7815949	5174061	29339400
2012	16791425	5607200	7995062	5267839	29774500
2013	17035275	5719600	8177809	5366277	30243200
2014	17289224	5835500	8362745	5466241	30757700

附表 7　太阳辐射能对应的太阳能值　　（单位：sej）

年份	哈萨克斯坦	吉尔吉斯斯坦	塔吉克斯坦	土库曼斯坦	乌兹别克斯坦
1992	1.78×10^{22}	1.57×10^{21}	1.20×10^{21}	3.79×10^{21}	3.33×10^{21}
1993	1.76×10^{22}	1.55×10^{21}	1.20×10^{21}	3.79×10^{21}	3.32×10^{21}
1994	1.78×10^{22}	1.57×10^{21}	1.23×10^{21}	3.81×10^{21}	3.35×10^{21}
1995	1.78×10^{22}	1.61×10^{21}	1.26×10^{21}	3.84×10^{21}	3.38×10^{21}
1996	1.78×10^{22}	1.57×10^{21}	1.23×10^{21}	3.83×10^{21}	3.38×10^{21}
1997	1.77×10^{22}	1.58×10^{21}	1.23×10^{21}	3.85×10^{21}	3.35×10^{21}
1998	1.78×10^{22}	1.54×10^{21}	1.21×10^{21}	3.81×10^{21}	3.32×10^{21}
1999	1.76×10^{22}	1.53×10^{21}	1.23×10^{21}	3.86×10^{21}	3.34×10^{21}

续表

年份	哈萨克斯坦	吉尔吉斯斯坦	塔吉克斯坦	土库曼斯坦	乌兹别克斯坦
2000	1.77×10^{22}	1.56×10^{21}	1.24×10^{21}	3.90×10^{21}	3.38×10^{21}
2001	1.76×10^{22}	1.56×10^{21}	1.24×10^{21}	3.85×10^{21}	3.35×10^{21}
2002	1.75×10^{22}	1.56×10^{21}	1.24×10^{21}	3.82×10^{21}	3.30×10^{21}
2003	1.76×10^{22}	1.57×10^{21}	1.24×10^{21}	3.75×10^{21}	3.27×10^{21}
2004	1.74×10^{22}	1.52×10^{21}	1.22×10^{21}	3.86×10^{21}	3.34×10^{21}
2005	1.75×10^{22}	1.55×10^{21}	1.23×10^{21}	3.86×10^{21}	3.33×10^{21}
2006	1.76×10^{22}	1.55×10^{21}	1.23×10^{21}	3.86×10^{21}	3.37×10^{21}
2007	1.79×10^{22}	1.55×10^{21}	1.23×10^{21}	3.84×10^{21}	3.40×10^{21}
2008	1.77×10^{22}	1.55×10^{21}	1.23×10^{21}	3.82×10^{21}	3.34×10^{21}
2009	1.77×10^{22}	1.55×10^{21}	1.23×10^{21}	3.77×10^{21}	3.31×10^{21}
2010	1.80×10^{22}	1.54×10^{21}	1.21×10^{21}	3.79×10^{21}	3.34×10^{21}
2011	1.80×10^{22}	1.58×10^{21}	1.23×10^{21}	3.81×10^{21}	3.39×10^{21}
2012	1.80×10^{22}	1.59×10^{21}	1.23×10^{21}	3.83×10^{21}	3.38×10^{21}
2013	1.75×10^{22}	1.58×10^{21}	1.23×10^{21}	3.86×10^{21}	3.38×10^{21}
2014	1.81×10^{22}	1.60×10^{21}	1.25×10^{21}	3.87×10^{21}	3.44×10^{21}

附表8 雨水势能对应的太阳能值 （单位：sej）

年份	哈萨克斯坦	吉尔吉斯斯坦	塔吉克斯坦	土库曼斯坦	乌兹别克斯坦
1992	5.08×10^{22}	5.47×10^{21}	4.92×10^{21}	6.82×10^{21}	7.27×10^{21}
1993	5.87×10^{22}	7.47×10^{21}	6.23×10^{21}	5.81×10^{21}	8.12×10^{21}
1994	4.99×10^{22}	5.36×10^{21}	4.82×10^{21}	5.07×10^{21}	6.78×10^{21}
1995	3.96×10^{22}	3.85×10^{21}	3.94×10^{21}	3.57×10^{21}	4.06×10^{21}
1996	4.07×10^{22}	5.35×10^{21}	4.84×10^{21}	3.32×10^{21}	4.23×10^{21}
1997	4.37×10^{22}	4.31×10^{21}	4.37×10^{21}	4.29×10^{21}	6.53×10^{21}
1998	4.44×10^{22}	7.39×10^{21}	6.86×10^{21}	4.55×10^{21}	7.84×10^{21}
1999	4.88×10^{22}	6.28×10^{21}	5.69×10^{21}	3.91×10^{21}	6.10×10^{21}
2000	5.16×10^{22}	5.35×10^{21}	4.28×10^{21}	3.89×10^{21}	4.99×10^{21}
2001	5.16×10^{22}	4.77×10^{21}	3.96×10^{21}	4.01×10^{21}	5.01×10^{21}
2002	5.66×10^{22}	7.32×10^{21}	5.91×10^{21}	6.07×10^{21}	7.95×10^{21}
2003	5.56×10^{22}	8.10×10^{21}	6.79×10^{21}	6.73×10^{21}	8.91×10^{21}
2004	5.20×10^{22}	6.51×10^{21}	5.94×10^{21}	6.02×10^{21}	7.14×10^{21}
2005	4.35×10^{22}	5.94×10^{21}	5.22×10^{21}	5.61×10^{21}	6.26×10^{21}
2006	5.01×10^{22}	5.31×10^{21}	5.15×10^{21}	5.08×10^{21}	6.08×10^{21}

年份	哈萨克斯坦	吉尔吉斯斯坦	塔吉克斯坦	土库曼斯坦	乌兹别克斯坦
2007	$4.75×10^{22}$	$5.22×10^{21}$	$4.42×10^{21}$	$5.26×10^{21}$	$6.00×10^{21}$
2008	$4.22×10^{22}$	$4.92×10^{21}$	$4.32×10^{21}$	$3.05×10^{21}$	$4.99×10^{21}$
2009	$5.22×10^{22}$	$6.01×10^{21}$	$5.96×10^{21}$	$6.14×10^{21}$	$7.38×10^{21}$
2010	$4.51×10^{22}$	$6.65×10^{21}$	$5.32×10^{21}$	$4.31×10^{21}$	$5.35×10^{21}$
2011	$5.06×10^{22}$	$6.23×10^{21}$	$5.06×10^{21}$	$5.34×10^{21}$	$6.01×10^{21}$
2012	$4.43×10^{22}$	$4.76×10^{21}$	$5.28×10^{21}$	$5.32×10^{21}$	$5.96×10^{21}$
2013	$5.85×10^{22}$	$5.52×10^{21}$	$4.70×10^{21}$	$4.84×10^{21}$	$6.68×10^{21}$
2014	$4.79×10^{22}$	$5.01×10^{21}$	$5.07×10^{21}$	$4.61×10^{21}$	$6.54×10^{21}$

附表 9　雨水化学能对应的太阳能值　　　　　　　（单位：sej）

年份	哈萨克斯坦	吉尔吉斯斯坦	塔吉克斯坦	土库曼斯坦	乌兹别克斯坦
1992	$5.55×10^{22}$	$5.98×10^{21}$	$5.38×10^{21}$	$7.46×10^{21}$	$7.95×10^{21}$
1993	$6.42×10^{22}$	$8.17×10^{21}$	$6.81×10^{21}$	$6.35×10^{21}$	$8.88×10^{21}$
1994	$5.46×10^{22}$	$5.86×10^{21}$	$5.27×10^{21}$	$5.54×10^{21}$	$7.41×10^{21}$
1995	$4.33×10^{22}$	$4.21×10^{21}$	$4.31×10^{21}$	$3.90×10^{21}$	$4.44×10^{21}$
1996	$4.45×10^{22}$	$5.85×10^{21}$	$5.29×10^{21}$	$3.63×10^{21}$	$4.63×10^{21}$
1997	$4.77×10^{22}$	$4.71×10^{21}$	$4.77×10^{21}$	$4.69×10^{21}$	$7.14×10^{21}$
1998	$4.85×10^{22}$	$8.08×10^{21}$	$7.50×10^{21}$	$4.98×10^{21}$	$8.57×10^{21}$
1999	$5.33×10^{22}$	$6.87×10^{21}$	$6.23×10^{21}$	$4.27×10^{21}$	$6.67×10^{21}$
2000	$5.65×10^{22}$	$5.85×10^{21}$	$4.68×10^{21}$	$4.25×10^{21}$	$5.45×10^{21}$
2001	$5.64×10^{22}$	$5.21×10^{21}$	$4.33×10^{21}$	$4.38×10^{21}$	$5.48×10^{21}$
2002	$6.19×10^{22}$	$8.00×10^{21}$	$6.47×10^{21}$	$6.64×10^{21}$	$8.69×10^{21}$
2003	$6.08×10^{22}$	$8.85×10^{21}$	$7.42×10^{21}$	$7.36×10^{21}$	$9.74×10^{21}$
2004	$5.69×10^{22}$	$7.12×10^{21}$	$6.49×10^{21}$	$6.58×10^{21}$	$7.80×10^{21}$
2005	$4.76×10^{22}$	$6.50×10^{21}$	$5.71×10^{21}$	$6.14×10^{21}$	$6.85×10^{21}$
2006	$5.48×10^{22}$	$5.80×10^{21}$	$5.63×10^{21}$	$5.56×10^{21}$	$6.64×10^{21}$
2007	$5.19×10^{22}$	$5.70×10^{21}$	$4.83×10^{21}$	$5.75×10^{21}$	$6.56×10^{21}$
2008	$4.62×10^{22}$	$5.38×10^{21}$	$4.73×10^{21}$	$3.34×10^{21}$	$5.45×10^{21}$
2009	$5.71×10^{22}$	$6.57×10^{21}$	$6.52×10^{21}$	$6.71×10^{21}$	$8.07×10^{21}$
2010	$4.93×10^{22}$	$7.27×10^{21}$	$5.82×10^{21}$	$4.71×10^{21}$	$5.86×10^{21}$
2011	$5.53×10^{22}$	$6.81×10^{21}$	$5.53×10^{21}$	$5.84×10^{21}$	$6.57×10^{21}$
2012	$4.84×10^{22}$	$5.21×10^{21}$	$5.78×10^{21}$	$5.81×10^{21}$	$6.52×10^{21}$
2013	$6.39×10^{22}$	$6.03×10^{21}$	$5.14×10^{21}$	$5.29×10^{21}$	$7.30×10^{21}$
2014	$5.24×10^{22}$	$5.47×10^{21}$	$5.54×10^{21}$	$5.04×10^{21}$	$7.15×10^{21}$

附表 10　风能对应的太阳能值　　　　　　（单位：sej）

哈萨克斯坦	吉尔吉斯斯坦	塔吉克斯坦	土库曼斯坦	乌兹别克斯坦
1.40×10^{22}	1.03×10^{21}	7.33×10^{20}	2.51×10^{21}	2.30×10^{21}

附表 11　地球旋转能对应的太阳能值　　　　（单位：sej）

哈萨克斯坦	吉尔吉斯斯坦	塔吉克斯坦	土库曼斯坦	乌兹别克斯坦
1.15×10^{23}	8.41×10^{21}	5.99×10^{21}	2.05×10^{22}	1.88×10^{22}